Unityでわかる!
ゲーム数学

加藤 潔―著

本書内容に関するお問い合わせについて

このたびは翔泳社の書籍をお買い上げいただき、誠にありがとうございます。弊社では、読者の皆様からのお問い合わせに適切に対応させていただくため、以下のガイドラインへのご協力をお願い致しております。下記項目をお読みいただき、手順に従ってお問い合わせください。

●ご質問される前に

弊社Webサイトの「正誤表」をご参照ください。これまでに判明した正誤や追加情報を掲載しています。

正誤表　https://www.shoeisha.co.jp/book/errata/

●ご質問方法

弊社Webサイトの「刊行物Q&A」をご利用ください。

刊行物Q&A　https://www.shoeisha.co.jp/book/qa/

インターネットをご利用でない場合は、FAXまたは郵便にて、下記“翔泳社 愛読者サービスセンター”までお問い合わせください。
電話でのご質問は、お受けしておりません。

●回答について

回答は、ご質問いただいた手段によってご返事申し上げます。ご質問の内容によっては、回答に数日ないしはそれ以上の期間を要する場合があります。

●ご質問に際してのご注意

本書の対象を越えるもの、記述個所を特定されないもの、また読者固有の環境に起因するご質問等にはお答えできませんので、予めご了承ください。

●郵便物送付先およびFAX番号

送付先住所　〒160-0006　東京都新宿区舟町５
FAX番号　03-5362-3818
宛先　（株）翔泳社 愛読者サービスセンター

※本書に記載されたURL等は予告なく変更される場合があります。
※本書の対象に関する詳細はviページをご参照ください。

まえがき
「なぜ数学・物理を学ぶべきなのか？」

昨今では、ゲームプログラミングを行うに当たり、Unityを始めとする高度なゲームエンジン、ゲームライブラリが整備され、自分ですべてをプログラミングしなくても、高度な技術を用いたプログラムを作成することが可能になってきています。

しかしながら、ゲーム学校の講師をしている筆者から見ても、ゲームプログラマに対する数学・物理の知識に対する要求は今も決して衰えてはおらず、むしろ要求されるレベルが年々高くなってきている感があります。

それにはいくつかの理由が考えられますが、やはりビデオゲームには本質的に「仮想現実をコンピュータ内に作り出す」という側面があり、そのためには根本的に数学・物理が不可欠である、という事情が大きいでしょう。

コンピュータはすべてのもの（映像、音声、文字、etc.）を２進数という数字で扱うがゆえに、究極的にはすべてを数字で表現する必要があり、その数字を扱うためのツールである数学が必要不可欠になってきます。また、リアルな世界の物事を数字でもって表現する、つまり、リアルを数字に翻訳するためには、そのためのツールである物理が不可欠になります。

これら不可欠なツールである数学・物理は、ゲームエンジンの進歩によって、自分でその知識を持っていなくてもある程度までのゲームプログラムなら組めるようにはなってきています。が、ある程度以上に高度なゲームプログラムを組もうとすると、途端に自分で数学・物理の知識を持っていなければ対応できなくなってしまいます。それは例えば、ゲームエンジンの作成者が想定した範囲から外れるようなことをしたいと思った場合に起こります。

ゲームというのはエンターテインメントであり、ユーザーによって常にある種の斬新さというものが求められています。よって、同じUnityなどのゲームエンジンを用いたゲームが増えてきた場合、ゲームエンジンの作成者が想定した範囲で普通にできることというのはすぐにやり尽くされ、それをやっても新味のないこととととらえられるようになってしまい価値が薄くなります。

そのため、新味を求めてゲームエンジンが想定していなかったような動作も行わせようとすると、途端にゲームエンジンによる強力なサポートを受けることはできなくなり、その「想定外」を行うために必要な、比較的高度な数学・物理を自ら駆使しなければならなくなります。

昨今のゲームエンジンは高度なサポートを提供してくれているがゆえに、そのサポート外に出ようとしたときには突然に多量の知識・技術が必要になってしまう場合が多く、その場合に生じるギャップに耐えうるような、数学・物理に明るい人材というのがますます必要とされるようになってきているわけです。

また、ゲームエンジンが想定している範囲からさほど踏み出さないような処理しか行わない場合であっても、その処理に対するしっかりした知識を持っていなければ、デバッグが困難になる場合というのはよくあります。原理を理解しないまま使っていても、プログラムが想定通りの動作をしてくれているうちはよいのですが、いざプログラムが想定外の動作を始めてしまった場合には、デバッグの基本中の基本として、問題の分析と原因となっている問題点の特定を行わなければなりません。

しかしながら、使っている技術の原理を理解していなければ、問題を分析することすらできずにお手上げ、という状態に陥ってしまうリスクは高いのです。

しっかりと原理を理解していれば、実行結果の画面を一目見た瞬間に問題点が特定できるようなバグであっても、知識がないために原因を特定することができず、大変な時間を無駄にしてしまった、というケースを、筆者もたびたび目にしてきました。特に、数学・物理の知識がしっかりしていなければ、そのバグがアルゴリズム自体の問題点によるものなのか、打ち間違いなどによる単なるプログラムミスが原因なのかを区別することができずに、漠然とミスを探し続けるようなことになりかねません。

そのような非効率な状況に陥るのを避けるためには、高度な処理を行ってくれるゲームエンジンに実際の処理は任せるとしても、その気になれば自分でもその機能を実装することもできる、というレベルの知識を身につけておくことが、結局は一番の近道です。あるいは、自分で実装できるレベルまでの理解ではなくても、少なくともその技術の概要は理解していて、現象を見て問題点の分析ができる程度の知識は不可欠でしょう。

そこで本書では、プラットフォームとしてUnityを用い、基礎的な数学・物理を、サンプルプログラムを動かしながら理解できるように構成しました。Unityは強力なゲームエンジンであり、自分で実装しなくとも相当高度な処理まで行ってくれるため、本書でもUnityに備わっている機能を使えば苦もなく行える処理と同じことを、手間暇かけて再現している部分も多くあります。

しかしながら、その手間暇をかけて理解を深めることを怠ってしまうと、上で述べたような理由によって、ある日突然、それ以上先に進めなくなってしまったり、どうしても取れないバグが出てきてしまったりするわけです。

いったん楽に手に入れた機能を、苦労してもう一度実現したりするのは面倒な部分もあるでしょう。しかし実際、原理を理解しないままゲームエンジンを使っていた場合、何となくかゆい所に手が届かないような、モヤモヤした気持ちの悪さを感じている方も多いのではないでしょうか。

面倒でもいったんそれを自分でやってみれば、そのモヤモヤをきれいに解消することができ、さらにそれを発展させることで一歩も二歩も先んじることができるようにもなります。他人が設定した枠内でしかモノが作れない、というのはモノ作りを行う人間にとっては窮屈なものです。たとえ部分的にせよゲームエンジンの想定を超えてこそ、本当によいものをユーザーに提供することができるのだ、と筆者は思います。

そのような技術的な自由度を手に入れるために、またトラブルをスムーズに解決して生産性を向上させていくためにも、皆さんにも数学・物理の基礎部分をしっかりと理解していただければ、と考えています。そして、ゲームエンジンの便利な機能を使える所はしっかりと使いつつも、企画者やユーザーの新しい要求にも無理なく応えていけるようになっていただければ、と願っています。

2018年5月　筆者

本書について

本書は、ゲームプログラマ、特にUnityの操作を一通り経験したプログラマが、ゲームに必要な数学を「動かしながら理解する」ための書籍です。

本書はUnityの解説書ではありませんが、Unity未経験の読者のために、操作について必要な最低限の説明は行っています。しかし、より深く知りたい方は、007ページに挙げるような参考書をもとに学ばれることをおすすめします。

本書を読むことで、普段はゲームエンジンに隠されてしまっている、ベクトルや行列による座標変換やクォータニオンによる回転、簡単なレンダリングなど、ゲームに必要な高校レベル以上の数学を、じっくり振り返りながら身につけることができるでしょう。本書は、そういった「脱初心者を目指す」ゲームプログラマにとって、十分役立つ内容の一冊といえます。

本書の構成

本書は、大きく2つの部に分けられており、全7章から構成されています。

- Part 1では、Unityを使って、C#スクリプトやシェーダープログラムを書きながら、基本的なゲーム数学を学びます。
  - ・Chapter 1では等速直線運動に始まり、加速度や円運動など物体の運動について学びます。
  - ・Chapter 2では、回転を中心に、行列やクォータニオンを使った座標変換について学びます。
  - ・Chapter 3では、直方体やカプセル型、球や平面など、さまざまな形状の物体を数学的に理解し、当たり判定を行います。
  - ・Chapter 4では、さまざまなシェーダーを使い、グラデーションやテクスチャの拡大、縮小、変型など、さまざまなエフェクトを行います。

・Chapter 5では、円筒形や球、曲面などさまざまな形状を数学的に記述し、立体物を作成します。

- Part 2では、Part 1に出てきた数学理論を、より深く学びます。
  - ・Chapter 6では、一次関数や二次関数、三角関数、ベクトルなどについて学びます。
  - ・Chapter 7では、高校数学でも高度な内容である行列、複素平面、微積分や、高校以上のレベルであるクォータニオンについて学びます。

性質の違う2つのPartにより構成される本書は、「Part 1を読み進めながらPart 2でより深く調べる」、もしくは「Part 2でつまづいたらPart 1に立ち戻る」など、さまざまな読み方ができることでしょう。

サンプルプロジェクトのダウンロードについて

本書Part 1の各章で利用するサンプルプロジェクトは、以下のURLからダウンロードすることが可能です。

https://www.shoeisha.co.jp/book/download/9784798154787/

ZIPファイルをダウンロードし、解凍すると、以下のようなフォルダー構成になっています。

▼ダウンロードファイルのフォルダー構成

- 01_BasicMove……Chapter 1
- 02_Transform……Chapter 2
- 03_CheckHit……Chapter 3
- 04_Render………Chapter 4
- 05_Shape…………Chapter 5

これらのフォルダーをUnityで読み込む手順については、Chapter 1で解説していますので、参照してみてください。

免責事項について

本書の内容およびダウンロードサンプルについては、通常の運用において問題ないことを編集部および著者が確認しておりますが、運用の結果、万一損害が発生した場合も、著者および株式会社翔泳社はいかなる責任も負いません。

ご自分の責任においてご利用いただきますようお願いいたします。

動作環境について

本書のサンプルプロジェクトは、以下の環境で動作することを確認しています。

- Windows 10およびWindows 8.1
- Unity 2017.4.2f2
- Visual Studio 2017 Ver.15.7.1

著作権について

本書に収録したソースコードの著作権は、著者および株式会社翔泳社が所有しています。個人で使用する以外にご利用いただくことはできません。許可なくネットワークを通じて配布を行うこともできません。

個人的にご利用いただく場合は、ソースコードの改変や流用は自由です。商用利用については、株式会社翔泳社へご一報ください。

CONTENTS

Chapter 2 座標変換

Part 1
数学を
Unityで
体験する

Chapter 4 簡単なレンダリング

Part 1
数学を
Unityで
体験する

Part 2
ゲームに
必要な
数学理論

Chapter 6 基本的な数学理論

Chapter 7 より高度な数学理論

Part 2
ゲームに必要な数学理論

Part 1 数学をUnityで体験する

Chapter 1
基礎的な物体の運動

1-1 物体を座標軸に沿って動かしたい

Keyword　等速直線運動　位置　速度ベクトル

物体の運動についての基礎として、物体を一定の速さで座標軸に沿って動かすことを考えてみましょう。

物体を横へと動かす

物体が一定の速度で直線運動することを、**等速直線運動**（とうそくちょくせんうんどう）といいます。本節では、最も単純な運動として、物体を座標軸に沿って等速直線運動させてみましょう。

Unityでプロジェクトを開く

フォルダー01_BasicMoveに、物体を単純に横へと動かすプロジェクトが入っています。
本節ではまず、このプロジェクトを使って等速直線運動について考えていくことになります。

NOTE

本項では、Unityにおけるプロジェクトの利用方法や実行方法について簡単に解説します。
本書は「すでにUnityをお使いの方」を主な対象としていますので、Unityの操作がおわかりの方は、008ページプログラムの流れを追うまで読み飛ばしてしまってかまいません。

Unityの起動とプロジェクトフォルダーの読み込み

まず、Unityを起動すると、図1-1-1のような画面が表示されるので、[Open] をクリックし、表示されたダイアログでダウンロードファイルの01_BasicMoveフォルダーを開きます。

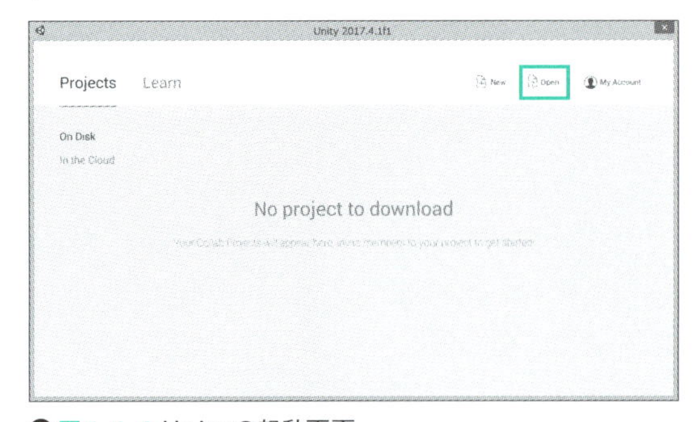

図1-1-1 Unityの起動画面

01_BasicMoveフォルダーを選択すると、図1-1-2のような画面が表示されます。これがUnityのメイン画面です。

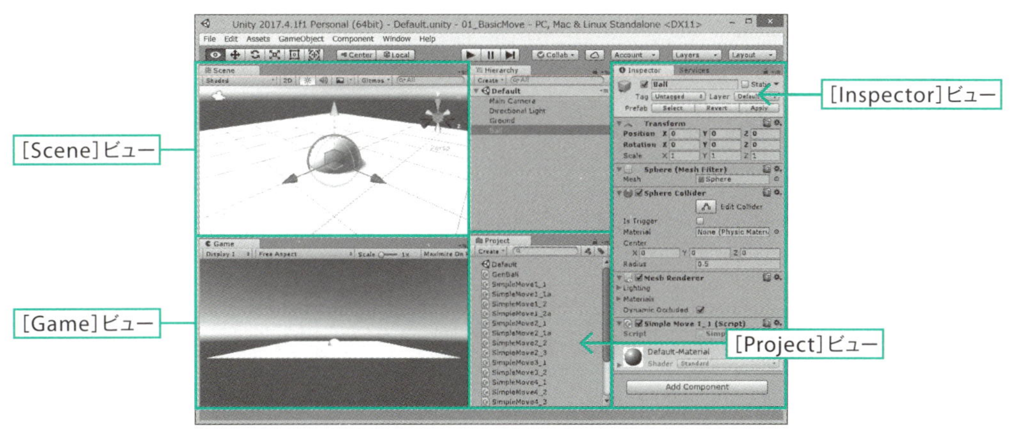

図1-1-2 Unityのメイン画面

本書では、そのうち［Project］と［Inspector］の2つのビューを主に利用します。また、実行結果として、画面が［Scene］ビューと［Game］ビューに表示されるので、それらも覚えておきましょう。

プロジェクトの実行

先ほど01_BasicMoveフォルダーを開いたので、[Scene］ビューと［Game］ビューには、地面に半分埋まっているボールが表示されています（図1-1-3）。

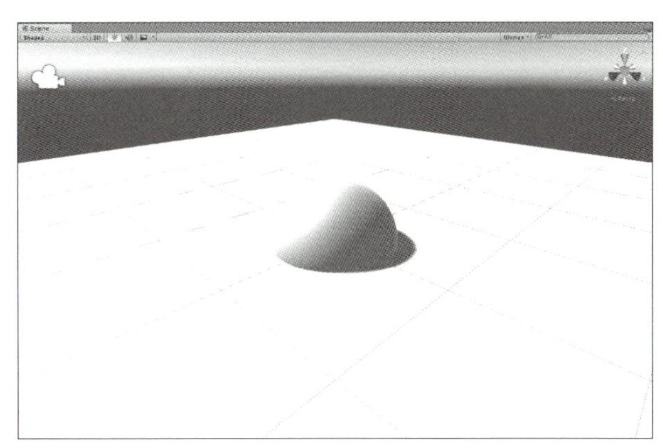

図1-1-3 起動後の［Scene］ビュー

そこで、次は画面上部、[▶（Play)］ボタンを押してみましょう（図1-1-4）。

図1-1-4 画面上部にある［▶（Play)］ボタン

01_BasicMoveプロジェクトには、すでにボールを動かすためのスクリプトが設定されているので、ボールが地表面に出てきて、そのまま横方向へと移動していきます。画面から出てしまったら戻ってこないので、もう一度［▶（Play）］ボタンを押し、停止しておきましょう。

スクリプトを開く

本書では、スクリプトを開き、その内容を見たり改変したりしながら、ゲーム数学を体験、学習していきます。そこで、必ず必要となるスクリプトの開き方も簡単に覚えておきましょう。

図1-1-5に示す［Project］ビューに注目してみましょう。多数のアイテムが表示されていますが、そのうち、利用するのはスクリプトとPrefabです。なお、Unityのスクリプトは、その多くがC#で書かれ、本書でもC#コードについて解説していきます。

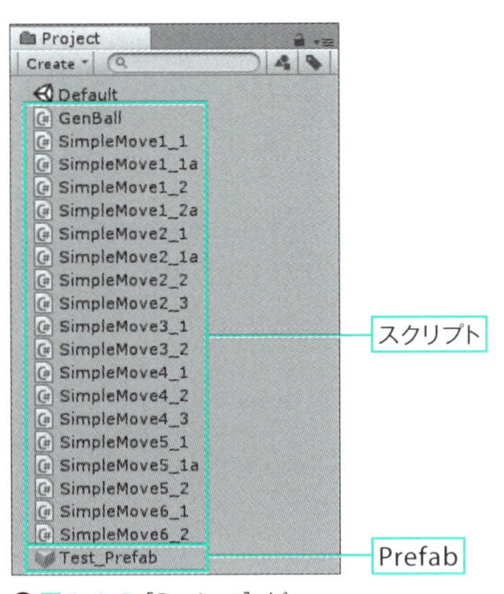

▶図1-1-5［Project］ビュー

開きたいスクリプトをダブルクリックすると、Visual Studioの画面が開き（図1-1-6）、エディター上で確認、編集することができます。

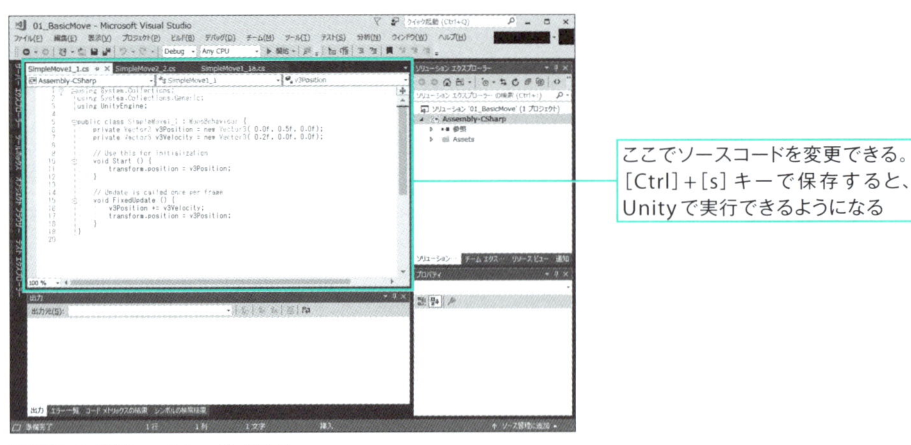

01_BasicMove - Microsoft Visual Studio
ここでソースコードを変更できる。
[Ctrl]+[s] キーで保存すると、
Unityで実行できるようになる

▶図1-1-6 Visual Studio画面

1
2
3
4
5
6
7
基礎的な物体の運動

以降、さまざまな場面でスクリプトを開きますので、操作は覚えておきましょう。

スクリプトをアタッチする

スクリプトは、それだけでは動作しません。動作させるためには、オブジェクトやPrefabにアタッチする必要があります。

NOTE

Prefabとは、プレハブとも呼ばれ、オブジェクトと、そのオブジェクトのさまざまな設定を一括して格納するためのものです。
Prefabを使うことで、ゲーム中で繰り返し使用されるアイテムやキャラクターなどを実装しやすくなりますが、そのような使い方は本書の範囲を超えるので割愛します。

まず、先ほどのプロジェクトについて、ボールにスクリプトをアタッチしてみましょう。[Scene] ビュー上でボールをクリックすると、[Inspector] ビューに [Simple Move 1_1] という項目（コンポーネント：Component）が存在しているのがわかります（図1-1-7）。

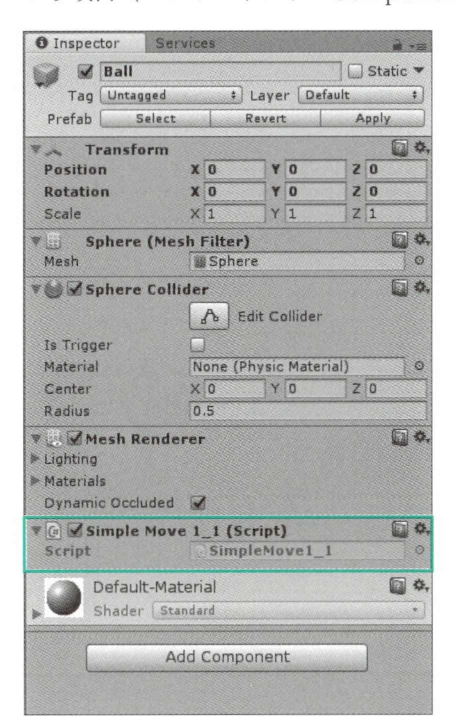

▶図1-1-7 [Inspector] ビュー中の [Simple Move 1_1] コンポーネント

それではまず、例としてその [Simple Move 1_1] コンポーネントを削除してみましょう。[Simple Move 1_1] コンポーネントの右上、歯車アイコンをクリックするとメニューが出るので、[Remove Component] をクリックします（図1-1-8）。

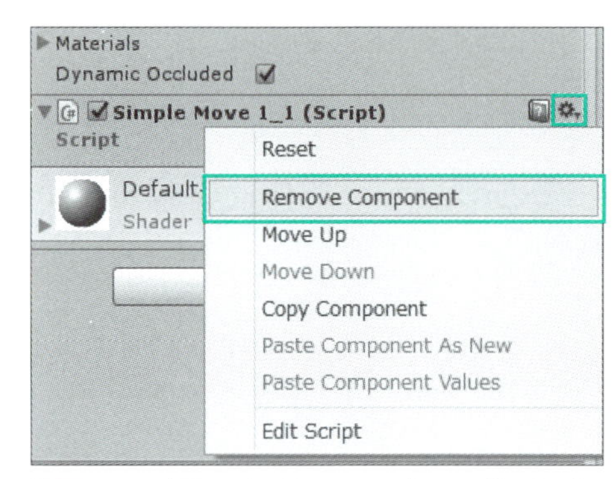

図1-1-8［Simple Move 1_1］コンポーネントのメニュー

すると、［Simple Move 1_1］コンポーネントが削除されました（図1-1-9）。この状態でプロジェクトを実行すると、スクリプトがアタッチされていないのでボールは動かないことが確認できます。

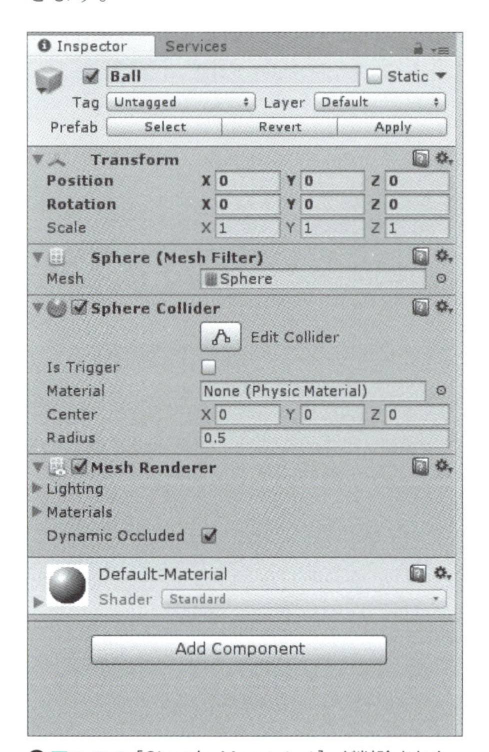

図1-1-9［Simple Move 1_1］が削除された

次に、スクリプトSimple Move 1_1をもう一度ボールにアタッチしておきましょう。［Scene］ビューでボールをクリックし、［Project］ビューから［Inspector］ビューに［SimpleMove1_1］をドラッグ＆ドロップします（図1-1-10）。すると、再度SimpleMove1_1がボールにアタッチされ、［Simple Move 1_1］コンポーネントが表示されます。

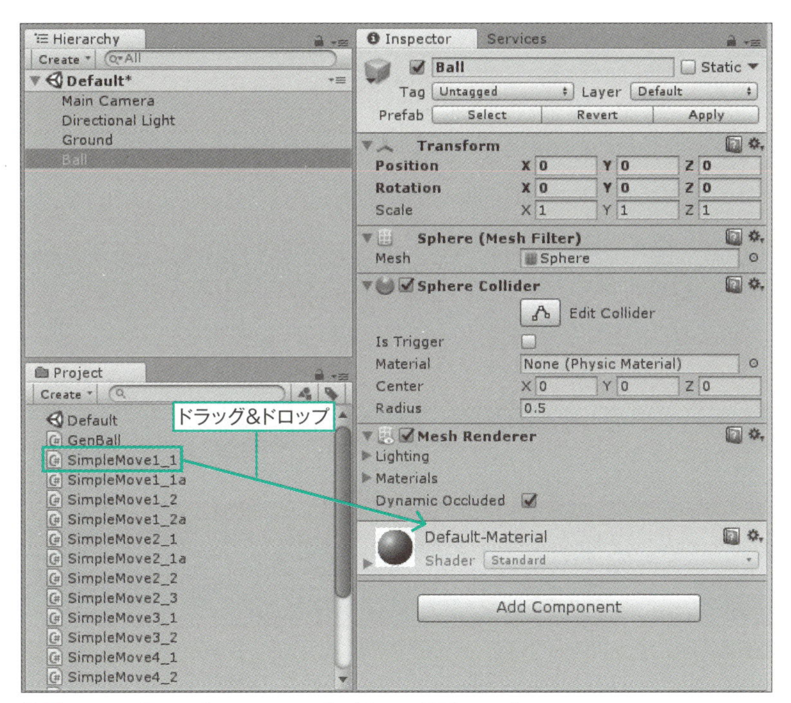

図1-1-10 [Simple Move 1_1] をドラッグ&ドロップ

NOTE

[Inspector] ビューのコンポーネント名（Simple Move 1_1など）の左側にあるチェックボックスをクリックすることで、スクリプトの有効・無効を切り替えることもできます。複数のスクリプトをアタッチした際に便利な機能なので、覚えておきましょう。

ここまで、オブジェクトへのアタッチについて解説してきましたが、Prefabへのアタッチも同様です。[Project] ビューでPrefabをクリックし、[Inspector] ビューにスクリプトをドラッグ&ドロップすることで行えます。

NOTE

本書では、Unityの操作について、最低限のもの以外詳細を割愛しています。もしUnityの詳しい操作について学びたい方は、各社から刊行されているUnityの入門書を読み進めることをおすすめします。以下にその一例を挙げますので、参考にしてみてください。

- 『Unity2017入門 最新開発環境による簡単3D&2Dゲーム制作』
  （荒川 巧也、浅野 祐一・著、SBクリエイティブ・刊）
- 『Unityの教科書 Unity 2017完全対応版 2D&3Dスマートフォンゲーム入門講座』
  （北村 愛実・著、SBクリエイティブ・刊）

プログラムの流れを追う

フォルダー01_BasicMoveに、物体を単純に横へと動かすプロジェクトが入っています。Unityを用いてプロジェクトを開き、実行をしてみると、実行直後に半分地面に埋まっていたボールが地表面に出てきて、そのまま横方向へと移動していきます（図1-1-11）。

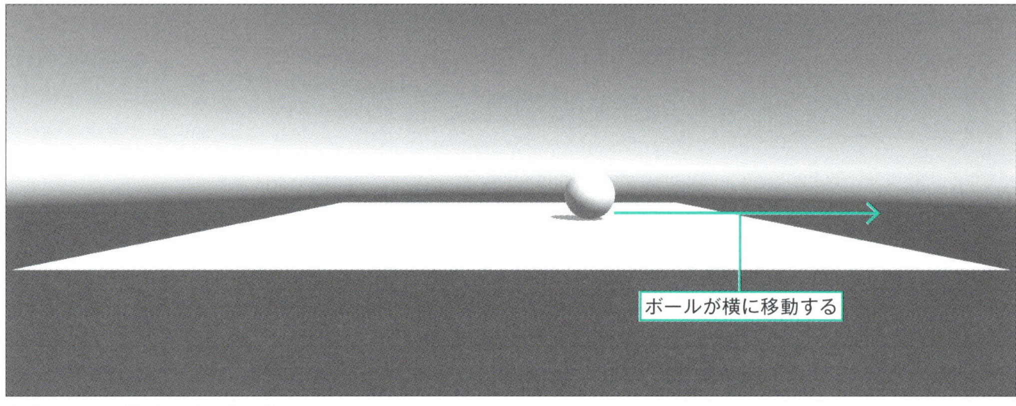

図1-1-11 等速直線運動の様子

さて、この動きは、プロジェクトに含まれているSimpleMove1_1というスクリプトによって実現されています。中身を見てみましょう。

リスト1.1 SimpleMove1_1

```
using System.Collections;
using System.Collections.Generic;
using UnityEngine;

public class SimpleMove1_1 : MonoBehaviour
{
    private Vector3 v3Position = new Vector3( 0.0f, 0.5f, 0.0f);
    private Vector3 v3Velocity = new Vector3( 0.2f, 0.0f, 0.0f);

    // Use this for initialization
    void Start()
    {
        transform.position = v3Position;
    }

    // Update is called once per frame
    void FixedUpdate()
    {
```

```
        v3Position += v3Velocity;
        transform.position = v3Position;
    }
}
```

クラスの宣言

この部分について、少し詳しく説明していきましょう。

まず、

```
public class SimpleMove1_1 : MonoBehaviour
{
```

という行は、ボールの動きを制御するSimpleMove1_1というクラスを作ることを宣言しています。

位置ベクトルの設定

次にクラスの中身を見てみましょう。

```
private Vector3 v3Position = new Vector3( 0.0f, 0.5f, 0.0f);
```

これは、ボールの位置を保持するv3Positionという3次元ベクトル（つまり、位置ベクトル）の変数を定義し、その具体的な位置としては(0, 0.5, 0)を設定しています。

通常Unityでは、オブジェクトの位置はアタッチされたTransformによって保持されるため、このように自分で物体の位置を保持する必要はないのですが、ここでは物体の動きを完全に自分の制御下に置くために、自分で位置を保持する変数を用意しています。ただし当然、宣言しただけではこれは物体の位置にはなりません。後ほどこれを物体の位置に反映させます。

速度ベクトルの設定

```
private Vector3 v3Velocity = new Vector3( 0.2f, 0.0f, 0.0f);
```

この行は同様に、物体の速度ベクトルを保持するための変数を定義し、(0.2, 0, 0)という値にしています。意味合いとしては、x方向に0.2の速さを持ち、y方向とz方向には速さを持たないようにする、としていることになりますが、これも宣言しただけでは速度にはなりません。同様に、後ほど使用します。

座標の反映

次に、Startメソッドの中で、

```
transform.position = v3Position;
```

としていますが、ここではじめてv3Positionの内容はボールの位置に反映されます。

ボールの位置は初期設定では(0, 0, 0)になっているため、それがStartメソッドが呼ばれた時点、つまり実行開始された時点でv3Positionに入っている位置(0, 0.5, 0)にジャンプすることになります。ボールの半径は0.5であるため、これによって半分地面に埋まっていたボールが地表面に出てくることになります。

各フレームの処理

そして、毎フレーム呼び出されるFixedUpdateメソッドの中では、まず、

```
v3Position += v3Velocity;
```

としています。実は、これが物体を動かす核心となっている部分で、位置ベクトルに速度ベクトルを足す、という操作を行っています。

等速直線運動

物体が等速直線運動を行っている場合に限り、このように位置ベクトルに速度ベクトルを足していくだけで、厳密に物体の運動を再現できることが知られています。今しようとしていることは座標軸に沿った等速直線運動ですから、これだけで物体の運動を厳密に再現できることになります。

念のため、これによって物体の座標がどのように変わっていくのか細かく見ていきましょう。まず、物体の速度を保持するv3Velocityには(0.2, 0, 0)という値が入っているのでした。この値を毎フレーム位置ベクトルに足していくと、ベクトルの足し算ではx成分同士、y成分同士、そしてz成分同士が足されることになるため、これは位置v3Positionのx座標だけが毎フレーム0.2だけ増加していくことになります。つまりボールは、x軸の正の方向に沿って、1フレームにつき0.2という不変の速さで移動していくこととなり、確かに座標軸に沿った等速直線運動になることがわかります。

それでは、FixedUpdateメソッドの中身に戻りましょう。その次には、

```
transform.position = v3Position;
```

としています。これによって、Startメソッドでも同じことをしましたが、ボールの実際の位置が改めてv3Positionが示す位置となり、ボールが実際に等速直線運動をすることとなります。

なお、以上のような座標軸に沿った運動には、速度ベクトルの特定の成分の数値（上の例ではv3Velocityのx成分の数値である0.2）がそのまま物体の速さになる、という重要な特徴があります。実際「座標軸に沿ったものでない方向の運動については、速度ベクトルのどの成分もその物体の速さとは異なるものとなる（ただし、速度ベクトルの各成分から物体の速さを計算することはできる)」という事実は、覚えておくとよいと思います。

物体を壁ではね返す

さて、物体を座標軸に沿って等速直線運動させるもう1つの例として、地面の端に仮想的な壁を立て、その壁で物体がはね返るようにしたのが、SimpleMove1_2というスクリプトです。

ボールにアタッチするスクリプトをSimpleMove1_1からSimpleMove1_2に変更してみると、ボールの中心が地面の端まで来た時点でボールが反対方向にはね返るのが観察できます（図1-1-12）。

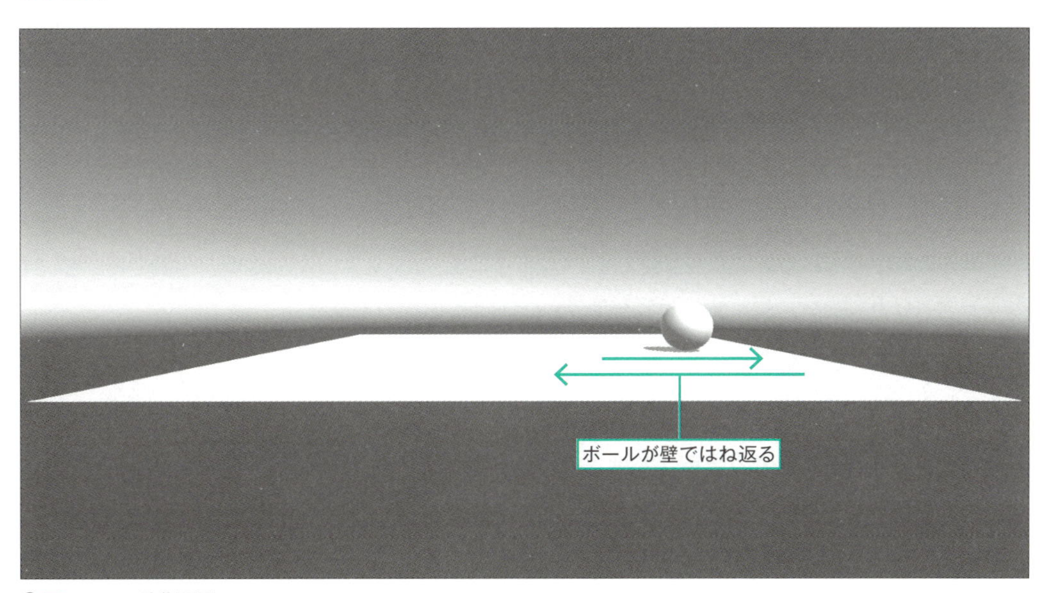

図1-1-12 動作画面

これはきちんとするならば、実際に目に見える壁を地面の端に立て、ボールがその壁に接触したところではね返るようにするべきでしょうが、そのようにすると論点が少々ぼけてしまうため、簡略化してこのようにしています。

プログラムの流れを追う

SimpleMove1_2でSimpleMove1_1に対して追加されたのは、`FixedUpdate`メソッド中の以下の部分です。

リスト1.2 SimpleMove1_2（部分）

```
if (v3Position.x > 5.0f)                    // 右側の壁
{
    v3Position.x = 5.0f;
    v3Velocity.x = -v3Velocity.x;
}
if (v3Position.x < -5.0f)                    // 左側の壁
```

```
{
    v3Position.x = -5.0f;
    v3Velocity.x = -v3Velocity.x;
}
```

ここで、右側の壁が$x = 5.0$、左側の壁が$x = -5.0$という位置にあることに注意してください。本来、地面の端ではね返らせようとすれば、地面の端の座標を取ってくるようにコーディングするのが筋なのですが、ここでは簡単のために上のような固定された位置に壁を置き、またボールの大きさは考慮しないようにしています。

ボールがはね返る処理

さて、はね返る原理は左右の壁で同じなので、右側の壁を例に取って説明しましょう。

```
if (v3Position.x > 5.0f)                    // 右側の壁
```

これが、壁に当たっているかを判定している部分です。ボールのx座標が壁の位置である`5.0f`よりも大きければ右側の壁に当たっています。

```
v3Position.x = 5.0f;
```

この部分は、右側の壁に当たっていた場合に、ボールをちょうど右側の壁の位置にしています。これは、ボールが壁に当たった時点ではすでにボールが壁にめり込んでいるため、ボールをちょうど壁の位置に強制的に移動させているものです。

```
v3Velocity.x = -v3Velocity.x;
```

この部分は、はね返ったことによるボールの速度変化を計算しています。x軸に垂直な壁ではね返った場合、速度のx成分だけが元の値のマイナスになるため、このようにしているわけです。

ただし、このようになるのはエネルギー損失がない完全弾性衝突の場合のみです。エネルギー損失がある非弾性衝突の場合には、ある程度遅くなりつつはね返ることになります。以上のような右の壁での処理を、$x = -5.0$にある左の壁でも同様に行うことによって、ボールがはね返り続けるスクリプトとしているわけです。

通常のUnityでの書き方

さて、ここまでが、原理がよくわかるように自分で物体の位置を保持して、座標軸に沿った等速直線運動をしてみた例です。が、せっかくなのでUnityにおいてもう少し普通の書き方をするとどうなるのかを見てみましょう。

そのような書き方をしたスクリプトとして、SimpleMove1_1と同じ動作をするSimpleMove1_1aというスクリプトがプロジェクトに入っています。これをスクリプトSimpleMove1_1の代わりにボールにアタッチしても、SimpleMove1_1の場合と同じ動きになりますから確認してみてください。

スクリプトSimpleMove1_1aの内容は以下のようになっています。

リスト1.3 SimpleMove1_1a

```
public class SimpleMove1_1a : MonoBehaviour {
    // Use this for initialization
    void Start()
    {
        transform.position = new Vector3(0.0f, 0.5f, 0.0f);
    }

    // Update is called once per frame
    void FixedUpdate()
    {
        transform.Translate(0.2f, 0.0f, 0.0f);
    }
}
```

Unityにおいては、このように自分で物体の位置を持たないのが基本です。ここでは、Startメソッド中で

```
transform.position = new Vector3(0.0f, 0.5f, 0.0f);
```

とすることによって、物体を位置(0, 0.5, 0)に移動させ、FixedUpdateメソッド中で

```
transform.Translate(0.2f, 0.0f, 0.0f);
```

とすることによって、(0.2, 0, 0)を速度ベクトルとして移動を行っています。

このように書くことによってシンプルに物体の運動を実現できますが、残念ながらどうやって物体を動かしているかという原理の部分はわかりにくくなってしまいます。そのため、筆者としては、一度自分で実装ができるレベルまで理解をしてから、このような便利な機能でシンプルに実装する、というアプローチを採ることをおすすめしています。

1-2 物体をキー入力で動かしたい

Keyword　斜め移動　ピタゴラスの定理　直角二等辺三角形

本節では、キー入力にしたがって物体を動かすことを考えてみましょう。ユーザーの入力にしたがって何かしらを動かすというのはゲームの基本であり、応用的にも大切なものです。

キー入力で左右に動かす

SimpleMove2_1というスクリプトが、キー入力により物体を動かす単純なプログラムになっています。このプログラムでは、ごく初期のシューティングゲームで行われていたように、キー入力によって左右方向のみに動くようになっています（図1-2-1）。

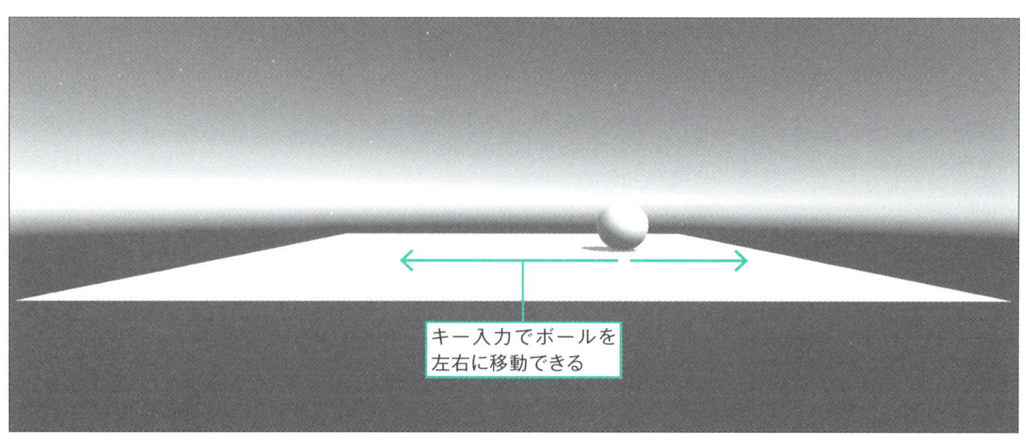

図1-2-1 動作画面

その動きを決めているのは、以下の部分です。

リスト1.4 SimpleMove2_1（部分）

```
public class SimpleMove2_1 : MonoBehaviour {
    private Vector3 v3Position = new Vector3(0.0f, 0.5f, 0.0f);
    private float fVelocity = 0.1f;


    // Use this for initialization
    void Start()
    {
```

基礎的な物体の運動

```
        transform.position = v3Position;
    }

    // Update is called once per frame
    void FixedUpdate()
    {
        Vector3 v3Velocity = new Vector3(0.0f, 0.0f, 0.0f);
        v3Velocity.x = Input.GetAxis( "Horizontal" ) * fVelocity;

        v3Position += v3Velocity;                          // 位置に速度を足す

        transform.position = v3Position;

        if (transform.position.x > 5.0f)                   // 右側の壁
        {
            transform.position = new Vector3(
                    5.0f, transform.position.y, transform.position.z);
        }
        if (transform.position.x < -5.0f)                   // 左側の壁
        {
            transform.position = new Vector3(
                    -5.0f, transform.position.y, transform.position.z);
        }
    }
}
```

初期位置を決める

ここで、最初に1回だけ呼び出されるStartメソッドが、物体の初期位置を決めています。この場合、

```
transform.position = v3Position;
```

とされていますが、その前に

```
private Vector3 v3Position = new Vector3(0.0f, 0.5f, 0.0f);
```

とされているので、物体の初期位置は(0.0f, 0.5f, 0.0f)ということになります。

方向キーの入力で処理を変える

次に、毎フレーム呼び出されるFixedUpdateメソッドの中では、「方向キーが押されている場合だけ、特定の方向に物体を動かす」、つまり逆にいえば「方向キーが押されていなければ、何もしない」という動作をするようにプログラムがされています。

そのようにするためには、現在特定のキーが押されているかどうかがチェックできる必要がありますが、そのキーチェックのために、このプログラムではGetAxisメソッドを使っています。

GetAxisメソッドを使って左右の方向キーが押されているかどうかをチェックするには、Input.GetAxis("Horizontal")とし、その戻り値を調べれば可能です。

それを踏まえてFixedUpdateメソッドの中身を見てみると、まず、

```
Vector3 v3Velocity = new Vector3(0.0f, 0.0f, 0.0f);
```

として、速度ベクトルをゼロベクトルにクリアしたあとで、

```
v3Velocity.x = Input.GetAxis( "Horizontal" ) * fVelocity;
```

として、GetAxisで取得した物体のx方向の速度にfVelocityという変数を掛けることで、実際のx方向の速度を計算しています。なお上のほうで、

```
private float fVelocity = 0.1f;
```

としていますから、GetAxisが返した速度の$\frac{1}{10}$の速度を、実際の速度としていることになります。

物体の位置を設定する

次に、

```
v3Position += v3Velocity;                        // 位置に速度を足す
```

とすることで、実際に（オイラー法により）速度の位置への影響を反映させ、また

```
transform.position = v3Position;
```

とすることで、物体の位置にv3Positionを反映させています。

NOTE

オイラー法とは、微分方程式を数値計算するための、最も単純な方法です。

ただし、それだけでなく

```
if (v3Position.x > 5.0f)                 // 右側の壁
{
    v3Position.x = 5.0f;
}
```

という処理もされていますが、これは、物体が地面の端に達したとき、それ以上動かないように

するための処理です。最後に、

```
transform.position = v3Position;
```

とすることで、物体の位置にv3Positionを反映させています。

 上下にも動かす

　次に、物体が左右方向だけでなく、上下方向にも動くようにしてみましょう。そのためには、SimpleMove2_1を以下のように変更します（SimpleMove2_2）。

リスト 1.5 SimpleMove2_2

```
public class SimpleMove2_2 : MonoBehaviour {
    private Vector3 v3Position = new Vector3(0.0f, 0.5f, 0.0f);
    private float fVelocity = 0.1f;


    // Use this for initialization
    void Start()
    {
        transform.position = v3Position;
    }

    // Update is called once per frame
    void FixedUpdate()
    {
        Vector3 v3Velocity = new Vector3(0.0f, 0.0f, 0.0f);
        v3Velocity.x = Input.GetAxis("Horizontal") * fVelocity;
        v3Velocity.z = Input.GetAxis("Vertical"  ) * fVelocity;

        v3Position += v3Velocity;          // 位置に速度を足す

        if (v3Position.x > 5.0f)           // 右側の壁
        {
            v3Position.x = 5.0f;
        }
        if (v3Position.x < -5.0f)          // 左側の壁
        {
            v3Position.x = -5.0f;
        }
        if (v3Position.z > 5.0f)           // 奥側の壁
        {
```

```
            v3Position.z = 5.0f;
        }
        if (v3Position.z < -5.0f)         // 手前側の壁
        {
            v3Position.z = -5.0f;
        }

        transform.position = v3Position;
    }
}
```

行数はかなり増えましたが、これは基本的には、変更前にx方向について行っていたことを、z方向についても行っているだけです。

上下のキー入力を反映させる

具体的には、

```
v3Velocity.z = Input.GetAxis("Vertical"  ) * fVelocity;
```

という部分で方向キーの上下キーによる操作を、物体の速度v3Velocityに反映させています。また、z方向にも物体が動くようになったため、x座標と同様にz座標の範囲にも-5.0～5.0という制限が加わるようにし、地面から飛び出してしまわないようにしています（図1-2-2）。

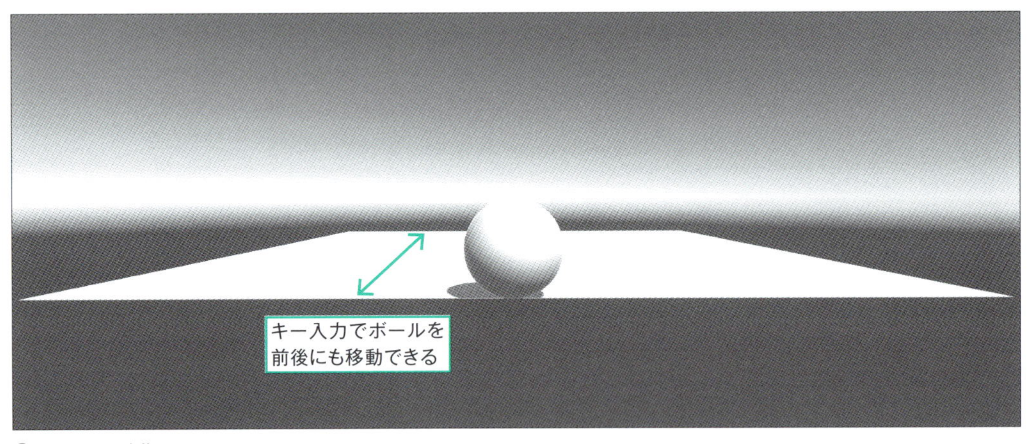

図1-2-2 動作画面

斜めに動く物体の速度

ただし、このように物体がx方向にもz方向にも動くようにした場合には、x方向とz方向の両方に、同時に動いた場合にどうするのかを考える必要が出てきます。

物体がx方向だけに動いていたときには、単純に「物体のx方向の速度＝物体の速度」となりますが、x方向とz方向の両方に速度成分を持つとなると、話はそう単純ではなくなります。例えばx方向だけに`fVelocity`という速度を持っていた場合よりは、x方向に`fVelocity`、z方向にも`fVelocity`という速度を持って斜めに動いていたほうが、明らかに物体は速く動くでしょう（図1-2-3）。

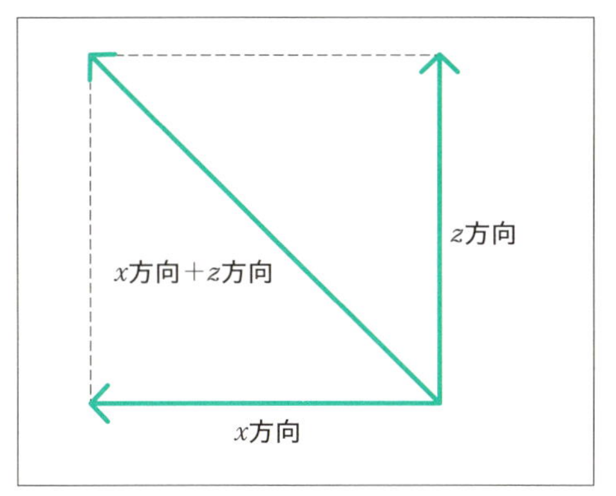

▶図1-2-3 斜めの移動速度はベクトルの足し算で表される

斜めに移動する速度とは？

ではこの場合、具体的にはどれほどの速さで物体が斜めに動くことになるでしょうか？

明らかなのは、上で書いたように、この場合の物体の速さは`fVelocity`よりは速いということです。それから、同じ方向（例えばx方向）に向かって2回`fVelocity`の速さで動かしているわけではなくて、x方向とz方向という異なる方向にそれぞれ`fVelocity`の速さで動かしているのですから、恐らく`fVelocity`の2倍よりは遅い速さしか出ないだろう、ということです。

この状況を不等式で書いてみると

$$v_p < v < 2v_p$$

となります。v_pは`fVelocity`で表される、キーを同時押ししない場合の物体の速さです。また、vはキーを同時押しして斜め移動した場合の物体の速さです。

さて、この不等式だけでは、斜め移動したときのvは大ざっぱにしかわかりません。正確には、vとv_pとはどのような関係になるのでしょうか？

ピタゴラスの定理

実はここで、数学的な道具立てとして**ピタゴラスの定理**(ていり)が必要になります。ピタゴラスの定理とは、簡単にいえば、直角三角形の2辺の長さがわかれば、残り1辺の長さを求めることができる、という定理です。そしてこの定理は、ゲームでは多くの場合、直角三角形の斜辺の長さを求めるのに使われます。

実際の公式としては、直角三角形の斜辺の長さをc、斜辺以外の2辺の長さをa、bとすると、

$$c^2 = a^2 + b^2$$

となります（図 1-2-4）。

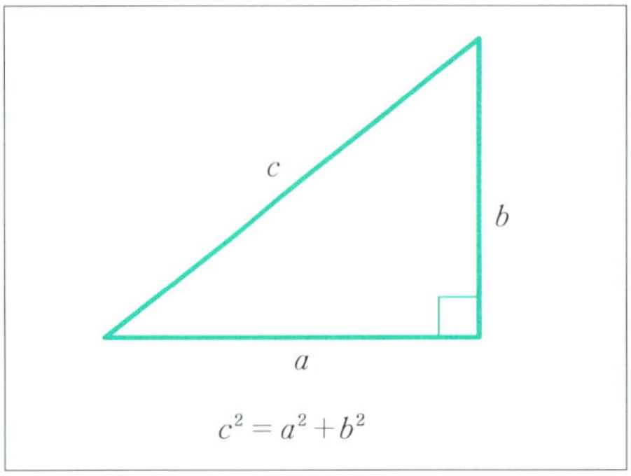

c

b

a

$$c^2 = a^2 + b^2$$

図 1-2-4 ピタゴラスの定理

この定理を、x方向とz方向に同時にv_pの速さで動いている、という現在の状況に当てはめることを考えてみましょう。

まず、1フレームの間に物体が動く距離を考えてみます。今の場合、1フレームの間にx方向にもz方向にもv_p（`fVelocity`）という距離を動くのですから、それぞれの移動量を1辺とする三角形を作ると、二等辺三角形になることがわかります。また、x方向とz方向は互いに直角になっているので、結局この三角形は、求めたい物体の速さ$\boldsymbol{v}$を斜辺とする直角二等辺三角形になることがわかります（図 1-2-5）。

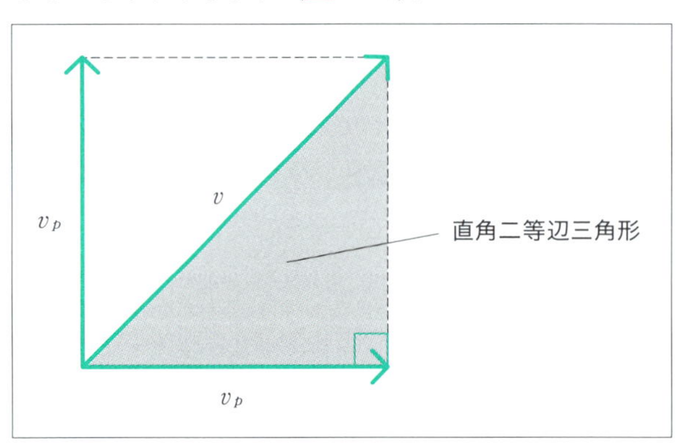

図 1-2-5 斜めの移動速度$\boldsymbol{v}$を求める

これをピタゴラスの定理に当てはめてみると、

$$v^2 = {v_p}^2 + {v_p}^2$$

となり、右辺をまとめれば

$$v^2 = 2{v_p}^2$$

となります。

そして、今欲しいのはv^2でなくてvですから、両辺の平方根（スクェアルート）を取ります。

すると、

$$v = \pm\sqrt{2}\, v_p$$

となります。しかし、この場合必要なのは速さであり、マイナスの値にはならないため、結局のところ

$$v = \sqrt{2}\, v_p$$

ということになります。

速度の上限を設定する

つまり、x方向にもz方向にも動くことで斜めに動くと、縦方向や横方向にしか動かない場合よりも$\sqrt{2}$倍速く動いてしまうことになります。$\sqrt{2} = 1.41421\cdots$ですから、現状では斜めに動くと通常の約1.4倍速く動いてしまう、ということになります。

このままでは少々不自然ですから、斜め移動の場合にも、最高速度はx方向やz方向だけに動いている場合と同じになるようにしてみましょう。そのためには、SimpleMove2_2を以下のように変更します（SimpleMove2_3）。

リスト1.6 SimpleMove2_3

```
public class SimpleMove2_3 : MonoBehaviour {
    private Vector3 v3Position = new Vector3(0.0f, 0.5f, 0.0f);
    private float fVelocity = 0.1f;

    // Use this for initialization
    void Start()
    {
        transform.position = v3Position;
    }

    // Update is called once per frame
    void FixedUpdate()
    {
        Vector3 v3Velocity = new Vector3(0.0f, 0.0f, 0.0f);
        v3Velocity.x = Input.GetAxis("Horizontal") * fVelocity;
        v3Velocity.z = Input.GetAxis("Vertical") * fVelocity;
        float fInputVel = Mathf.Sqrt(
                v3Velocity.x * v3Velocity.x +
                v3Velocity.z * v3Velocity.z);    // 速さ
        if (fInputVel > fVelocity )
        {
            v3Velocity = v3Velocity / fInputVel * fVelocity; // 速さ調整
```

```
        }

        v3Position += v3Velocity;                       // 位置に速度を足す

        if (v3Position.x > 5.0f)                        // 右側の壁
        {
            v3Position.x = 5.0f;
        }
        if (v3Position.x < -5.0f)                       // 左側の壁
        {
            v3Position.x = -5.0f;
        }
        if (v3Position.z > 5.0f)                        // 奥側の壁
        {
            v3Position.z = 5.0f;
        }
        if (v3Position.z < -5.0f)                       // 手前側の壁
        {
            v3Position.z = -5.0f;
        }

        transform.position = v3Position;
    }
}
```

ここではまず、キー入力によって発生した速さがfVelocityを上回っているかをチェックするために、まずは以下のように速さを計算しています。

```
float fInputVel = Mathf.Sqrt(
        v3Velocity.x * v3Velocity.x +
        v3Velocity.z * v3Velocity.z);    // 速さ
```

Mathf.Sqrtとは平方根のことですから、ここで使用しているのはピタゴラスの定理です。速さというのは速度ベクトルの長さですから、その長さをピタゴラスの定理を使って計算しているというわけです。ただし、今の場合、x方向とz方向の速度成分のみを考慮し、y方向の速度成分は考慮していません。

これは、SimpleMove2_3ではy方向の速度成分が常にゼロだから、という事情もありますが、ゲームでは一般的に、地面に対して平行な速度成分と、(ジャンプなどで発生する) 地面に対して垂直な速度成分は明確に区別して扱うことが多いからです。

ちなみに、もしy方向の速度成分も考慮して速さを計算するならば、

```
float fInputVel = Mathf.Sqrt(
        v3Velocity.x * v3Velocity.x +
        v3Velocity.y * v3Velocity.y +
        v3Velocity.z * v3Velocity.z);    // 速さ
```

とすればよいことになります。

さて、次には

```
if (fInputVel > fVelocity )
```

として、計算した物体の速さfInputVelが、速さの上限であるfVelocityを上回っているかどうかをチェックしています。ここでもし物体の速さが速さの上限を上回っていれば、物体の速さ＝速さの上限とする必要がありますが、それは以下のように行われています。

```
v3Velocity = v3Velocity / fInputVel * fVelocity; // 速さ調整
```

これは、速度ベクトルv3Velocityの長さを、ちょうどfVelocityになるように調節しています。そのために、まずは、

```
v3Velocity / fInputVel
```

としてv3Velocityを長さ1のベクトル、つまり単位ベクトルにしたものを計算し、それにfVelocityを掛け算することによって、v3Velocityの長さをfVelocityにしたベクトルを得ているわけです。

ただし、このようにして速さの上限を設定した場合、斜め移動の場合、少し困った現象が起こります。キー入力によって要求されている速さは設定した上限を超えているため、横方向や縦方向のみに移動している場合よりも、キーを離したときに物体が止まるまでの距離が長くなってしまうのです。

その現象を回避するためには、もう少しプログラムを工夫する必要がありますが、ここではその具体的なプログラムは省略します。この部分が気になる方は、ご自分でプログラムを工夫してみてください。

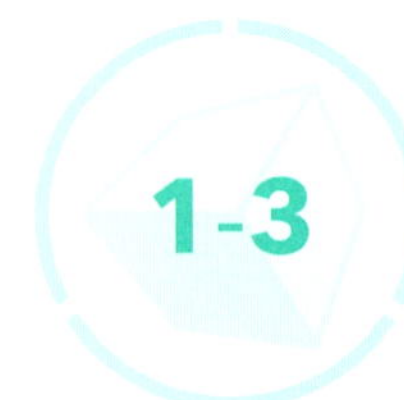

1-3 物体を好きな方向に動かしたい

Keyword　サイン　コサイン　ラジアン　計算精度

本節では、物体を好きな速さで、好きな方向に向かって移動させることを考えてみます。

進む方向を角度として利用する

1-1.物体を座標軸に沿って動かしたいでは、物体を真横に動かしていますし、1-2.物体をキー入力で動かしたいの後半では物体を斜め45度方向に動かしています。本節ではこれらを発展させて、好きな角度の方向に好きな速さで物体を動かしてみます。

そのため、まだ物体を真横や斜め45度方向に動かせない方は、まずは1-1節や1-2節のトピックをクリアしておくのがおすすめです。

さて、今、物体の動く速さをvとします。そして、xz平面上でいろいろな角度の方向に物体を動かす場合、特別な場合でなければx方向にもz方向にも動くことになりますから、x方向の速度をv_x、z方向の速度をv_zとします。また、物体が進む方向とx軸との角度をθ（シータ）とします（図1-3-1）。

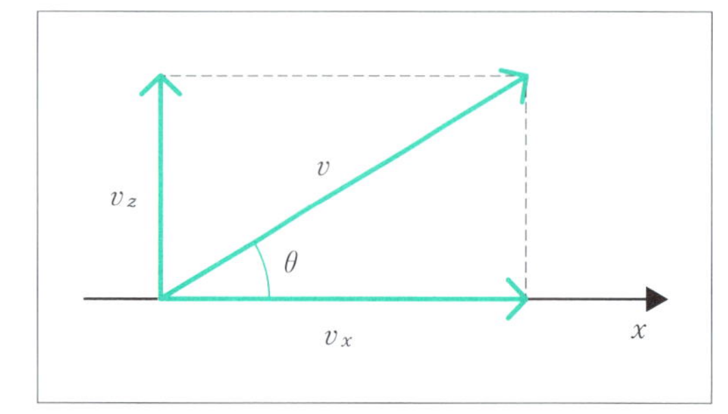

図1-3-1 物体が進む方向とx軸との角度

すると、実際に物体をxz平面上で移動するときに必要なのはx座標とz座標で、それらの座標を計算するにはv_xとv_zが必要ですから、計算して求めたいのはv_xとv_zで、その2つを物体の速さv、物体が進む方向の角度θの2つから計算したいわけです。

その計算をプログラム化して、xz平面上でx軸に対して角度30度の方向に物体が動くようにしたのがスクリプトSimpleMove3_1です（図1-3-2）。

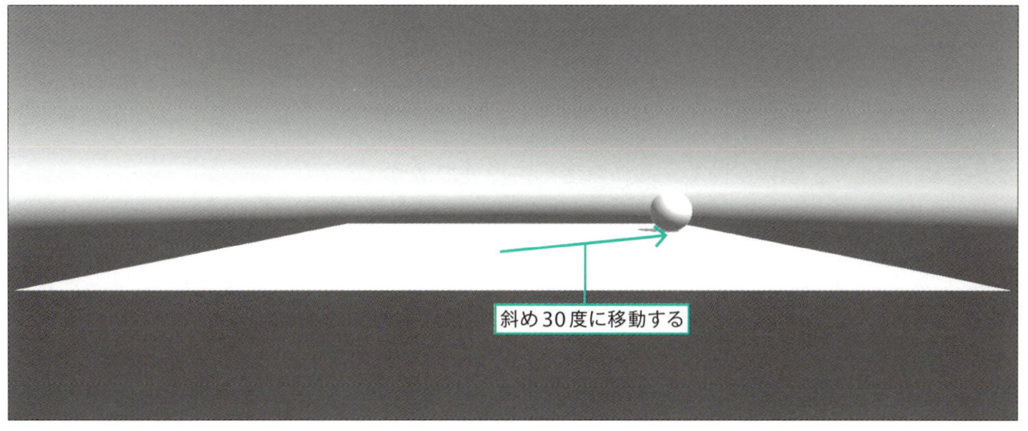

図1-3-2 動作画面

このプログラムで物体の動きを決定しているのは、Startメソッド中の以下の2行です。

```
v3Velocity.x = fVelocity * Mathf.Cos(fAngle);   // 初速の設定
v3Velocity.z = fVelocity * Mathf.Sin(fAngle);
```

三角関数

さて、Mathf.Cos(fAngle)とはコサイン（cos）関数、Mathf.Sin(fAngle)とはサイン（sin）関数のことです。いきなりサインとコサインの三角関数が出てきましたが、なぜでしょうか？　そのことについては、以下で少し詳しく説明します。

まず明らかなのは、x、y方向の速度であるv_xとv_yは、全体の速さvに比例する、ということです。これはつまり、進む方向の角度が一定の場合には、例えばvが2倍になったらv_xやv_zも2倍になる、ということです。

この**比例関係**（ひれいかんけい）を具体的な式に書くと、

$$\begin{cases} v_x = a \cdot v \\ v_z = b \cdot v \end{cases}$$

となります。式中のaとbは定数で、**比例定数**（ひれいていすう）と呼ばれます。この定数、例えばaは、「vが1だけ増えた場合v_xはaだけ増える」という意味を持っています。

少々わかりにくいですから具体例を挙げましょう。例えば、物体を真横に動かす場合には、

$$\begin{cases} v_x = v \\ v_z = 0 \end{cases}$$

となります。つまりこの場合、$a = 1$、$b = 0$です。ちなみに、この場合は物体の動く向きがちょうどx軸の方向になりますから、物体が動く方向の角度θはゼロです。また、物体を斜め45度方向に動かすには、そのままだと速さが$\sqrt{2}$倍になってしまうので、

$$\begin{cases} v_x = \dfrac{1}{\sqrt{2}} v \\ v_z = \dfrac{1}{\sqrt{2}} v \end{cases}$$

とします。つまり、物体が動く方向の角度θが45度であれば、$a = \frac{1}{\sqrt{2}}$、$b = \frac{1}{\sqrt{2}}$だ、ということになります。

まとめれば、

- θがゼロならば$a = 1$、$b = 0$
- θが45度ならば$a = \frac{1}{\sqrt{2}}$、$b = \frac{1}{\sqrt{2}}$

ということになります。

さて、では角度θを好きな値に取ったときには、aとbの値はどうなるでしょうか？　それを知るために、まずは定数aとbが必ず満たす条件を出してみます。

ここで、v_xとv_zは、最終的にvという速さにならなければいけないので、ピタゴラスの定理から、

$$v_x{}^2 + v_z{}^2 = v^2$$

です（図1-3-3）。

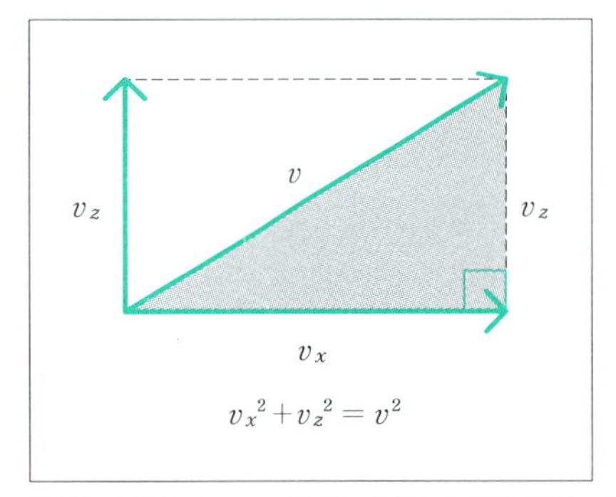

▶図1-3-3 vについてピタゴラスの定理を用いる

これに$v_x = a \cdot v$、$v_z = b \cdot v$という関係を代入すると、

$$(a \cdot v)^2 + (b \cdot v)^2 = v^2$$
$$a^2 v^2 + b^2 v^2 = v^2$$

ここで、両辺をv^2で割ると、

$$a^2 + b^2 = 1$$

となります。上に書いた、物体が真横や斜め45度に動く場合のa、bも、この式を満たしている

ことを確かめてみてください。

この式をよく見ると、半径1の円（単位円）の式と同じものになっています。つまり、aを横軸、bを縦軸に取ったグラフを書いてみると、半径1の円が描かれる、ということです。

また、v_xとv_zはそれぞれ、aとbにvを掛けた値になるので、そのv_xとv_zから決まる物体の移動方向は、aとbが作る単位円上の点と同じ方向になります。つまり、図1-3-4のように角度θが取れるわけです。

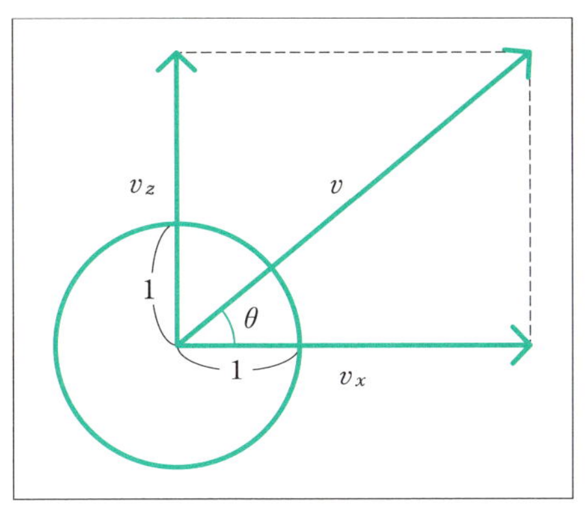

▶図1-3-4 単位円と角度θ

すなわち、aとbはそれぞれ、単位円上の角度θの点のx座標とz座標になります。すると、三角関数の定義より、aとbは以下のようになります。

$$\begin{cases} a = \cos\theta \\ b = \sin\theta \end{cases}$$

NOTE

ここで、「なぜ？」と思ってはいけません。これは、三角関数であるコサイン関数、サイン関数の定義です。つまり、「単位円上の角度θの位置のx座標をコサイン、y座標をサインと呼ぶ」と数学者の方々がエイヤッと決めたのでこうなるわけです。

この式から、

$$\begin{cases} v_x = \cos\theta \cdot v \\ v_z = \sin\theta \cdot v \end{cases}$$

となり、サンプルプログラムに書かれた数式が出てきました。

角度単位「ラジアン」

ただし、ここまでの説明ではサンプルプログラムにはまだ不明な点があります。SimpleMove3_1の中では、

```
private float fAngle = Mathf.PI / 6.0f;
```

としてあり、`Mathf.PI`とは円周率πのことですから、物体が動く方向の角度が$\frac{\pi}{6}$にされていることになりますが、上に書いた説明では角度は30度の方向、ということでした。

つまり、Unityの三角関数（コサイン、サインなど）に与える角度の単位は、どうやら度数法（1周が360）ではないようです。度数法では、30度は1周の$\frac{1}{12}$（$=\frac{30}{360}$）ですから、プログラムに書いてある$\frac{\pi}{6}$もまた$\frac{1}{12}$周なのでしょう。

とすれば、この謎の角度単位は、$\frac{\pi}{6}$の12倍、つまり2πが1周になると思われます。「本当かな？」と思われる方は、プログラム中の`fAngle`を$\frac{\pi}{6}$から2πに変えてみましょう。すると、角度として0を指定したときと同じように、物体は真横（画面の右方向）に動くようになるはずです。

実は、この「1周が2π」という角度の単位は、**ラジアン**または**弧度法**（こどほう）と呼ばれる単位で、「半径1、中心角θの円弧を考えたとき、その弧の長さでθを表す」というものです（図1-3-5）。

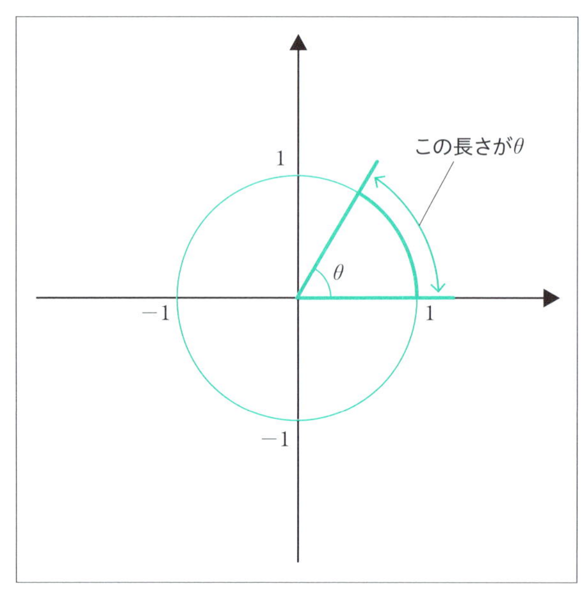

図1-3-5 弧度法では、弧の長さで角度を表す

そのため例えば、1周まるごとの角度は、半径1の円（単位円）の周の長さで表されることになりますから、円周の長さの式$2\pi r$から、$2\pi\times1=2\pi$が、まるごと1周の角度を表す値になるわけです。

なぜラジアンを使うのか?

それでは、なぜコンピュータのサインコサインは、より慣れ親しまれているであろう度数法で角度を与えずに、ラジアンを使って角度を与えるようになっているのでしょうか?

実は、近代的な数学では、三角関数に角度を与えるのに度数法を使うことはむしろほとんどなくて、たいていはラジアンを使うから、というのが答えです。角度の単位としてラジアンが使われる理由は、主に微分積分絡みの事情です。角度の単位としてラジアンを使わないと、特に三角関数の微分積分関係の公式は、そのほとんどがそのままでは使えなくなるという、恐ろしい状況になってしまいます。

特に、ゲームで物理関係の公式を深く扱うようになると、普通に微分積分が出てきたりしますので、読者の皆さんも、プログラムの中で角度を扱うことになったときには、できるだけラジアンで角度を表すようにするのがおすすめです。これは、1つのプログラムの中で角度の単位がバラバラだったりすると、出さなくてもいいようなやっかいなバグが出がちになるからですが、Unityでは関数によってラジアンと度数法のどちらを使うかがバラバラだったりするため、仕方のない部分だったりもします。

そのため、Unityでプログラムを組む皆さんは、角度の単位で混乱しないように十分注意してください。

ラジアンを使ったプログラム

さて、せっかく「ラジアン」という角度の単位についてお話ししたので、それを応用したプログラムを作ってみましょう。SimpleMove3_1そのままでは、物体は何度現れても同じ角度の方向に動いていきますが、これを物体が現れるたびに動く方向が回転していくようにしてみましょう(SimpleMove3_2)。

角度を増加させる

このプログラムのポイントとなるのは、FixedUpdateメソッド中の

```
fAngle += 2.0f * Mathf.PI / 10.0f;          // 方向回転
if (fAngle > (2.0f * Mathf.PI)) fAngle -=
            2.0f * Mathf.PI;                // 1周したら角度を戻す
```

という部分です。

この部分の1行目は、物体が画面の外に出るたびに、角度を$\frac{1}{10}$周分だけ増やしていく、ということをします。ですからこの場合、物体が10回現れたところで、ちょうど進む方向の角度が1周することになります。

人間が理解しやすいコーディング

ここで、1回に角度が変化する量として2.0f * Mathf.PI / 10.0fという書き方をしていますが、数学が得意な人であれば「これって2.0f * Mathf.PI / 10.0f じゃなく、Mathf.PI / 5.0fって書いたほうがいいんじゃないの？　式が簡単になるし、計算量も少なくなるし」と思われるかもしれません。

確かに、これが普通の数学の授業なら、間違いなくここはMathf.PI / 5.0fにまとめるでしょう。しかし、ここでわざわざ定数をまとめない書き方がされているのには、ちゃんとした理由があるのです。

それは、「加えられる角度が1周の何分の1なのか（言いかえれば、ここを何回通ったら進行方向が1周するのか）が一目見てわかるようにする」ためです。2.0f * Mathf.PI / 10.0fと書いてあれば、「2πが1周で、それが10で割られているから、10回で1周」ということが、特に計算などしなくても一目でわかります。

一方、Mathf.PI / 5.0fと書いてあった場合、一目見ただけでは何回で1周するかはわかりにくく、「ラジアンでは1周が2πだから、2πをMathf.PI / 5.0fで割って……」などと考えたりしなければならず、わかりにくく、かつ誤解も招きやすくなります。

つまり、コンピュータのためでなく、人間のために、定数をまとめず2.0f * Mathf.PI / 10.0fという書き方になっているわけです。

さらにここを人間に優しく書くなら、(2.0f * Mathf.PI) / 10.0fと書いておくとよいでしょう。普通、カッコは演算の順番を変えるために使いますが（例えば、1.0f + 2.0f * 3.0fと(1.0f + 2.0f) * 3.0fでは結果が違いますね)、今の場合(2.0f * Mathf.PI) / 10.0fだろうが2.0f * (Mathf.PI / 10.0f)だろうが（計算精度を別にすれば）計算結果は変わりません。そもそも2.0f * Mathf.PI / 10.0fと(2.0f * Mathf.PI) / 10.0fは同じ演算順序になりますから、コンピュータにとってはカッコがあろうがなかろうが、まったく関係ありません。

しかし、(2.0f * Mathf.PI) / 10.0fとしておけば、「2.0f * Mathf.PIというのが（1周の角度という）意味のあるひとまとまりなんだ」ということが、人間にとってわかりやすくなりますから、あえて(2.0f * Mathf.PI)というカッコの付け方をすると親切、というわけです。

1周を超えたら角度を調整する

少し長くなりましたが、プログラムに戻りましょう。先ほど挙げたプログラムの2行目、

```
if (fAngle > (2.0f * Mathf.PI)) fAngle -= 2.0f * Mathf.PI;
```

という部分は、いったい何をしているのでしょうか？

どうやら、「角度が1周分より大きくなったら、角度を1周分だけ減らす」という操作をしているようです。ここで、角度は1周分増やしたり減らしたりしても、一回りして元の角度に戻っ

てくるだけですから、意味する角度は変わらないはずです。

それを踏まえると、この行は数学的にはまったく意味のないことをしているように見えます。実際、この行を削除してしまっても、少なくとも当面は、削除しない場合とまったく同じ実行結果になります。

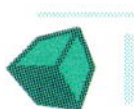

計算精度と誤差

では、この行はただの飾りなのか？というと、そういうわけでもありません。この行は「常に角度θを$0 \leq \theta \leq 2\pi$の範囲に収めて、角度θが際限なく大きな値になってしまわないようにするため」という理由で入れられているのです。

確かに、数学的には、角度θがいくら大きくなっていっても（つまり、角度的に何周もする値でも）、問題はありません。例えば、2π、4π、6π…は全部同じ角度を表しますし、2.5π、4.5π、6.5π…も全部、$\frac{\pi}{2}$（＝90度）という角度と同じになります。

そのように、数学的には角度がいくら大きくなっていっても問題はないのですが、実際にコンピュータにサインコサインの計算をさせるときには、それではまずい状況になる可能性があります。

浮動小数点数の誤差

ラジアンによる角度の値は、コンピュータ内部では浮動小数点数という形で表現されています。それは例えば1.2×10^2というような、いわゆる**指数形式**（しすうけいしき）で表された数です。そのおかげで、例えば100000などという大きな数でも、少ない桁数（つまり、少ない容量のメモリ）で表現できるわけです。

ただし、この指数形式には「絶対値の大きな値を扱うと精度が落ちる」という問題点があります。例えば、10という数を使って計算したときより、100000という数を使って計算したときのほうが、計算誤差はおおむね1万倍も大きくなってしまうのです。そのため、コンピュータで小数点を含んだ数を扱うときには、必要もないのに絶対値の大きな値を扱ってはいけません。

この問題はしばしば軽視されてしまう場合がありますが、何回回るかわからないループの中に一方的に角度を増やす命令を入れたりすると、時間が経つにつれて、いつのまにか角度が大きくなりすぎて計算精度がガタ落ちになり、最初の頃とは全然違う動きを始めてしまう、ということが起き得ます。

ですから皆さんも、必要もないのに何周もするような大きな角度を持ったりすることは避けることをおすすめします。また、詳細は省略しますが、コンピュータの三角関数にあまり大きな値の角度を与えると、計算そのものにかかる時間も増えてしまう可能性があるのです。ですから、いずれにしても角度θは、できる限り$0 \leq \theta \leq 2\pi$（あるいは$-\pi \leq \theta \leq \pi$）の範囲に収めたほうがよいでしょう。

1-4 物体に重力を掛けたい

Keyword 放物運動 加速度 計算誤差 積分

本節では、物体に重力を掛けることで、ジャンプなどの動きをリアルに表現することを考えてみましょう。

放物運動と重力加速度

重力が掛かっている物体のする運動は**放物運動**（ほうぶつうんどう）といわれますが、その放物運動を簡単な方法でプログラムにしたのがスクリプトSimpleMove4_1です（図1-4-1）。

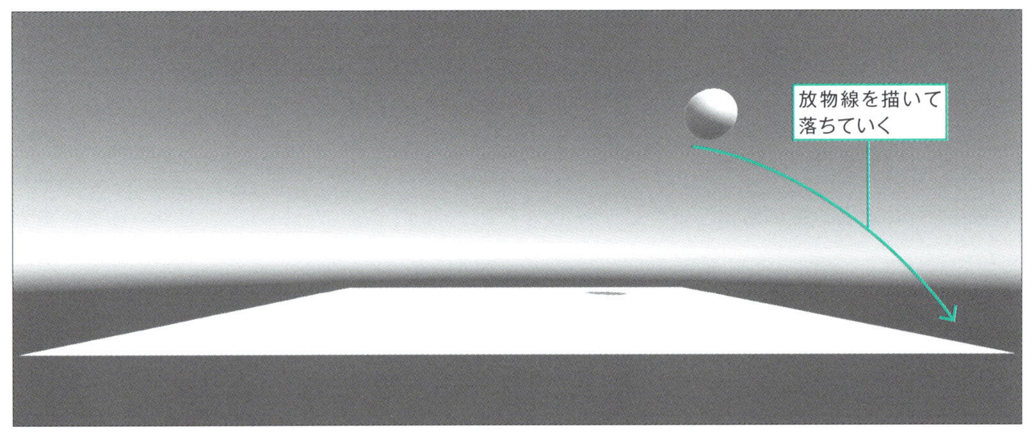

▶図1-4-1 動作画面

ここで大切なのは、FixedUpdateメソッド中の以下の2行です。

```
v3Position += v3Velocity;                    // 位置に速度を足す
v3Velocity.y += fGravity;                    // 速度に加速度を足す
```

ここで、v3Velocity.yはy方向の速度、fGravityは重力加速度です。**重力加速度**（じゅうりょくかそくど）というのは、放物運動をしている物体に掛けるべき**加速度**です。

速度と加速度の関係

重力加速度の話をする前に、ひとまず、速度と加速度の関係を確認しておきましょう。

まず、速度とは、

$$速度 = \frac{移動距離}{時間}$$

でした。移動距離というのは、位置の変化量ですから、これをΔxと書くことにします。Δ（デルタ）というギリシャ文字は、その値の変化量であることを示します。

同様に、時間というのは時刻の変化量ですから、これをΔtと書くことにしましょう。

そして、速度をvと書くことにすると、

$$v = \frac{\Delta x}{\Delta t}$$

と書けます。

これが位置と速度の間に成り立つ関係式ですが、実はこれと同じ関係式が、速度と加速度の間にも成り立つのです。つまり、加速度をaとすると

$$a = \frac{\Delta v}{\Delta t}$$

となります。

このことはつまり、時間当たりの位置の変化量が速度、時間当たりの速度の変化量が加速度、ということを意味しています。

これらの式を変形すると、

$$\Delta x = v \Delta t$$
$$\Delta v = a \Delta t$$

となります。

ここで、時間Δtの単位はフレーム（ゲームでは普通、1ループ当たりの経過時間が1フレームとなる）ですから、$\Delta t = 1$です。

これを上の式に代入すると、

$$\Delta x = v$$
$$\Delta v = a$$

これらの式のvを`v3Velocity.y`に置き換え、aを`fGravity`に置き換えれば、プログラム中に出てきた式になります。ただ、このままでは少しわかりにくいので、もう少し細かくプログラムの動きを見てみましょう。

加速度を表現するプログラム

物体は、重力を受ければ下方向に加速していきますが、その加速の割合は一定なので、このプログラムでは`fGravity`という定数でその加速度を表しています。この`fGravity`の値が毎フレーム`v3Velocity.y`という変数に足されていくので、y方向の速度`v3Velocity.y`は1フレームごとに`0`、`fGravity`、2×`fGravity`、3×`fGravity`……と、`fGravity`ずつ増えていくことになります。

そしてさらに、その増えていく速度が毎回位置に足されていくために、加速度運動である放物

運動が上手く表現できるわけです。

NOTE

ただし、この場合の重力加速度 fGravityは、9.8という値ではないので注意してください。有名な9.8という重力加速度の値は、リアルな地球上での重力加速度を$\frac{m}{s^2}$（メートル / 毎秒毎秒）という単位で表したときの値で、コンピュータ内のバーチャル空間では通用しません。
スクリプト SimpleMove4_1での実際のfGravityの値は-0.003fです。現実世界で$\frac{m}{s^2}$という単位で表した重力加速度よりもずいぶんと小さな値ですが、これは長さの単位がメートルでなく独自のものであり（表示されている地面の幅が10になるような単位）、時間の単位は秒ではなくフレームだからです。
また、重力は下方向（y軸のマイナス方向）に掛かっているため、重力加速度もマイナスの値になっているので注意してください。

ジャンプに応用する

次に、このプログラムを、ジャンプに直接応用できるように変えてみましょう。そのためには、初期位置v3BasePositionと初速v3BaseVelocityを定義している、

```
private Vector3 v3BasePosition = new Vector3(0.0f, 6.0f, 0.0f);
private Vector3 v3BaseVelocity = new Vector3(0.1f, 0.0f, 0.0f);
```

という部分を、以下のように変更します。

```
private Vector3 v3BasePosition = new Vector3(-5.0f, 0.5f, 0.0f);
private Vector3 v3BaseVelocity = new Vector3( 0.1f, 0.2f, 0.0f);
```

すると、物体はいったん上方向に打ち上げられたあと、重力に引かれて方向転換し、改めて下に落ちるようになります（SimpleMove4_2）。これは、ゲームでキャラがジャンプしたときと同じ動きですから、いろいろと応用できそうな感じですね。

加速度と積分

さて、ここで話を終わりにしても問題ないのなら苦労はないのですが、残念ながらそういうわけにはいかないのです。

上に書いた議論は、物体の動きがそれほど重要でないプログラムなど、例えば趣味で作るゲームでのキャラの動きとか、エフェクトで大量に飛ばす粒子（パーティクル）の動きとか、そういうものに使う分には問題ありません。しかし、特に市販のアクションゲームでのキャラの動きなど、動きが特に重要になる場面で使うときには、上の議論にはウソが含まれていることに注意しなければならないのです。

自分が書いた文章にウソが含まれている、などと堂々と書くのも何なのですが、ウソとまではいわないまでも、上の議論には不正確な部分があります。もう少し数学の言葉で表現すれば、上に書いた数式には、かなり荒っぽい近似が含まれていて、時間が経てばたつほど計算結果は不正確になっていくのです。

不正確な部分というのは、具体的には例えば

$$速度 = \frac{移動距離}{時間}$$

という部分です。この式、小学校辺りで必ず習うと思うのですが、昔ませた子供だった方の中には、次のように考えた方もいるのではないでしょうか。「分母に時間が入っているけど、もし加速してたら、その時間が経っている間にも速度は変わってしまうんだから、この式はおかしいんじゃないの?」と。

そう、このませた疑問は当たっています。この速度 $= \frac{距離}{時間}$ というのは、速度が一定の場合にだけきちんと成り立つもので、加速度が掛かっている場合には正確ではないのです。

無限小の時間

加速度が掛かっている場合、Δt という**有限**(ゆうげん)**の時間**(じかん)を考えたとたん、その時間の間にも速度は変わっていってしまいます(図1-4-2)。

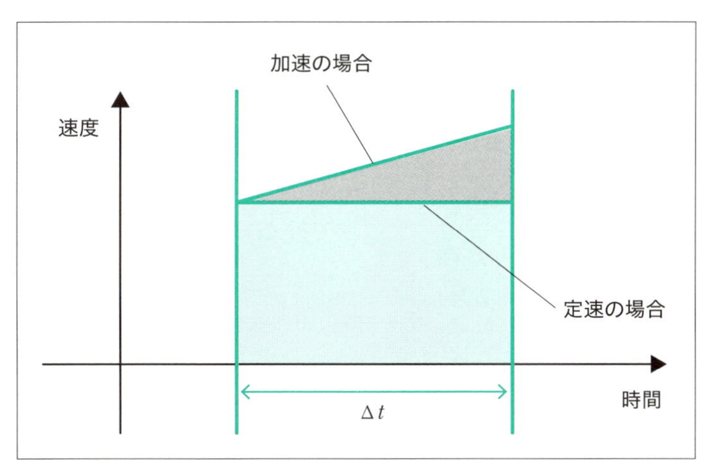

図1-4-2 有限の時間中に速度が変化してしまう

ですからその場合、Δt の時間が経つ前の速度を使ったとしても、Δt の時間が経ったあとの速度を使ったとしても、それらの速度を足し合わせていくことである時刻での位置を出したら、それは正確なものではなくなってしまうのです。それでは、加速度が掛かっている場合に位置を正確に計算するにはどうすればいいかといえば、**無限小**(むげんしょう)**の時間**(じかん)というものを考えて、その無限小の時間の間に進む距離(これも無限小になります)を足し合わせていけばよいのです。つまりは、「無限小の数を無限個足し合わせていく」という、まるで禅問答のようなことをすることになります。

「無限小」を「無限個」足し合わせる?!

もちろん、コンピュータには無限小の数を扱うことも、それを無限個足し合わせることもできません。これを実際にプログラムにするためには、人間が無限小を扱う計算をしてあげたあとで、その結果をプログラムに組み込む必要があります。

もうお気づきの方も多いでしょうが、この「無限小の数を無限個足し合わせる」という操作を行うのが、積分と呼ばれる数学ツールなのです。そう、微分積分で有名な、あの積分です。皆さんの多くもそうでしょうし、私自身もそうなのですが、微分積分などというものは、できる限り触りたくないものではあるのですが、必要になるのなら仕方ありません。

積分を使って考える

今の、重力が掛かった状態を、積分を使って考えてみます。ただし、ここでは微分積分に深入りするつもりはありません。微分積分をある程度きちんと勉強しようと思えば、それだけで軽く2年3年くらいはかかってしまうからです。われわれは数学者を目指すわけではなく、ゲームが作りたいのですから、昔の偉い学者様が作ってくれた公式を丸飲みにして、そのまま使わせてもらうことにしましょう。さて今、位置をx、速度をv、加速度をa、経過時間をtとします。すると、それらの間には、正確には以下のような関係が成り立ちます。

$$x = \int v dt$$
$$v = \int a dt$$

これが、上で出てきた

$$\Delta x = v \Delta t$$

といった式を、無限小の概念を入れてより正確にしたものです。

今、y方向にGの重力加速度が掛かっているとすると、

$$y = \int v_y dt$$
$$v_y = \int G dt$$

ということになります。

後者の式から、

$$\begin{aligned} v_y &= \int G dt \\ &= Gt + C_1 \end{aligned}$$

となります。なお、C_1という積分定数は時刻$t=0$での速度という意味になり、**初速**(しょそく)と呼ばれるものに相当します。

これと前者の式から、

$$
\begin{aligned}
y &= \int v_y \, dt \\
&= \int (Gt + C_1) dt \\
&= \frac{1}{2} Gt^2 + C_1 t + C_2
\end{aligned}
$$

が導かれます。ここで、C_2という積分定数は、$t=0$のときのy座標で、**初期位置**(しょきいち)と呼ばれます。

この最終的に出てきた式については、高校の物理の教科書にも出てくるものです。これは実は、積分を使って導き出すものだった、というわけですね。

積分を使った場合の正確さ

ここで、この積分を使った正確な方法と比べて、最初にやった「毎ループ、位置に速度を、速度に加速度を足す」という方法が、どの程度不正確なのか考えてみましょう。簡単にするために、初期位置と初速は両方とも0とします。すると、積分を使ったほうは、

$$
y = \frac{1}{2} Gt^2 + C_1 t + C_2
$$

という式で$C_1=0$、$C_2=0$にした場合になりますから、

$$
y = \frac{1}{2} Gt^2
$$

となります。

一方、ループで毎回ある数を足していく、というのは、数学的に表現すれば**級数**(きゅうすう)というものになります。例えば、時刻tでの速度vは、

$$
\begin{aligned}
v_y &= \sum_{i=1}^{t} G \\
&= Gt
\end{aligned}
$$

となります。ここまでは、積分を使ってきちんと計算した場合とまったく同じ結果が得られていることに注意しましょう。

しかし、残念ながらこのあと、位置yを計算する際に結果が不正確になってしまうのです。

$$
\begin{aligned}
y &= \sum_{i=1}^{t} v_y \\
&= \sum_{i=1}^{t} G(i-1)
\end{aligned}
$$

ここで、Gtだったものが$G(i-1)$にされているのは、yにv_yが足されたあとで、v_yに加速度が足されるために、yの計算のときに使われるv_yは1ループ分更新が遅れてしまうからです。

ともあれ、

$$
\begin{aligned}
y &= \sum_{i=1}^{t} G(i-1) \\
&= G \cdot \frac{1}{2} t(t-1) \\
&= \frac{1}{2} Gt^2 - \frac{1}{2} Gt
\end{aligned}
$$

となります。

これを積分したときの正確な結果

$$y = \frac{1}{2} Gt^2$$

と比べてみると、$-\frac{1}{2}Gt$の分だけずれていることがわかります。つまり、「位置に速度を、速度に加速度を足していく」という方法だと、プログラムが簡単な代わりに、時間が経つにつれてどんどん誤差が大きくなっていってしまう、ということになります。

誤差が問題になる場合、ならない場合

が、前にも書きましたが、ゲームプログラムではそういう誤差が出ても問題ない場合もたくさんあります。ゲームのプレイヤーからすれば、計算結果の正確さが問題になることは多くはないからです。「このキャラの動き、正確なシミュレーションの値から3ドットもずれている。ダメなゲームだ」などというユーザーはまず、いませんからね。

しかし、この誤差が問題になる場合もあります。

例えば、テニス、ゴルフ、野球などの球技での球の動きがその一例です。球技では球の動きがとても大事ですから、たとえ回転や空気抵抗などの影響を考えなかったとしても、この誤差が問題になることはあり得ます。

また、アクションゲームなどでも、何らかの理由でフレームレートが一定でない状況があるときは、**結果の再現性がない**という形で問題になることがあり得ます。例えば、一時的に処理が間に合わなくなって1フレーム分処理を飛ばす場合などです。例としては、複数のマシンで同じゲームを開発するときに、強力なマシンと非力なマシンでフレームレートを変える場合も考えられますし、コンピュータの処理速度が一定でなく、その時々で処理時間が変わってしまっても、一定速度で物体を動かそうとする場合もあり得ます。これらのようにフレームレートが変わってしまうと、フレームレートが小さいほど計算誤差が大きくなってしまうので、場合によって物体の軌道に違いが出てきてしまい、特にアクションゲームなどの、微妙な動きがゲーム性を左右するようなゲームで問題が起きる場合があります。ですから、計算精度が必要になる場合のために、できれば積分を使った高精度なプログラミングも知っておいたほうがいいでしょう。

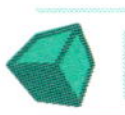 積分を利用したプログラム

ということで、積分を応用して放物運動を実現したのが、スクリプトSimpleMove4_3です。
このスクリプトのFixedUpdateメソッド中、

```
v3Position.x = v3BaseVelocity.x * t + v3BasePosition.x;
v3Position.y = 0.5f * fGravity * t * t +
        v3BaseVelocity.y * t +
        v3BasePosition.y;
```

という部分が、それぞれx方向、y方向について、積分計算の結果を用いて位置を求めている部分です。これを通常の数式で書けば

$$x = v_x t + x_0$$
$$y = \frac{1}{2}Gt^2 + v_y t + y_0$$

となります。

ここで、x_0はxの初期位置、y_0はyの初期位置、v_xはx方向の速度、v_yはy方向の初速です。

また、このプログラムで特徴的なのは、「その物体にとっての時刻」というものを持っていて、それを使って物体の位置を直接出しているところです。このようにすれば、誤差が時間とともに大きくなっていくこともなく、たとえフレームレートが一定でなくても常に同じ軌道をたどらせることができます。さらにこの場合、時刻tは順番に増えていく必要はないため、ある時刻まで瞬時に飛ばしたり、時間を逆行させたりすることも可能です。

ちなみに、この程度の状況であれば、足し算していくだけで計算誤差のあるSimpleMove4_2でも、積分の結果を使うより正確なSimpleMove4_3でも、見た目には区別がつかないほど似た挙動をしますから、実際に両スクリプトを実行して比べてみてください。

なお、いつでも以上の例のように積分によって厳密な軌道が求まるのか、というと、残念ながらそういうわけではありません。地上での重力のような単純な力しか掛かっていない場合には大丈夫なのですが、もっと複雑な力が関係したりすると、あっという間に厳密な軌道は求められなくなったりします。その場合は、数値計算で近似的な軌道を求めることしかできませんから注意してください。

1-5 物体をランダムな方向に打ち上げたい

Keyword 乱数 一様乱数 正規分布

本節では、大量の物体を、初速をランダムに変化させつつ打ち出すことを考えてみます。これは例えば、火山噴火、花火、摩擦などによって火花が散る状況などに応用することができるでしょう。

ランダムとは？

「物体をランダムな方向に打ち上げる」という状況を簡単にプログラム化したのがスクリプトSimpleMove5_1です（図1-5-1）。

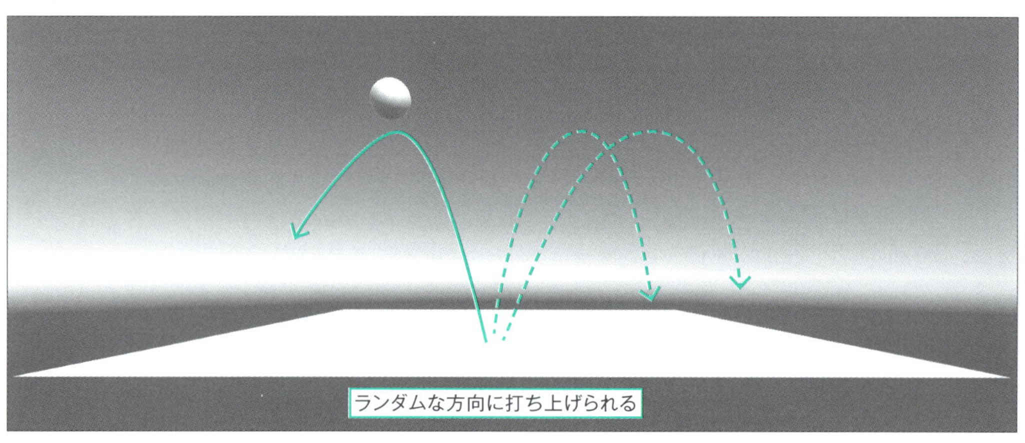

図1-5-1 動作画面

NOTE

本節で解説するプログラムでは、物体は放物運動をするので、放物運動をプログラム化する部分の理解がまだの方は、1-4. 物体に重力を掛けたいを先にクリアしておくのがおすすめです。

なお、このスクリプトの挙動を効率よく見るためには、Test_PrefabにSimpleMove5_1をアタッチし、スクリプトGenBallをGroundにアタッチして、GenBallのBallにTest_Prefabを割り当ててください。すると、5フレームごとにボールが連続発射されるようになります。

Random.Rangeを使った乱数

さて、このスクリプトのポイントとなるのは、ランダムな速度を発生させる

```
v3Velocity = new Vector3(Random.Range(-0.2f, 0.2f), 0.2f,
                         Random.Range(-0.2f, 0.2f));    // 速度を初期化
```

という部分でしょう。

この部分では、Unityの「ある数からある数までの乱数を発生させる」という機能を持つRandom.Rangeを用いて乱数を発生させ、それを用いて物体の速度を決めています。今回は、x成分、z成分ともに、-0.2から0.2までの値を取るようにして、地面に対して平行な速度成分が、原点を中心に一様なランダムになるようにしています。

ただし、このままだと速度の分布に不自然な部分があります。この場合、x方向とz方向の速度を独立に決めているために、速度の分布は正方形の内部となります。すると、斜め45度方向には速い物体が出やすく、x軸やz軸の方向には遅い物体が出やすいという状況になっていることになります。

どの方向にも等しく打ち上げてみる

これでは少々不自然ですから、どの方向にも等方的に物体が飛ぶようにしたのがスクリプトSimpleMove5_1aです。このスクリプトでポイントとなるのは、Startメソッド内の、

```
fRadius = Random.Range(0.0f, 0.2f);
fAngle = Random.Range(0.0f, 2.0f * Mathf.PI);
v3Velocity = new Vector3(fRadius * Mathf.Cos(fAngle), 0.2f,
                         fRadius * Mathf.Sin(fAngle));    // 速度を初期化
```

という部分です。

これは、1-3.物体を好きな方向に動かしたいで行った物体を好きな方向に動かす方法を用いて、物体の速さと射出方向を別々にランダムに決定しています。ここでは、速さはfRadiusで、角度はfAngleで表されています。このようにすることで、どの方向にも同じ確率で物体を発射することができます。

ただし、この場合、確かにどの方向にも同じ確率で発射されはしますが、物体の落下地点に注目してみると、発射点に近い位置には高い密度で落ち、発射点から遠い位置には比較的低い密度でしか落ちません。それは、速さをある値に固定してみればよくわかる話です。

例えば、速さが1という物体が8通りの角度を取るとしましょう。その場合、速さが2という物体が同じく8通りの角度を取る場合と比べて、着地する物体の密度は2倍になります。なぜなら、半径1の円の円周の長さは、半径2の円の円周の長さの半分しかないからです（図1-5-2）。つまり、半分の長さしかない円周上に同じ確率で物体が落ちれば、倍の密度で物体が落ちることになる、というわけです。

よって、この場合の物体の落下密度は、発射点からの距離に反比例することになり、発射点に近いほど物体が高い密度で落下することになるわけです。

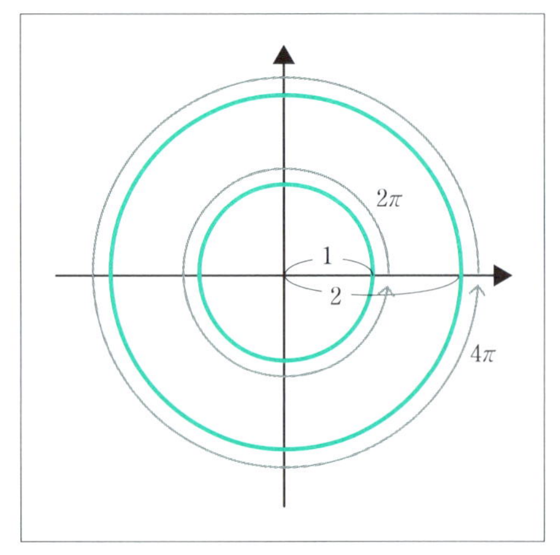

▶図 1-5-2 半径1の円の円周は2π、半径2の場合は4πとなる

一様乱数と正規分布

さて、こうして乱数の値の範囲を制限しつつ、ランダムに物体を打ち上げるプログラムを作ってみたのですが、この実行結果を見て、人によっては「やはりこれは何となく不自然な感じがする……」という感想を持った方もいるのではないでしょうか。

実は、このプログラムの乱数発生方式では、自然界で物体が打ち上げられる状況と比べて、大きく異なるところがあるのです。それは、「自然界ではこのような場合、初速の分布は一様乱数でなく正規分布をなす」という部分です。さて、「一様乱数」とか「正規分布」というのは何でしょうか。順番に説明したいと思います。

一様乱数とは?

まず、**一様乱数**(いちようらんすう)から説明しましょう。一様乱数とは、「すべての数字が等確率で出てくる乱数」のことで、上のようにRandom.Rangeをそのまま使って乱数を発生させた場合、それは一様乱数になると考えられます。

NOTE

厳密には、Random.Rangeが発生させるのは「疑似乱数」というニセモノの乱数です。
そのため、一様乱数からずれる可能性はありますし、内部的に生成されたある範囲の値の乱数を、Random.Range(a, b)としてa〜bまでの範囲の値に変換する内部処理によっても一様乱数からずれる可能性がありますが、ここではその事実による影響は小さいので無視します。

これはつまり、「真上付近に打ち上がる確率も、大きく横にずれた方向に打ち上がる確率も同じ」ということです。

正規分布とは？

一方、**正規分布**（せいきぶんぷ）のほうは、「ある値を取る確率が最大で、そこから値がずれると確率が小さくなっていく」というもので、具体的には、その分布は

$$p(x)=\frac{1}{\sqrt{2\pi\sigma^2}}\exp\left\{-\frac{(x-\mu)^2}{2\sigma^2}\right\}$$

と表されます。ここで、μはいわゆる**平均**（へいきん）で、最も高い確率を取る点です。σは**標準偏差**（ひょうじゅんへんさ）と呼ばれ、確率がばらつく度合いを表します（図1-5-3）。

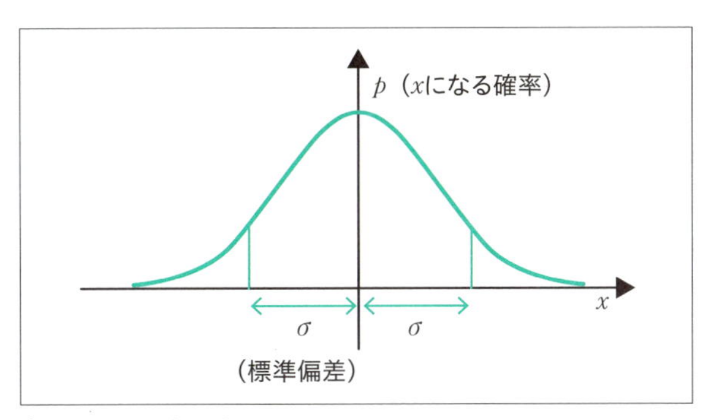

図1-5-3 正規分布

つまり、自然界では、例えば火山弾は、特定の方向（通常は真上）に打ち上がる確率が高く、そこから外れた方向に飛ぶ確率は低いのです。一方、SimpleMove5_1では、速度が取る値の範囲は制限していますが、その範囲内ではすべて同じ確率で速度の値が取られるので、見ていて「何となくおかしい」という違和感があるわけです。

また、SimpleMove5_1aでは、確かに真上に近い方向に発射されるものが多いものの、アルゴリズムの都合でそうなっただけで正規分布にはなっていないため、やはり何となく違和感があるわけです。

正規分布にしたがう乱数

では、自然界に学んで、正規分布にしたがった速度で物体を打ち上げるにはどうすればいいでしょうか？

それには当然、「平均値μ、標準偏差σである正規分布になるような乱数」を発生させる必要がありますが、それがなかなか簡単ではありません。

Unityにそういう乱数を発生させる関数があれば楽なのですが、そんな便利な関数はありませんので、一様乱数を発生させる`Random`を元にして、何とか自分で計算する必要があります。

ボックス=ミュラー法

しかし、その方法を自分で考えるのは相当大変ですから、偉大な先人に頼ってしまいましょう。一様乱数から正規分布にしたがう乱数を発生させる方法として、**ボックス=ミュラー法**(ほう)という方法があります。

それによると、0から1までの値を取る2つの一様乱数a、bをもとにして、以下の2つの正規分布（平均0、標準偏差1）にしたがう乱数z_1、z_2が得られます。

$$z_1 = \sqrt{-2\ln(a)}\cos(2\pi b)$$
$$z_2 = \sqrt{-2\ln(a)}\sin(2\pi b)$$

ここで、$\ln(x)$というのは**自然対数**(しぜんたいすう)という関数で、「$e(=2.71828\cdots)$を底とする対数関数」というものです。

この式は、SimpleMove5_1aで行ったことと少し似ていて「半径$\sqrt{-2\ln(a)}$である円の周上、角度をランダムに取った点のx座標をz_1、y座標をz_2とする」ということを行うものです。

NOTE

このようにすると、どうしてz_1とz_2が正規分布にしたがうのか、という理屈は簡単ではなく、本書の想定レベルを超えてしまうために省略します。

なお、z_1とz_2の間に相関、つまり関係性は何もないため、普通に2つの乱数として使うことができます。

ボックス=ミュラー法をプログラムする

ボックス=ミュラー法による乱数発生をプログラム化したのが、サンプルプログラムSimpleMove5_2です。このプログラムでは、以下のようにボックス=ミュラー法を用いてx成分、z成分それぞれのランダムな速度を得ています。

```
fRand_r = Mathf.Sqrt(
        -2.0f * Mathf.Log( Random.Range(0.0f, 1.0f) ) );          // √-2ln(a)
fRand_Angle = Random.Range(0.0f, 2.0f * Mathf.PI);                // 2πb

// 速度を初期化
v3Velocity = new Vector3(0.2f * fRand_r * Mathf.Cos(fRand_Angle),
                         0.2f,
                         0.2f * fRand_r * Mathf.Sin(fRand_Angle));
```

この場合、先ほどの一様乱数の場合と異なり、例えば`v3Velocity.x`は`-0.2f`から`0.2f`までの範囲には収まらず、たまにその範囲から大きく外れた速度を持った物体が出てきます。正規分布、つまりは自然界のランダムな現象というのは実際、そのようなものであり、プログラムの挙動としても正しいものとなっています。

また、このプログラムと式を見ると、SimpleMove5_1aと同様に自然にどの角度方向にも同じ確率で物体が打ち出されることがわかります。打ち出される方向の角度は`fRand_Angle`であり、その`fRand_Angle`は一様乱数で決まっているため、そのようになっているわけです。

これはたまたまそうなっているわけではなく、一様乱数を座標軸ごとに独立に組み合わせた場合と異なり、正規分布を座標軸ごとに独立に組み合わせた場合には、自然に角度方向に対して一様な乱数が得られるからです。そのため、正規分布にしたがう乱数を用いると、より自然に近いランダムさが得られるだけでなく、今回のような多次元の乱数を作ったときに自然な結果を容易に得ることができます。

スクリプトの注意点

なお、注意点として、上のスクリプトではボックス＝ミュラー法がまるで「2Dの長さと角度」という状況に限定されるような印象があるかもしれませんが、決してそのようなことはありません。先ほども少し触れましたが、上のスクリプトで

```
fRand_r * Mathf.Cos(fRand_Angle)
```

も、

```
fRand_r * Mathf.Sin(fRand_Angle)
```

も、単純に2つの互いに独立した平均0、標準偏差1にしたがう乱数を生成します。そのため、SimpleMove5_2で速度計算の中身が速さと角度であるかのようになっているのは偶然だと考えてください。

NOTE

ただし、ボックス＝ミュラー法においては、いったん極座標系で考える関係上、2つずつの乱数を生成するのが速度的に有利になります。
そのため、ボックス＝ミュラー法で生成した正規分布にしたがう乱数を使用する場合には、プログラムを工夫して乱数を2つずつ使うようにしたほうが、速度的に有利になります。

1-6 物体を円運動させたい

Keyword 角速度 向心力 微分

本節では、物体をある中心点の周りをぐるぐると回転させる、円運動について考えてみましょう。

角速度とは？

円運動を簡単にプログラムにしたのがスクリプトSimpleMove6_1です（図1-6-1）。

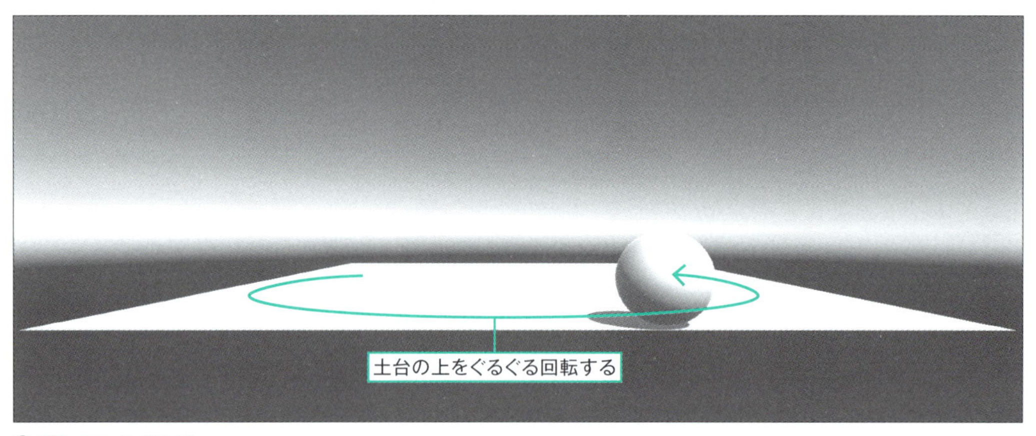

図1-6-1 動作画面

ここで、ポイントとなるのは、FixedUpdateメソッド中の以下の行です。

```
v3Position = new Vector3( fRot_r * Mathf.Cos(fAngle), 0.5f,
                          fRot_r * Mathf.Sin(fAngle) );     // 回転
fAngle += 2.0f * Mathf.PI / 50.0f;                          // 角度を進める
```

ここでは、物体を動かすのに、（重力の場合のように）加速度や速度を足し込んでいくのではなく、位置を直接計算しています。具体的には、以下のような原理を使っています。

まず、三角関数cosとsinは、その定義から、

$$x = \cos\theta$$
$$z = \sin\theta$$

としたとき、xz平面上で原点を中心とした単位円（半径1の円）の円周上、角度θの位置の点を表します（図1-6-2）。

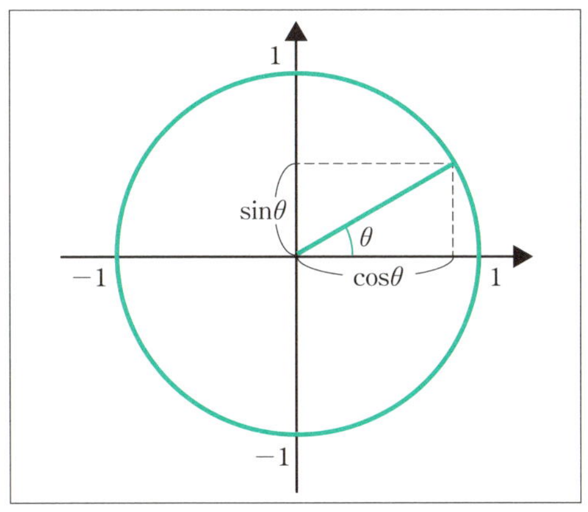

図 1-6-2 半径1の円における$\sin\theta$と$\cos\theta$

ということは、この式でθの値を時間とともに増やしていくと、原点を中心とした半径1の円運動をすることになります（図 1-6-3）。

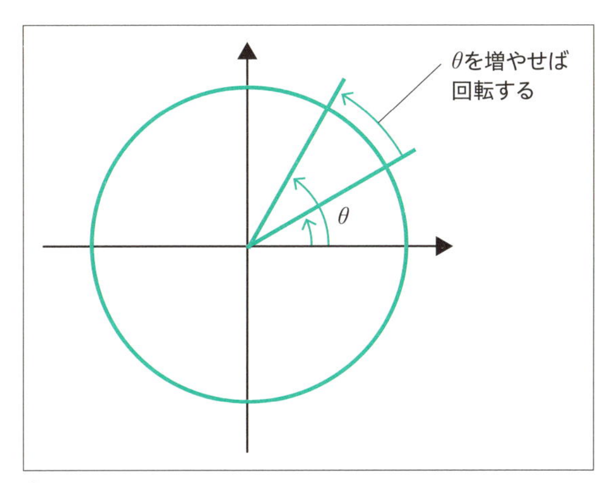

図 1-6-3 θを増やすことで回転を行う

ここで、これをr倍したあとで(x_0, z_0)だけ位置をずらしてあげれば、(x_0, z_0)を中心とした半径rの円運動をするはずです。

つまり、

$$x = r \cdot \cos\theta + x_0$$
$$z = r \cdot \sin\theta + z_0$$

とすればよいことになり、$x_0 = 0$、$z_0 = 0$とすれば、サンプルプログラムの式、

```
v3Position = new Vector3( fRot_r * Mathf.Cos(fAngle), 0.5f,
                          fRot_r * Mathf.Sin(fAngle) );      // 回転
```

が再現できました。

また、

```
fAngle += 2.0f * Mathf.PI / 50.0f; // 角度を進める
```

としている部分は、物体の回転速度を決めています。

物理などで回転速度を表すときには、**角速度**（かくそくど）という量を使うことが多く、その場合、角速度ωを使って、$\theta = \omega t$と表されます。

つまり、角速度ωというのは、時間当たりの角度の変化量です。ただし、角速度ωは式の計算をするには便利なのですが、「どれくらいの時間で1周するのか」ということを人間が見て直感的に理解するには不便です。そこで、周期Tというものを考えて、$\omega = \frac{2\pi}{T}$、つまり$\theta = \frac{2\pi t}{T}$となるように決めると、時間$T$が経ったときにちょうど1周するんだ、ということが一目でわかって便利です（時間Tが経過したとき、角度がちょうど2πだけ進むため）。

そこで、SimpleMove6_1では角度`fAngle`に毎回$\frac{2\pi}{50}$を足していくことで、50フレームの時間で1周するような回転速度を持たせているわけです。

加速しながら回転させる

さて、上の方式では、速度や加速度を使わずに、回転運動をさせるのにx座標やz座標を直接出しています。が、場合によっては、速度・加速度を使って円運動をさせたい場合もあると思います。例えば、重力や空気抵抗と同じ処理システムの中で円運動をさせたい場合や、あるいは、部分的に円運動をさせる場合（例えば、ジャンプしたキャラがロープにつかまっている間だけ円運動をさせる場合)、などです。

その場合、位置に速度を、速度に加速度を足し込んでいき、その結果として円運動にならなければなりません。では、結果的に円運動をするためには、物体にどのような加速度を掛ければいいのでしょうか？

位置から速度、加速度を求める

ここで参考になるのが、1-4.物体に重力を掛けたいの後半部分にある以下の式です。

$$x = \int v dt$$
$$v = \int a dt$$

これは、掛ける加速度がわかっている場合に、速度や位置を計算するための式です。今の場合、これとは逆に、位置がわかっていて加速度を出したいのですから、これらの式の逆をすればいいことになります。ということは、積分の逆、つまり微分をすればよい、ということです。

実際、位置から速度、速度から加速度を求めるものとして、以下の式が成り立ちます。

$$v = \frac{dx}{dt}$$
$$a = \frac{dv}{dt}$$

これら2つの式を使って、円運動をさせるために掛けるべき加速度を計算してみましょう。まず、x方向だけを考えてみます。ここでは、物体が原点を中心にして、半径r、角速度ωで円運動をしているとします。そのときのx方向の回転の式は、

$$x = r \cdot \cos(\omega t)$$

となります。これからx方向の速度v_xを計算すると、

$$\begin{aligned} v_x &= \frac{dx}{dt} \\ &= \frac{d}{dt}\{r \cdot \cos(\omega t)\} \\ &= -r\omega \cdot \sin(\omega t) \end{aligned}$$

となります。さらに、このv_xからx方向の加速度a_xを計算すると、

$$\begin{aligned} a_x &= \frac{dv_x}{dt} \\ &= \frac{d}{dt}\{-r\omega \cdot \sin(\omega t)\} \\ &= -r\omega^2 \cdot \cos(\omega t) \end{aligned}$$

となります。

三角関数を消して見通しをよくする

さて、この式と元のx座標を出す式、

$$x = r \cdot \cos(\omega t)$$

を見比べると、両方の式にrや$\cos(\omega t)$が含まれていて、以下のような関係が成り立っていることがわかります。

$$a_x = -\omega^2 x$$

ということは、原点を中心とした円運動をさせるためには、現在のx座標に$-\omega^2$を掛けたものをx方向の加速度とすればいいようです。cosやsinなどの三角関数が消えて、見通しがよくなりましたね。

それでは次に、上と同じことをz座標についても行ってみます。

$$z = r \cdot \sin(\omega t)$$

$$
\begin{aligned}
v_z &= \frac{dz}{dt} \\
&= \frac{d}{dt}\{r \cdot \sin(\omega t)\} \\
&= r\omega \cdot \cos(\omega t)
\end{aligned}
$$

$$
\begin{aligned}
a_z &= \frac{dv_z}{dt} \\
&= \frac{d}{dt}\{r\omega \cdot \cos(\omega t)\} \\
&= -r\omega^2 \cdot \sin(\omega t)
\end{aligned}
$$

$$
\therefore a_z = -\omega^2 z
$$

またもや、三角関数が消え去りました。

ここで、a_x、a_zの結果をまとめて書けば、

$$
\begin{cases}
a_x = -\omega^2 x \\
a_z = -\omega^2 z
\end{cases}
$$

となります。

これをベクトルで考えれば、「今物体がいる位置の位置ベクトルに、$-\omega^2$を掛けたものを加速度とすれば、原点を中心とした円運動をする」ということになるでしょう（図1-6-4）。

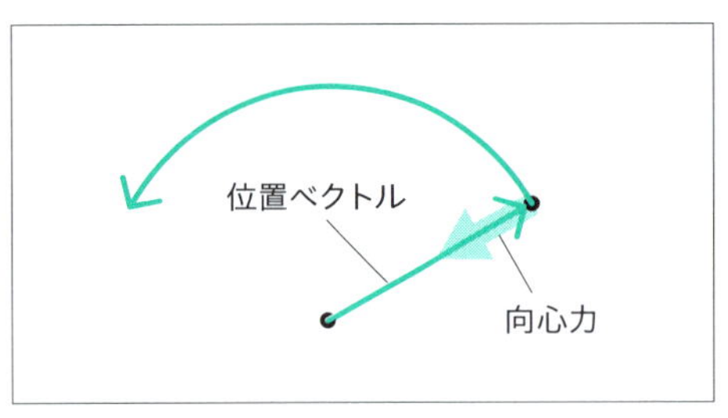

図1-6-4 回転の中心に向かう力を向心力と呼ぶ

符号がマイナスになっているので、この加速度（あるいは力）は、常に原点、つまり回転の中心方向に向くことになります。つまり、「ある一点に向かって、物体の角速度ωに応じた力を加えてあげれば、その一点を中心とした円運動をする」ということです。

中心に向かう力、向心力

この力は、常に回転中心の方向を向くので**向心力**（こうしんりょく）と呼ばれます。この向心力を使って実際に円運動をさせているのがスクリプトSimpleMove6_2です。

ここで少し注意すべきなのは、物体の初期位置と初速を決めている、以下の部分です。

```
private Vector3 v3Position = new Vector3(fRot_r, 0.5f, 0.0f);
private Vector3 v3Velocity = new Vector3(0.0f, 0.0f, fRot_r * fAngle_Vel);
```

これを見ると、初期位置は`(fRot_r, 0.5f, 0.0f)`つまり$(r, 0.5, 0)$の位置にされ、初速は`(0.0f, 0.0f, fRot_r * fAngle_Vel)`つまり$(0, 0, r\omega)$に設定されています。なぜこうなるのでしょうか？

まず、初期位置については、円運動をさせたいのですから、通過させたい円周上の点に物体を置かなければなりません。そこで、上に書いた式、

$$x = r \cdot \cos(\omega t)$$
$$z = r \cdot \sin(\omega t)$$

に$t = 0$を代入することで得られる位置である、$(r, 0)$として初期位置を設定してます。

また、初速については、上に書いた、x、yをそれぞれ微分することで得られた式、

$$v_x = -r\omega \cdot \sin(\omega t)$$
$$v_z = r\omega \cdot \cos(\omega t)$$

に$t = 0$を代入することで得られる速度、$(0, r\omega)$に設定しているわけです。

また、先ほど式計算をしている間に三角関数は消え去ってしまいましたから、このプログラムで実際に物体を動かしている`FixedUpdate`メソッドの中身を見てみると、`sin`も`cos`も含まれておらず、単に足し算や掛け算をしているだけです。

それでも、三角関数を使った場合と同じようにちゃんと円運動ができていて、ちょっぴり得した気分ですね。実際、sinやcosの計算は、掛け算などの単純な計算より時間がかかるので、この向心力を使った円運動のほうが、三角関数を使う場合よりも計算速度の面では有利になります。

以上のことから、ゲームで円運動をさせたい場合には、最初に出てきた三角関数を使った方法と、次に出てきた向心力を使った方法の両方を、場合によって使い分けられることが大事になります。

Chapter 2
座標変換

2-1 座標軸を中心に物体を回転させたい

Keyword　オイラー角　回転の行列　回転の合成　ジンバルロック　演算子のオーバーロード

ここでは、物体をx軸、y軸、z軸といった座標軸を中心にして回転させることを考えてみましょう。

オイラー角による回転

x、y、z軸のような座標軸を中心にして回転させることを、**オイラー角**(かく)による回転といいます。本節では、オイラー角による回転を通じ、物体の回転について学んでいきます。

Unityの操作：Prefabについて

本章では、Prefab（プレハブ：オブジェクトと、そのオブジェクトのさまざまな設定を一括して格納するためのもの）を使い、ゲーム中のオブジェクトを操作していきます。そこで、はじめにPrefabの簡単な使い方について学んでおきましょう。

本章では、02_Transformフォルダーを使います。プロジェクトとして開いておきましょう。

NOTE

本書は「すでにUnityをお使いの方」を主な対象としていますので、Unityの操作がおわかりの方は、056ページ**プロジェクトの構成**まで読み飛ばしてしまってかまいません。

Prefabへのスクリプトのアタッチ

Prefabにスクリプトをアタッチする手順は、以下の通りです。今後何度も利用するので、一通り覚えておきましょう。

[Project] ビューで [GenCube] を選択すると、[Inspector] ビューにGenCube Prefabの詳細が表示されます（図2-1-1）。

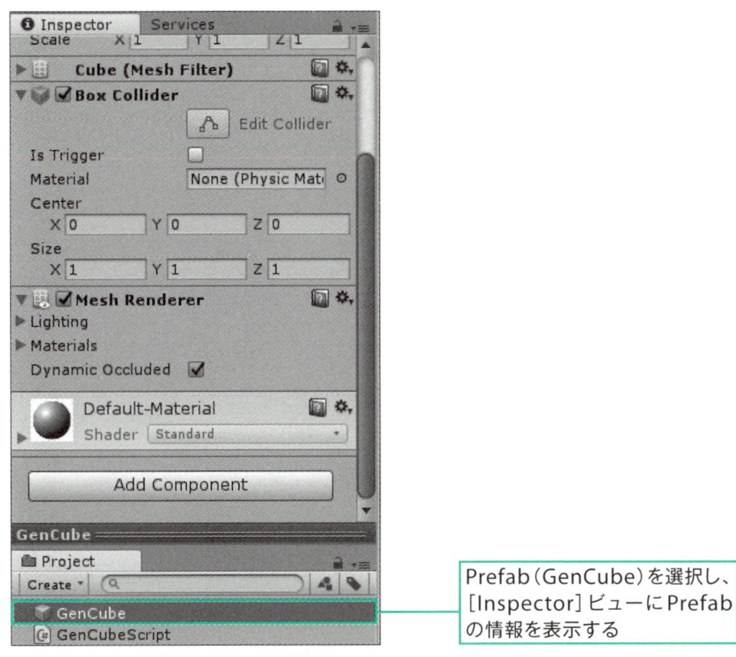

図2-1-1 ［Project］ビューでPrefabを選択する

そこで、［Project］ビューから［Inspector］ビューに［Transform1_1］をドラッグ&ドロップすると、GenCube PrefabにTransform1_1がアタッチされます（図2-1-2）。

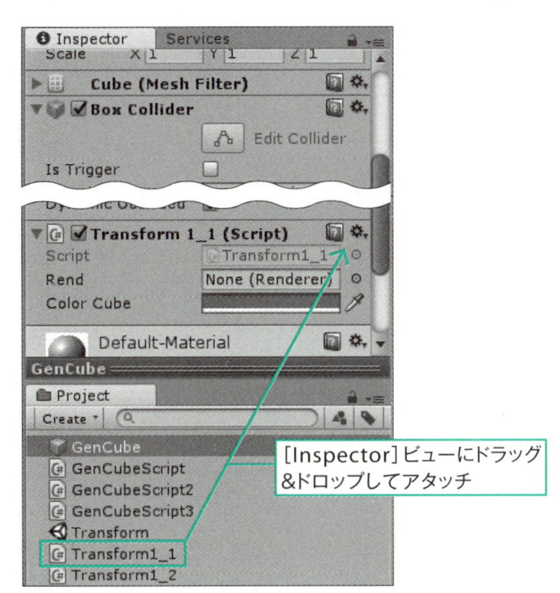

図2-1-2 Prefabにスクリプトをアタッチする

ゲームオブジェクトからPrefabを利用する

次は、ゲームオブジェクトからPrefabを利用する手順も解説しておきましょう。本プロジェクトには、GenCubeScript、GenCubeScript2、GenCubeScript3というPrefabを利用するためのスクリプトが用意されています。本節では、これをゲームオブジェクトCubeにアタッチして利用します。

まず、[Scene] ビューで立方体（ゲームオブジェクトCube）を選択します。すると、ゲームオブジェクトCubeの詳細が［Inspector］ビューに表示されます（図2-1-3）。

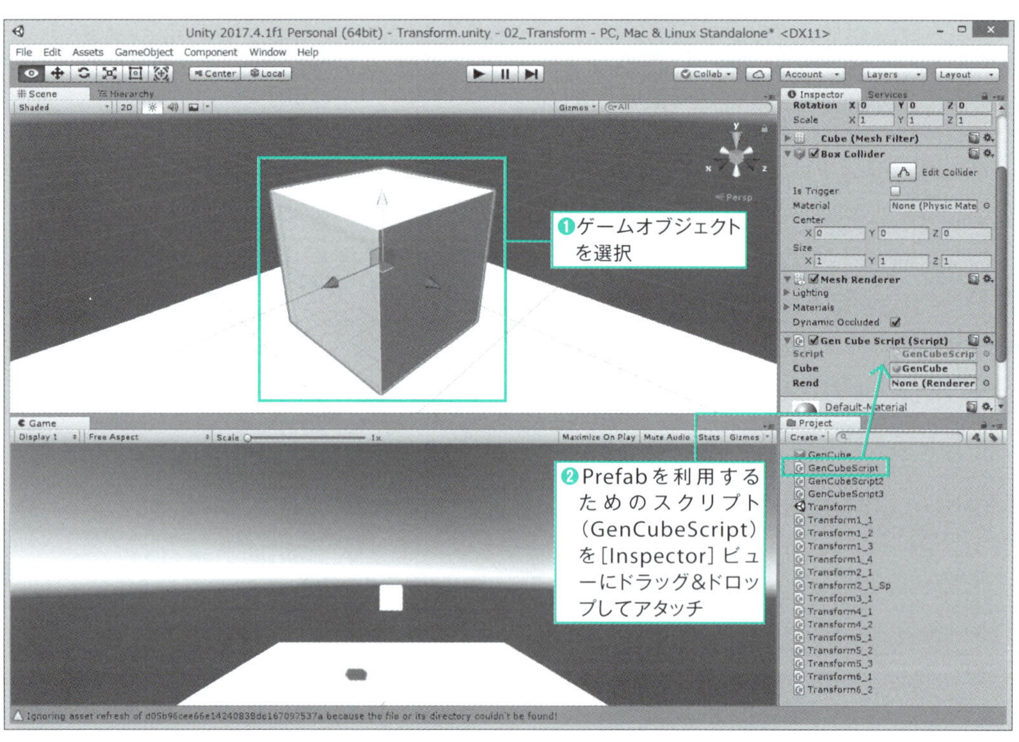

図2-1-3 ゲームオブジェクトを選択し、Prefabを利用するためのスクリプトをアタッチする

そこで、[Project] ビューから［Inspector］ビューに［GenCubeScript］をドラッグ&ドロップすると、CubeにGenCubeScriptがアタッチされます。

今後、「Prefabにスクリプトをアタッチし、ゲームオブジェクトから利用する」という手順が多く登場しますので、ぜひ覚えておきましょう。

プロジェクトの構成

さて、話を本題に戻しましょう。

フォルダー02_Transformには物体を回転させるプロジェクトが入っており、その中でオイラー角による回転を実際に行っているのが、スクリプトTransform1_1です。

Prefabである GenCube にこのTransform1_1をアタッチし、さらにゲームオブジェクトCubeにGenCubeScriptをアタッチして実行してみると、立方体が座標軸に沿って並んだ物体が生成され、それが座標軸のx軸を中心にして回転します（図2-1-4）。

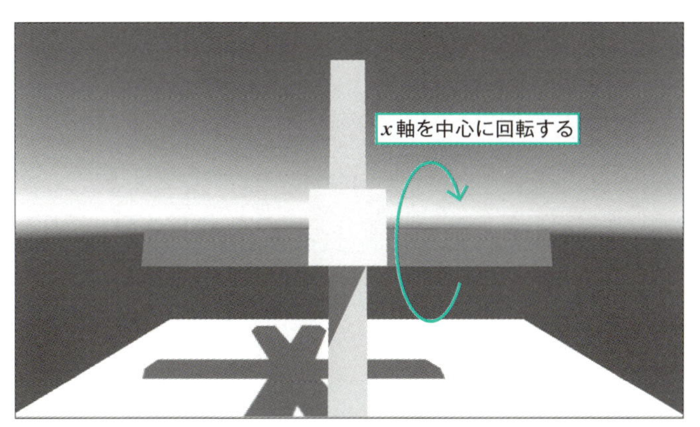

図2-1-4 動作画面

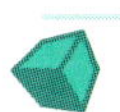「3D空間での動き」は行列で表現する

Transform1_1のように回転させる場合に限らず、3D空間で何かしらの動き（座標変換）をさせるときには、通常それらの動きをすべて行列で表現します。Unityにおいても、もちろん行列も使われています。物体の平行移動やパースの制御（遠くにある物体を小さく描画すること）さえも、すべて行列を使って表現します。

同次座標

そのため、（Unityを含む）現在のたいていの3Dシステムは、**同次座標**（どうじざひょう）というものを用いて、3Dの座標を、4次元ベクトルを使って表現します。具体的には、3D座標を以下のベクトルで表現します。

$$(x \quad y \quad z \quad w)$$

ここで、x、y、zは、それぞれ普通のx、y、z座標です。また、パース（遠近感の付加）のことを考えない場合には、通常$w=1$とします。

つまり、パースが関係しない場合には、3Dの座標を以下のように表現します。

$$(x \quad y \quad z \quad 1)$$

このように、4次元ベクトルで3D座標を表すということは、その変換を表す行列も4×4のものを使う、ということになります。

そのため、例えば、何も変換を行わない単位行列は

$$\begin{pmatrix}1 & 0 & 0 & 0\\0 & 1 & 0 & 0\\0 & 0 & 1 & 0\\0 & 0 & 0 & 1\end{pmatrix}$$

となります。

x軸を中心にした回転

まずTransform1_1で行っているような、x軸を中心にした回転を行う行列を考えると、y座標とz座標を取り出したときに、それらが同一平面上で回転すればよいので（図2-1-5）、取りあえず2Dで考えれば以下のようになります。

$$\begin{pmatrix}y'\\z'\end{pmatrix}=\begin{pmatrix}\cos\theta & -\sin\theta\\\sin\theta & \cos\theta\end{pmatrix}\begin{pmatrix}y\\z\end{pmatrix}$$

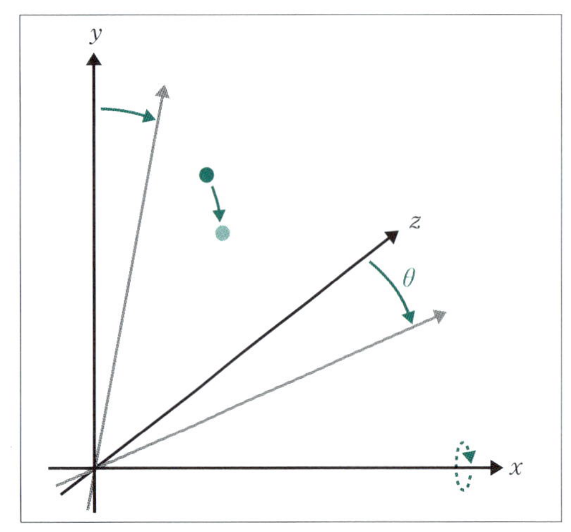

図2-1-5 x軸を中心にした回転

ただしここで、y'、z'は変換後のy、z座標、y、zは変換前のy、z座標、θは回転角です。これと同じ結果を得るように4×4行列を作ると以下のようになります。

$$\begin{pmatrix}x'\\y'\\z'\\1\end{pmatrix}=\begin{pmatrix}1 & 0 & 0 & 0\\0 & \cos\theta & -\sin\theta & 0\\0 & \sin\theta & \cos\theta & 0\\0 & 0 & 0 & 1\end{pmatrix}\begin{pmatrix}x\\y\\z\\1\end{pmatrix}$$

この行列を作っているのがTransform1_1の`FixedUpdate`メソッド中の

リスト2.1 Transform1_1（部分）

```
Matrix4x4 matTransform = Matrix4x4.identity; // 単位行列

matTransform.m11 = Mathf.Cos(fAngle);
matTransform.m12 = -Mathf.Sin(fAngle);

matTransform.m21 = Mathf.Sin(fAngle);
matTransform.m22 = Mathf.Cos(fAngle);
```

という部分です。ここでは、サイン・コサインが入る成分以外の部分は単位行列と同じ値であることを利用して、まずMatrix4x4.identityを使って単位行列をセットしてから、必要な成分のみをサイン・コサインで書き換えています。

y軸を中心にした回転

さて、次はy軸を中心にした回転を行ってみましょう。スクリプトTransform1_2ではy軸を中心にした回転をさせています（図2-1-6）。

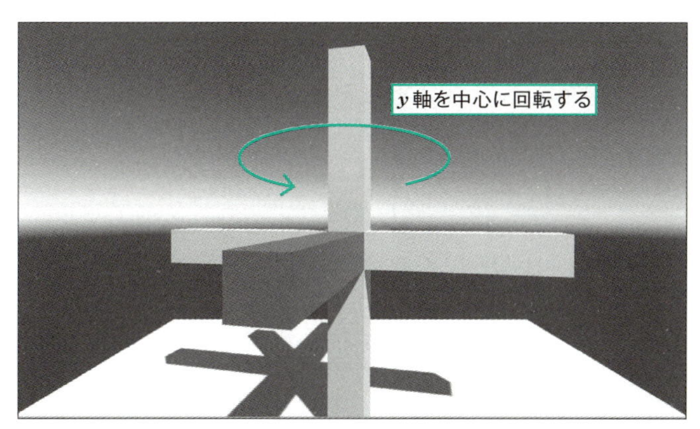

図2-1-6 動作画面

この場合はz座標とx座標を取り出したときに2D回転すればよいので、2Dでは

$$\begin{pmatrix} z' \\ x' \end{pmatrix} = \begin{pmatrix} \cos\theta & -\sin\theta \\ \sin\theta & \cos\theta \end{pmatrix} \begin{pmatrix} z \\ x \end{pmatrix}$$

となり、これと同じ結果を得る4×4行列を作ると

$$\begin{pmatrix} x' \\ y' \\ z' \\ 1 \end{pmatrix} = \begin{pmatrix} \cos\theta & 0 & \sin\theta & 0 \\ 0 & 1 & 0 & 0 \\ -\sin\theta & 0 & \cos\theta & 0 \\ 0 & 0 & 0 & 1 \end{pmatrix} \begin{pmatrix} x \\ y \\ z \\ 1 \end{pmatrix}$$

となります（図2-1-7）。

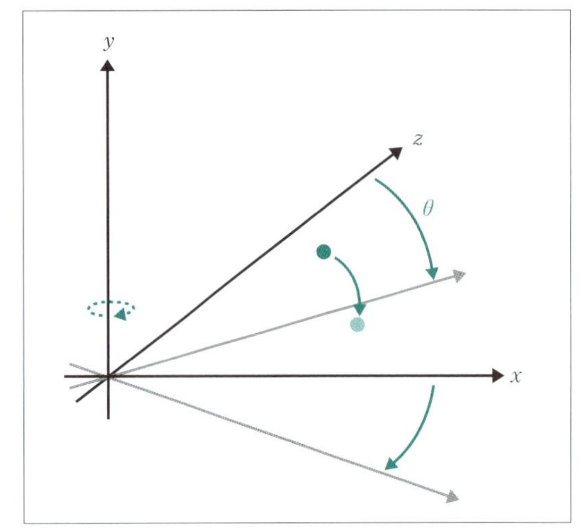

図2-1-7 y軸を中心にした回転

z軸を中心にした回転

さらに、スクリプトTransform1_3ではz軸を中心にした回転をさせています（図2-1-8）。

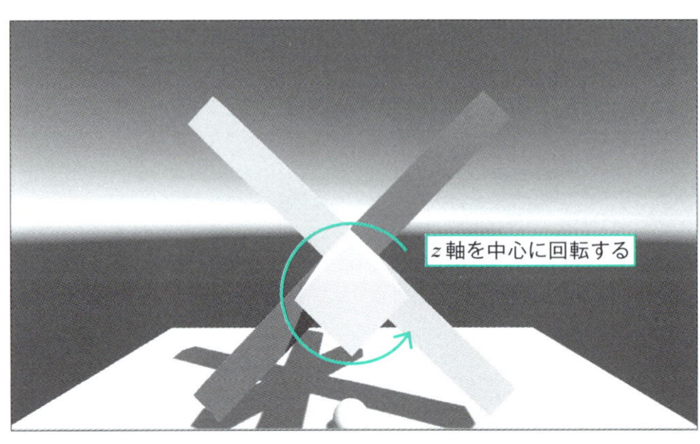

図2-1-8 動作画面

この場合はx座標とy座標を取り出したときに2D回転すればよいので、2Dでは

$$\begin{pmatrix} x' \\ y' \end{pmatrix} = \begin{pmatrix} \cos\theta & -\sin\theta \\ \sin\theta & \cos\theta \end{pmatrix} \begin{pmatrix} x \\ y \end{pmatrix}$$

となり、これと同じ結果を得る4×4行列を作ると

$$\begin{pmatrix} x' \\ y' \\ z' \\ 1 \end{pmatrix} = \begin{pmatrix} \cos\theta & -\sin\theta & 0 & 0 \\ \sin\theta & \cos\theta & 0 & 0 \\ 0 & 0 & 1 & 0 \\ 0 & 0 & 0 & 1 \end{pmatrix} \begin{pmatrix} x \\ y \\ z \\ 1 \end{pmatrix}$$

となります（図2-1-9）。

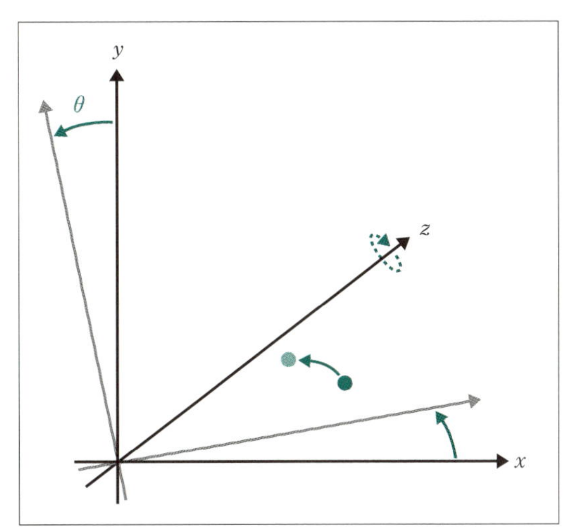

▶図2-1-9 z軸を中心にした回転

回転を表す基本的な手法としてのオイラー角

これら、x、y、z軸を中心に回転する変換を組み合わせて3Dの回転（物体の姿勢）を表現するのが**オイラー角**（かく）と呼ばれる手法で、3Dで回転を表す方法としては最も基本的なものです。

ただし、このオイラー角を使えば、3D空間でのあらゆる姿勢を表現することはできますが、回転運動を表すには不便な部分がある、ということも覚えておいてください。例えば、オイラー角には**ジンバルロック**という現象があり、回転が自由にできなくなる場合があることが知られています。

そのため、ゲーム等ではクォータニオンというものを使って回転を実現することも多いのですが、これについては2-5.好きなベクトルを軸として物体を回転させたいを参照してください。

それでも、オイラー角は数学的に原理が理解しやすく簡便であるため、基礎知識として押さえておく必要があります。

複数の回転を組み合わせる

さて、以上で、オイラー角によって物体を回転することができるようになりました。しかしこのままでは、座標軸を中心に回転させることしかできませんから、物体をごく限られた方向にしか向けることができません。

そこで次に、オイラー角をもう少し使って、物体をいろいろな方向に向けることを考えてみましょう。そのためには、1つの軸だけでなく複数の回転（y軸中心の回転＋x軸中心の回転など）を組み合わせていきます。

それを実際に行っているのが、スクリプトTransform1_4です。Transform1_4を実行すると、先ほどのTransform1_2と同様に物体が回転しますが、今度は上下キーによって画面縦方向にも回転します（図2-1-10）。

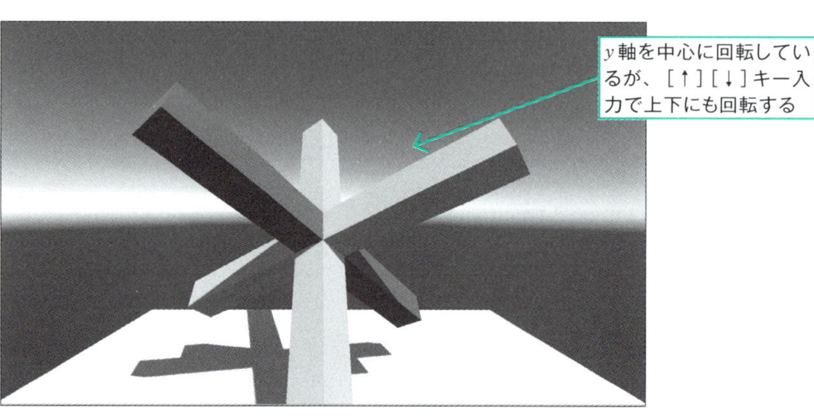

図2-1-10 動作画面

このプログラムで大事なところは、FixedUpdateメソッド中の以下の部分です。

リスト2.2 Transform1_4（部分）

```
// 回転の行列1
float fAngle1 = 2.0f * Mathf.PI * ((Time.time / 10.0f) % 1);     // 角度
Matrix4x4 matTransform1 = Matrix4x4.identity;                     // 単位行列

matTransform1.m00 =  Mathf.Cos(fAngle1);
matTransform1.m02 = Mathf.Sin(fAngle1);

matTransform1.m20 = -Mathf.Sin(fAngle1);
matTransform1.m22 = Mathf.Cos(fAngle1);

// 回転の行列2
fAngle2 += Input.GetAxis("Vertical") * 0.1f;                      // 角度
Matrix4x4 matTransform2 = Matrix4x4.identity;                     // 単位行列

matTransform2.m11 = Mathf.Cos(fAngle2);
matTransform2.m12 = -Mathf.Sin(fAngle2);
```

```
matTransform2.m21 = Mathf.Sin(fAngle2);
matTransform2.m22 =  Mathf.Cos(fAngle2);

Matrix4x4 matTransform = matTransform2 * matTransform1;

transform.position = matTransform * v3InitialPos;                // 変換
transform.rotation = qInitialRot;                                // 回転初期化

transform.Rotate(
        0.0f,
        fAngle1 * 360.0f / (2.0f * Mathf.PI),
        0.0f, Space.World);

transform.Rotate(
        fAngle2 * 360.0f / (2.0f * Mathf.PI),
        0.0f,
        0.0f, Space.World);
```

ここでは、`matTransform1`にはTransform1_2と同じy軸中心の回転行列がセットされ、`matTransform2`にはTransform1_1と同じx軸中心の回転行列がセットされます。

さて、このy軸とx軸についての回転を組み合わせる、つまり合成して1つの変換にし、それを使って物体の変換を行えば、Transform1_4のように、y軸回転とx軸回転を両方行うことができます。

それでは、2つの変換行列があって、それらが表す変換を合成した行列を作り出すには、どうすればいいのでしょうか？　実は、その「2つの行列が表す変換を合成する」ためには、それら2つの行列の掛け算を計算すればよいことが知られています。

行列の掛け算

行列の掛け算とは、2×2行列を例にすると、以下のような定義で表されます。

$$\begin{pmatrix} a_{11} & a_{12} \\ a_{21} & a_{22} \end{pmatrix} \cdot \begin{pmatrix} b_{11} & b_{12} \\ b_{21} & b_{22} \end{pmatrix} = \begin{pmatrix} a_{11}b_{11}+a_{12}b_{21} & a_{11}b_{12}+a_{12}b_{22} \\ a_{21}b_{11}+a_{22}b_{21} & a_{21}b_{12}+a_{22}b_{22} \end{pmatrix}$$

これは、「掛け算のある成分を計算する場合、1番目の行列のその成分と同じ行にある行ベクトルと、2番目の行列のその成分と同じ列にある列ベクトルの内積を取る」というものだといえます（図2-1-11）。

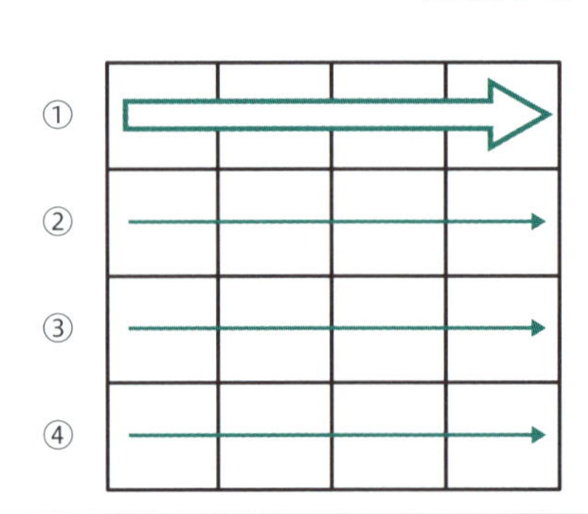

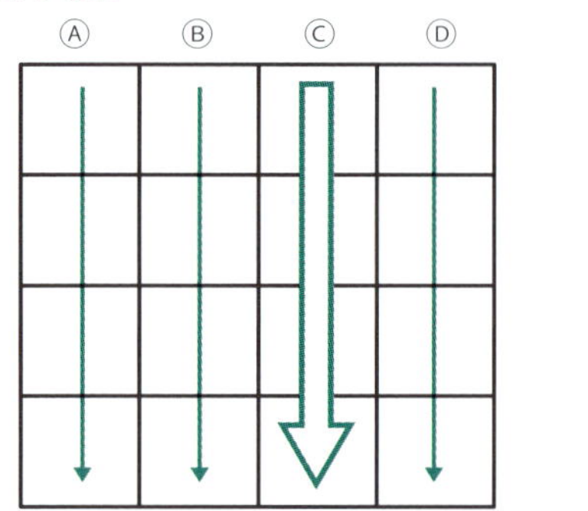

▶図2-1-11 行列の掛け算では、行ベクトルと列ベクトルの内積を取る

例えば、4×4行列の場合、

$$\begin{pmatrix} c_{11} & c_{12} & c_{13} & c_{14} \\ c_{21} & c_{22} & c_{23} & c_{24} \\ c_{31} & c_{32} & c_{33} & c_{34} \\ c_{41} & c_{42} & c_{43} & c_{44} \end{pmatrix} = \begin{pmatrix} a_{11} & a_{12} & a_{13} & a_{14} \\ a_{21} & a_{22} & a_{23} & a_{24} \\ a_{31} & a_{32} & a_{33} & a_{34} \\ a_{41} & a_{42} & a_{43} & a_{44} \end{pmatrix} \cdot \begin{pmatrix} b_{11} & b_{12} & b_{13} & b_{14} \\ b_{21} & b_{22} & b_{23} & b_{24} \\ b_{31} & b_{32} & b_{33} & b_{34} \\ b_{41} & b_{42} & b_{43} & b_{44} \end{pmatrix}$$

とすると、

$$c_{mn} = \sum_{i=1}^{4} a_{mi} b_{in}$$

となります。これを個別の成分について見ると、例えば

$$c_{11} = a_{11} b_{11} + a_{12} b_{21} + a_{13} b_{31} + a_{14} b_{41}$$
$$c_{23} = a_{21} b_{13} + a_{22} b_{23} + a_{23} b_{33} + a_{24} b_{43}$$
$$c_{42} = a_{41} b_{12} + a_{42} b_{22} + a_{43} b_{32} + a_{44} b_{42}$$

などとなります。

ただ、Unityを含む大部分のシステムでは、この行列の掛け算の計算を自分で行う必要はなく、掛け算記号である*を使って行列同士の掛け算を実行できるようになっています。実際、Transform1_4でも以下のようになっています。

```
Matrix4x4 matTransform = matTransform2 * matTransform1;
```

行列を表すmatTransform1とmatTransform2を*で結ぶことで行列同士の掛け算をしていますが、これは、ゲームエンジンとしてのUnityが、**演算子(えんざんし)のオーバーロード**というC#の機能を使って実現しています。

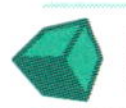 行列の掛け算は順番によって結果が変わる

行列の掛け算で気を付けなければならないのは、

・行列同士の掛け算をして変換を合成する場合、掛ける順番によって結果が変わる

という点です。これは、数学的には、$A \times B$と$B \times A$が違う結果になる、という形で現れます。

例えば、上のTransform1_4で、

```
Matrix4x4 matTransform = matTransform2 * matTransform1;
```

とされている部分を

```
Matrix4x4 matTransform = matTransform1 * matTransform2;
```

として実行してみると、結果が異なることを確かめられます。

元の`matTransform2 * matTransform1;`という合成の場合、Unityの機能を使って個々の立方体を回転している部分は

```
transform.Rotate(
        0.0f,
        fAngle1 * 360.0f / (2.0f * Mathf.PI),
        0.0f, Space.World);

transform.Rotate(
        fAngle2 * 360.0f / (2.0f * Mathf.PI),
        0.0f,
        0.0f,
        Space.World);
```

であり、「y軸回転→x軸回転」という順番で矛盾はありません。

しかし、`matTransform1 * matTransform2;`とした場合、Unityで回転している部分の順番を入れ替え

```
transform.Rotate(
        fAngle2 * 360.0f / (2.0f * Mathf.PI),
        0.0f,
        0.0f,
        Space.World);

transform.Rotate(
        0.0f,
```

```
        fAngle1 * 360.0f / (2.0f * Mathf.PI),
        0.0f,
        Space.World);
```

として「x軸回転→y軸回転」という順番にしなければ矛盾が出てしまいます。
　つまり、この例でいえば、

・y軸を中心に回転してから、x軸を中心に回転する
・x軸を中心に回転してから、y軸を中心に回転する

という2つのケースでは結果が違う、ということでもあります。
　以上のことから、Transform1_4での

```
Matrix4x4 matTransform = matTransform2 * matTransform1;
```

という合成では、

・matTransform1の変換（y軸を中心に回転）が先に掛かる
・matTransform2の変換（x軸を中心に回転）がそのあとに掛かる

ということがわかります。

1 2 3 4 5 6 7
座標変換

2-2 物体を好きな方向に向けたい

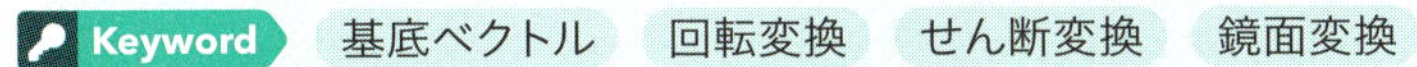

Keyword 基底ベクトル 回転変換 せん断変換 鏡面変換

本節では、3Dの物体を好きな方向に向けることを考えてみましょう。
その場合、与えられたベクトルに沿って物体を傾けることができれば便利ですから、そのような回転を与える行列について考えてみましょう。

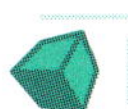

物体の姿勢を定めるには、2つのベクトルが必要

与えられたベクトルに沿った傾きを実現するためには、まず、「いくつのベクトルを与えれば、物体の姿勢は定まるのか？」という基本を押さえておきましょう。その際、「1つのベクトルだけで物体の姿勢が定まる」と考えるのは早計です。例として腕のモデルについて考えてみましょう。

腕の姿勢を定めるために一番重要なのは、もちろん、

・腕の先端がどちらに向いているか

ということでしょう。

しかし、先端がどちらに向いているかだけでは、腕の姿勢は定まりません。なぜなら、先端が同じ方向を向いていても、先端方向の軸を中心に回転することができるからです（図2-2-1）。

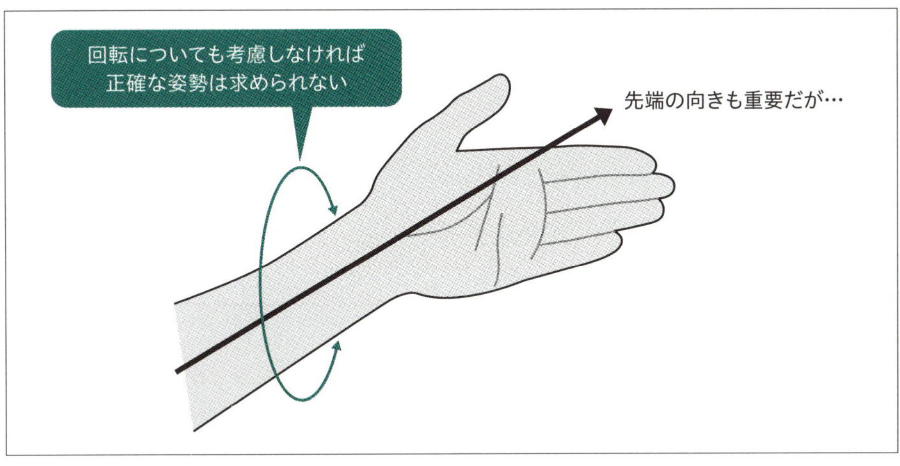

図2-2-1 先端の向きだけでは、腕の姿勢は定まらない

そのため、（その軸を中心とした）回転角を定めるようなベクトルがもう1つ必要になります。例えば腕の例でいえば、親指の方向を決めるようなベクトルですね。つまり、

・物体の姿勢（回転位置）を定めるためには、2つのベクトルが必要になる

ということがわかります。

単位となるベクトル「基底ベクトル」

では、その2つのベクトル、例えば先ほどのように、

・腕の先端方向のベクトル
・そのベクトルを中心とした回転角を定めるためのベクトル

が具体的に与えられたとして、それらを使って定められた方向に物体を回転させるような変換行列を得るには、どのようにすればよいのでしょうか？

それを考えるには、まず、特定の座標系を表す**基底（きてい）ベクトル**というものを考える必要があります。

基底ベクトルとは、「各座標の方向を向いた、単位となるベクトル」であり、x方向の基底ベクトルを$\boldsymbol{i}$、y方向の基底ベクトルを$\boldsymbol{j}$、z方向の基底ベクトルを$\boldsymbol{k}$と書き、通常は$\boldsymbol{i}=(1,\ 0,\ 0)$、$\boldsymbol{j}=(0,\ 1,\ 0)$、$\boldsymbol{k}=(0,\ 0,\ 1)$とします。

そして、これらの基底ベクトルを用いて3D座標を表現するには、$\boldsymbol{p}=x\boldsymbol{i}+y\boldsymbol{j}+z\boldsymbol{k}$と表します。この場合、位置ベクトル$\boldsymbol{p}$は通常の$(x,\ y,\ z)$と表す3D座標と一致することに注意しましょう。

基底ベクトルを変えることで変換を表す

さて、この基底ベクトルを通常のものでなく、別のものにすると、いろいろな変換を表すことができます。

例えば、$\boldsymbol{i}'=(\cos\theta,\ \sin\theta,\ 0)$、$\boldsymbol{j}'=(-\sin\theta,\ \cos\theta,\ 0)$、$\boldsymbol{k}'=(0,\ 0,\ 1)$とすると、$z$軸を中心とした回転をさせることができます（図2-2-2）。

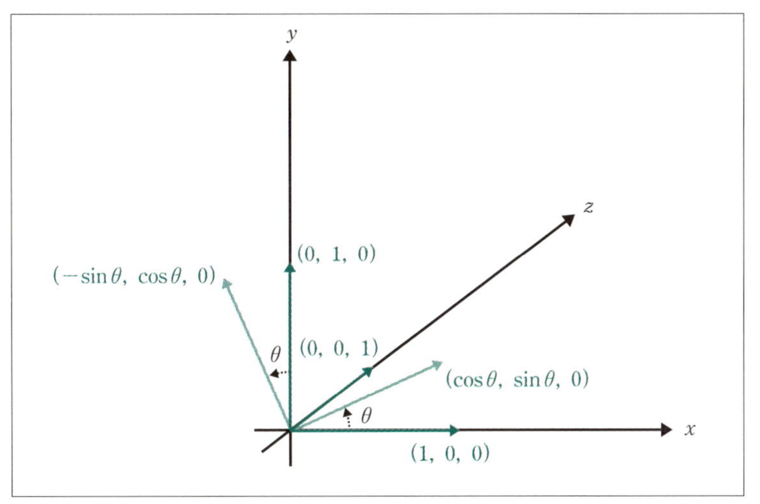

図2-2-2 基底ベクトルを変えてz軸を中心とした回転を行う

それでは、実際にやってみましょう。$\boldsymbol{p}'=(x', y', z')$とし、$\boldsymbol{p}'=x\boldsymbol{i}'+y\boldsymbol{j}'+z\boldsymbol{k}'$として、各ベクトルを列ベクトルで表現すると以下のようになります。

$$\begin{pmatrix} x' \\ y' \\ z' \end{pmatrix} = x\begin{pmatrix} \cos\theta \\ \sin\theta \\ 0 \end{pmatrix} + y\begin{pmatrix} -\sin\theta \\ \cos\theta \\ 0 \end{pmatrix} + z\begin{pmatrix} 0 \\ 0 \\ 1 \end{pmatrix}$$

$$\therefore \begin{cases} x' = x\cos\theta - y\sin\theta \\ y' = x\sin\theta + y\cos\theta \\ z' = z \end{cases}$$

ここで、上2つの式は、

$$\begin{pmatrix} x' \\ y' \end{pmatrix} = \begin{pmatrix} \cos\theta & -\sin\theta \\ \sin\theta & \cos\theta \end{pmatrix}\begin{pmatrix} x \\ y \end{pmatrix}$$

とした場合と結果は同じになります。これは回転の行列そのものですから、これがz軸を中心とした角度θの回転になっていることがわかります。

これはつまり、

・変換後の基底ベクトルの成分を制御することで、回転変換を作り出すことができる

ということです。ここで、基底ベクトルの長さが変化すれば拡大縮小（基底ベクトルの長さが1より長ければ拡大、1より短ければ縮小）となります。

また、基底ベクトル同士が直交しなくなれば、せん断変換（正方形が平行四辺形になるような変換）と呼ばれるゆがみを生じ、基底ベクトル同士がすべて直交していても、基底ベクトルが元

とは逆方向を向けば、鏡面変換という鏡に映したような変換が掛かることに注意しましょう（図2-2-3）。

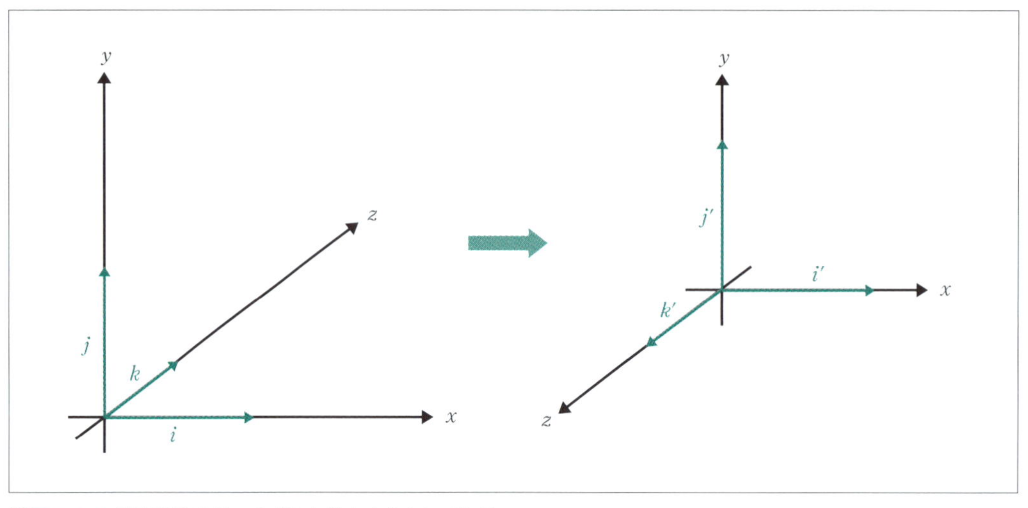

▶図2-2-3 鏡面変換の例。$\boldsymbol{k}'$が$\boldsymbol{k}$と逆方向を向いている

回転変換になるのは、これら拡大縮小、せん断変換、鏡面変換のいずれもが起こらない場合です。つまり、

・基底ベクトル同士がその位置関係（角度と方向）を保ちつつ
・長さ1のままで変化する

ようなものが回転変換となります。先ほどの$\boldsymbol{i}'=(\cos\theta, \sin\theta, 0)$、$\boldsymbol{j}'=(-\sin\theta, \cos\theta, 0)$、$\boldsymbol{k}'=(0, 0, 1)$という基底ベクトルの場合も、それらの条件が満たされていることに注意しましょう。

通常の基底ベクトルを指定の基底ベクトルに変換する行列

そこで、任意の変換後の基底ベクトル$\boldsymbol{i}'$、$\boldsymbol{j}'$、$\boldsymbol{k}'$を与え、通常の基底ベクトル$\boldsymbol{i}=(1, 0, 0)$、$\boldsymbol{j}=(0, 1, 0)$、$\boldsymbol{k}=(0, 0, 1)$をそれぞれ$\boldsymbol{i}'$、$\boldsymbol{j}'$、$\boldsymbol{k}'$に変換するような行列を考えてみましょう。

このような行列を見つけることができれば、元はx軸方向に向いていた物体を$\boldsymbol{i}'$方向に、y軸方向に向いていた物体を$\boldsymbol{j}'$方向に、z軸方向に向いていた物体を$\boldsymbol{k}'$方向に向け直すような回転変換を表す行列が得られると考えられます。

では、変換後の基底ベクトル$\boldsymbol{i}'$、$\boldsymbol{j}'$、$\boldsymbol{k}'$の成分が具体的に与えられたとして、変換前の基底ベクトル$\boldsymbol{i}=(1, 0, 0)$、$\boldsymbol{j}=(0, 1, 0)$、$\boldsymbol{k}=(0, 0, 1)$を$\boldsymbol{i}'$、$\boldsymbol{j}'$、$\boldsymbol{k}'$に変換するような行列とは、どのようなものになるのでしょうか？

実際にやってみましょう。$\boldsymbol{i}'=(i'_x, i'_y, i'_z)$、$\boldsymbol{j}'=(j'_x, j'_y, j'_z)$、$\boldsymbol{k}'=(k'_x, k'_y, k'_z)$とし、求める変換行列を

$$\begin{pmatrix} a_{11} & a_{12} & a_{13} \\ a_{21} & a_{22} & a_{23} \\ a_{31} & a_{32} & a_{33} \end{pmatrix}$$

と置きます。

すると、$\boldsymbol{i}=(1,\ 0,\ 0)$が$\boldsymbol{i}'=(i'_x,\ i'_y,\ i'_z)$に変換されることから、以下のように求められます。

$$\begin{pmatrix} i'_x \\ i'_y \\ i'_z \end{pmatrix} = \begin{pmatrix} a_{11} & a_{12} & a_{13} \\ a_{21} & a_{22} & a_{23} \\ a_{31} & a_{32} & a_{33} \end{pmatrix} \begin{pmatrix} 1 \\ 0 \\ 0 \end{pmatrix}$$

$$\begin{pmatrix} i'_x \\ i'_y \\ i'_z \end{pmatrix} = \begin{pmatrix} a_{11} \\ a_{21} \\ a_{31} \end{pmatrix}$$

$$\therefore a_{11} = i'_x,\ a_{21} = i'_y,\ a_{31} = i'_z$$

同様に、$\boldsymbol{j}=(0,\ 1,\ 0)$が$\boldsymbol{j}'=(j'_x,\ j'_y,\ j'_z)$に変換されることから、

$$\begin{pmatrix} j'_x \\ j'_y \\ j'_z \end{pmatrix} = \begin{pmatrix} a_{11} & a_{12} & a_{13} \\ a_{21} & a_{22} & a_{23} \\ a_{31} & a_{32} & a_{33} \end{pmatrix} \begin{pmatrix} 0 \\ 1 \\ 0 \end{pmatrix}$$

$$\begin{pmatrix} j'_x \\ j'_y \\ j'_z \end{pmatrix} = \begin{pmatrix} a_{12} \\ a_{22} \\ a_{32} \end{pmatrix}$$

$$\therefore a_{12} = j'_x,\ a_{22} = j'_y,\ a_{32} = j'_z$$

となります。

さらに、$\boldsymbol{k}=(0,\ 0,\ 1)$が$\boldsymbol{k}'=(k'_x,\ k'_y,\ k'_z)$に変換されることから

$$\begin{pmatrix} k'_x \\ k'_y \\ k'_z \end{pmatrix} = \begin{pmatrix} a_{11} & a_{12} & a_{13} \\ a_{21} & a_{22} & a_{23} \\ a_{31} & a_{32} & a_{33} \end{pmatrix} \begin{pmatrix} 0 \\ 0 \\ 1 \end{pmatrix}$$

$$\begin{pmatrix} k'_x \\ k'_y \\ k'_z \end{pmatrix} = \begin{pmatrix} a_{13} \\ a_{23} \\ a_{33} \end{pmatrix}$$

$$\therefore a_{13} = k'_x,\ a_{23} = k'_y,\ a_{33} = k'_z$$

となります。

これら結果をまとめて書いてみると、

$$a_{11} = i'_x,\ a_{12} = j'_x,\ a_{13} = k'_x$$
$$a_{21} = i'_y,\ a_{22} = j'_y,\ a_{23} = k'_y$$
$$a_{31} = i'_z,\ a_{32} = j'_z,\ a_{33} = k'_z$$

ということであり、3×3行列の成分全部が出そろっていますから、これを行列として書いてみると以下のようになります。

$$\begin{pmatrix} i'_x & j'_x & k'_x \\ i'_y & j'_y & k'_y \\ i'_z & j'_z & k'_z \end{pmatrix}$$

つまり、この行列こそが、

- x軸方向に向いていた物体を$\boldsymbol{i}' = (i'_x,\ i'_y,\ i'_z)$方向に
- y軸方向に向いていた物体を$\boldsymbol{j}' = (j'_x,\ j'_y,\ j'_z)$方向に
- z軸方向に向いていた物体を$\boldsymbol{k}' = (k'_x,\ k'_y,\ k'_z)$方向に

向け直すような回転変換を表す行列です。これは計算も何もなく、変換後の基底ベクトルの成分を単純に並べただけのものですから、非常にわかりやすいのではないでしょうか。

例えば、元々x軸方向に向いている物体を回転させるには、

- 物体を向かせたい方向の単位ベクトルを$\boldsymbol{i}' = (i'_x,\ i'_y,\ i'_z)$
- $\boldsymbol{i}'$に垂直で物体の軸中心の回転角を表す単位ベクトルを$\boldsymbol{j}'$
- $\boldsymbol{i}'$と$\boldsymbol{j}'$の両方に直交し、鏡面変換が起こらないような方向を向いた単位ベクトルを$\boldsymbol{k}'$

として、それら3つのベクトルの成分から上記の行列を作成することになります。

基底ベクトルを使った変換の注意点

さて、この変換後の基底ベクトルの成分を与えることによる回転では、3つのベクトル$\boldsymbol{i}'$、$\boldsymbol{j}'$、$\boldsymbol{k}'$を与える必要がありますが、これらのベクトルを計算して導き出す際には、いくつか注意すべき点があります。

必ず単位ベクトルでなければならない

1つには、単純な回転変換になるためには、$\boldsymbol{i}'$、$\boldsymbol{j}'$、$\boldsymbol{k}'$はすべて単位ベクトル、つまり長さ1のベクトルでなければならない、ということです。先ほども触れたように、これらが単位ベクトルでなければ、拡大縮小が混入してしまうことになるためです。もっとも、あえてこれらを単位ベクトルではないものにすることによって、物体を好きな方向に向けつつ、同時に伸び縮みさせる

ことが可能ではあります。

必ず直交していなければならない

次に、i'、j'、k'は必ず互いに直交していなければならない、ということです。これについても先ほど触れましたが、基底ベクトル同士が直交していなければ、正方形が平行四辺形につぶれるような変換（せん断変換）が混入してしまいます。このせん断変換は、よほど特殊なエフェクトでもない限り望ましくない変換なので、通常i'、j'、k'は必ず互いに直交させます。

左手系、右手系をそろえなければならない

最後に、i'、j'、k'は元の基底ベクトルである$\boldsymbol{i}=(1,\ 0,\ 0)$、$\boldsymbol{j}=(0,\ 1,\ 0)$、$\boldsymbol{k}=(0,\ 0,\ 1)$と同じ位置関係になければならない、ということがあります。Unityにおいては、通常左手系、つまり左手の親指、人さし指、中指を互いに直交させたときに、親指が向いている方向をx軸方向に、人さし指が向いている方向をy軸方向に、中指が向いている方向をz軸方向に取るような座標系を使いますが、左手系を使っている場合、i'、j'、k'もこれらの位置関係を保つ必要があります。つまり左手の親指が向いている方向にi'、人さし指が向いている方向にj'、中指が向いている方向にk'が向くようにベクトルを配置しなければなりません（図2-2-4）。

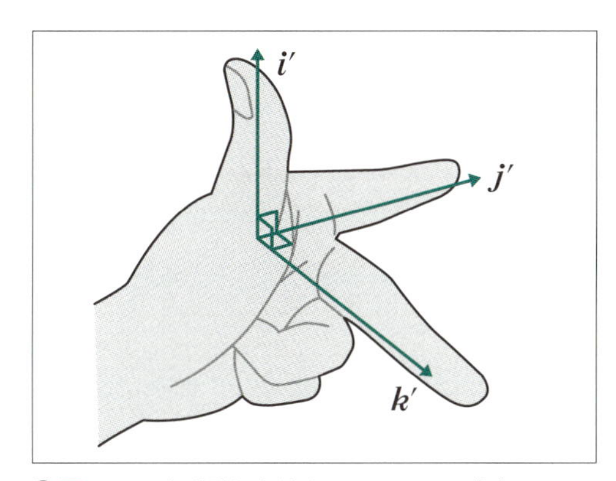

図2-2-4 左手系におけるi'、j'、k'の向き

仮にそうなっていない場合、i'、j'、k'がすべて長さ1で互いに直交していても、回転変換の他に鏡面変換が残ってしまうことがあります。鏡面変換がされてしまうと、鏡に映したようにすべてが逆回りになってしまうため、物体の表面が表示されず、逆にポリゴンの裏面が表示されてしまうようになってしまい、かなりおかしな表示になる場合があります。

また、よくあるのが、物体の位置も鏡面変換されてしまうことによって、本来とは真逆の方向に物体が回り込んでしまう、という現象です。特に、足元に原点があるようなキャラモデルを描画する場合、鏡面変換が混じるとキャラがまるごと地下に回り込んで見かけ上表示されなくなってしまい、何のバグなのか非常にわかりにくくなってしまう場合があります。それらを防ぐためにも、i'、j'、k'の位置関係には細心の注意を払うようにしてください。

Unity上で動作させてみる

さて、以上のようにして物体を好きな方向に向ける行列を作り、座標軸方向に箱が並んだモデルを、方向キーで移動できる球の方向に向けるようにしたのが、スクリプトTransform2_1です。

このスクリプトをGenCubeにアタッチし、ゲームオブジェクトCubeにGenCubeScriptをアタッチして実行すると、物体を構成するすべての立方体が方向キーで移動する球の方向を向くことになります（図2-2-5）。

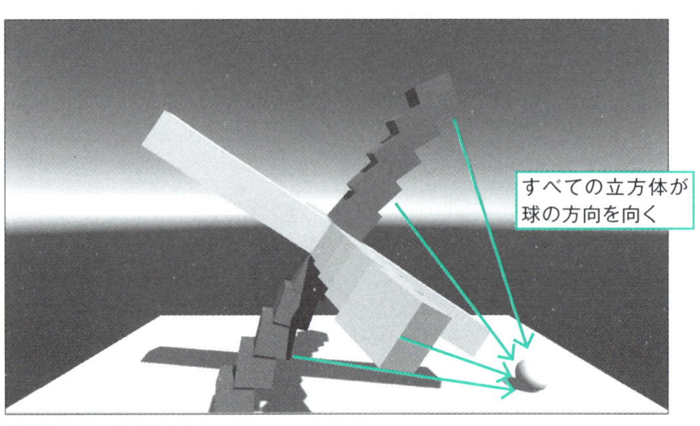

図2-2-5 動作画面

このスクリプトで大事なところは、FixedUpdateメソッド内にある、以下の部分です。

リスト2.3 Transform2_1（部分）

```
v3Forward = Vector3.Normalize( target.transform.position );

v3Up = new Vector3(0.0f, 0.0f, 1.0f);
v3Side = Vector3.Cross(v3Up, v3Forward);
v3Side = Vector3.Normalize(v3Side);

v3Up = Vector3.Cross(v3Forward, v3Side);

matTransform = Matrix4x4.identity; // 単位行列

// 回転の行列
matTransform.m00 = v3Side.x;
matTransform.m01 = v3Up.x;
matTransform.m02 = v3Forward.x;

matTransform.m10 = v3Side.y;
matTransform.m11 = v3Up.y;
```

```
matTransform.m12 = v3Forward.y;

matTransform.m20 = v3Side.z;
matTransform.m21 = v3Up.z;
matTransform.m22 = v3Forward.z;

transform.position = matTransform * v3Position; // 変換

transform.LookAt(
        target.transform.position,
        new Vector3(0.0f, 0.0f, 1.0f));
```

それでは、スクリプトの内容を順番に見ていってみましょう。まず、

```
v3Forward = Vector3.Normalize( target.transform.position );
```

は、フォワードベクトル、つまり変換済みz軸方向基底ベクトル$\boldsymbol{k}'$を計算しています。ここで、`target.transform.position`は方向キーで移動する球の位置です。これを`Normalize`によって単位ベクトルとすることによって、変換済みz軸の方向を球の方向に向けるようにしているわけです。

次に、

```
v3Up = new Vector3(0.0f, 0.0f, 1.0f);
v3Side = Vector3.Cross(v3Up, v3Forward);
v3Side = Vector3.Normalize(v3Side);
```

は、サイドベクトル、つまり変換済みx軸方向基底ベクトル$\boldsymbol{i}'$を計算しています。その際、$\boldsymbol{i}'$は$\boldsymbol{k}'$と直交していなければなりませんが、$\boldsymbol{k}'$に垂直なベクトルを簡単に得るために、$\boldsymbol{k}'$と「仮の上方向」である$(0,\ 0,\ 1)$というベクトルとの外積を計算しています。上の`Cross`というメソッドは、ベクトルの外積を計算するメソッドです。

NOTE

外積については、281ページ6-5. ベクトルとその演算を参照してください。

またその後、$\boldsymbol{k}'$と同じように、$\boldsymbol{i}'$も`Normalize`によって単位化しています。

NOTE

なお、上記のような外積で$\boldsymbol{k}'$と垂直なベクトルを得る際に、$\boldsymbol{k}'$が仮の上方向である$(0, 0, 1)$というベクトルと平行になってしまうと、$\boldsymbol{a}\times\boldsymbol{b}=|\boldsymbol{a}||\boldsymbol{b}|\sin\theta\hat{n}$の$\sin\theta$が0になり、外積結果がゼロベクトルになってしまいます。そのため、その後の単位化部分であるNormalizeの部分で不正な計算を行うことになり（ゼロベクトルを単位ベクトルにすることは不可能なので）、正常な結果は得られない、ということに注意してください。つまり、この場合、物体をちょうどz軸方向には向けられない、ということです。

また、$\boldsymbol{k}'$が完全に$(0, 0, 1)$と平行でなくても、それに平行に近い方向に回転させようとした場合にも、外積の結果の各成分の絶対値が小さくなるため誤差が大きくなり、きちんと直交しているベクトルが得られない場合があるので注意が必要です。

これはつまり、外積を使ってあるベクトルに直交するベクトルを得るときには、「物体をそちら方向には向けない」というベクトルとの外積を取る必要がある、ということです。そのような「向けない方向」が存在しない（どの方向にも向けられる）場合には、直交するベクトルをもう少し工夫して導き出す必要がありますが、その方法についてはここでは省略します。

解析を続けましょう。次には、

```
v3Up = Vector3.Cross(v3Forward, v3Side);
```

として、アップベクトル、つまり変換済みy軸方向基底ベクトル$\boldsymbol{j}'$を計算しています。すでに$\boldsymbol{i}'$と$\boldsymbol{k}'$が求められていますから、それらの外積を取れば$\boldsymbol{j}'$を求めるのは容易です。しかし、問題はその外積を取る順番です。$\boldsymbol{a}\times\boldsymbol{b}=-\boldsymbol{b}\times\boldsymbol{a}$ですから、外積を取る順番を間違えてしまうと、鏡面変換が掛かってしまい、すべてが鏡写しになった結果が得られてしまいます。そうならないように、ここでは慎重に外積の順番を考える必要があります。

基底ベクトル$\boldsymbol{i}$、$\boldsymbol{j}$、$\boldsymbol{k}$の関係

さて、通常の座標系では、基底ベクトル$\boldsymbol{i}$、$\boldsymbol{j}$、$\boldsymbol{k}$の間には、以下のような関係が成り立っています。

$$\boldsymbol{i}\times\boldsymbol{j}=\boldsymbol{k},\ \boldsymbol{j}\times\boldsymbol{k}=\boldsymbol{i},\ \boldsymbol{k}\times\boldsymbol{i}=\boldsymbol{j}$$

つまり、$\boldsymbol{i}$、$\boldsymbol{j}$、$\boldsymbol{k}$をサイクリックに、つまり円上に並べてぐるぐる回るように外積を取ると（図2-2-6）、自分以外の基底ベクトルが出てくる、ということです。

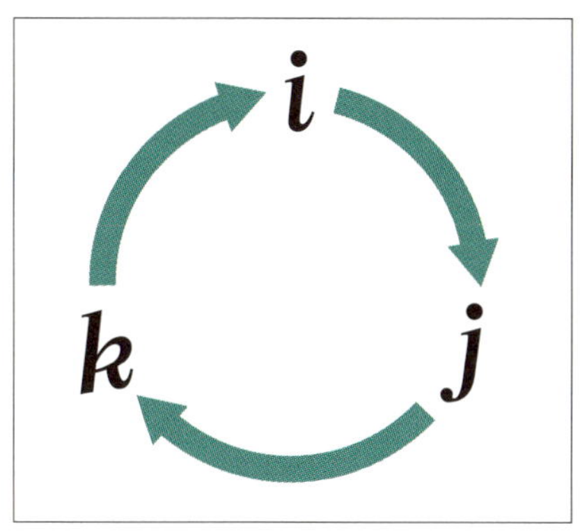

図2-2-6 $\boldsymbol{i}$、$\boldsymbol{j}$、$\boldsymbol{k}$はサイクリック

いまひとつピンとこない方は、実際に計算して確かめてみるとよいと思います。ここで、変換後の基底ベクトル$\boldsymbol{i}'$、$\boldsymbol{j}'$、$\boldsymbol{k}'$も、$\boldsymbol{i}$、$\boldsymbol{j}$、$\boldsymbol{k}$と同じ位置関係を保たなければならないので、$\boldsymbol{i}'$、$\boldsymbol{j}'$、$\boldsymbol{k}'$についても上の式の関係を成り立たせる必要があります。

そのため、最後の

$$\boldsymbol{k} \times \boldsymbol{i} = \boldsymbol{j}$$

という関係から、$\boldsymbol{j}'$を求めるには、

$$\boldsymbol{j}' = \boldsymbol{k}' \times \boldsymbol{i}'$$

とすればよいことになります。

これが、$\boldsymbol{j}'$つまりアップベクトルを得るのに、

```
v3Up = Vector3.Cross(v3Forward, v3Side);
```

と、フォワードベクトル$\boldsymbol{k}'$×サイドベクトル$\boldsymbol{i}'$という計算をしている理由です。プログラム引用部分の以下の箇所は、以上のようにして得た$\boldsymbol{i}$、$\boldsymbol{j}$、$\boldsymbol{k}$の成分を、実際に変換行列にセットしています。

このように、変換済みの基底ベクトル$\boldsymbol{i}'$、$\boldsymbol{j}'$、$\boldsymbol{k}'$を与えることで、回転角などを考えなくても、物体をそちらの方向に向ける行列を簡単に作ることができます。これは、3Dで回転が絡むような処理を行う際には非常によく使う手法ですから、よく覚えておいてください。

2-3 物体を斜面に沿って傾けたい

Keyword 斜面 法線ベクトル LookAt

本節では、前節2-2.物体を好きな方向に向けたいを応用して、物体を地形の斜面に沿って傾けることを考えてみましょう。

「斜面に沿って傾ける」とは？

「斜面に沿って傾ける」というのは、車などのサイズが大きい物体を斜面に乗せる場合には不可欠な処理です。ただし、例えば車が斜面に乗っているときにどう傾くか、というのを忠実に再現しようとすると、かなり大変です。

その理由は、まず車輪の数によるものです。車にはタイヤが4輪あり、そのため通常は4点で接地しています。しかし、立体物は3点で支えれば一応安定するため（三脚などはその例です）、複雑な形の地形では4輪すべてが接地する保証はなく、1輪浮いてしまう可能性があります。そのような場合には、接地する3輪を決定する必要があり、処理が複雑になります。

また、例えばテーブルのように足が伸び縮みしないようなものであれば問題はないのですが、車のようにサスペンションで多少接地部分が伸び縮みする場合にはさらなる問題が持ち上がります。このような物体の姿勢をきちんと決めようとすると、重心の位置やサスペンションの固さなどを考慮した物理計算をしなければならなくなります。

これらのような複雑なことを考慮していてはレースゲームが1本出来上がってしまいますから、ここでは真面目に傾きを計算するのではなく、単純に物体が現在乗っているポリゴンの傾きに沿って物体を傾けることを考えてみましょう。一般に、真面目なレースゲームでもなければ、たとえ車を斜面に沿って傾ける場合でもそれで十分な場合が多いからです。

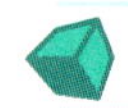

プロジェクトの構成

実際に乗っている地面に沿って物体を傾けているのが、スクリプトTransform3_1です。

ゲームオブジェクトCubeからGenCubeScriptを外し、代わりにTransform3_1をアタッチして実行すると、ゆっくりと揺れ動く地面が現れ、その上に乗った直方体を左右キーで回転させることができ、なおかつその直方体が地面に沿って傾いているのがわかると思います（図2-3-1）。

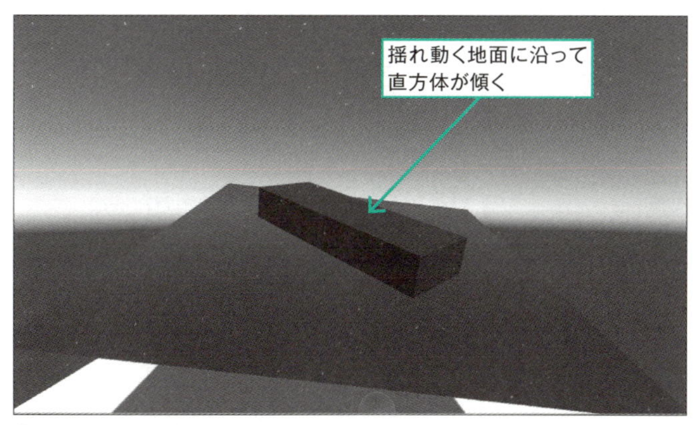

▶図2-3-1 動作画面

傾きを計算する

それでは、Transform3_1がどのようにして地面に沿って直方体を傾けているのかを、具体的に見ていってみましょう。核心となるのは、FixedUpdateメソッド中の以下の部分です。

リスト2.4 Transform3_1（部分）

```
fAngle += Input.GetAxis("Horizontal") * 0.1f; // 角度

Vector3 v3Up = Vector3.Cross(v3Vec2, v3Vec1);
Vector3 v3Forward = new Vector3(
        Mathf.Cos(fAngle),
        0.0f,
        Mathf.Sin(fAngle));
Vector3 v3Side = Vector3.Cross(v3Up, v3Forward);

v3Forward = Vector3.Cross(v3Side, v3Up);

transform.LookAt(v3Forward, v3Up);
```

ここでは、前節2-2.物体を好きな方向に向けたいで学んだことをもとに物体を傾けています。前節で見たように、フォワードベクトル（変換後のz軸）、アップベクトル（変換後のy軸）、サイドベクトル（変換後のx軸）という3つのベクトルが必要になります。上のプログラムの引用部分は、それら3つのベクトルを決定するための処理です。

3つのベクトルを決めるために注意すべきこと

さて、これら3つのベクトルを決めるに当たっては、「物体の姿勢は、斜面の傾きだけでは決まらない」という事実に注意しておきましょう。例えばこの直方体が車だとすれば、同じ斜面に乗っていたとしても、車の前側が、斜面の上方を向いている場合と、斜面の下方を向いている場合では、明らかに車の傾きは異なったものになります（前者では前方が上向き、後者では前方は下向き。図2-3-2）。

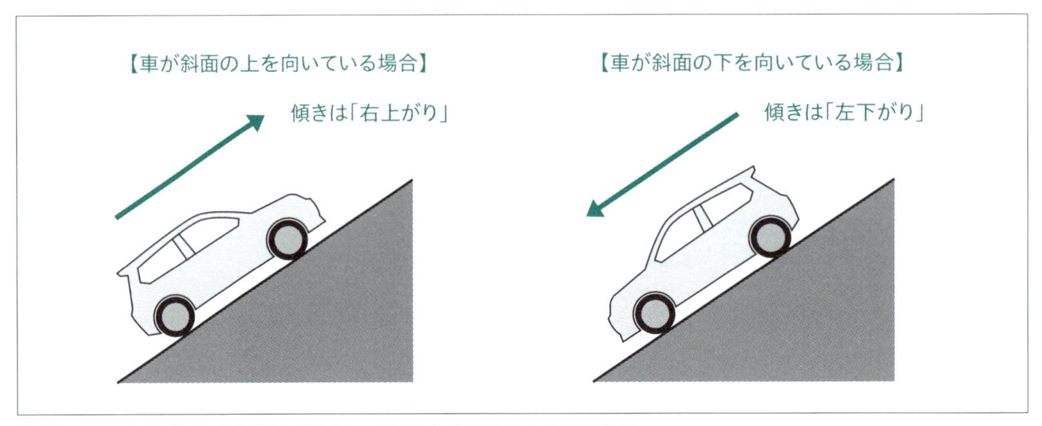

図2-3-2 車が斜面の上下どちらを向いているかで傾きの方向が変わる

そこで、物体の姿勢を決めるためには、

- 今物体がどちらを向いているのか
- 物体が乗っている地面の傾き

という2つの情報が必要になります。

Transform3_1では、このうち、「今物体がどちらを向いているのか」について、物体の向いている方向を xz 平面上の角度`fAngle`で表す、という方法を使っています。つまりこれは、上から見たときの角度をユーザーが制御できる、という方式です。Transform3_1では、左右キーを押すと実際に上から見たときの角度fAngleが変化することに注意しましょう。

また、「地面の傾き」については、Transform3_1では地面の法線ベクトル、つまり地面に垂直な（上向きの）ベクトルで表現しています。つまりこれは、物体の上方向を常にポリゴンの法線ベクトルの方向に向ける、という処理を行っているわけです。まとめれば、

- 物体の前方向は、xz 平面上での角度で表す
- 物体の上方向は、地面の法線ベクトルに合わせる

ということです。さらに、物体の前方向が向いている xz 平面上での角度 θ と、ポリゴンの法線ベクトル $\hat{\boldsymbol{n}}$ から、フォワードベクトル、アップベクトル、サイドベクトルという3つのベクトルを計算します。

では、実際にプログラムを見ていってみましょう。

地面の法線ベクトルを計算する

```
Vector3 v3Up = Vector3.Cross(v3Vec2, v3Vec1);
```

ここではまず、物体の上方向を表すアップベクトルとして、物体が現在乗っている地面の法線ベクトルをセットしています。

ここで、v3Vec1とv3Vec2には、現在乗っている地面に平行で、互いには平行でない2つのベクトルが代入されています。

例えば、物体をポリゴンに乗せたい場合には、このv3Vec1とv3Vec2にはポリゴンの2辺に沿ったベクトルを指定すればよいでしょう。ちなみに、Transform3_1の場合は、「地面を構成しているポリゴンの頂点座標そのものを算出するもとになっている、それぞれx方向とz方向を向いている2つのベクトル」をv3Vec1、v3Vec2としています。

このような2つのベクトルの外積を取ることによって、2つのベクトルの両方に垂直なベクトル、つまりは地面の法線ベクトルを得ることができます。もちろん、ここで大切なのは外積の順番です。アップベクトル$\boldsymbol{j}'$を得るのですから、$\boldsymbol{k} \times \boldsymbol{i} = \boldsymbol{j}$という関係式から、($z$方向を向くv3Vec2）×（$x$方向を向くv3Vec1)という順番で外積を取っているわけです。

NOTE

この辺りの理解があいまいな方は、もう一度**2-2.物体を好きな方向に向けたい**を参照してみてください。

ただし、こうして計算したv3Upは確かに地面の法線ベクトルとはなっていますが、長さについては制御されておらず、単位ベクトルとは限らないことには注意してください。

これで地面の法線ベクトルが得られたので、物体のアップベクトルについてはこれで確定です。

フォワードベクトルを計算する

次に、

```
Vector3 v3Forward = new Vector3(Mathf.Cos(fAngle), 0.0f, Mathf.Sin(fAngle));
```

として、暫定的なフォワードベクトルを計算しています。

ここで、fAngleはxz平面上で直方体が向いている角度θであり、上の式は$(\cos\theta,\ 0,\ \sin\theta)$というベクトルを作っていることに注意してください。これは、「直方体の前方向が向くべき方向を示す、水平方向を向いたベクトル」です。

ベクトル$(\cos\theta,\ 0,\ \sin\theta)$は、まだアップベクトル（v3Up）と直交している保証がないことに注意してください。水平方向を向いているのですから、アップベクトルが真上を向いている、つまり真っ平らな地面でない限りは、まだこのフォワードベクトルはアップベクトルと直交してはいません。もちろん、きちんとした回転変換を得るには、フォワードベクトルとアップベクトルは直交させるべきですが、その処理はあとで行っています。とにかく、今はまだ、「フォワードベクトルはアップベクトルと直交していない」ことを覚えておいてください。

サイドベクトルを計算する

次は、

```
Vector3 v3Side = Vector3.Cross(v3Up, v3Forward);
```

として、サイドベクトル、つまり変換後のx軸を表すベクトルを計算しています。

前節2-2.物体を好きな方向に向けたいに書かれている式によると、$\boldsymbol{i}$、$\boldsymbol{j}$、$\boldsymbol{k}$をそれぞれx、y、z軸方向の基底ベクトルとすると、以下の関係が成り立っています。

$$\boldsymbol{j} \times \boldsymbol{k} = \boldsymbol{i}$$

そのように、アップベクトル（$\boldsymbol{j}$）×フォワードベクトル（$\boldsymbol{k}$）＝サイドベクトル（$\boldsymbol{i}$）という関係が成り立つことを利用して、外積を用いてサイドベクトルを計算しているわけです。

ただし、上の式が成り立つのは、フォワードベクトルとアップベクトルがきちんと基底ベクトルになっている場合に限られますが、今はまだフォワードベクトルとアップベクトルが直交しておらず、またアップベクトルv3Upが単位化されていませんから、サイドベクトルv3Sideも長さが制御されていない状況にあることには注意しましょう。

3つのベクトルを直交させる

さて、これで一応、フォワードベクトル、アップベクトル、サイドベクトルという3ベクトルを導き出したのですが、何度も繰り返すように、まだフォワードベクトルとアップベクトルは直交していません。このままではまだ、これら3つのベクトルから変換を作っても、きちんと地面に沿った回転変換にはなりません。

そこで、フォワードベクトルを書き換えてアップベクトルと直交させるために、前節2-2.物体を好きな方向に向けたいに書かれている、以下の式を使います。

$$\boldsymbol{i} \times \boldsymbol{j} = \boldsymbol{k}$$

これはつまり、サイドベクトル（$\boldsymbol{i}$）×アップベクトル（$\boldsymbol{j}$）＝フォワードベクトル（$\boldsymbol{k}$）という関係が成り立つ、ということですから、以下のようにサイドベクトルとアップベクトルとの外積を取ってフォワードベクトルを計算しています。

```
v3Forward = Vector3.Cross(v3Side, v3Up);
```

その後、本来であれば2-2.物体を好きな方向に向けたいで行ったように、これら3つのベクトルの成分から回転変換を表す行列を作りたいところです。しかし、実はUnityでは、物体の回転はすべてクォータニオンを使って表現することになっているため、行列をそのまま物体に対する変換にする簡単な方法がありません。

仕方がないので、ここではこれら3つのベクトルのうちフォワードベクトルとアップベクトルを使い、LookAtメソッドで等価な変換を作ることにしましょう。

実は、フォワードベクトル、アップベクトル、サイドベクトルの成分を並べて回転の行列を作るのと、LookAtメソッドを使って回転変換を作るのは本質的には同じです。実際、DirectXなど他のゲームライブラリにおいてはUnityのLookAtに当たる関数も、フォワードベクトル、アップベクトル、サイドベクトルの成分を並べた行列によって実現されています。

具体的には、今物体は原点にいるため、物体の注目点はフォワードベクトルv3Forwardを位置ベクトルとしたときに示す場所として考えることができ、また要求されるworldUpベクトルはアップベクトルv3Upそのものでよいため、

```
transform.LookAt(v3Forward, v3Up);
```

としているわけです。

なお、物体が原点にいない場合には、注目点はv3Forwardそのものではなくなりますが、その場合もベクトルの足し算をすることで簡単に注目点を求めることができます。

 線形補間を使って傾きを滑らかに切り替える

さて、以上のようにすることで、物体を現在乗っているポリゴンに沿って傾けることが可能になりました。しかし、もし物体が乗っているポリゴンが変わった場合、その瞬間に物体の角度がいきなりガクンと変わってしまうため、実用的に使えるものとはいいがたいでしょう。地形などをポリゴンで表現した場合、グローシェーディングなどを使って見た目を滑らかにしたとしても、それは実際には角ばったポリゴンの集合体だからです。

そのような場合、ポリゴンの継ぎ目でも急激に角度を変えることなく、滑らかに物体の角度が変わっていくようにするためには、法線ベクトルの補間という作業が必要になります。つまり、同じポリゴン内でも1つの同じ法線ベクトルを使って物体を傾けるのではなくて、隣のポリゴンの法線ベクトルと滑らかにつながっていくように、「同じポリゴン内の場所によっても法線ベクトルを変化させる」、ということです。

そのような方法として一番簡単なのは、法線ベクトルの線形補間という方法でしょう。実は法線ベクトルの線形補間は、シェーディングにおいてはPhongシェーディングという方式が採用しており、グローシェーディングよりもリアルなレンダリングを実現しています。

本書においては線形補間の具体的な方法は省略しますが、興味のある方はPhongシェーディングのアルゴリズムなどを参考にしつつ、滑らかに物体の傾きを変えていく方法を見つけてみてください。

2-4 複数の物体を連動させたい

Keyword 親子関係 相対位置 枝分かれ

本節では、物体同士に親子関係を付けることによって、複数の物体を連動させることを考えてみましょう。

プロジェクトの構成

親子関係にある複数の物体の連動を実際に行うのは、スクリプトGenCubeScript2とTransform4_1です。そのうち、GenCubeScript2は物体の生成および親子関係の付加を、Transform4_1は生成されたオブジェクトの制御を、それぞれ行います。

これらを実行するには、まずGenCubeScript2をゲームオブジェクトCubeにアタッチします。そのまま［Inspector］ビュー→［Gen Cube Script 2(Script)］→［Cube］の右にある丸いボタンをクリックします（図2-4-1）。

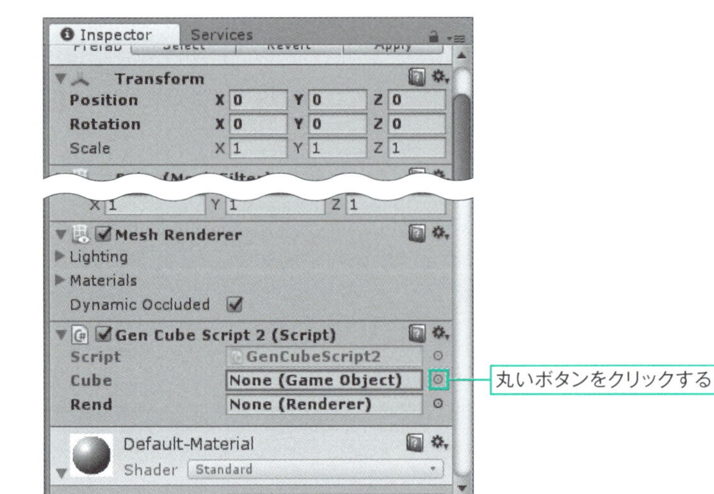

図2-4-1 ゲームオブジェクトの［Inspector］ビュー

すると、［Select GameObject］ウィンドウが開くので、Prefabである［GenCube］をクリックします（図2-4-2）。

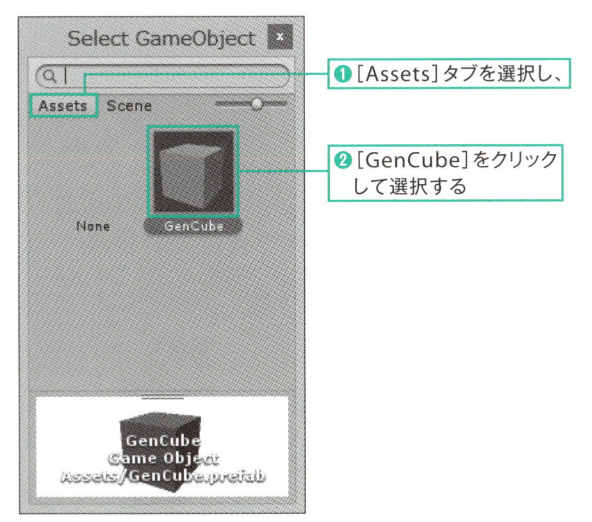

図2-4-2［Select GameObject］ウィンドウ

以上の手順で、GenCubeScript2のCubeにGenCube Prefabが割り当てられました。次にTransform4_1をGenCubeにアタッチすれば実行可能な状態となります。その状態で実行すると、多数の立方体が連動し、ミミズのような動きをするのが見られます（図2-4-3）。

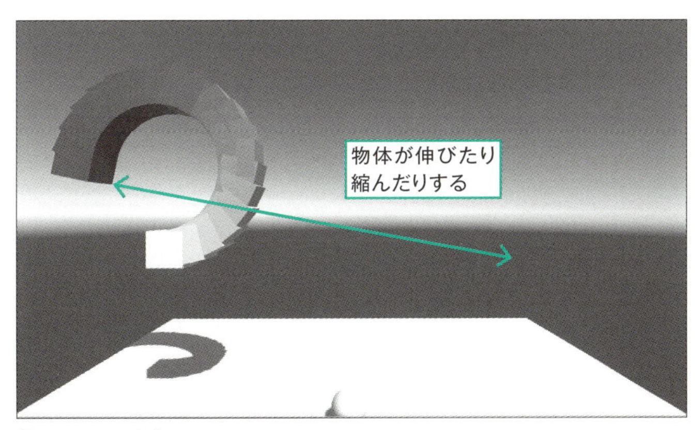

図2-4-3 動作画面

物体の生成と親子関係の付加

さて、このプログラムの具体的な動作について、まずは物体の生成と親子関係の付加を行っているGenCubeScript2から見てみましょう。このスクリプトで大事なのはStartメソッド内の以下の部分です。

リスト2.5 GenCubeScript2（部分）

```
GameObject RootObje = GameObject.Find("Cube");             // ルートオブジェクト

Vector3 v3Position = new Vector3(-5.0f, 0.0f, 0.0f);     // 位置

RootObje.transform.position = v3Position;
RootObje.transform.parent = null;                          // ルートに親はなし

GameObject lastGameObje = RootObje;

for (int i = 1; i <= nObjCount; i++)
{
    GameObject GameObje = Instantiate(cube);               // オブジェクト生成

    v3Position.x += fInterval;

    GameObje.transform.position = v3Position;
    GameObje.transform.parent = lastGameObje.transform; // 親

    Transform4_1 ScRef = GameObje.GetComponent<Transform4_1>();
    ScRef.nDepth = i;                                      // 階層深さ

    lastGameObje = GameObje;
}
```

ルートオブジェクト

ここではまず、

```
GameObject RootObje = GameObject.Find("Cube");             // ルートオブジェクト
```

として、ルート（根）となるオブジェクトとして使うために、Findメソッドを使ってCubeを探し出しています。

次に、

```
Vector3 v3Position = new Vector3(-5.0f, 0.0f, 0.0f);     // 位置
```

という部分では、物体の位置を制御するための変数v3Positionを、(-5.0f, 0.0f, 0.0f)という値で初期化しています。

そして、

```
RootObje.transform.position = v3Position;
RootObje.transform.parent = null;                          // ルートに親なし
```

という部分では、探し出したCubeの位置として先ほどのv3Positionが示す位置を設定しています。そしてさらに、ルートのオブジェクトには親がいないため（しなくても動作することが多いですが）、念のためCubeの親にnullを設定し、親がないことを明示しています。

その後、

```
GameObject lastGameObje = RootObje;
```

として、「1つ前のオブジェクト」をルートであるCubeで初期化しています。

子オブジェクト

以下は、nObjCount回のループとなりますが、ループ内ではまず、

```
GameObject GameObje = Instantiate(cube);                // オブジェクト生成
```

として、InstantiateメソッドGを使い、GenCubeをPrefabとして新しいオブジェクトを生成します。

そして、

```
v3Position.x += fInterval;
```

として、現在位置を1単位分だけ移動したうえで、

```
GameObje.transform.position = v3Position;
GameObje.transform.parent = lastGameObje.transform; // 親
```

として、新しく生成した物体の位置を現在位置v3Positionに、そして親オブジェクト（のtransform）をlastGameObjeに入っている1つ前のオブジェクト（のtransform）に設定しています。そうすることによって、生成されたオブジェクトを数珠つなぎに関連付けていくわけですね。

ただし、最初に生成されたオブジェクトだけは、ルートであるCubeが親とされることになることに注意してください。

次は、

```
Transform4_1 ScRef = GameObje.GetComponent<Transform4_1>();
ScRef.nDepth = i;                                        // 階層深さ
```

として、生成されたオブジェクトのルートからの「深さ」を設定しています。これは、ルートが0、ルートにつながる物体が1、それにつながる物体が2、……というように「ルートまでたどるのに何ステップかかるか」という数（図2-4-4）で、あとで動きを決定するために使います。

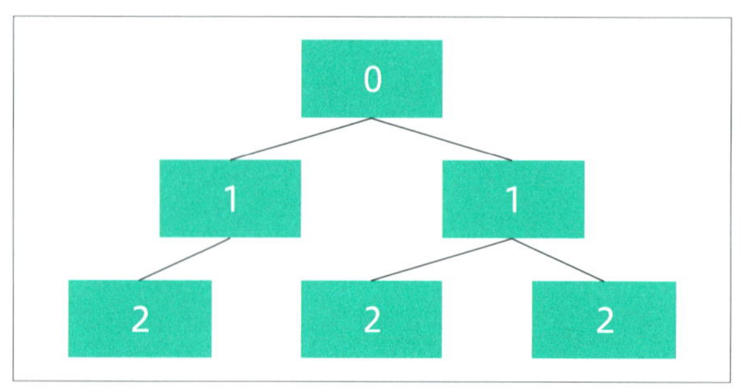

▶図 2-4-4 ルートオブジェクト（0）からのつながりと深さ

ただし、今回は物体を単純に数珠つなぎにしているだけのため、「深さ」としてはループ変数iをそのまま使ってしまっています。

最後に、

```
lastGameObje = GameObje;
```

として、1つ前のオブジェクトであるlastGameObjeを今生成したオブジェクトで更新し、次に生成されるオブジェクトの親として使えるようにしています。

連動したオブジェクトの制御

さて、先ほどは数珠つなぎに関連付けられたオブジェクトを生成しました。今度は、生成された個々のオブジェクトを制御しているTransform4_1の中身を見てみましょう。

このスクリプトで大事なのは、以下の部分です。

リスト 2.6 Transform4_1（部分）

```
float fPosAngle = nDepth * 2.0f * Mathf.PI / 25.0f *
                  Mathf.Sin(2.0f * Mathf.PI * ((Time.time / 6.0f) % 1));

Vector3 v3RelPos = new Vector3(
            0.5f * Mathf.Cos(fPosAngle),
            0.5f * Mathf.Sin(fPosAngle),
            0.0f);

transform.position = transform.parent.position + v3RelPos;

transform.LookAt(
            transform.parent.position,
            new Vector3(0.0f, 1.0f, 0.0f));
```

親に対する角度と位置を計算する

順番に見ていってみましょう。まず、

```
float fPosAngle = nDepth * 2.0f * Mathf.PI / 25.0f *
                  Mathf.Sin(2.0f * Mathf.PI * ((Time.time / 6.0f) % 1));
```

という部分は、自分が親オブジェクトに対してなす角度を作っています（図2-4-5）。

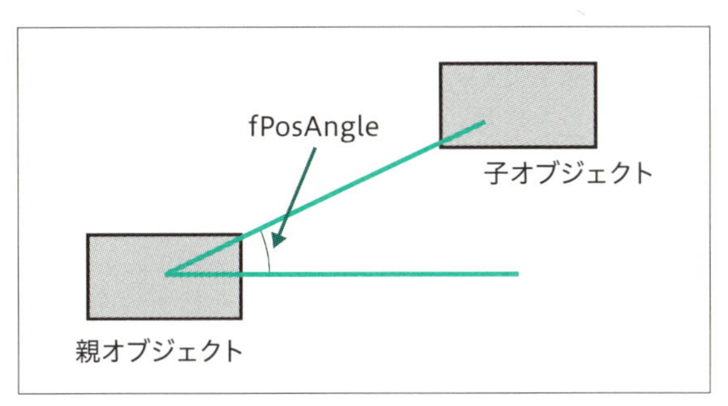

図2-4-5 親オブジェクトに対してなす角度

これは、角度そのものがsin関数で振動するという状況を作り出しています。`Mathf.Sin(2.0f * Mathf.PI * ((Time.time / 6.0f) % 1))`という部分で、周期6秒で振動する波を作り出し、その振幅を`nDepth * 2.0f * Mathf.PI / 25.0f`（これは、1深度当たり$\frac{1}{25}$周するような角度）としているわけです。つまり角度である`fPosAngle`は6秒周期で振動し、$A=$`nDepth * 2.0f * Mathf.PI / 25.0f`とすると$-A$～Aの範囲を往復することになります。

なお、この角度に`nDepth`、つまりルートからの深度が掛け算されているのは、深度が深くなればなるほど、つまり先端に行けば行くほど大きく曲がり、丸まるような動作をさせるためです。

次に

```
Vector3 v3RelPos = new Vector3(
            0.5f * Mathf.Cos(fPosAngle),
            0.5f * Mathf.Sin(fPosAngle),
            0.0f);
```

として、自分の親オブジェクトに対する相対位置`v3RelPos`を作り出しています。これを数式で書けば$(0.5\cos\theta,\ 0.5\sin\theta,\ 0)$となり、$xy$平面上で親オブジェクトから0.5だけ離れ、$x$軸から測って角度$\theta$の方向に設定している、ということになります。

そして、

```
transform.position = transform.parent.position + v3RelPos;
```

として、実際に親の位置に上で計算した相対位置を加えることで、自分のいるべき位置を設定しています。

向きを計算する

最後に、以下のコードで物体の向きを調整しています。

```
transform.LookAt(
            transform.parent.position,
            new Vector3(0.0f, 1.0f, 0.0f));
```

今動かしている物体は立方体であり、親との位置関係が変わっても向きがそのままでは不自然です。そのため、親の方向を向くようにLookAtメソッドを使って回転しています。親と連結してつながっているのであれば、当然、親の方向を向くでしょうから、こちらのほうが自然な印象になるわけですね。

NOTE

この辺りがイメージしにくい方は、上のLookAtの行をコメントアウトしてみて、結果にどんな違いが出てくるか見てみるとよいでしょう。

座標変換

保存された初期位置に配置する

さて、次は、物体同士の連動をもう少し柔軟に行えるようにすることを考えてみましょう。

Transform4_1においては、GenCubeScript2で物体を配置しますが、GenCubeScript2内でどのような位置に物体を配置したとしても、Transform4_1で物体は完全に配置し直され、物体が最初どこにあったかということは関係なくなってしまいます。また、GenCubeScript2においては、物体の連動は数珠つなぎの単純な形で枝分かれもありません。

そこで、例えば人体モデルのアニメーションのように、初期の配置を保存し、そこからの変形によって物体を動かすこと、また、物体同士を枝分かれのある形で連動をさせることを考えてみましょう。

それを実際に行うのがスクリプトGenCubeScript3とTransform4_2で、先ほどと同様にGenCubeScript3は物体の生成および親子関係の付加を、Transform4_2は生成されたオブジェクトの制御を行います。これらを実行するのも先ほどと同様、まずGenCubeScript3をゲームオブジェクトCubeにアタッチし、Inspectorから［GenCubeScript3］→［Cube］にPrefabであるGenCubeを割り当て、Transform4_2をGenCubeにアタッチします。

その状態で実行すると、やはり多数の立方体が連動しミミズのような動きをしますが、今回は2つに枝分かれをして（Y字を横倒しにしたような形になって）おり、そこから運動を行うようになっています（図2-4-6）。

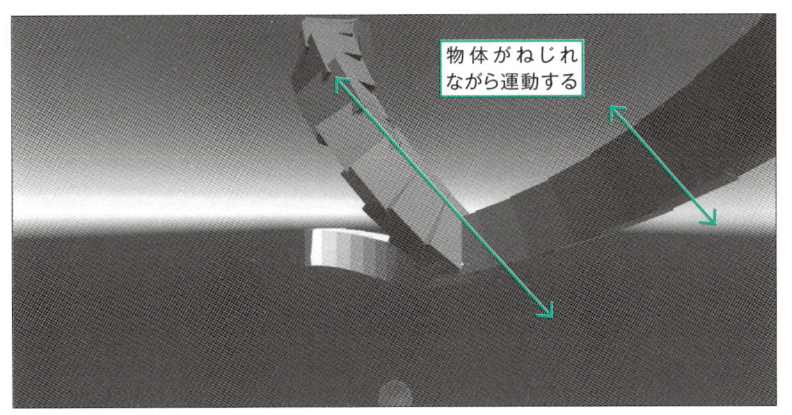

図2-4-6 動作画面

親オブジェクトからの相対位置を計算する

さて、今回のGenCubeScript3はどのような動作を行っているのでしょうか。このスクリプトにおいては、物体の配置と親子関係を柔軟にできるように、物体を生成するMyInstantiateというメソッドを作っていますが、その中でGenCubeScript2にはなかった特徴的な部分として、以下の行があります。

```
ScRef.v3BasePos = GameObje.transform.position -
          GameObje.transform.parent.position;
```

この行では、生成したオブジェクトの、親オブジェクトからの相対位置を表すv3BasePosという変数をセットしています。図2-4-7のようなイメージを行えば、相対位置を示すベクトルを計算するために、自分の位置ベクトルから親の位置ベクトルを引き算すればよい、と容易に理解できるでしょう。

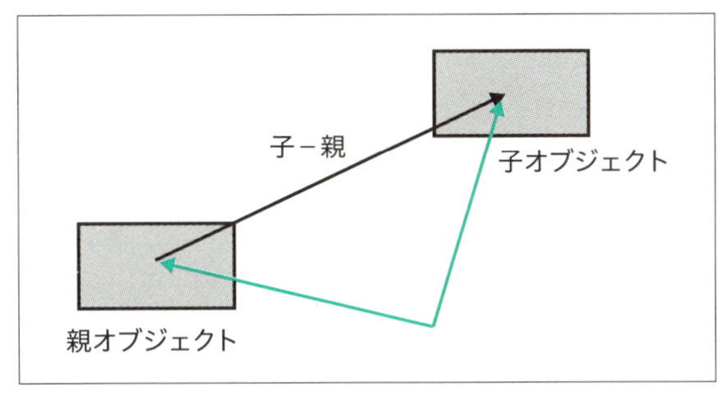

図2-4-7 親オブジェクトからの相対位置を示すベクトル

ここで、「親からの相対位置の計算」というのは、生成されたオブジェクト内の処理として行ったほうが考えやすいため、例えば、生成されたオブジェクトのStartメソッドやAwakeメソッド内でこの相対位置の計算を行いたくなりますが、残念ながらそれでは上手くいきません。自オブジェクトのStartやAwakeが呼び出されたときはまだ、親オブジェクトの位置が正しい初期位置になっている保証がないからです。そのときの親オブジェクトの位置は、正しい初期位置に初期化されていなかったり、すでに1回動いてしまっていたりする可能性があります。そこで、親と子の初期相対位置を確実に得るために、オブジェクトを生成した時点でその相対位置を計算し、セットしているわけです。

次に、Transform4_2の中身を見てみましょう。このスクリプトで特徴的なのは、FixedUpdateメソッド内の以下の部分です。

```
Vector3 v3RelPos = qRot * v3BasePos;
transform.position = transform.parent.position + v3RelPos;
```

ここで、qRotには回転のクォータニオンが入っています。

このqRotを用いて、以下のように、親オブジェクトからの相対位置v3BasePosを回転します。

```
Vector3 v3RelPos = qRot * v3BasePos;
```

その回転した相対位置を

```
transform.position = transform.parent.position + v3RelPos;
```

として親オブジェクトの位置に足すことによって、自分の絶対位置とします。

このようにすれば、元々の親との相対位置を基準として、そこからの回転によって物体を動かすことができます。これは、SkinMesh等のモデルのアニメーションを理解するときに必要になる知識ですから、よく覚えておいてください。

2-5 好きなベクトルを軸として物体を回転させたい

Keyword　クォータニオン　逆クォータニオン　共役クォータニオン

本節では、物体を座標軸に限らず、好きな方向を向いた軸を中心に回転させることを考えてみましょう。軸の方向を指定するのには通常ベクトルを使うので、これは物体を好きなベクトルを軸として回転させることになります。そのような場合、「クォータニオン」というものを用います。

クォータニオン

座標軸に限らない回転変換を行う場合、2-1.座標軸を中心に物体を回転させたいで学んだオイラー角と同様に、行列を用いて考えることも可能ですが、通常はさまざまな理由から**クォータニオン**というものを利用します。

NOTE

クォータニオンについての詳細な解説は、344ページ7-4.複素数とクォータニオンを参照してください。

プロジェクトの構成

クォータニオンを用い、Unityの機能を使ってベクトルを軸として物体を回転させているのが、スクリプトTransform5_1です。

PrefabであるGenCubeにこのTransform5_1をアタッチし、ゲームオブジェクトCubeにGenCubeScriptをアタッチしてからスクリプトを実行してみると、立方体が座標軸に沿って並んだ物体が生成され、それが斜めに傾いた軸を中心にして回転します（図2-5-1）。

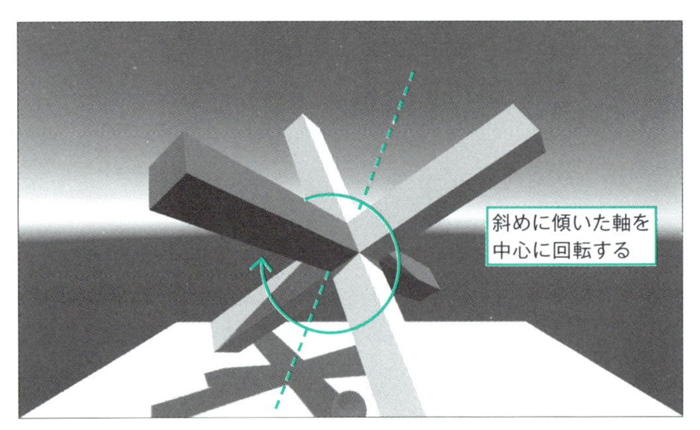

図 2-5-1 動作画面

このスクリプトの中で重要なのは、以下の部分です。

リスト 2.7 Transform5_1（部分）

```
qRot = Quaternion.AngleAxis(
             fAngle * Mathf.Rad2Deg, v3Axis); // 回転のクォータニオン

transform.position = qRot * transform.position;            // 位置
transform.rotation = qRot * transform.rotation;            // 回転
```

ここでは、まず

```
qRot = Quaternion.AngleAxis(
             fAngle * Mathf.Rad2Deg, v3Axis); // 回転のクォータニオン
```

として、AngleAxisメソッドを使って**回転のクォータニオン**という、ある回転を表すクォータニオンを作っています。その際には回転する角度を度数法で与え（fAngle * Mathf.Rad2Degの部分）、回転軸となるベクトルを与えています（v3Axisの部分）。これによって、「v3Axisを軸としてfAngle（ラジアン）だけ物体を回転させる」ような回転を表すクォータニオンが作成されます。

次に、

```
transform.position = qRot * transform.position;            // 位置
```

として、物体の位置に作成した回転のクォータニオンを作用させることで物体の位置を回転させます。

さらに、

```
transform.rotation = qRot * transform.rotation;            // 回転
```

として、物体の回転として元々transform.rotationに入っていたものに作成した回転の

クォータニオンを掛け算して合成することによって、物体の姿勢も回転させています。
ベクトルv3Axisには

```
Vector3 v3Axis = new Vector3(1.0f, 1.0f, 1.0f);
```

として(1.0f, 1.0f, 1.0f)が入っていますから、これで物体の位置・姿勢ともに(1.0, 1.0, 1.0)というベクトルを軸として回転することになりますので実行してみてください。

それでは、この回転のクォータニオンについてより深く理解するために、徐々にUnityの機能を使わないようにしながら、同じことを実現していきましょう。

回転のクォータニオンを作成する

まずは回転のクォータニオンを作成している

```
qRot = Quaternion.AngleAxis(
           fAngle * Mathf.Rad2Deg, v3Axis); // 回転のクォータニオン
```

という部分を、以下のように置き換えてみてください。

```
v3Axis.Normalize(); // 軸ベクトル単位化

qRot.w = Mathf.Cos(fAngle / 2.0f);
qRot.x = Mathf.Sin(fAngle / 2.0f) * v3Axis.x;
qRot.y = Mathf.Sin(fAngle / 2.0f) * v3Axis.y;
qRot.z = Mathf.Sin(fAngle / 2.0f) * v3Axis.z;
```

実行してみると、先ほどと同じ結果が得られるのが確かめられることでしょう。つまり、これが回転のクォータニオンの中身なのです。

これを数式で書いてみましょう。回転のクォータニオンをq_{rot}とし、以下のように定義します。

$$q_{rot} = w + xi + yj + zk$$

ここで、回転軸のベクトルを$\boldsymbol{a} = (a_x,\ a_y,\ a_z)$としたとき、$\boldsymbol{a}$を軸とした回転は次のように表せます。

$$w = \cos\frac{\theta}{2}$$

$$x = a_x \sin\frac{\theta}{2}$$

$$y = a_y \sin\frac{\theta}{2}$$

$$z = a_z \sin\frac{\theta}{2}$$

ここで、回転軸のベクトルv3Axisが

```
v3Axis.Normalize(); // 軸ベクトル単位化
```

と単位化されていることに注意してください。回転のクォータニオンは、それ自体の4次元ベクトルとしての長さが1（単位クォータニオン）でなければならず、そのためには回転軸のベクトルもまた長さが1でなければなりません。

ここで、「回転軸のベクトル（3次元ベクトル）の長さが1ならば回転のクォータニオン（4次元ベクトル）の長さも1となる」ことを確かめてみましょう。

上の例では、回転軸のベクトル$\boldsymbol{a}$について$|\boldsymbol{a}|^2 = a_x{}^2 + a_y{}^2 + a_z{}^2 = 1$ということになります。

このとき、回転のクォータニオンq_{rot}の長さ$|q_{rot}|$を計算すると、

$$
\begin{aligned}
|q_{rot}|^2 &= w^2 + x^2 + y^2 + z^2 \\
&= \cos^2\frac{\theta}{2} + a_x{}^2\sin^2\frac{\theta}{2} + a_y{}^2\sin^2\frac{\theta}{2} + a_z{}^2\sin^2\frac{\theta}{2} \\
&= \cos^2\frac{\theta}{2} + (a_x{}^2 + a_y{}^2 + a_z{}^2)\sin^2\frac{\theta}{2} \\
&= \cos^2\frac{\theta}{2} + \sin^2\frac{\theta}{2} \quad (\because a_x{}^2 + a_y{}^2 + a_z{}^2 = 1) \\
&= 1
\end{aligned}
$$

となり、確かに「回転軸のベクトルが単位ベクトルであれば、回転のクォータニオンも単位クォータニオンとなる」ことがわかります。これはつまり、回転のクォータニオンを直接扱う場合には、回転軸のベクトルも単位化しておかなければならない、ということです。

クォータニオンを作用させて回転させる

さて、さらにUnityの機能を自分で実現してみましょう。次は、

```
transform.position = qRot * transform.position; // 位置
```

という、物体の位置に回転のクォータニオンを作用させて回転している部分を自前で行ってみます。このコードを見ると、位置ベクトルに単純にクォータニオンを（行列のように）掛け算すれば回転が実現できるようにも思われますが、実はそうではありません。

それでは実際に

```
transform.position = qRot * transform.position;            // 位置
```

という部分を以下のように置き換えてみましょう。

```
Quaternion qPos;
Vector3 v3Pos;
v3Pos = transform.position;
qPos.x = v3Pos.x;
```

```
qPos.y = v3Pos.y;
qPos.z = v3Pos.z;
qPos.w = 1.0f;

qPos = qRot * qPos * Quaternion.Inverse(qRot);

v3Pos.x = qPos.x;
v3Pos.y = qPos.y;
v3Pos.z = qPos.z;
transform.position = v3Pos;      // 変換
```

これを実行してみると、確かに同じ結果が得られるのがわかります。ずいぶんと行数が増えてしまいましたが、このプログラムでは、

- 3次元の位置ベクトルをいったんクォータニオンに変換し
- そのクォータニオンに対して回転処理を行い
- 改めてクォータニオンを3次元の位置ベクトルに変換する

という処理を行っており、その大部分が「位置ベクトル→クォータニオンの変換」と「クォータニオン→位置ベクトルの変換」を行っている部分となっています。

位置ベクトル→クォータニオンの変換

具体的に見ていきましょう。まず、

```
v3Pos = transform.position;
qPos.x = v3Pos.x;
qPos.y = v3Pos.y;
qPos.z = v3Pos.z;
qPos.w = 1.0f;
```

という部分で、物体の位置ベクトルv3PosをqPosというクォータニオンに変換しています。

回転のクォータニオンを作用させるために、位置ベクトルをクォータニオンに変換する場合、クォータニオンのベクトル部(x, y, z)に位置ベクトルの成分をそのまま代入します。しかし、クォータニオンのスカラー部wには、基本的に何を入れておいても同じであり、上の例では1を入れています。

NOTE

ただし、スカラー部wを未定義のままにしておくと、無限大や不正な数が入っていたりしてトラブルのもととなる場合もありますので、必ず何かしらの数を入れておく必要があります。

クォータニオン→位置ベクトルの変換

また、

```
v3Pos.x = qPos.x;
v3Pos.y = qPos.y;
v3Pos.z = qPos.z;
transform.position = v3Pos;     // 変換
```

という部分では、クォータニオンqPosを物体の位置ベクトルに変換しています。こちらは、単純にクォータニオンのベクトル部を位置ベクトルにそのまま入れているだけです。

クォータニオンを使った回転

さて、核心となる部分は、その間「クォータニオンに変換された位置に、実際に回転のクォータニオンを作用させて回転している」以下の部分です。

```
qPos = qRot * qPos * Quaternion.Inverse(qRot);
```

さて、ここでqRotは回転のクォータニオン、qPosは変換される位置を持ったクォータニオンですが、何やらQuaternion.Inverse(qRot)という、見慣れないものが付いています。

同じことをUnityでしているのが

```
transform.position = qRot * transform.position;            // 位置
```

という部分であることを考えても、このQuaternion.Inverse(qRot)という部分は余計なように思われますね。

しかしながら、試しにこのQuaternion.Inverse(qRot)という部分を削ってみると、たちまち上手く回転しなくなってしまいます。実は、回転のクォータニオンを作用させて回転を行う際には、単純に位置に回転のクォータニオンを掛け算すればよいというものではなく、

・左から、回転のクォータニオンを掛け算する
・右から、回転のクォータニオンの逆クォータニオンを掛け算する

という「はさみうち」をしなければならないのです。

これを数式で書けば、以下のようになります。

$$q' = q_{rot} \cdot q \cdot q_{rot}{}^{-1}$$

ここで、qは変換前の位置を持ったクォータニオン、q'は変換後の位置を持ったクォータニオン、q_{rot}は回転のクォータニオン、$q_{rot}{}^{-1}$は回転のクォータニオンの逆クォータニオンです。

そのため、プログラムの中でも、

座標変換

```
qPos = qRot * qPos * Quaternion.Inverse(qRot);
```

として、位置qPosに対し、回転のクォータニオンqRotを左から掛けるだけでなく、回転のクォータニオンの逆クォータニオンQuaternion.Inverse(qRot)を右から掛けているわけです。

ここでInverseは、指定されたクォータニオンの逆クォータニオンを返すメソッドです。

NOTE

Unityでは、クォータニオンを位置に単に掛け算しているような書き方ができますが、内部的なオーバーロード関数内で、この「はさみうち」を行っていると考えられます。

逆クォータニオンと共役クォータニオン

さて、まだこのままだと逆クォータニオンを計算する部分がブラックボックスなので、この部分も自分でやってみましょう。

逆(ぎゃく)クォータニオンとは、元のクォータニオンと掛け算すると単位クォータニオン(1, 0, 0, 0)になるようなクォータニオンのことをいいます。

一方、**共役(きょうやく)クォータニオン**というのは、元のクォータニオンのベクトル部の符号を反転したもの、つまり$q=(w,\ x,\ y,\ z)$とした場合$q^*=(w,\ -x,\ -y,\ -z)$がその共役クォータニオンとなります。

長さ1の単位クォータニオンの場合には、逆クォータニオンq^{-1}と共役クォータニオンq^*が等しくなることが知られており、この性質から、

$$|q_{rot}|=1$$

であれば

$$q' = q_{rot} \cdot q \cdot q_{rot}{}^*$$

である、ということになります。

そこで実際、

```
qPos = qRot * qPos * Quaternion.Inverse(qRot);
```

という部分の逆クォータニオンを共役クォータニオンに置き換え

```
qPos = qRot * qPos * new Quaternion(-qRot.x, -qRot.y, -qRot.z, qRot.w);
```

としてみても同じ結果が得られます。自分でも確かめてみましょう。

以上のように、ある程度自前でクォータニオンによる回転を実装したのが、スクリプトTransform5_2です。

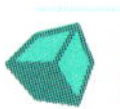

回転のクォータニオンを行列に変換する

あるベクトルを軸として回転させたい場合には、以上のように回転のクォータニオンを直接、回転させるクォータニオンに作用させる方法があります。

その他にも、回転のクォータニオンをいったん行列に変換し、それを用いて座標変換を行う方法もあります。それを実際に行っているのが、スクリプトTransform5_3です。

このスクリプトで大事な箇所は、FixedUpdateメソッド中の以下の部分です。

リスト2.8 Transform5_3（部分）

```
// クォータニオン→行列変換
matTransform = Matrix4x4.identity;                              // 単位行列

matTransform.m00 = 1.0f - 2.0f * (qRot.y * qRot.y + qRot.z * qRot.z);
matTransform.m01 = 2.0f * (qRot.x * qRot.y - qRot.w * qRot.z);
matTransform.m02 = 2.0f * (qRot.x * qRot.z + qRot.w * qRot.y);

matTransform.m10 = 2.0f * (qRot.x * qRot.y + qRot.w * qRot.z);
matTransform.m11 = 1.0f - 2.0f * (qRot.x * qRot.x + qRot.z * qRot.z);
matTransform.m12 = 2.0f * (qRot.y * qRot.z - qRot.w * qRot.x);

matTransform.m20 = 2.0f * (qRot.x * qRot.z - qRot.w * qRot.y);
matTransform.m21 = 2.0f * (qRot.y * qRot.z + qRot.w * qRot.x);
matTransform.m22 = 1.0f - 2.0f * (qRot.x * qRot.x + qRot.y * qRot.y);
```

これが、回転のクォータニオンを回転の行列に変換している公式で、数学の式で表すと以下のようになります。

$$M_{rot} = \begin{pmatrix} 1-2(y^2+z^2) & 2(xy-wz) & 2(xz+wy) & 0 \\ 2(xy+wz) & 1-2(x^2+z^2) & 2(yz-wx) & 0 \\ 2(xz-wy) & 2(yz+wx) & 1-2(x^2+y^2) & 0 \\ 0 & 0 & 0 & 1 \end{pmatrix}$$

ここで、$q_{rot}=w+xi+yj+zk$は回転のクォータニオン、M_{rot}はその回転のクォータニオンと同じ回転を表す回転の行列です。この公式を用いてクォータニオンを行列に変換してしまえば、他の変換などを行列で表現している場合に、それと親和性の高い表現でベクトルを軸にした回転を行うことができます。

Transform5_2のように位置ベクトルをクォータニオンに変換して回転のクォータニオンを直接作用させる、あるいはTransform5_3のように回転のクォータニオンを行列に変換して位置ベクトルに作用させる、というこの2つの方法は、どちらもよく行われる方法ですから、これらは両方を覚えておくとよいでしょう。

2-6 回転変換同士を滑らかに補間したい

Keyword 線形補間Lerp 球面線形補間Slerp

第2章の最後に、物体の回転変換同士を滑らかに補間することを考えてみましょう。そのような操作は、例えばモデルデータのアニメーションにおいて2つのキーフレーム（ある瞬間でのモデルの姿勢）の間を補間するような場合に必要になります。

補間を行うにはクォータニオンが有利

行列を用いた回転同士を自然かつ滑らかに補間することは、簡単ではありません。それに対して、クォータニオンを用いた回転の場合には、数学的にきれいに2つの回転の間を補間することができます。

そのため、通常そのような回転間の補間が必要となる場合には、回転をクォータニオンで表現します。Unityにおいて回転は基本的にクォータニオンで表現するのも、そのように回転間の補間が容易であることも理由の1つと考えられます。

プロジェクトの構成

さて、Unityの機能を使って実際に2つの回転間の補間を行っているのが、スクリプトTransform6_1です。

PrefabであるGenCubeにこのTransform6_1をアタッチし、ゲームオブジェクトCubeにGenCubeScriptをアタッチしてからこのスクリプトを実行してみると、立方体が座標軸に沿って並んだ物体が生成され、それが2つの姿勢（回転）の間を滑らかに行き来します（図2-6-1）。

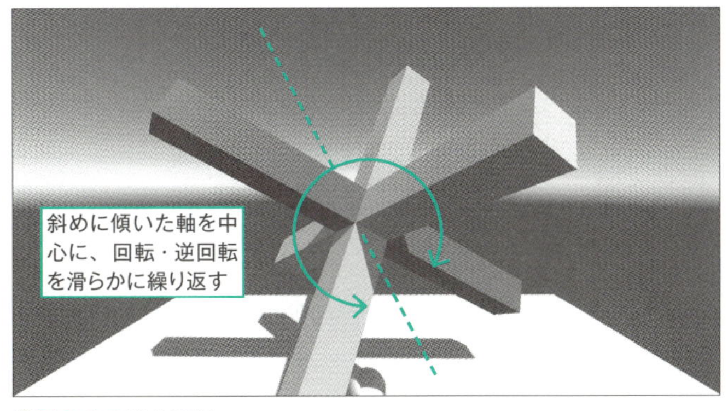

図2-6-1 動作画面

このスクリプトの中で重要なのは、極端なことをいえば以下の部分のみです。

```
qRot_p = Quaternion.Slerp(qRot1, qRot2, t); // 球面線形補間（Unity標準）
```

これは、qRot1というクォータニオンが表す回転と、qRot2というクォータニオンが表す回転の間を、tというパラメータにしたがって行き来しており、$t=0$ならばqRotはqRot1そのもの、$t=1$ならばqRotはqRot2そのものの回転となり、$0 \leq t \leq 1$ならば、qRotはqRot1とqRot2の間の回転となります。

例えば、$t=0.5$ならば、qRotはqRot1とqRot2のちょうど中間の回転となることとなります。

さて、このように2つの値の間を補間するものとして、一番有名な方法は**線形補間**(せんけいほかん)でしょう。例えばq_1とq_2のという2つのクォータニオンの間を線形補間するならば、

$$q=(1-t)q_1+tq_2$$

となります。これは、「線形」という名前通り、q_1とq_2の間を直線的に補間してつなぐものです（図2-6-2）。

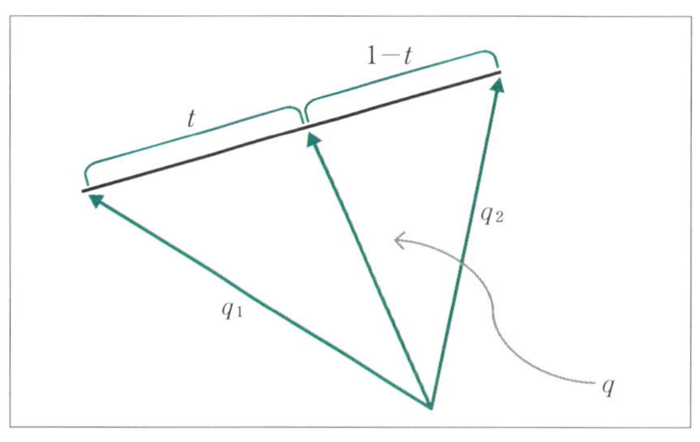

図2-6-2 q_1とq_2の間の線形補間

この場合、直線的に補間するとクォータニオンのノルム（ベクトルの長さ）が1でなくなってしまうため、この線形補間の結果をさらに単位化することによって（図2-6-3）、ある程度の妥当性のある回転の補間を行うことができます。

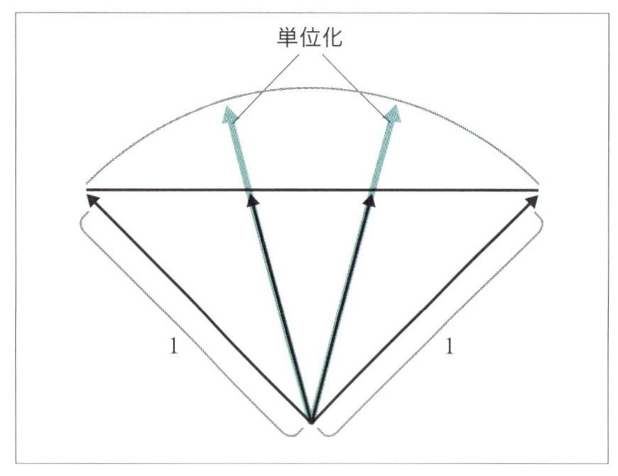

図2-6-3 線形補間の結果を単位化する

球面線形補間（Slerp）

実は、Unityにもこの「線形補間した結果を単位化する」という補間を行うLerpというメソッドもありますが、スクリプトTransform6_1では、Lerpではなく、Slerpというメソッドを使っています。このSlerpメソッドは線形補間ではなく、**球面線形補間**（きゅうめんせんけいほかん）というものを計算します。

線形補間と球面線形補間の違いは、線形補間は「2つのものを直線でつなぎ、tを等速で動かすとその直線上を等速で動く」というものなのに対して、球面線形補間は「2つの同じ長さのものを円弧でつなぎ、tを等速で動かすとその円弧上を等速で動く」というものです（図2-6-4）。

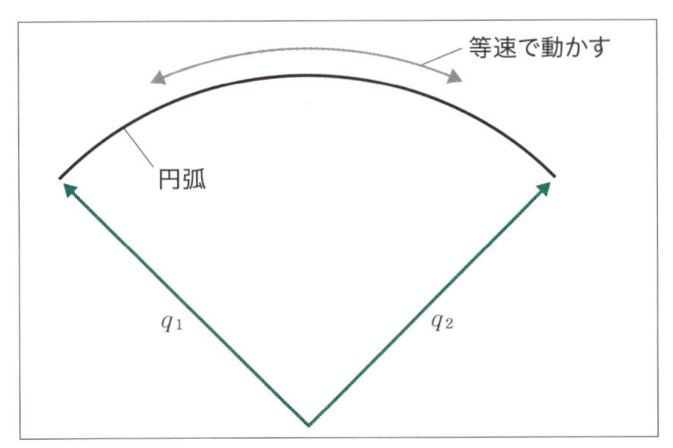

図2-6-4 球面線形補間では、円弧上を等速で動く

つまり、「線形補間した結果を単位化する」というLerpでは、tを一定の速度で動かしても角度の変化速度である角速度は一定にならず（つまり、回転速度が一定ではない）、球面線形補間を行うSlerpの場合には、tを一定の速度で動かせば角速度が一定（つまり、回転速度が一定）の回転運動となります。

多くの場合、回転同士の補間を行う場合にはtと変化角度が素直に比例してくれたほうがよい結果を得やすいため、単純に2つの回転同士を補間する場合には、一般にこのSlerpによる球面線形補間が行われます。

Slerpを実装する

さて、このSlerpをUnityに頼らず、自前で行うことを考えてみましょう。スクリプトTransform6_1で、

```
qRot_p = Quaternion.Slerp(qRot1, qRot2, t); // 球面線形補間（Unity標準）
```

の部分を、以下のように置き換えてみてください。

```
float q1t, q2t;
float fDotProduct;
```

```
float fTheta;

fDotProduct = qRot1.x * qRot2.x + qRot1.y * qRot2.y + qRot1.z * qRot2.z +
              qRot1.w * qRot2.w;             // 内積計算

fTheta = Mathf.Acos(fDotProduct);            // 角度計算

q1t = Mathf.Sin(fTheta * (1.0f - t)) / Mathf.Sin(fTheta);
q2t = Mathf.Sin(fTheta * t) / Mathf.Sin(fTheta);

qRot_p.x = q1t * qRot1.x + q2t * qRot2.x;
qRot_p.y = q1t * qRot1.y + q2t * qRot2.y;
qRot_p.z = q1t * qRot1.z + q2t * qRot2.z;
qRot_p.w = q1t * qRot1.w + q2t * qRot2.w;
```

実行すると、置き換える前と同じ動作が得られているのがわかると思います。この場合、qRot_pは物体の位置に対する回転のクォータニオンです。物体の姿勢に対する回転のクォータニオンは依然UnityのSlerpメソッドを用いていることから、上のプログラムがUnityのSlerpメソッドと同じ結果を得ていることがよくわかると思います。

さて、上のプログラムでSlerpを行っている式を数学的に書けば、以下のようになります。

$$q_{rot} = \frac{\sin\{\theta(1-t)\}}{\sin\theta} q_1 + \frac{\sin(\theta t)}{\sin\theta} q_2$$

つまり、これがSlerpを計算するための計算式です。ここで、θは補間する2つのクォータニオンq_1とq_2のなす角ですが、上のプログラムではその角度fThetaは、「2つのクォータニオンの内積のアークコサイン」を取ることによって得ています。

NOTE

なお、Slerpが上記の式で計算できる理由については、**7-4. 複素数とクォータニオン**を参照してください。

実装したSlerpの問題点

実は、この段階ではまだ、Slerpの実装としては不十分な部分があります。数式を見て明らかな問題点としては、上記の式やプログラムでは、分数の分母に$\sin\theta$が入っているため、$\sin\theta$が0になってしまうような状況ではこの式は使えない、という点が挙げられます。

どういうことかというと、2つのクォータニオンのなす角をθとした場合、$\sin\theta = 0$である、つまり、2つのクォータニオンが平行である、ということです。そして、それはすなわち、2つのクォータニオンは同じ回転を表している、ということになります。

つまり$\sin\theta = 0$の場合、同じ回転同士の補間をしようとしていることになり、そもそも最初から補間をする必要はなく、どちらか一方のクォータニオンをそのまま`Slerp`の結果として採用すればよい、ということになります。

実はさらに、より本質的な問題が残っています。上記のようなプログラムの置き換えだけではまだ、補間しようとするクォータニオンの配置によって正しい結果が得られない場合があるのです。

例えば、スクリプトTransform6_1で、

```
fAngle = Mathf.PI / 3.0f;                                    // 角度
```

と回転角を指定している部分を、

```
fAngle = Mathf.PI / 1.5f;                                    // 角度
```

として実行してみてください。すると、物体の位置の回転と姿勢の回転に矛盾が生じて、構成部品の立方体が見えてしまう状況になります（図2-6-5）。

図2-6-5 構成部品の立方体が見えてしまっている

現在、

- 物体の位置の回転`qRot_p`は、自前で`Slerp`を計算している
- 姿勢の回転`qRot_r`は、Unity標準のメソッドで`Slerp`を計算している

ため、「自前で計算している`qRot_p`のほうが間違っているために、このような問題が起こっている」と考えるのが自然でしょう。

自前での`Slerp`の計算に不適切な部分があるのが原因だということはわかりましたが、その不適切な部分とはいったいどのようなものなのでしょうか。

同一の回転を表すクォータニオンは複数存在する

実は、上記の自前でSlerpを計算している部分は、

・同一の回転を表すクォータニオンは1つではない

という事実を考慮に入れていないのです。2-5.好きなベクトルを軸として物体を回転させたいで出てきた回転のクォータニオンq_{rot}を作用させる式、

$$q' = q_{rot} \cdot q \cdot q_{rot}{}^*$$

の右辺に、q_{rot}の代わりに$-q_{rot}$を代入してみると、

$$\begin{aligned} q' &= -q_{rot} \cdot q \cdot (-q_{rot})^* \\ &= -q_{rot} \cdot q \cdot -(q_{rot}{}^*) \quad (\because (-q_{rot})^* = -(q_{rot}{}^*)) \\ &= q_{rot} \cdot q \cdot q_{rot}{}^* \end{aligned}$$

と、元の式とまったく同じ式になることから、q_{rot}と$-q_{rot}$はまったく同じ回転を表していることがわかります。

ちなみに、$(-q_{rot})^* = -(q_{rot}{}^*)$となるのは、$q_{rot} = w + xi + yj + zk$とすると、

$$\begin{aligned} (-q_{rot})^* &= (-w - xi - yj - zk)^* = -w + xi + yj + zk \\ -(q_{rot}{}^*) &= -(w - xi - yj - zk) = -w + xi + yj + zk \end{aligned}$$

と、確かに$(-q_{rot})^*$と$-(q_{rot}{}^*)$が等しくなることが確かめられます。

$\frac{\pi}{2}$より大きな角の補間

話を戻すと、2つの回転のクォータニオンq_{rot}と$-q_{rot}$はまったく同じ回転を表しています。この事実は、

・2つの異なる回転を表すクォータニオンは、必ずなす角を$\frac{\pi}{2}$以下にできる

という事実につながります。

それを説明するために、q_1とq_2という2つの回転のクォータニオンを例として用意します。それらが$\frac{\pi}{2}$より大きな角度をなしていたなら、例えばq_1のほうを同じ回転を表す$-q_1$に置き換えてしまえば、$-q_1$とq_2は、なす角が$\frac{\pi}{2}$以下になるのです（図2-6-6）。言いかえれば、2つの回転のクォータニオンの内積（つまり、$\cos\theta$）は、必ず0以上の値にすることができます。

1
2
3
4
5
6
7
座標変換

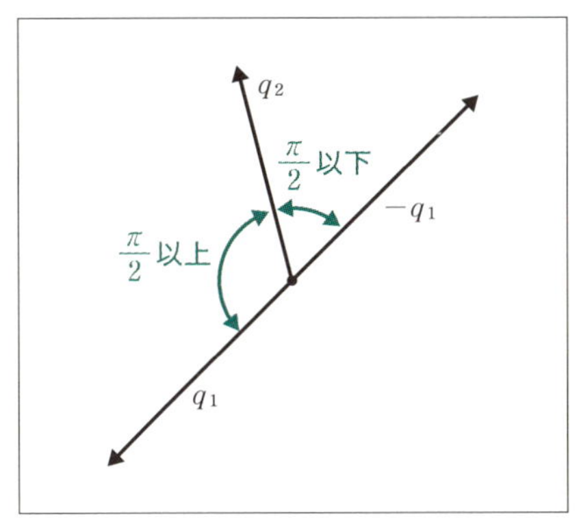

図2-6-6 $\frac{\pi}{2}$ 以上の角は $\frac{\pi}{2}$ 以下の角に置き換えられる

つまりこれは、2つの回転のクォータニオンのSlerpを行う場合、理論的に、なす角が $\frac{\pi}{2}$ より大きなクォータニオン間の補間をすることはあり得ない、ということになります。

上で行った自前でのSlerpの場合、その事実を無視して、与えられた q_1 と q_2 が $\frac{\pi}{2}$ より大きな角度をなしていても、そのまま補間してしまっていたために誤動作してしまった、というわけです。

そこで、与えられた q_1 と q_2 が $\frac{\pi}{2}$ より大きな角度をなしていた場合、（q_1 と q_2 ではなく）$-q_1$ と q_2 の間を補間するようにしてみましょう。

そのためには、103ページでSlerpを実装した部分を、以下のように変更してみてください。

```
float q1t, q2t;
float fDotProduct;
float fTheta;
fDotProduct = qRot1.x * qRot2.x + qRot1.y * qRot2.y +
              qRot1.z * qRot2.z + qRot1.w * qRot2.w;      // 内積計算

if (fDotProduct < 0.0f)
{                         // 内積を＋に収める
    qRot1 = new Quaternion(-qRot1.x, -qRot1.y, -qRot1.z, -qRot1.w);
    fDotProduct = -fDotProduct;
}

fTheta = Mathf.Acos(fDotProduct);                // 角度計算

q1t = Mathf.Sin(fTheta * (1.0f - t)) / Mathf.Sin(fTheta);
q2t = Mathf.Sin(fTheta * t) / Mathf.Sin(fTheta);

qRot_p.x = q1t * qRot1.x + q2t * qRot2.x;
qRot_p.y = q1t * qRot1.y + q2t * qRot2.y;
```

```
qRot_p.z = q1t * qRot1.z + q2t * qRot2.z;
qRot_p.w = q1t * qRot1.w + q2t * qRot2.w;
```

実行してみると、確かに動作が正常になるのが確かめられます。以上の点を考慮して、自前のSlerpをより正しく実装したのがスクリプトTransform6_2です。

PrefabであるGenCubeにアタッチして実行してみると、確かに正常動作するのが確認できると思います。Unityでは通常、この`Slerp`はライブラリ内部でやってくれるため、普段はあまり意識する必要もないと思います。しかし`Slerp`よりもさらに高度な回転の補間をしたい場合など、基本となる`Slerp`の原理を理解していなければならない局面があるため、よく理解しておくことをおすすめします。

Chapter 3
当たり判定

3-1 座標軸に沿った直方体同士が当たっているか調べたい

Keyword 立方体 差の絶対値 ベクトル型変数

本節では、ゲームプログラムにおいて不可欠な当たり判定のうち、一番基本的な、座標軸に沿った直方体同士の当たり判定を行うことを考えてみます。

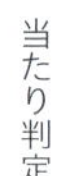

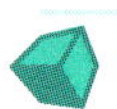

立方体同士の当たり判定

まずは、より基本的な立方体同士の当たり判定を行います。フォルダー03_CheckHitを開き、スクリプトCheckHit1_1をCubeにアタッチして実行すると、立方体Cubeが水色になって方向キーを使って動かすことができます。Cubeがもう1つの立方体（Cube2）と重なると、水色の立方体が赤く変わります（図3-1-1）。

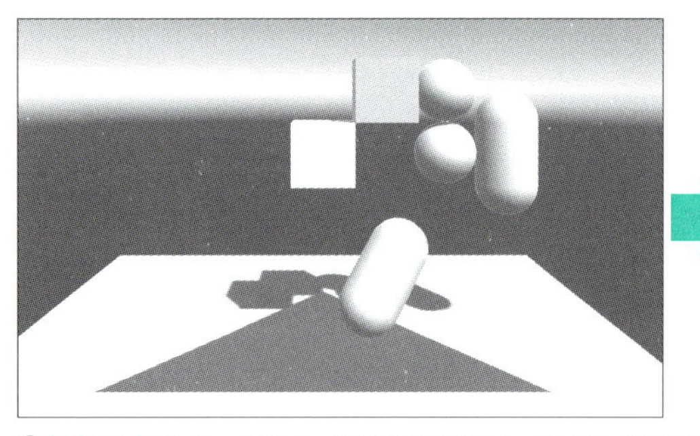

図3-1-1 CubeがCube2に接触すると、赤く色が変わる

NOTE

ゲームオブジェクトを選択するには、[Scene]ビューでクリックする方法の他に、[Hierarchy]ビューを使う方法があります。
今回は、2つ配置されている立方体のどちらがCubeか分かりづらいので、[Hierarchy]ビューから[Cube]をクリックして選択するほうがよいでしょう。

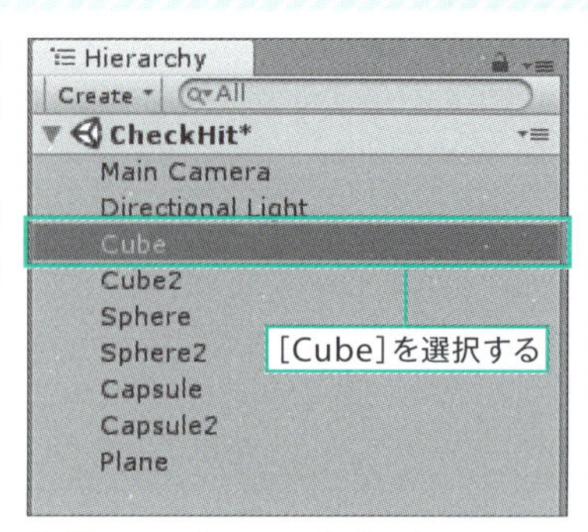

図3-1-2 [Hierarchy]ビュー

x、y、z座標を独立に比較する

さて、このスクリプトでは、当たり判定をFixedUpdateメソッドの以下の部分で行っています。

リスト3.1 CheckHit1_1（部分）

```
if ((Mathf.Abs(transform.position.x - target.transform.position.x) < 1.0f) &&
    (Mathf.Abs(transform.position.y - target.transform.position.y) < 1.0f) &&
    (Mathf.Abs(transform.position.z - target.transform.position.z) < 1.0f))
{
    rend.material.color = colorHit;
}
else
{
    rend.material.color = colorNoHit;
}
```

ここでポイントとなるのは、立方体のx座標、y座標、z座標を互いに混ぜたりせずに、それぞれ独立に比較していることです。

まず、

```
if ((Mathf.Abs(transform.position.x - target.transform.position.x) < 1.0f) &&
```

として、x軸方向だけ見たときに立方体同士が当たっているかどうかチェックしています。

差の絶対値

そのとき前提になっているのが、立方体は一辺の長さが**1.0f**であることと、立方体の座標はその中心座標を示している、ということです。その場合、x軸方向だけ見たときに立方体同士が当たっている可能性があるのは、互いの立方体のx座標の**差の絶対値**（さ ぜったいち）が1以下の場合であり、数式で書けば

$$|x_1 - x_2| \leq 1$$

という条件になります。ここでx_1は立方体1のx座標、x_2は立方体2のx座標です。

これをプログラムとして書いたのが、先ほどの

```
if ((Mathf.Abs(transform.position.x - target.transform.position.x) < 1.0f) &&
```

という部分になります。

ただし、これだけではまだ、y座標やz座標によっては当たっていない可能性もあるため、y座標とz座標についても同様の条件、

$$|y_1 - y_2| \leq 1$$
$$|z_1 - z_2| \leq 1$$

を設定してチェックする必要があります。それを行っているのが

```
(Mathf.Abs(transform.position.y - target.transform.position.y) < 1.0f) &&
(Mathf.Abs(transform.position.z - target.transform.position.z) < 1.0f))
```

という部分です。

そして、x座標、y座標、z座標すべてについて「当たっている」と判断された場合には、

```
rend.material.color = colorHit;
```

として、レンダリング色をcolorHit（この場合、colorHitはColor.red＝赤）とし、当たっている場合でない、つまりは「当たっていない」と判断された場合には、

```
rend.material.color = colorNoHit;
```

としてレンダリング色をcolorNoHit（この場合、colorNoHitはColor.cyan＝水色）としています。

直方体同士の当たり判定

さて、立方体同士の当たり判定ができるようになったところで、今度は方向によって辺の長さが異なる直方体同士の当たり判定を行ってみましょう。それを実際に行うのが、スクリプトCheckHit1_2です。

このスクリプトをCubeにアタッチして実行すると、元々立方体であるCubeとCube2がスケーリングによって直方体となり、その結果できた直方体同士が重なると、水色の直方体が赤く変わります（図3-1-3）。

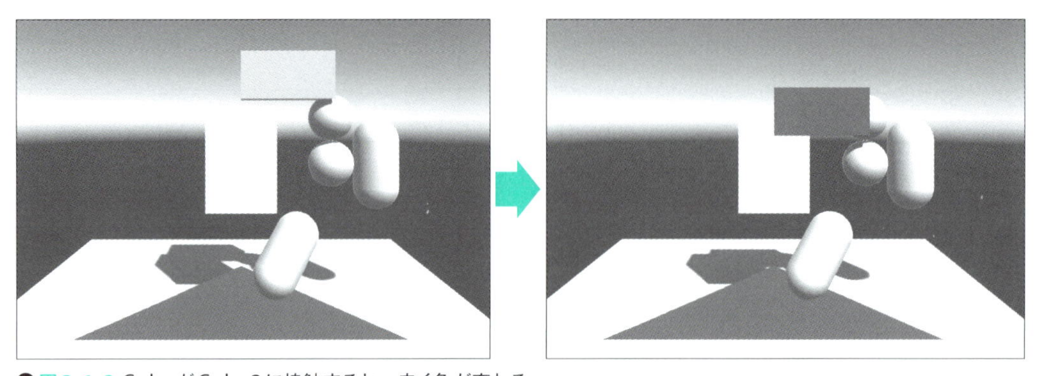

図3-1-3 CubeがCube2に接触すると、赤く色が変わる

座標をベクトルとして扱う

ここで、スクリプトCheckHit1_2で実際に当たり判定を行っているのは、以下の部分です。

リスト3.2 CheckHit1_2（部分）

```
Vector3 v3SubAbs = transform.position - target.transform.position;
v3SubAbs = new Vector3(
            Mathf.Abs(v3SubAbs.x),
            Mathf.Abs(v3SubAbs.y),
            Mathf.Abs(v3SubAbs.z));

Vector3 v3AddScale = (transform.localScale +
            target.transform.localScale) / 2.0f;

if ((v3SubAbs.x < v3AddScale.x) &&
    (v3SubAbs.y < v3AddScale.y) &&
    (v3SubAbs.z < v3AddScale.z))
{
    rend.material.color = colorHit;
}
else
{
    rend.material.color = colorNoHit;
}
```

ここでは、先ほど立方体同士の当たり判定を行ったCheckHit1_1とは少し異なり、当たり判定の途中まで、座標をベクトルとして扱っています。そうして、座標のx座標、y座標、z座標を一括して処理することで効率化を図っています。

差の絶対値を成分に持つベクトル

まずは、立方体同士の場合と同じように、2つの直方体の座標（中心座標）を成分ごと個別に差の絶対値を取りますが、先ほどとは異なり、以下のようにそれぞれの方向に対する「座標値の差の絶対値」をx、y、z成分に持つベクトルv3SubAbsを作成します。

```
Vector3 v3SubAbs = transform.position - target.transform.position;
v3SubAbs = new Vector3(
            Mathf.Abs(v3SubAbs.x),
            Mathf.Abs(v3SubAbs.y),
            Mathf.Abs(v3SubAbs.z));
```

ここまでは、CheckHit1_1での「座標値の差の絶対値」の計算と同じことをしていますが、

ベクトルとして考えてx、y、zの3成分を一括して処理しています。この2行で計算している式を数式で書けば、

$$\boldsymbol{v_s} = (|x_1 - x_2|, |y_1 - y_2|, |z_1 - z_2|)$$

となります。

この結果を得るために、1行目でベクトルの差$(x_1 - x_2,\ y_1 - y_2,\ z_1 - z_2)$を得たうえで、2行目でそのベクトルの成分の絶対値を個別に取ることで$(|x_1 - x_2|, |y_1 - y_2|, |z_1 - z_2|)$を得る、という手順を行っています。

辺の長さを考慮に入れる

さて、ここで得られたベクトルv3SubAbsのx、y、zの各成分がすべて1より小さいかどうかをチェックすれば、CheckHit1_1で行った辺の長さ1の立方体同士の当たり判定になります。しかし今回、物体の形は直方体となり、辺の長さがまちまちになっているので、直方体の各辺の長さも考慮に入れて当たり判定を行わなければなりません。

では、具体的に辺の長さと「座標値の差の絶対値」をどのように比べればよいのか、ということを図示したのが図3-1-4です。

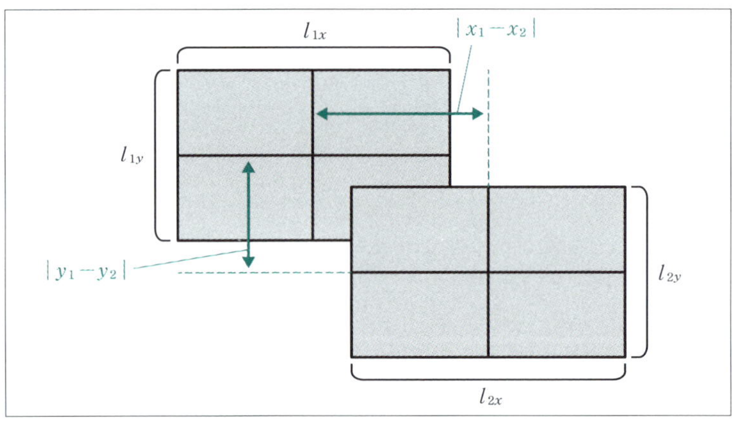

▶図3-1-4 辺の長さと座標値（長方形の中心）の差の絶対値

この図から、物体の座標値が直方体の中心にあるならば、

・直方体1の辺の長さを$(l_1x,\ l_1y,\ l_1z)$
・直方体2の辺の長さを$(l_2x,\ l_2y,\ l_2z)$

とした場合、例えばx方向については$\frac{l_{1x}}{2} + \frac{l_{2x}}{2}$つまり$\frac{l_{1x} + l_{2x}}{2}$と、先ほど計算した$|x_1 - x_2|$との大小を比較すればよいことになります。

同様にy方向は$\frac{l_{1y} + l_{2y}}{2}$と$|y_1 - y_2|$、$z$方向は$\frac{l_{1z} + l_{2z}}{2}$と$|z_1 - z_2|$との大小比較をすればよい

ことになるために、以下のように$\left(\frac{l_{1x}+l_{2x}}{2}, \frac{l_{1y}+l_{2y}}{2}, \frac{l_{1z}+l_{2z}}{2}\right)$、つまり$\frac{1}{2}((l_{1x}+l_{2x}),$ $(l_{1y}+l_{2y}), (l_{1z}+l_{2z}))$というベクトルを計算し`v3AddScale`に入れています。

```
Vector3 v3AddScale = ( transform.localScale + target.transform.localScale ) / 2.0f;
```

ここで、CubeとCube2は元々一辺の長さが1の立方体であるため、`transform.localScale`の各成分がそれぞれの直方体の辺の長さと等しくなることに注意しましょう。

ここまでで、`v3SubAbs`には$(|x_1-x_2|, |y_1-y_2|, |z_1-z_2|)$というベクトルが、`v3AddScale`には$\left(\frac{l_{1x}+l_{2x}}{2}, \frac{l_{1y}+l_{2y}}{2}, \frac{l_{1z}+l_{2z}}{2}\right)$というベクトルが入っています。そこであとは`v3SubAbs`と`v3AddScale`の各成分を個別に大小比較するだけで、2つの直方体が当たっているかどうかがわかることになり、以下のように比較を行っています。

```
if ((v3SubAbs.x < v3AddScale.x) &&
    (v3SubAbs.y < v3AddScale.y) &&
    (v3SubAbs.z < v3AddScale.z))
{
 (以下略)
```

ベクトルで考えるメリット

本節で扱った2つのスクリプトを比べると、CheckHit1_1ではあまりベクトル的に考えず、CheckHit1_2ではできるだけベクトル的に考えて当たり判定を行ってみました。

ここで、CheckHit1_2のようにベクトル的に考えることの利点は、主にプログラム量の少なさと処理速度の速さです。計算をベクトルベースで行うことによって、x、y、zの各成分をまとめて扱うことができます。そのために、各成分について別々にプログラムを記述する必要がなくなり、プログラムの絶対量が少なくなると同時に、見通しのよいプログラムにしやすくなります。

また、モダンなプロセッサ（CPUやGPU）にはベクトル処理機能がハードウェアレベルで実装されています。そのため、各成分を別々に計算するより、ベクトルベースで処理をすることで、1つのレジスタに全成分を一度に入れて同時に計算できることになるため高速になります。

ベクトル型にはデメリットもある

ただし、気をつけなければならないこととしては、ベクトルで一括して処理するようにプログラムを組むと、表面的には何をやっているのかわかりにくくなる、という問題点があります。これは、一見しただけだと変数がベクトル型かスカラー（普通の数）型なのかがわかりにくい、ということでもあります。

ベクトル型で書かれているプログラムはスカラー型のみのプログラムとは異なる読み方をしなければならないために混乱を招きやすい部分があり、またベクトル型では1つのステートメントで複数の処理を、暗黙のうちに同時に行ってしまうため、注意していないと全部の成分に対する影響を考慮に入れそびれてしまいやすいのです。

そのため､必要もないのに何でもベクトル処理をする､というのもよいこととはいえないでしょう。プログラムのわかりやすさ、要求される処理速度などを総合的に考えて、ベクトル処理するかどうかは個別に、適切に判断する必要があるでしょう。

3-2 球と球、球とカプセル型の当たり判定を取りたい

Keyword　ピタゴラスの定理　内積　直線のベクトル表記

本節では、3Dの簡単な幾何学図形同士として、球同士、あるいは球とカプセル型の当たり判定を取ることを考えてみましょう。

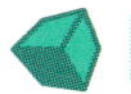

球同士の当たり判定

まずは、球同士の当たり判定を行いましょう。

スクリプトCheckHit2_1をSphereにアタッチして実行すると、球であるSphereが水色になって方向キーを使って動かすことができ、これがもう1つの球（Sphere2）と重なると、水色の球が赤く変わります（図3-2-1）。

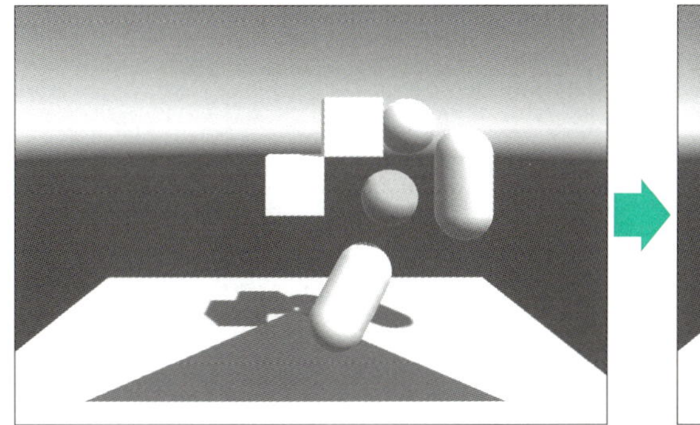

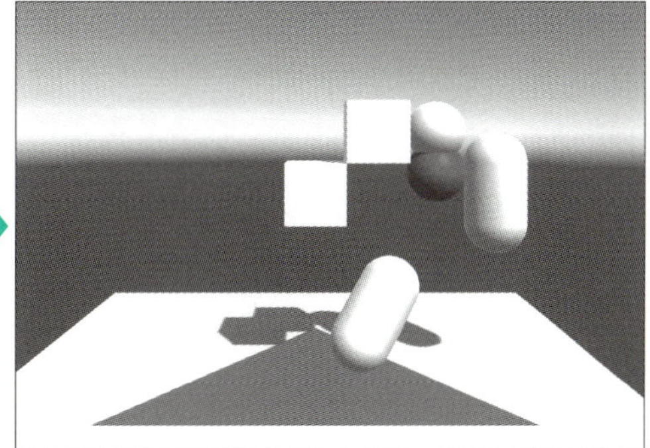

図3-2-1 SphereがSphere2に接触すると、赤く色が変わる

プログラムの流れ

このプログラムで大事な箇所は、FixedUpdateメソッド内の以下の部分です。

リスト3.3 CheckHit2_1（部分）

```
Vector3 v3Delta = transform.position - target.transform.position;
float fDistanceSq = v3Delta.x * v3Delta.x +
                    v3Delta.y * v3Delta.y +
                    v3Delta.z * v3Delta.z;

if (fDistanceSq < (1.0f * 1.0f))
{
```

```
    rend.material.color = colorHit;
}
else
{
    rend.material.color = colorNoHit;
}
```

transform.positionは球1の位置を、target.transform.positionは球2の位置を表しています。

まず、

```
Vector3 v3Delta = transform.position - target.transform.position;
```

という部分では、2つの球のx、y、z座標の差、言いかえれば、2つの球の中心位置の位置ベクトルの差を求めています。

ここで、数学的表記としてv3Deltaのx、y、zの各成分をv3Delta＝$(\Delta x, \Delta y, \Delta z)$と書くことにすると、その下の

```
float fDistanceSq = v3Delta.x * v3Delta.x +
                    v3Delta.y * v3Delta.y +
                    v3Delta.z * v3Delta.z;
```

という部分は、

$$\mathtt{fDistanceSq} = (\Delta x)^2 + (\Delta y)^2 + (\Delta z)^2$$

と書くことができます。この式の右辺は、三次元のピタゴラスの定理、

$$l^2 = (\Delta x)^2 + (\Delta y)^2 + (\Delta z)^2$$

そのものですから、fDistanceSqという変数には、2つの球の中心座標同士の、距離の2乗が入ることになります。

少し言い回しが複雑になりましたが、おわかりでしょうか。

球の交差を調べる

さて、2つの球が交差しているかどうかは、両方とも丸い形をしているのですから、この中心間の距離を調べるだけで特定することができます。具体的には、2Dの円同士の当たり判定の場合と同じように、中心同士の距離が、2つの球の半径を足したものより小さければ交差しており、中心同士の距離の方が大きければ交差していません（図3-2-2）。

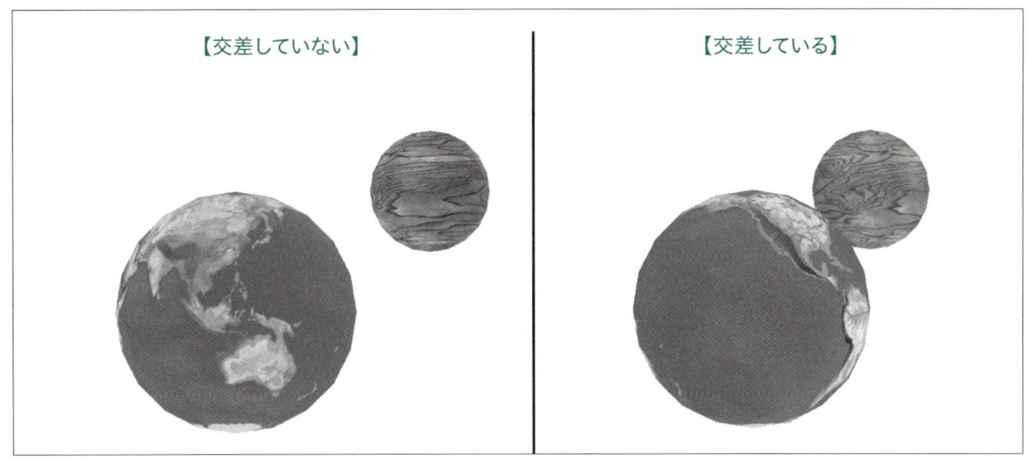

図3-2-2 2つの球の交差

ただし、円でも球でも同じことですが、このような2乗を含んだ図形の当たり判定の場合、単なる距離でなく距離の2乗同士を比較した方が速度的に有利です。

距離同士を比較しようとすると平方根（スクェアルート）を計算しなければならなくなりますが、距離の2乗同士の比較であればそこを掛け算で済ませることができる場合が多いからです。

今回扱う球同士でもそれが当てはまるので、先ほど計算して変数`fDistanceSq`に入れた距離の2乗の平方根は取らず、「2つの球の半径を足したもの」の方を2乗して、それを距離の2乗と比較します。

それを行っているのが、次の

```
if (fDistanceSq < (1.0f * 1.0f))
```

という部分です。

このように、3Dの球同士の当たり判定というのは、理論的にもプログラム的にも、2Dの円同士の当たり判定とさほど変わらない複雑さで実現することができるため、割のいい方法だといえます。

円筒の両端に球が付いた図形の当たり判定

さて、簡単な幾何学図形同士の当たり判定のもう1つの例として、球と「円筒の両端に球が付いた図形」との当たり判定について考えてみましょう。この「円筒の両端に球が付いた図形」、Unityでいうカプセル（Cupsule）を使うのは、3Dの当たり判定としてはとても簡単にできるため、先ほどの球同士の当たり判定と同様に割のいい方法といえます。

それを実際に行っているのが、スクリプトCheckHit2_2です。このスクリプトをSphereにアタッチして実行すると、球であるSphereが水色になって方向キーを使って動かすことができ、これがカプセル型の物体（Capsule2）と重なると、水色の球が赤く変わります（図3-2-3）。

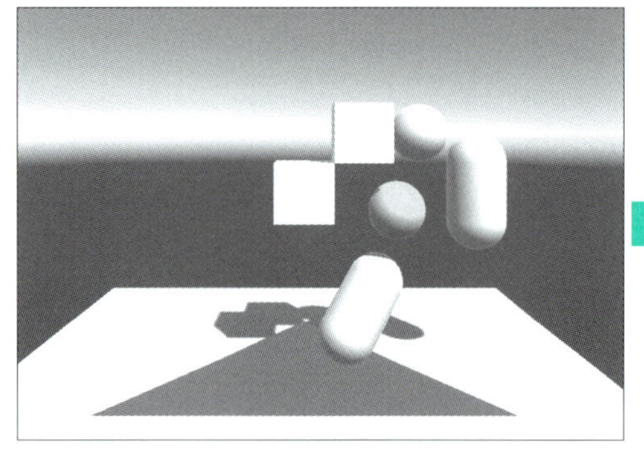

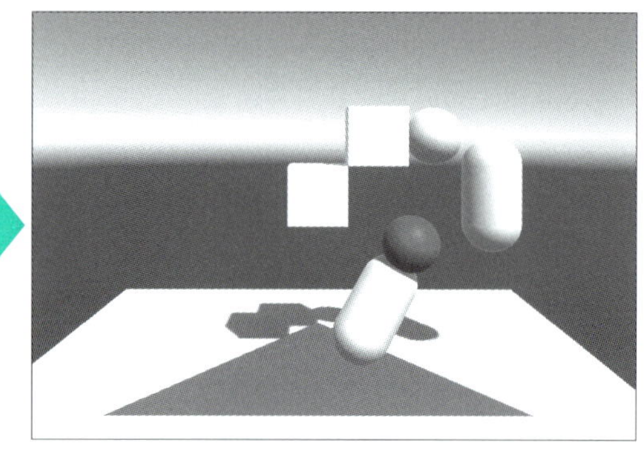

図3-2-3 SphereがCapsule2に接触すると、赤く色が変わる

このプログラムで大事な箇所は、FixedUpdateメソッド内の以下の部分です。

リスト3.4 CheckHit2_2（部分）

```
Vector3 v3DeltaPos = transform.position - RefTarget.transform.position;
float t = Vector3.Dot(RefTarget.v3Direction, v3DeltaPos) /
          Vector3.SqrMagnitude(RefTarget.v3Direction);
if (t < -1.0f) t = -1.0f;                          // tの下限
if (t >  1.0f) t =  1.0f;                          // tの上限
Vector3 v3MinPos = RefTarget.v3Direction * t + RefTarget.transform.position;
                                                   // 最小位置を与える座標
float fDistSqr = Vector3.SqrMagnitude(v3MinPos - transform.position); // 距離の2乗
float ar = RefTarget.fRadius + fRadius;            // 両当たり範囲長の合計
if (fDistSqr < ar * ar)
{                                                  // 2乗のまま比較
    rend.material.color = colorHit;
}
else
{
    rend.material.color = colorNoHit;
}
```

ここで、「球と、円筒の両端に球が付いた図形」の当たり判定というのは、「点と線分の距離が一定以下か」という判定と同じことになり、具体的には、点と線分の最短距離が、球の半径+円筒の半径よりも小さければ当たっている、ということになります。

内積を使って点と線分の最短距離を求める

さて、拙著『実例で学ぶ　ゲーム開発に使える数学・物理学入門』(ISBN：9784798130866)では、2Dでの点と線分の最短距離を求めることを行い、そのときには数学的な道具立てとして微分を使って考える方法を紹介しました。3Dの場合でも、やるべきことは2Dのときと同じなのですが、本書では内積を使って考える方法を紹介しましょう。

図3-2-4のように、線分と点が配置されているとします。

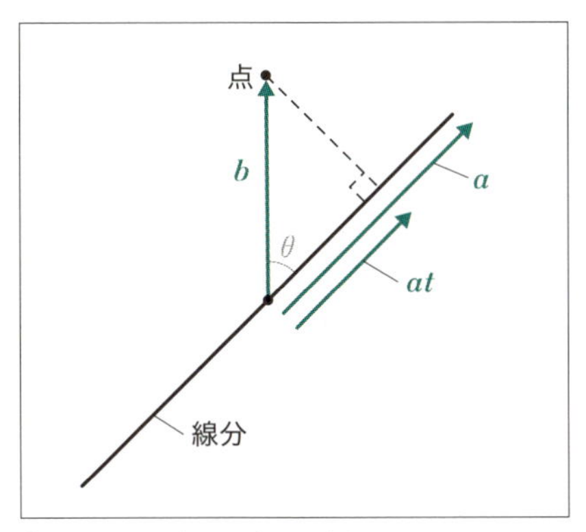

▶図3-2-4 線分と点の一例

点から線分に垂線を下ろし、線分の中点から線分の一端へのベクトルを$\boldsymbol{a}$、線分の中点から点へと向かうベクトルを$\boldsymbol{b}$、線分の中点から垂線の足までのベクトルを$\boldsymbol{a}t$とし、tを求めることを考えます。

このtを求めると、そこが線分を$\boldsymbol{p}=\boldsymbol{a}t+\boldsymbol{c}$と表したときの、「線分を延長した直線上での」点との最短距離を与える直線上の点になります。なお、$\boldsymbol{c}$は線分の中点の位置ベクトルです。

ここで、$-1 \leqq t \leqq 1$ならば点と線分の最短距離を与える直線上の位置は線分内にあり、そうでなければ線分外に出るので線分の端に持ってきます（図3-2-5）。

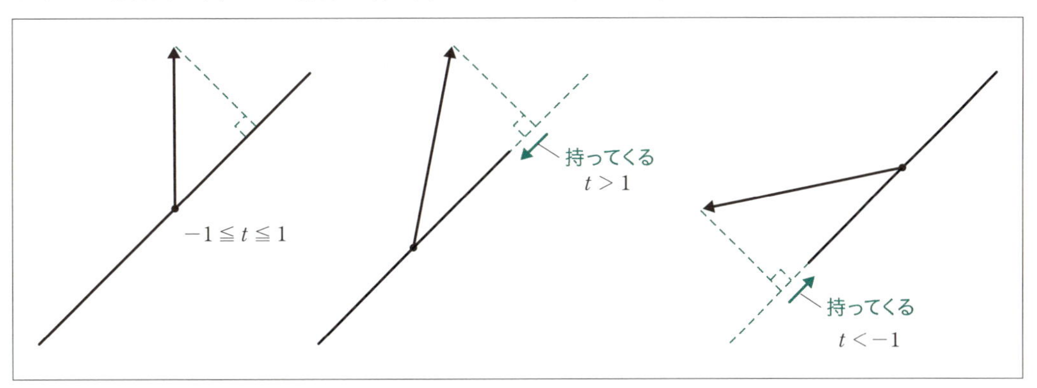

▶図3-2-5 最短距離を与える直線上の位置が線分外に出る場合は、線分の端に持ってくる

さて、ベクトル$\boldsymbol{a}t$の長さは、図3-2-4のようにθを取ると、$||\boldsymbol{b}|\cos\theta|$となります。なお、長さは常にプラスなので絶対値が付くことに注意してください。

まず、ベクトル$\boldsymbol{a}$と$\boldsymbol{b}$の内積$\boldsymbol{a}\cdot\boldsymbol{b}=|\boldsymbol{a}||\boldsymbol{b}|\cos\theta$から、$||\boldsymbol{b}|\cos\theta|=\left|\dfrac{\boldsymbol{a}\cdot\boldsymbol{b}}{|\boldsymbol{a}|}\right|=\dfrac{|\boldsymbol{a}\cdot\boldsymbol{b}|}{|\boldsymbol{a}|}$となります。ここで、$0 \leqq \theta \leqq \dfrac{\pi}{2}$とすると、$t \geqq 0$かつ$\boldsymbol{a}\cdot\boldsymbol{b} \geqq 0$となるため、$|\boldsymbol{a}t|=|\boldsymbol{a}|t=||\boldsymbol{b}|\cos\theta|=\dfrac{|\boldsymbol{a}\cdot\boldsymbol{b}|}{|\boldsymbol{a}|}=\dfrac{\boldsymbol{a}\cdot\boldsymbol{b}}{|\boldsymbol{a}|}$となり、結局$|\boldsymbol{a}|t=\dfrac{\boldsymbol{a}\cdot\boldsymbol{b}}{|\boldsymbol{a}|}$、両辺を$|\boldsymbol{a}|$で割って$t=\dfrac{\boldsymbol{a}\cdot\boldsymbol{b}}{|\boldsymbol{a}|^2}$となります。

一方、$\frac{\pi}{2} < \theta \leq \pi$とすると、$t < 0$かつ$\boldsymbol{a} \cdot \boldsymbol{b} < 0$となりますから、$|\boldsymbol{a}t| = -|\boldsymbol{a}|t = ||\boldsymbol{b}|\cos\theta| = \frac{|\boldsymbol{a} \cdot \boldsymbol{b}|}{|\boldsymbol{a}|} = -\frac{\boldsymbol{a} \cdot \boldsymbol{b}}{|\boldsymbol{a}|}$となり、こちらも結局$|\boldsymbol{a}|t = \frac{\boldsymbol{a} \cdot \boldsymbol{b}}{|\boldsymbol{a}|}$、$t = \frac{\boldsymbol{a} \cdot \boldsymbol{b}}{|\boldsymbol{a}|^2}$となります。

つまり、ベクトル$\boldsymbol{a}$と$\boldsymbol{b}$がなす可能性がある角度$0 < \theta \leq \pi$の範囲全域で、$t = \frac{\boldsymbol{a} \cdot \boldsymbol{b}}{|\boldsymbol{a}|^2}$と表されることになります。

C#プログラムとして記述する

これをプログラム化したのが、

```
Vector3 v3DeltaPos = transform.position - RefTarget.transform.position;
float t = Vector3.Dot(RefTarget.v3Direction, v3DeltaPos) /
          Vector3.SqrMagnitude(RefTarget.v3Direction);
```

という箇所です。

ここで、RefTarget.v3Directionが線分の中点から線分の一端へのベクトル$\boldsymbol{a}$を、v3DeltaPosが線分の中点から点へと向かうベクトル$\boldsymbol{b}$を表します。なお、このスクリプトがアタッチされているのは球の方なので、transform.positionが点の位置、RefTarget.transform.positionが線分の中点の位置を表すということに注意しておきましょう。

また分母では、$|\boldsymbol{a}|^2$を求めるのに、Unity上でベクトルの長さの2乗を求めるメソッドSqrMagnitudeを用いています。

NOTE

この部分は例えば、Vector3.Dot(RefTarget.v3Direction, RefTarget.v3Direction)と自分自身との内積を使ってもかまいません。それは、自分自身とのなす角度は当然0であり、$\boldsymbol{a} \cdot \boldsymbol{a} = |\boldsymbol{a}||\boldsymbol{a}|\cos 0 = |\boldsymbol{a}|^2$となるからです。

さて、次は、「(直線でなく) 有限な長さの線分」と「点」の最短距離を求めたいのですから、$-1 \leq t \leq 1$にしておかなければなりません。

それを行っているのが

```
if (t < -1.0f) t = -1.0f;                    // tの下限
if (t >  1.0f) t =  1.0f;                    // tの上限
```

という部分です。このtを、

```
Vector3 v3MinPos = RefTarget.v3Direction * t +
                   RefTarget.transform.position;    // 最小位置を与える座標
```

と直線の方程式$\boldsymbol{p} = \boldsymbol{a}t + \boldsymbol{c}$に代入することで、点との最短距離を与える線分上の点の位置が求められます。

あとは、

```
float fDistSqr = Vector3.SqrMagnitude(v3MinPos - transform.position); // 距離の2乗
```

というように、点と求めた線分上の点との距離の２乗をSqrMagnitudeメソッドで計算します。その際、球同士の場合と同じように、２乗同士を比較しますから、ルートを取る必要はなくSqrMagnitudeで十分です。

そして、

```
float ar = RefTarget.fRadius + fRadius;              // 両当たり範囲長の合計
if (fDistSqr < ar * ar)
{
(以下略)
```

として、円筒と球の半径を足し、その２乗と先ほどの距離の２乗を比較して、当たっているかどうかを判定しています。

以上のように、「球と、円筒の両端に球が付いた図形」の当たり判定は理論的にもプログラム的にもかなり簡単に実現することができ、実際２Ｄの「線分と点の当たり判定」と同じような労力で実現することができます。一方で例えばこれが「球と、円筒そのもの」の当たり判定になっただけでも、その難易度は相当に上昇することになってしまいます。

その意味では、この「球と、円筒の両端に球が付いた図形（カプセル）」の当たり判定を使うのは、労力的にも実行速度的にもお得な選択といえると思います。この辺りが、Unityでもカプセルコライダーが多用される理由の１つであるのでしょう。

3-3 カプセル型の物体同士の当たり判定を取りたい

Keyword 空間直線の最短距離 ねじれの位置 逆行列

本節では、カプセル型の物体同士の当たり判定を行うことを考えてみましょう。

カプセル型同士の当たり判定

前節3-2.球と球、球とカプセル型の当たり判定を取りたいでは、球とカプセル型の当たり判定を取りましたが、カプセル型の当たり判定を扱う以上、カプセル型同士の当たり判定を行うことも当然、あり得ることでしょう。

NOTE

ただし、カプセル型同士の当たり判定は少々複雑になり、また球とカプセル型の当たり判定をしっかりと理解していなければ実現は難しいため、球とカプセル型の当たり判定についてあいまいな部分がある方は、前節をしっかりと理解してから以下の部分を読み進めるようにしてください。

さて、その「カプセル型同士の当たり判定」を実際に行っているのが、スクリプトCheckHit3_1です。このスクリプトをCapsuleにアタッチして実行すると、カーソルキーでCapsuleを動かすことができ、CapsuleとCapsule2が重なるとCapsuleが赤くなります（図3-3-1）。

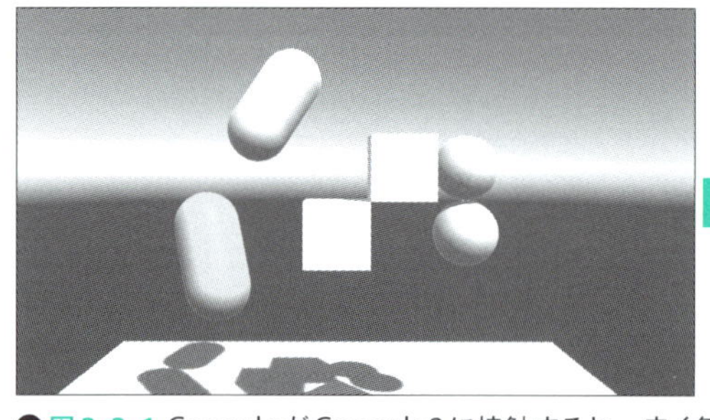

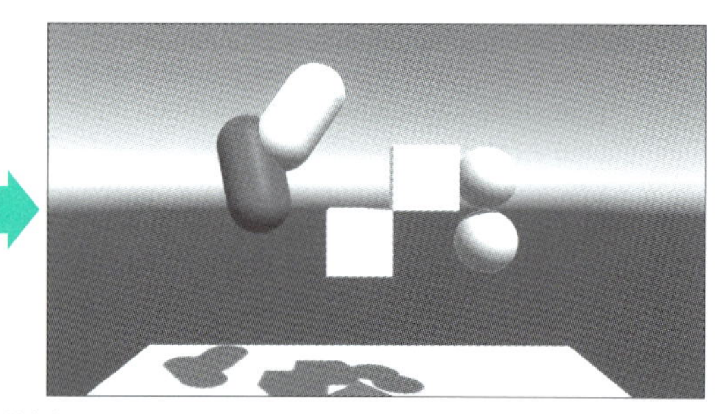

図3-3-1 CapsuleがCapsule2に接触すると、赤く色が変わる

カプセルが平行かどうかで場合分けをする

さて、ここではまず、2つのカプセル型が平行かそうでないかによって場合分けが必要なことを押さえておきましょう。2つのカプセル型が平行でなければ、「2つのカプセル型の軸となる線

分同士の最短距離を与えるような、それぞれの線分上の座標を計算する」という方針で当たり判定を行いますが、2つのカプセル型が平行な場合、線分同士の最短距離を与える点が無数に存在し得るためにその計算が破たんするからです。

カプセルが平行でない場合

それではまず、2つのカプセル型が平行でないとした場合、その線分同士の最短距離を計算することを考えてみましょう。そのためにはまず、「2本の空間直線の最短距離」を求める方法を考える必要があります。

ねじれの位置にある場合の最短距離

これが2D平面上であれば、2本の直線は平行でなければ必ず交わるため、その最短距離は常に0になりますが、3D空間内の場合、2本の直線は平行でなくても交わらない、いわゆる「ねじれの位置」にあるのが大部分のため、2本の直線が「ねじれの位置」にある場合にそれらの最短距離を求める必要があることになります。

この「ねじれの位置にある直線同士の最短距離」は、「両方の直線に垂直、かつ両方の直線と交わる直線」を求め、その直線と両直線との交点を求めれば、その2つの交点が両直線において最短距離を与える点となります。長さが有限な線分の場合は、線分上でその線分を含む直線上の「最短距離を与える点」に最も近い点が最短距離を与える点となります。

そこで、最短距離を計算するためには、

1. 両方の直線に垂直、かつ両方の直線と交わる直線を求める
2. 求めた直線と両直線との交点を求める
3. 2線分上の「両直線との交点に最も近い線分上の点」間の距離を求める

という手順を踏みます。少々複雑な説明になってしまいましたが、おわかりになったでしょうか。

プログラムの全体像

それでは、実際に1.と2.を行っているプログラムの部分を見てみましょう。それは、`FixedUpdate`内の以下の部分です。

リスト3.5 CheckHit3_1（部分）

```
Vector3 v3DeltaPos = RefTarget.transform.position - transform.position;
Vector4 v4DeltaPos = new Vector4(
            v3DeltaPos.x, v3DeltaPos.y, v3DeltaPos.z, 0.0f);
Vector3 v3Normal = Vector3.Cross(RefTarget.v3Direction, v3Direction);
bool bParallel = false;
if (v3Normal.sqrMagnitude < 0.001f) bParallel = true;
```

```
if (!bParallel)
{
    Matrix4x4 matSolve = Matrix4x4.identity;
    matSolve.SetColumn(0, new Vector4(
                v3Direction.x, v3Direction.y, v3Direction.z, 0.0f));
    matSolve.SetColumn(1, new Vector4(-RefTarget.v3Direction.x,
                                      -RefTarget.v3Direction.y,
                                      -RefTarget.v3Direction.z, 0.0f));
    matSolve.SetColumn(2, new Vector4(
                v3Normal.x, v3Normal.y, v3Normal.z, 0.0f));
    matSolve = matSolve.inverse;                        // 逆行列
    s = Vector4.Dot(matSolve.GetRow(0), v4DeltaPos);
    t = Vector4.Dot(matSolve.GetRow(1), v4DeltaPos);
```


相対位置と直交するベクトルを計算する

ここではまず、

```
Vector3 v3DeltaPos = RefTarget.transform.position - transform.position;
Vector4 v4DeltaPos = new Vector4(v3DeltaPos.x, v3DeltaPos.y, v3DeltaPos.z, 0.0f);
```

として、2つのカプセル型の相対位置を示すベクトル（CupsuleからCupsule2へと向かうベクトル）を計算しています。なお、ベクトルは3次元バージョンと4次元バージョンを後ほど使うため、両方用意しておきます。

次に、

```
Vector3 v3Normal = Vector3.Cross(RefTarget.v3Direction, v3Direction);
```

として、両線分の方向ベクトル同士の外積を取ることによって、両線分に直交するベクトルを求めています。

平行でないかどうかを判定する

このとき、両線分、つまり2つのカプセル型が平行、あるいは平行に近い場合には、この外積の結果v3Normalの長さはゼロ、あるいは非常に小さくなります。それは、ベクトル$\boldsymbol{a}$と$\boldsymbol{b}$の外積の長さは$|\boldsymbol{a}\times\boldsymbol{b}|=||\boldsymbol{a}||\boldsymbol{b}|\sin\theta|$ですから、2つのカプセル型のなす角$\theta$が小さければ$\sin\theta$が小さくなり、結果、外積v3Normalの長さも小さくなるためです。

そこで、

```
bool bParallel = false;
if (v3Normal.sqrMagnitude < 0.001f) bParallel = true;
if (!bParallel)
```

として、v3Normalの長さの2乗が0.001fよりも小さければ、2つのカプセル型は平行とみなして別の処理をする仕組みになっています。

ここで、v3Normalがちょうど0でなければ平行とみなさないようにしてしまうと、あまりよい結果は得られません。というのも、完全に平行でなくても、非常に平行に近いカプセル型同士を平行の場合でないアルゴリズムで処理してしまうと、計算誤差によって当たり判定が大きくずれる可能性があるからです。カプセル型同士が十分に平行に近ければ、後述するカプセル型同士が平行な場合の当たり判定を行っても十分な精度が得られるため問題はありません。

2つのカプセル型の軸と直交し、両方と交わる直線

さて、この判定の結果カプセル型同士が平行でないと判定された場合には、2つのカプセル型の軸となる2直線と直交し、その2直線の両方と交わるような直線を求めます。

今、その直線の方程式を$\boldsymbol{p}=\boldsymbol{n}u+\boldsymbol{e}$($\boldsymbol{n}$、$\boldsymbol{e}$はベクトル、$u$はパラメータで実数)とすると、2直線と直交するベクトルはすでにv3Normalに求まっているため、この直線の方向ベクトル$\boldsymbol{n}$はv3Normalになります。よって、この直線が通る1点の位置ベクトルである$\boldsymbol{e}$が求められれば、求めたい直線が確定することになります。

さて今、Cupsuleの軸となる直線を$\boldsymbol{p}=\boldsymbol{a}s+\boldsymbol{b}$、Cupsule2の軸となる直線を$\boldsymbol{p}=\boldsymbol{c}t+\boldsymbol{d}$としましょう。すると、今求めたい$\boldsymbol{p}=\boldsymbol{n}u+\boldsymbol{e}$という直線は$\boldsymbol{p}=\boldsymbol{a}s+\boldsymbol{b}$と交点を持つため、$\boldsymbol{e}$を直線$\boldsymbol{p}=\boldsymbol{a}s+\boldsymbol{b}$上に置いて

$$\boldsymbol{p}=\boldsymbol{n}u+\boldsymbol{e}=\boldsymbol{n}u+(\boldsymbol{a}s+\boldsymbol{b})$$

と書くことができます。

イメージ的には、$\boldsymbol{n}$の方向を向いた有向線分の始点が、直線$\boldsymbol{p}=\boldsymbol{a}s+\boldsymbol{b}$上を動いているところを想像すればよいでしょう（図3-3-2）。

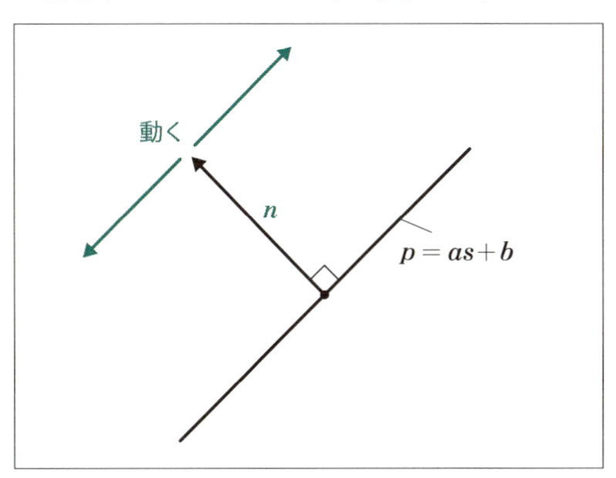

図3-3-2 垂直なベクトルが直線上を移動するイメージ

この直線が$\boldsymbol{p}=\boldsymbol{c}t+\boldsymbol{d}$と交点を持つので、

$$\begin{cases}\boldsymbol{p}=\boldsymbol{n}u+\boldsymbol{a}s+\boldsymbol{b}\\ \boldsymbol{p}=\boldsymbol{c}t+\boldsymbol{d}\end{cases}$$

という連立方程式を、s、t、uを未知数として解けばよいことになります。つまり、

$$\boldsymbol{n}u+\boldsymbol{a}s+\boldsymbol{b}=\boldsymbol{c}t+\boldsymbol{d}$$

$$\therefore \boldsymbol{a}s-\boldsymbol{c}t+\boldsymbol{n}u=\boldsymbol{d}-\boldsymbol{b}$$

となります。

行列形式で未知数を求める

これを行列形式で書くと

$$(\boldsymbol{a} \quad -\boldsymbol{c} \quad \boldsymbol{n})\begin{pmatrix} s \\ t \\ u \end{pmatrix}=\boldsymbol{d}-\boldsymbol{b}$$

となります。ただしここで、$(\boldsymbol{a} \quad -\boldsymbol{c} \quad \boldsymbol{n})$というのは、$\boldsymbol{a}=\begin{pmatrix} a_x \\ a_y \\ a_z \end{pmatrix}$、$\boldsymbol{c}=\begin{pmatrix} c_x \\ c_y \\ c_z \end{pmatrix}$、$\boldsymbol{n}=\begin{pmatrix} n_x \\ n_y \\ n_z \end{pmatrix}$としたときに$\begin{pmatrix} a_x & -c_x & n_x \\ a_y & -c_y & n_y \\ a_z & -c_z & n_z \end{pmatrix}$という行列のことです。

実際にこの行列と$\begin{pmatrix} s \\ t \\ u \end{pmatrix}$との掛け算$\begin{pmatrix} a_x & -c_x & n_x \\ a_y & -c_y & n_y \\ a_z & -c_z & n_z \end{pmatrix}\begin{pmatrix} s \\ t \\ u \end{pmatrix}$が、$\boldsymbol{a}s-\boldsymbol{c}t+\boldsymbol{n}u$つまり$\begin{pmatrix} a_x \\ a_y \\ a_z \end{pmatrix}s-\begin{pmatrix} c_x \\ c_y \\ c_z \end{pmatrix}t+\begin{pmatrix} n_x \\ n_y \\ n_z \end{pmatrix}u$と等しくなることを確かめてみてください。

さて、

$$(\boldsymbol{a} \quad -\boldsymbol{c} \quad \boldsymbol{n})\begin{pmatrix} s \\ t \\ u \end{pmatrix}=\boldsymbol{d}-\boldsymbol{b}$$

という式に戻りましょう。この式の両辺に$(\boldsymbol{a} \quad -\boldsymbol{c} \quad \boldsymbol{n})$の逆行列$(\boldsymbol{a} \quad -\boldsymbol{c} \quad \boldsymbol{n})^{-1}$を左から掛けると

$$\begin{pmatrix} s \\ t \\ u \end{pmatrix}=(\boldsymbol{a} \quad -\boldsymbol{c} \quad \boldsymbol{n})^{-1}(\boldsymbol{d}-\boldsymbol{b})$$

となり、これで求める未知数s、t、uはすべて求まったことになります。

これはつまり、3直線の方向ベクトル$\boldsymbol{a}$、$\boldsymbol{c}$、$\boldsymbol{n}$の成分を並べた行列の逆行列を、2つのカプセル型の位置の差に掛ければ、求めるパラメータs、t、uが計算できる、ということです。

プログラム上で、実際にこれを行っている部分を見てみましょう。

C#プログラムとして記述する

```
Matrix4x4 matSolve = Matrix4x4.identity;
```

この部分は、$\boldsymbol{a}$、$\boldsymbol{c}$、$\boldsymbol{n}$の成分を並べた行列$(\boldsymbol{a} \quad -\boldsymbol{c} \quad \boldsymbol{n})$、プログラム中ではmatSolveという行列を作るのに、まずは単位行列をセットしています。行列$(\boldsymbol{a} \quad -\boldsymbol{c} \quad \boldsymbol{n})$を作るには、3×3行列で十分なのですが、Unityでは4×4行列しか扱えないため、仕方なく4×4行列の変数を作り、初期状態では単位行列の成分になるようにしているわけです。

次に、

```
matSolve.SetColumn(0, new Vector4(
            v3Direction.x, v3Direction.y, v3Direction.z, 0.0f));
matSolve.SetColumn(1, new Vector4(-RefTarget.v3Direction.x,
                                  -RefTarget.v3Direction.y,
                                  -RefTarget.v3Direction.z, 0.0f));
matSolve.SetColumn(2, new Vector4(
             v3Normal.x, v3Normal.y, v3Normal.z, 0.0f));
```

としていますが、これは行列matSolveに行列$(\boldsymbol{a} \quad -\boldsymbol{c} \quad \boldsymbol{n})$をセットしている部分です。

今の場合、$\boldsymbol{a}$はCapsule（このオブジェクト）の方向ベクトルなのでv3Directionに相当し、よってmatSolveの1列目にSetColumnメソッドを使ってv3Directionの各成分をセットしています。

同様に、$\boldsymbol{c}$はCapsule2の方向ベクトルなのでRefTarget.v3Directionに相当し、よってmatSolveの2列目に-RefTarget.v3Directionの各成分をセットし、$\boldsymbol{n}$は法線ベクトルでv3Normalに相当するためmatSolveの3列目にv3Normalの各成分をセットしています。

そして、

```
matSolve = matSolve.inverse;                        // 逆行列
```

としてmatSolveに入った行列$(\boldsymbol{a} \quad -\boldsymbol{c} \quad \boldsymbol{n})$からその逆行列$(\boldsymbol{a} \quad -\boldsymbol{c} \quad \boldsymbol{n})^{-1}$を計算しています。

さて、

$$\begin{pmatrix} s \\ t \\ u \end{pmatrix} = (\boldsymbol{a} \quad -\boldsymbol{c} \quad \boldsymbol{n})^{-1}(\boldsymbol{d}-\boldsymbol{b})$$

なので、こうして求めた$(\boldsymbol{a} \quad -\boldsymbol{c} \quad \boldsymbol{n})^{-1}$（変数matSolve）にベクトル$(\boldsymbol{d}-\boldsymbol{b})$を掛け算すれば、未知数$s$、$t$、$u$が求められることになります。しかし今CupsuleからCupsule2へと向かうベクトルである$(\boldsymbol{d}-\boldsymbol{b})$はすでに変数v4DeltaPosに入っているため、matSolveにv4DeltaPosを掛け算すればよいということになります。

実際そのようにしてもよいのですが、今必要なのはs、tの2つのみなので、真面目に4×4行列と4次元ベクトルの掛け算をするのは無駄になります。現時点では、「Cupsuleの軸となる直線上で、Cupsule2の軸となる直線との距離が最小になる点を与えるパラメータs」と、逆に「Cupsule2の軸となる直線上で、Cupsuleの軸となる直線との距離が最小になる点を与えるパラメータt」がわかれば十分なのです。

パラメータuは、2つの直線に垂直なベクトルv3Normalが単位ベクトルの場合には、2つの直線の最短距離を直接に与えますが、今の場合欲しいのは「直線間の最短距離」ではなく「線分間の最短距離」であるためuを求めても意味はありません。

線分間の最短距離を求める

そこで、必要な成分s、tのみを、以下のように内積を使って算出しています。行列の掛け算は、分解すれば個々の成分計算は内積であることに注意しましょう。

```
s = Vector4.Dot(matSolve.GetRow(0), v4DeltaPos);
t = Vector4.Dot(matSolve.GetRow(1), v4DeltaPos);
```

ここまで来れば、これらs、tの値を−1から1までに制限したうえで$\boldsymbol{p}=\boldsymbol{a}s+\boldsymbol{b}$と$\boldsymbol{p}=\boldsymbol{c}t+\boldsymbol{d}$に代入することで、カプセル型の軸となっている線分間の最短距離を与える2点が求められます。

その計算を行っているのが、FixedUpdate内の以下の部分です。

```
if (s < -1.0f) s = -1.0f;                          // sの下限
if (s >  1.0f) s =  1.0f;                          // sの上限
if (t < -1.0f) t = -1.0f;                          // tの下限
if (t >  1.0f) t =  1.0f;                          // tの上限
Vector3 v3MinPos1 = v3Direction * s + transform.position;
Vector3 v3MinPos2 = RefTarget.v3Direction * t + RefTarget.transform.position;
```

当たり判定

これで、v3MinPos1とv3MinPos2の間の距離が2つのカプセル型の半径の合計よりも小さければ「当たっている」ということになります。その判定を行っているのがFixedUpdate内の以下の部分です。

```
float fDistSqr = Vector3.SqrMagnitude(v3MinPos1 - v3MinPos2);
float ar = RefTarget.fRadius + fRadius;
if (fDistSqr < ar * ar)
```

これも、3-2.球と球、球とカプセル型の当たり判定を取りたいで行ったのと同じように、距離の2乗同士の比較になっていることに注意しましょう。

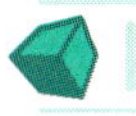

カプセルが平行な場合

2つのカプセル型が平行でない場合の処理は以上ですが、2つのカプセル型が平行な場合には、FixedUpdate内で以下のように最短距離を与えるs、tが計算されています。

```
s = Vector3.Dot(v3Direction, v3DeltaPos) /
    Vector3.SqrMagnitude(v3Direction);
t = Vector3.Dot(RefTarget.v3Direction, -v3DeltaPos) /
    Vector3.SqrMagnitude(RefTarget.v3Direction);
```

s、tはそれぞれ、「直線上で相手の位置に対して最短距離を与えるパラメータ」で、sはCupsuleの軸となっている直線上でCupsule2の位置に対して最短距離を与えるパラメータ、tは逆にCupsule2の軸となっている直線上でCupsuleの位置に対して最短距離を与えるパラメータとなります。

2つのカプセル型が平行ということは、それぞれの軸になっている直線間の距離は、どこを取っても一定になりますから、単純にこうして「互いの位置に対する最短距離を与える点同士の距離」が、カプセル型の軸となっている線分同士の最短距離になるわけです。

以上のようにすれば、カプセル型同士の当たり判定を行うことができます。が、上に挙げたプログラムには、説明を簡単にするために処理速度を犠牲にしている部分があります。例えば、パラメータs、tの値を求めるのに、わざわざ4×4行列の逆行列を計算してしまっていますが、ここは本来3×3行列の逆行列を求めれば十分です。他にも、Unityが4×4行列しか扱えないために、本来なら3次元ベクトルで十分な箇所に4次元ベクトルを使ってしまっている部分が多々あります。この問題点は、自分で3×3行列の逆行列を求めればきれいに解決することができますから、皆さんも一度やってみるのがおすすめです。

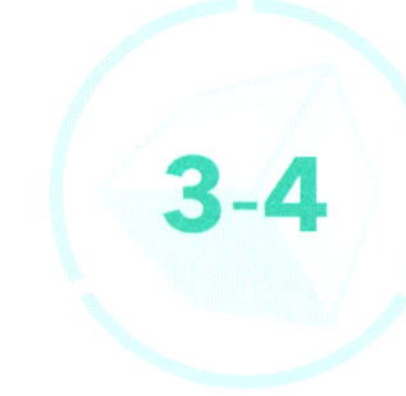

3-4 三角形に対する当たり判定を取りたい

Keyword 有向線分 左右判定 最短距離

本節では、平面の三角形に対する当たり判定を取ることを考えてみましょう。

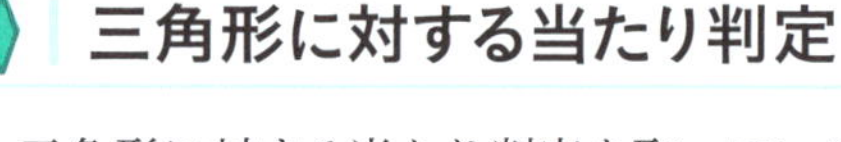

三角形に対する当たり判定

三角形に対する当たり判定を取っているのが、スクリプトCheckHit4_1です。このスクリプトをSphereにアタッチして実行すると、カーソルキーで動かせる球がフィールドにある三角形に乗ると、球が水色から赤色になります（図3-4-1）。

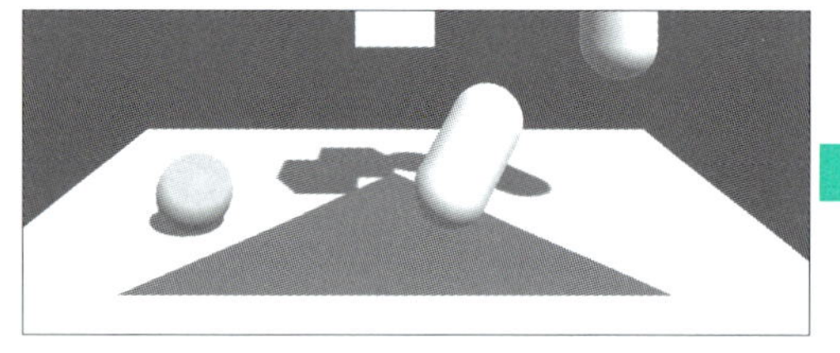

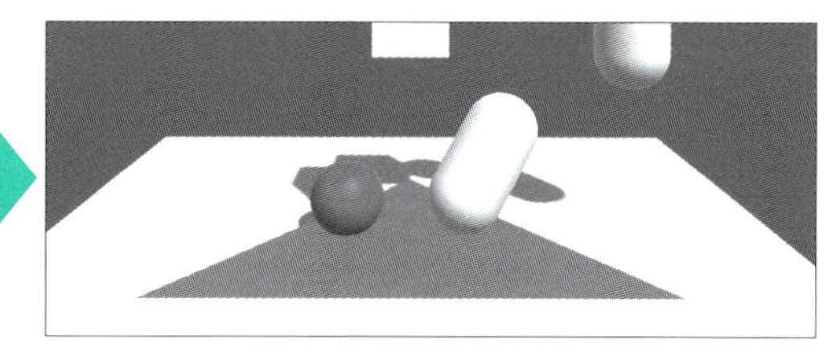

図3-4-1 Sphereが三角形の中に入ると、赤く色が変わる

さて、このように自由な形の三角形に対する当たり判定を取るには、具体的にどうすればよいでしょうか。中学数学が得意な方であれば、「三角形の三辺の直線の方程式を出して、その直線の上にいるか下にいるかを調べる」という方法を考えるかもしれませんが、それは少し非効率です。

なぜなら、簡単な直線の方程式$z = ax + b$（zx平面上の三角形の辺なので$y =$でなく$z =$）を使って三角形の辺を表現しようとすると、完全にz軸に平行な辺は表現できないからです。三角形の形が自由なら、z軸に平行な辺があることも十分あり得るため、これは少々不都合です。また、z軸に完全に平行でなくても、z軸に平行に近い辺があるだけでも、直線の傾きaが非常に大きくなり、計算誤差で判定が狂うこともあり得ます。

これらの問題は、直線の方程式表現を適切に選ぶことで解決することもできますが、ここではよりわかりやすい、ベクトルの外積を応用した方法を使うことにしましょう。

ベクトルの外積を応用する

ベクトルを使って、ある点が三角形の中にあるか調べるには、まず三角形をぐるりと1周するような有向線分を考えます（図3-4-2）。

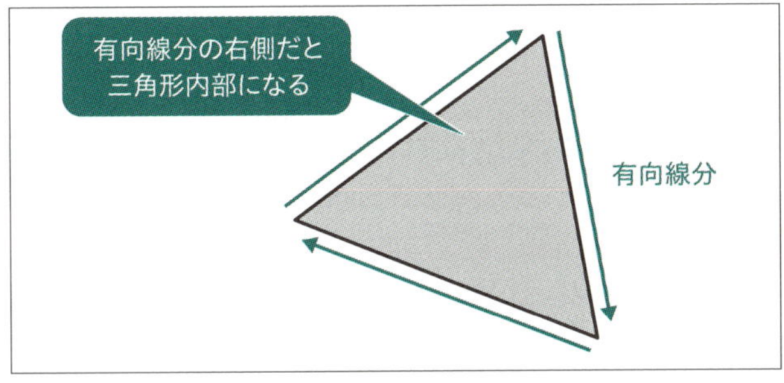

▶図3-4-2 三角形を1周する有向線分

ベクトルと有向線分の違いは、始点が関係あるかどうか、でしたね。今は取りあえず、三角形の頂点から頂点へと矢印を伸ばすので始点が関係あるために、これを有向線分と考えます。すると、例えば図3-4-2のケースでは、「点がすべての有向線分の**右**にある」というのが三角形の内部にある条件であることがわかります。

一方、図3-4-3のケースでは、「点がすべての有向線分の**左**にある」というのが三角形の内部にある条件とわかります。

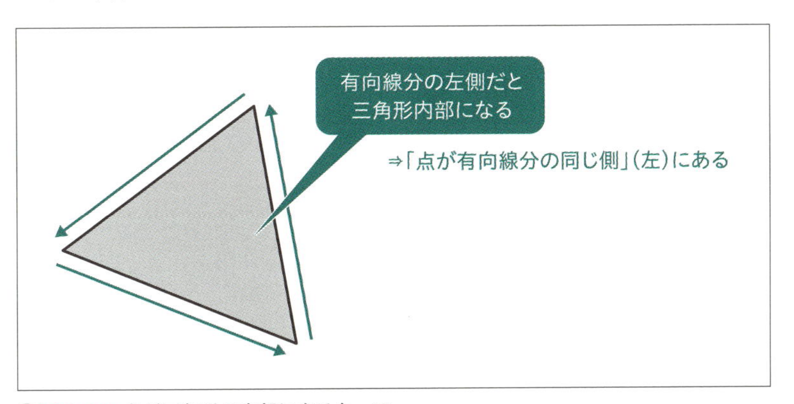

▶図3-4-3 点が三角形の内部にあるケース

このままの条件だと、有向線分が三角形を時計回りしているか反時計回りしているかによって場合分けしなければなりませんが、この2つの条件は、「点がすべての有向線分の**同じ側**にある」という条件に統一できます。このことは、図3-4-2と図3-4-3を見比べることでよくわかるでしょう。

プログラムの全体像

さて、これを踏まえて、スクリプトCheckHit4_1の中身を見ていってみましょう。そのうち大事な箇所は、`FixedUpdate`メソッド中の以下の部分です。

リスト3.6 CheckHit4_1（部分）

```
// 三角形サイクルベクトル
v3TriVec0 = TargetPoly.positions[1] - TargetPoly.positions[0];
v3TriVec1 = TargetPoly.positions[2] - TargetPoly.positions[1];
v3TriVec2 = TargetPoly.positions[0] - TargetPoly.positions[2];
// 三角形頂点からターゲットへのベクトル
v3HitVec0 = transform.position - TargetPoly.positions[0];
v3HitVec1 = transform.position - TargetPoly.positions[1];
v3HitVec2 = transform.position - TargetPoly.positions[2];
// それぞれの外積(のy成分)
fCross0 = v3TriVec0.z * v3HitVec0.x - v3TriVec0.x * v3HitVec0.z;
fCross1 = v3TriVec1.z * v3HitVec1.x - v3TriVec1.x * v3HitVec1.z;
fCross2 = v3TriVec2.z * v3HitVec2.x - v3TriVec2.x * v3HitVec2.z;
bHit = false;
if (fCross0 >= 0.0f)
{
    if ((fCross1 >= 0.0f) && (fCross2 >= 0.0f))
    {
        bHit = true;
    }
}
else
{
    if ((fCross1 < 0.0f) && (fCross2 < 0.0f))
    {
        bHit = true;
    }
}
```

ここで、

```
// 三角形サイクルベクトル
v3TriVec0 = TargetPoly.positions[1] - TargetPoly.positions[0];
v3TriVec1 = TargetPoly.positions[2] - TargetPoly.positions[1];
v3TriVec2 = TargetPoly.positions[0] - TargetPoly.positions[2];
```

この部分は、

- 頂点0から頂点1へ向かうベクトル
- 頂点1から頂点2へ向かうベクトル
- 頂点2から頂点0へ向かうベクトル

をそれぞれ、ベクトルの差を使って計算しています。

これらのベクトルを使って、頂点0から頂点1へ向かう有向線分、などに対して判定点が左右どちらにあるかを判定します。ベクトルと有向線分の違いに気を付けながら、解析を進めましょう。

判定点へのベクトルを計算する

```
// 三角形頂点からターゲットへのベクトル
v3HitVec0 = transform.position - TargetPoly.positions[0];
v3HitVec1 = transform.position - TargetPoly.positions[1];
v3HitVec2 = transform.position - TargetPoly.positions[2];
```

この部分は、三角形のそれぞれの頂点、言いかえるとそれぞれの有向線分の始点から、判定点へと向かうベクトルを計算しています（図3-4-4）。

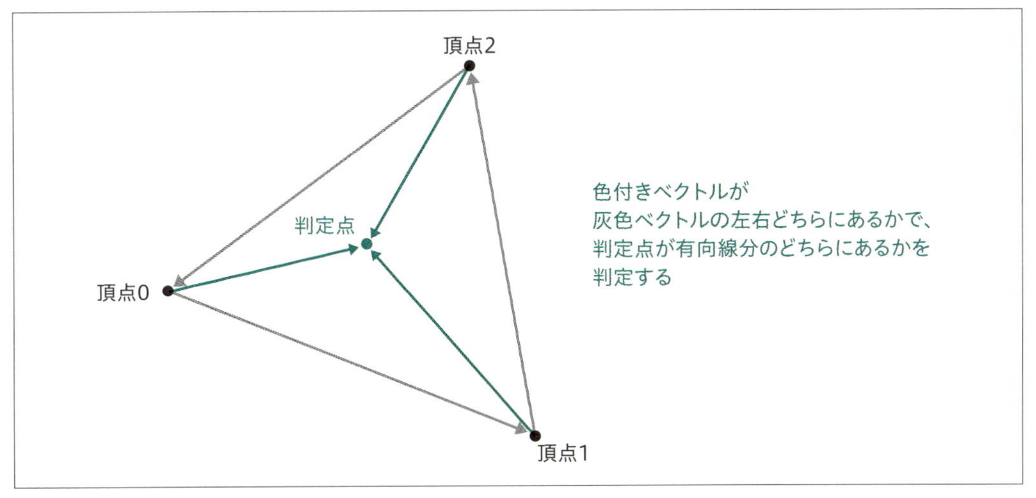

図3-4-4 頂点から判定点に向かうベクトル

判定点の有向線分に対する左右判定を行うには、このベクトルが先ほどの頂点同士をつなぐベクトルの左右、どちらにあるかを判定すればよいことになります（図3-4-4参照）。そのためには、頂点同士をつなぐベクトルと、頂点から判定点へと向かうベクトルの外積を取ればよいので、

```
// それぞれの外積(のy成分)
fCross0 = v3TriVec0.z * v3HitVec0.x - v3TriVec0.x * v3HitVec0.z;
fCross1 = v3TriVec1.z * v3HitVec1.x - v3TriVec1.x * v3HitVec1.z;
fCross2 = v3TriVec2.z * v3HitVec2.x - v3TriVec2.x * v3HitVec2.z;
```

という計算をしています。

外積を計算する全部のベクトルがxz平面上にあることがわかっているので、外積結果はy成分

しかないことがわかっており、そのためそれぞれの外積のy成分のみを計算しています。

判定点が三角形の中にある条件

このような外積のy成分の符号によって、2つのベクトルの左右関係がわかりますが、先ほどの議論から、この左右関係が3つの有向線分についてすべて等しければ（右なら全部右、左なら全部左）、判定点は三角形の中身にある、ということがわかります。そのため「変数fCross0、fCross1、fCross2の符号がすべて等しいか」だけを見ればよく、個別に有向線分の左右どちらにあるかを考える必要はありません。

つまり、判定点が三角形の中にある条件とは、

$$\begin{cases} \mathtt{fCross0} > 0 \\ \mathtt{fCross1} > 0 \\ \mathtt{fCross2} > 0 \end{cases}$$

あるいは

$$\begin{cases} \mathtt{fCross0} < 0 \\ \mathtt{fCross1} < 0 \\ \mathtt{fCross2} < 0 \end{cases}$$

である、ということです。これら条件のどちらかであるかを判定しているのが、引用部分の最後のif文部分です。まず、

```
if ( fCross0 >= 0.0f ) {
```

として、最初のfCross0の符号をチェックします。

プラスだった場合には、以下のように他の2つもプラスであるかどうかチェックします。

```
if ( ( fCross1 >= 0.0f ) && ( fCross2 >= 0.0f ) )
{
    bHit = TRUE;
}
```

同様に、fCross0の符号がマイナスだった場合には、以下のように他の2つもマイナスかどうかをチェックします。

```
if ( ( fCross1 < 0.0f ) && ( fCross2 < 0.0f ) )
{
    bHit = TRUE;
}
```

以上のようにすれば、2Dの自由な三角形に対する当たり判定を行うことができます。

 三角形を「進入禁止」にする

ここまで、2Dの三角形に対する当たり判定を行ってきました。しかしこれを3Dの当たり判定に応用する場合、多くの場合ただ判定すればいい、というわけにはいきません。例えば、フィールド上の岩などの進入禁止領域を、マップを上から見たときの2Dポリゴンで表現する、などという場合、当たっていたらその三角形から適切に排除する、という処理が必要になります。

そこで次は、2Dの三角形を「進入禁止」にする（当たっていたら外へ排除する）ような処理を考えてみましょう。それを実際に行っているのが、スクリプトCheckHit4_2です。このスクリプトをSphereにアタッチして実行し、方向キーで球を前後左右に動かしてみると、確かに球は三角形の中に入れなくなっているのがわかると思います（図3-4-5）。

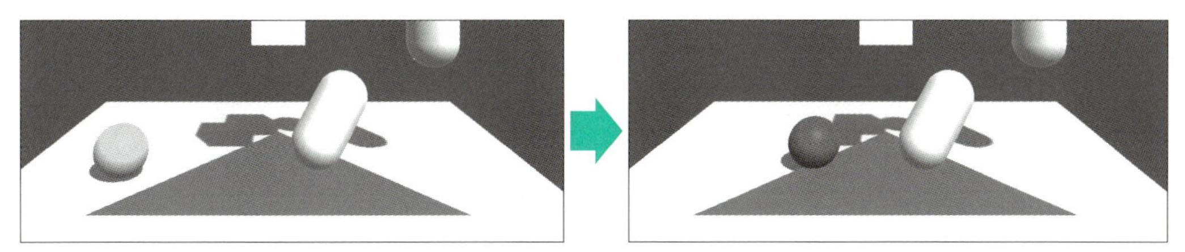

図3-4-5 Sphereは三角形の中に入れない。三角形に触れると赤く色が変わって、辺上を滑る

それでは、三角形を進入禁止にするには、具体的にはどのような処理を行えばよいのでしょうか？ もちろん、先ほどの三角形に対する当たり判定は必須ですが、判定の結果「当たっている」ことがわかった場合にどうすればよいのでしょうか？

三角形内部から排除するように判定点を動かさなければならず、多くの場合「ちょうど当たっていた三角形の辺上」に動かしてあげるのが適切だと考えられます。しかし、問題は三角形のどの辺の、どの位置に動かしてあげるか、ということです。

1フレーム前の位置に戻す？

少し考えると、判定点が1フレーム前にいた位置を覚えておいて、1フレーム前の位置と現在の位置を結ぶ線分と、三角形の辺が交差する位置に戻してあげるのが適切なようにも思えます（図3-4-6）。

しかしながら、それでは多くの場合不適切な処理になってしまいます。三角形に接触したまま動こうとしても、動く前とほとんど同じ場所に押し返されてしまいます。そのため、「壁に当たると引っかかって動けなくなる」という、ゲームとしては大変ありがたくない動きになってしまうのです。

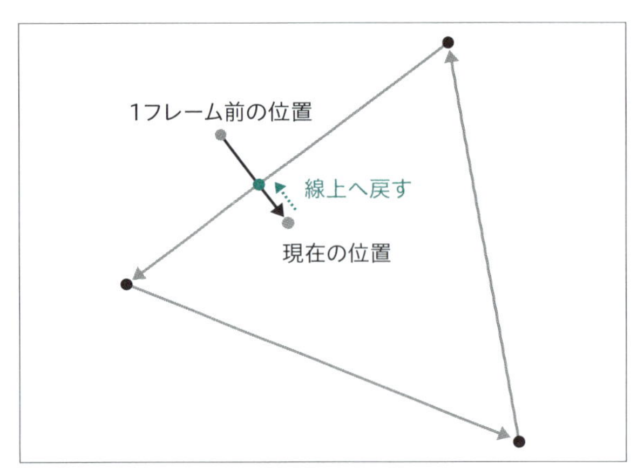

▶図3-4-6 このように線上に戻すのは適切でない

三角形の辺に沿って滑らせる

サンプルプログラムでもそれは回避し、三角形に接触したまま動けば、三角形の辺に沿って滑るように動くようになっています。このような動きにするためには、具体的にはどうすればよいのでしょうか？

このように、プレイヤーが行きたい方向をできるだけ尊重しながら三角形から排除するためには、その行こうとした方向を最小限しか修正しないことが適切と考えられます。そこでCheckHit4_2では、三角形の三辺のうち、判定点に最も近い辺の、判定点から最短距離にある場所へと移動する、という処理を行っています。具体的には、単純に三角形の当たり判定を取っているCheckHit4_1との違いを中心に`FixedUpdate`メソッド中を見てみると、以下のようになります。

単純な当たり判定との違い

まず違う箇所として、

リスト3.7 CheckHit4_2（部分）

```
// サイクルベクトル単位化
v3TriVec0.Normalize();
v3TriVec1.Normalize();
v3TriVec2.Normalize();
```

としていますが、`Normalize`はベクトルを単位化するメソッドなので、これは三角形をぐるりと一周する3つのベクトルを、今回は単位ベクトルにしている、ということです。何のためにこうしているかは、本節でいずれわかるので、今は単に覚えておいてください。

次に違っているのは、三角形に当たっているときに実行される以下の部分です。

リスト 3.8 CheckHit4_2（部分）

```
if (bHit)
{
    // プレイヤー位置制御
    if ((Mathf.Abs(fCross0) <= Mathf.Abs(fCross1)) &&
         (Mathf.Abs(fCross0) <= Mathf.Abs(fCross2)))
    {
        // 辺0に一番近い
        fDot = Vector3.Dot(v3TriVec0, v3HitVec0);
        transform.position = new Vector3(
                    v3TriVec0.x * fDot + TargetPoly.positions[0].x,
                    transform.position.y,
                    v3TriVec0.z * fDot + TargetPoly.positions[0].z);
    }
    else
    {
        if (Mathf.Abs(fCross1) <= Mathf.Abs(fCross2))
        {
            // 辺1に一番近い
            fDot = Vector3.Dot(v3TriVec1, v3HitVec1);
            transform.position = new Vector3(
                    v3TriVec1.x * fDot + TargetPoly.positions[1].x,
                    transform.position.y,
                    v3TriVec1.z * fDot + TargetPoly.positions[1].z);
        }
        else
        {
            // 辺2に一番近い
            fDot = Vector3.Dot(v3TriVec2, v3HitVec2);
            transform.position = new Vector3(
                    v3TriVec2.x * fDot + TargetPoly.positions[2].x,
                    transform.position.y,
                    v3TriVec2.z * fDot + TargetPoly.positions[2].z);
        }
    }
}
```

これを見ると、どうやら判定点がどの辺に一番近いかを判定するのに、先ほど左右判定に使ったfCross0、fCross1、fCross2という外積の絶対値を見ているようです。例えば

```
if ((Mathf.Abs(fCross0) <= Mathf.Abs(fCross1)) &&
    (Mathf.Abs(fCross0) <= Mathf.Abs(fCross2)))
```

といった具合に、ですね。実は、この外積の絶対値が判定点と辺との距離に等しくなるのですが、その理由は以下のように説明できます。

「外積の絶対値＝判定点と辺との距離」となる理由

今、三角形の辺に沿ったベクトルを$\boldsymbol{a}$、三角形の頂点から判定点に向かうベクトルを$\boldsymbol{b}$とします。先ほど単位化して$|\boldsymbol{a}|=1$としたので、外積の定義から

$$\boldsymbol{a}\times\boldsymbol{b}=|\boldsymbol{a}||\boldsymbol{b}|\sin\theta\cdot\hat{\boldsymbol{n}}=|\boldsymbol{b}|\sin\theta\cdot\hat{\boldsymbol{n}}$$

となります。ただしここで、$\hat{\boldsymbol{n}}$は$\boldsymbol{a}$と$\boldsymbol{b}$の両方に垂直な単位ベクトル（今の場合はxz平面に垂直なベクトル）です。

さて、この$\hat{\boldsymbol{n}}$に掛かっている$|\boldsymbol{b}|\sin\theta$というのは、判定点から三角形の辺へと下ろした垂線の長さと等しくなります（図3-4-7）。

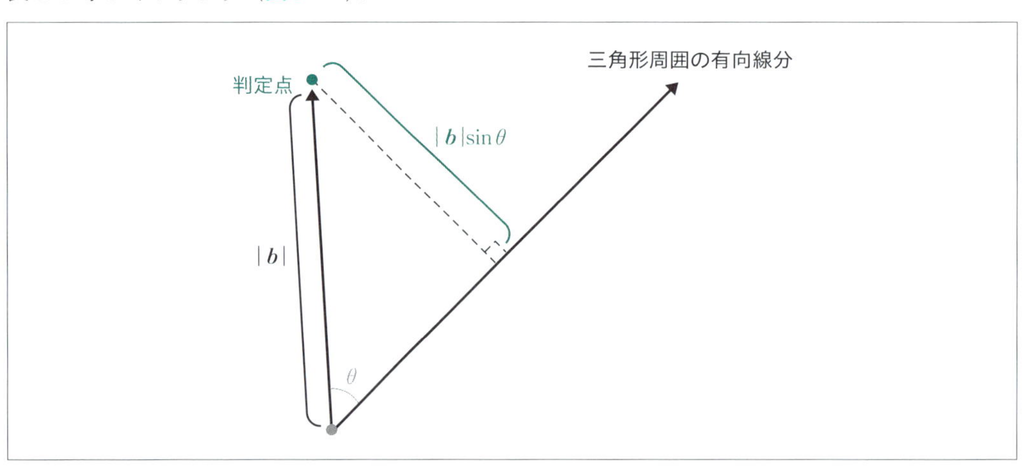

図3-4-7 $|b|\sin\theta$は判定点から三角形の辺への垂線の長さと等しい

ここで、判定点は三角形の中にあることがわかっているので、この垂線の長さが、判定点とその辺との最短距離を表すことになります。このことと、$|\hat{\boldsymbol{n}}|=1$であることから、$||\boldsymbol{b}|\sin\theta\cdot\hat{\boldsymbol{n}}|$すなわち$|\boldsymbol{a}\times\boldsymbol{b}|$が判定点と辺との最短距離になる、というわけです。

少し複雑な説明になってしまいましたが、おわかりになったでしょうか。このように、三角形の辺に沿ったベクトルを単位化しておきさえすれば、左右判定に使った外積の結果を、判定点と辺との距離計算にも流用できてお得なわけです。

判定点を移動させる

さて、こうして判定点に対して最短距離にある辺を特定したら、その辺上で判定点と最短距離になる点の位置へと、判定点を移動させています。その際には、例えば

```
// 辺0に一番近い
fDot = Vector3.Dot(v3TriVec0, v3HitVec0);
transform.position = new Vector3(
            v3TriVec0.x * fDot + TargetPoly.positions[0].x,
            transform.position.y,
            v3TriVec0.z * fDot + TargetPoly.positions[0].z);
```

などとしています。

ここで、Vector3のDotというメソッドは、2つのベクトルの内積を計算する関数なので、内積を使って最短距離を与える点の座標を計算していることがわかります。なぜそのような計算をするのか、その理屈は以下のようなものです。

内積を使って最短距離の点の座標を計算する

先ほどと同じように、三角形の辺に沿ったベクトルを$\boldsymbol{a}$、三角形の頂点から判定点に向かうベクトルを$\boldsymbol{b}$とし、$|\boldsymbol{a}|=1$であることに注意すると、内積の定義から

$$\boldsymbol{a}\cdot\boldsymbol{b}=|\boldsymbol{a}||\boldsymbol{b}|\cos\theta=|\boldsymbol{b}|\cos\theta$$

ここで、$|\boldsymbol{b}|\cos\theta$は、有向線分の始点となる三角形の頂点から、判定点から辺へと下ろした垂線の足までの距離と等しくなります（図3-4-8）。

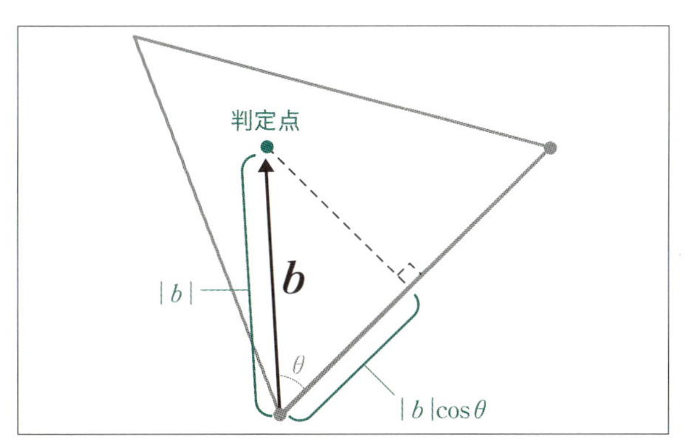

▶図3-4-8 $|\boldsymbol{b}|\cos\theta$は、三角形の頂点から判定点から辺への垂線の足までの距離と等しい

ここで、有向線分の始点となる三角形の頂点の位置ベクトルを$\boldsymbol{c}$、判定点から辺へと下ろした垂線の足の位置ベクトルを$\boldsymbol{p}$とすると、$|\boldsymbol{a}|=1$であることから

$$\boldsymbol{p}=\boldsymbol{a}\cdot|\boldsymbol{b}|\cos\theta+\boldsymbol{c}=\boldsymbol{a}\cdot(\boldsymbol{a}\cdot\boldsymbol{b})+\boldsymbol{c}$$

となります（図3-4-9）。

この式の$\boldsymbol{a}\cdot(\boldsymbol{a}\cdot\boldsymbol{b})$という部分はちょっとわかりにくいので注意してください。$(\boldsymbol{a}\cdot\boldsymbol{b})$の部分は内積、その内積と$\boldsymbol{a}$の間にある·は、ベクトルと実数の掛け算なので、混乱しないようにしましょう。CheckHit4_2では、この垂線の足の位置$\boldsymbol{p}$に判定点を移動させることによって、辺に沿って滑るような動きを実現しているわけです。

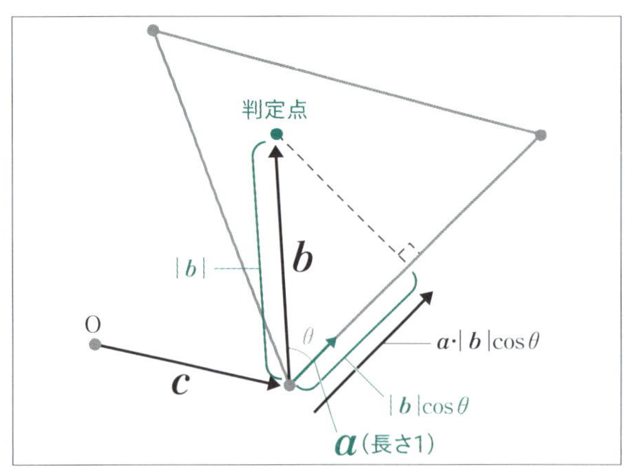

▶図3-4-9 判定点から辺への垂線の足の位置ベクトル

アルゴリズムの問題点

なお、このように「できるだけプレイヤーの動きたい意志に沿いつつ進入禁止領域を設定する」というアルゴリズムを取ると、場合によっては薄い壁を貫通してしまうことがあるので注意してください。CheckHit4_2での判定でも、鋭くとがった頂点近くに突っ込んでみると、三角形を貫通してしまうのが観察できます。

なぜこのようなことが起こるのかというと、壁が薄い場合、プレイヤーが突っ込んだ側とは違う側の辺が最短距離になるところまで、1フレームの間に移動してしまう可能性があるためです(図3-4-10)。

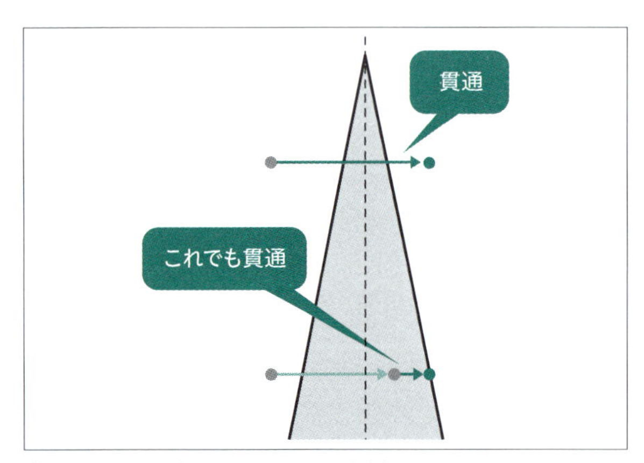

▶図3-4-10 三角形を貫通してしまう例

これを回避するためには、プレイヤーが1フレーム前までどこにいたかを考慮するか、あるいは一定以上に薄い壁は作らないか、のどちらかになると思われます。ただ、このように壁を貫通してしまう余地を残しておくのも、プレイヤーに裏技を使う余地を残しておく、という意味では面白いかもしれませんね。

3-5 平面に対する当たり判定を取りたい

Keyword 全微分 ベクトルの一次結合 平面の方程式

ここでは、平らな平面ではあるけれども、座標軸に対して傾いているような平面に対する当たり判定を取ることによって、平面上に物体を乗せることを考えてみましょう。

揺れ動く平面上で立方体を移動させる

スクリプトCheckHit5_1をCubeにアタッチして実行すると、揺れ動く平面が現れ、その上をキー入力によってCubeを移動させることができます（図3-5-1）。

図3-5-1 矢印キーでCubeが移動する。その際、揺れ動く地面に合わせて上下する

ただし、このCheckHit5_1においては、ごく特別な場合について平面に対する当たり判定を取っています。その特別な場合とは、1つには「平面が原点を通過すること」です。もう1つは、「(通常、平面に対する当たり判定に用いる) 平面に含まれる2ベクトルをxz平面に射影したとき、それぞれx軸とz軸に平行になること」です。

CheckHit5_1の`FixedUpdate`の中で、そのような条件のもと、平面に乗っている物体がいるべきy座標を求めています。ただ、実際に計算しているコード自体は、以下のような簡単なものです。

```
float by = v3Vec1.y * bx / v3Vec1.x + v3Vec2.y * bz / v3Vec2.z + 0.5f;
```

ここで、`v3Vec1`は「乗せるべき平面に含まれ、xz平面に射影したときx軸と平行になる（z成分がゼロの）ベクトル」で、`v3Vec2`は「乗せるべき平面に含まれ、xz平面に射影したときz

軸と平行になる（x成分がゼロの）ベクトル」です。また、bxとbzはそれぞれ物体のx座標とz座標であり、最後に足されている0.5fはCubeの大きさの半分で、Cubeの底面がちょうど平面に接するようにするためのものです。

なぜ平面に乗せられるのか？

さて、そのような前提で、これでなぜ平面に乗せることができるのか考えてみましょう。

まずは第1項、v3Vec1.y * bx / v3Vec1.xについて見てみましょう。これは平面のx方向の傾きと物体のx座標から、「物体のx座標の影響で、物体のいるべきy座標がどれだけ変化するか」を計算しているものです。v3Vec1というベクトルが平面に含まれていて、なおかつv3Vec2というベクトルのx成分はゼロのため、平面のx方向の傾きはv3Vec1のみで決まり、それは「v3Vec1.xだけx方向に進むとv3Vec1.yだけy方向に進む」という傾きになります。

つまり、x方向にbxだけ進むとy方向にv3Vec1.y * bx / v3Vec1.xだけ進むことになる、ということです。なお、もしbxがv3Vec1.xと等しければ、その値はv3Vec1.yとなります。

ただし、平面はx方向だけでなくz方向にも傾いていますから、次に第2項、v3Vec2.y * bz / v3Vec2.zでz方向の傾きも考慮しています。これは、第1項の場合と同様に、z方向の傾きはv3Vec2のみで決まり、それは「v3Vec2.zだけz方向に進むとv3Vec2.yだけy方向に進む」という傾きです。そのため、z方向にbzだけ進むとy方向にv3Vec2.y * bz / v3Vec2.zだけ進むことになるのです。

それらx方向とz方向によるy座標への影響を足し合わせれば、物体がいるべきy座標が求められるのです。

全微分を使う

ちなみに、位置調整の+0.5fを除いたv3Vec1.y * bx / v3Vec1.x + v3Vec2.y * bz / v3Vec2.zという部分は、全微分になっています。**全微分**（ぜんびぶん）というのは、一般には曲面の接平面を考えることによって値の変化量を計算するもので、

$$\Delta y = \frac{\partial y}{\partial x}\Delta x + \frac{\partial y}{\partial z}\Delta z$$

というものです。

今考えているのは平面ですから、接平面はその平面そのものです。そして、$\frac{\partial y}{\partial x}$は$y$を$x$だけで微分したもの（$x$方向の傾き）で、その傾きは今の場合v3Vec1.y / v3Vec1.xです。同様に$\frac{\partial y}{\partial z}$は$y$を$z$だけで微分したもの（$z$方向の傾き）で、その傾きは今の場合v3Vec2.y / v3Vec2.zです。

そして、bxがx方向の変化量Δxであり、bzがz方向の変化量Δzであることを考えれば、$\frac{\partial y}{\partial x}\Delta x + \frac{\partial y}{\partial z}\Delta z$とv3Vec1.y * bx / v3Vec1.x + v3Vec2.y * bz / v3Vec2.zが同じ式であることは容易に理解できると思います。

つまり、平面に対する当たり判定を行う場合、このような全微分で表すのが最も簡単である、

ということですね。実際、ゲームでの応用を考えた場合、平面に対する当たり判定としてはこのように全微分で表せる場合が多いです。

ベクトルの一次結合を使う

しかしそうでない場合もあり、x方向やz方向に向いたベクトルでなく、任意の方向に向いた2ベクトルを含む平面に対する当たり判定を行いたいこともあります。例えば、あるポリゴンに対する当たり判定を取るため、そのポリゴンの2辺に沿ったベクトルを用いるような場合ですね。

そのような場合にも対応できるように当たり判定をする場合、考えられる方法は主に2つです。そのうちの1つの方法で当たり判定を実装しているのが、スクリプトCheckHit5_2です。

このスクリプトをCubeにアタッチして実行すると、やはり揺れ動く平面が現れ、この場合平面に含まれる2ベクトルがx方向やz方向に向いている保証はないのですが、きちんと当たり判定が取れているのがわかると思います。

ここでもやはり物体がいるべきy座標はFixedUpdateの中で求められており、それは以下のようなものです。

リスト 3.9 CheckHit5_2（部分）

```
float fDelta = v3Vec1.x * v3Vec2.z - v3Vec1.z * v3Vec2.x;
float fAlpha = ( v3Vec2.z * bx - v3Vec2.x * bz) / fDelta;
float fBeta  = (-v3Vec1.z * bx + v3Vec1.x * bz) / fDelta;
float by = fAlpha * v3Vec1.y + fBeta * v3Vec2.y + 0.5f;
```

今回は、v3Vec1やv3Vec2はもはやx方向やz方向に向いているとは限りません。そこで、v3Vec1とv3Vec2、それに物体の位置ベクトルをxz平面に射影したベクトルをそれぞれ$\boldsymbol{v}_1$、$\boldsymbol{v}_2$、$\boldsymbol{p}$として、

$$\boldsymbol{p} = \alpha\boldsymbol{v}_1 + \beta\boldsymbol{v}_2$$

となるようなαとβを求めることができれば、先ほどと同様に「$\alpha\times$v3Vec1の影響$+\beta\times$v3Vec2の影響」という式でy座標を求めることができます。

xz平面に射影したベクトルですから$\boldsymbol{v}_1$、$\boldsymbol{v}_2$、$\boldsymbol{p}$は2次元ベクトルであり、わかっていない未知数はαとβの2つですから、2元連立方程式によってαとβを求めることができます。

それでは実際にやってみましょう。$\boldsymbol{p} = \begin{pmatrix} p_x \\ p_z \end{pmatrix}$、$\boldsymbol{v}_1 = \begin{pmatrix} v_{1x} \\ v_{1z} \end{pmatrix}$、$\boldsymbol{v}_2 = \begin{pmatrix} v_{2x} \\ v_{2z} \end{pmatrix}$とすると、$\boldsymbol{p} = \alpha\boldsymbol{v}_1 + \beta\boldsymbol{v}_2$なので

$$\begin{pmatrix} p_x \\ p_z \end{pmatrix} = \alpha\begin{pmatrix} v_{1x} \\ v_{1z} \end{pmatrix} + \beta\begin{pmatrix} v_{2x} \\ v_{2z} \end{pmatrix}$$

となります。

右辺を行列に書きかえると

$$\begin{pmatrix} p_x \\ p_z \end{pmatrix} = \begin{pmatrix} v_{1x} & v_{2x} \\ v_{1z} & v_{2z} \end{pmatrix} \begin{pmatrix} \alpha \\ \beta \end{pmatrix}$$

となります。両者の右辺が同じベクトルを与えることを確かめてみてください。

ここで、両辺に$\begin{pmatrix} v_{1x} & v_{2x} \\ v_{1z} & v_{2z} \end{pmatrix}^{-1}$を左から掛けると

$$\begin{pmatrix} v_{1x} & v_{2x} \\ v_{1z} & v_{2z} \end{pmatrix}^{-1} \begin{pmatrix} p_x \\ p_z \end{pmatrix} = \begin{pmatrix} \alpha \\ \beta \end{pmatrix}$$

$$\frac{1}{v_{1x} v_{2z} - v_{2x} v_{1z}} \begin{pmatrix} v_{2z} & -v_{2x} \\ -v_{1z} & v_{1x} \end{pmatrix} \begin{pmatrix} p_x \\ p_z \end{pmatrix} = \begin{pmatrix} \alpha \\ \beta \end{pmatrix}$$

$$\therefore \begin{cases} \alpha = \dfrac{v_{2z} p_x - v_{2x} p_z}{v_{1x} v_{2z} - v_{2x} v_{1z}} \\ \beta = \dfrac{-v_{1z} p_x + v_{1x} p_z}{v_{1x} v_{2z} - v_{2x} v_{1z}} \end{cases}$$

となります。

そこでプログラムを見てみると、αとβで共通となっている分母の$v_{1x} v_{2z} - v_{2x} v_{1z}$という部分を

```
float fDelta = v3Vec1.x * v3Vec2.z - v3Vec1.z * v3Vec2.x;
```

のように、fDeltaという変数に入れたあとで、

```
float fAlpha = ( v3Vec2.z * bx - v3Vec2.x * bz) / fDelta;
float fBeta  = (-v3Vec1.z * bx + v3Vec1.x * bz) / fDelta;
```

として、変数fAlphaにαを、変数fBetaにβを入れています。

そして、

```
float by = fAlpha * v3Vec1.y + fBeta * v3Vec2.y + 0.5f;
```

とすることで、v3Vec1とv3Vec2の影響を考慮した物体のいるべきy座標が求められることになります。以上が、数学的にいえばベクトルの**一次結合**（いちじけつごう）を用いた平面に対する当たり判定になります。

平面の方程式を用いる

次に、ベクトルの一次結合とはまた別の方法で「任意の方向に向いた2ベクトルを含む平面に対する当たり判定」を取ってみましょう。

それを行っているのがスクリプトCheckHit5_3で、これをCubeにアタッチして実行するとCheckHit5_2と同じ結果が得られますが、FixedUpdate中の当たり判定は以下のようになっています。

```
Vector3 v3Normal = Vector3.Cross(v3Vec1, v3Vec2);
float by = (-v3Normal.x * bx - v3Normal.z * bz) / v3Normal.y + 0.5f;
```

これは、平面の方程式を用いた当たり判定です。一般に平面の方程式は、

$$ax+by+cz+d=0$$

と表しますが、原点を通る平面の方程式は、

$$ax+by+cz=0$$

と表せます。

ここで重要な性質として、x、y、zに掛かっている係数a、b、cから作ったベクトル(a, b, c)は、この$ax+by+cz=0$という平面に直交しています。これは、この平面の方程式の左辺$ax+by+cz$は、(a, b, c)というベクトルと位置ベクトル(x, y, z)の内積になっていて、平面の方程式ではそれが0になるので当然といえます。

つまり、

・平面に含まれる2ベクトルの両方に直交するベクトルを持ってきて
・そのx、y、z成分をそれぞれ係数a、b、cとすれば
・その2ベクトルを含む平面の方程式が得られる

ということです。

そこで、

```
Vector3 v3Normal = Vector3.Cross(v3Vec1, v3Vec2);
```

と外積を用いることで、`v3Vec1`と`v3Vec2`の両方に直交するベクトルを`v3Normal`に得ています。これで、平面の方程式のaとして`v3Normal.x`を、bとして`v3Normal.y`を、cとして`v3Normal.z`を使うことができます。

ちなみに平面の方程式の係数a、b、cとして成分を使うベクトルは、長さはどのようなものでもかまいません。それは、

$$ax+by+cz=0$$

という平面の方程式の両辺にどのような値を掛け算しても、同じ平面の方程式であるからです。それはつまり、係数a、b、cにどんな数を掛け算しても（ただし0は除く）、割り算しても同じ平面の方程式を表すということなので、ベクトルの長さは気にしなくてよいわけです。

ともあれ、今求めたいのは物体のいるべきy座標なので、平面の方程式をyについて解いてみると

$$ax+by+cz=0$$
$$by=-ax-cz$$

となります。

ここで$b\neq 0$として、両辺をbで割ると、

$$y=\frac{-ax-cz}{b}$$

となりますが、これがプログラムの

```
float by = (-v3Normal.x * bx - v3Normal.z * bz) / v3Normal.y + 0.5f;
```

という部分に相当します（`+ 0.5f`はCubeの底が平面に接地するようにするための補正です）。

ちなみに、ここでは$b\neq 0$としましたが、$b=0$の場合というのは平面がy軸に平行な場合（つまり、垂直に切り立った崖の場合）で、その場合y座標を一意に定めることはできないことになります。

このように、平面に対する当たり判定で物体の高さ、y座標を決める方法というのはいくつかあるので、場合によってこれらを使い分けられるのが大切です。どの方法がベストなのかは、平面のデータ形式やy座標を決める以外にすべき処理などの状況によって変わってきます。

なお、説明を簡単にするために、上に挙げた方法ではすべて当たり判定を行う平面が原点を通る場合について説明しましたが、そうでない場合でも平行移動を行うことによってこれらの方法を簡単に応用することができますので、皆さんもやってみてください。

Chapter 4
簡単なレンダリング

4-1 シェーダーで直線的なグラデーションを描きたい

Keyword　レンダリング　フラグメントシェーダー　直線の方程式

本節では、シェーダープログラムを使って、自分の手で簡単なレンダリングを行うことを考えてみましょう。レンダリングをすべて自分で行う経験をしておくことで、より深く3Dグラフィックスとその特性について理解することができます。

シェーダーとは？

レンダリングとは、計算によって画像を生成するもので、3Dグラフィックスは例外なくレンダリングを行います。現在の3Dゲームにおいては、レンダリングを自分で一から行うことは少なく、一部はハードウェアに行わせるのが普通です。

ただし、レンダリングの原理をしっかりと理解していることは大切ですし、シェーダープログラミングという形でレンダリングに介入できる余地も以前より増しています。そのため、本章ではシェーダーを用いて、限定的ながら1からレンダリングを行ってみましょう。

本来、シェーダー（Shader）というのは物体に陰影を付ける機能でした。しかし、今ではかなり拡大解釈され、実態としてはレンダリングにかなり近いものになっています。

処理ユニットとしてのシェーダーには、バーテックスシェーダー（頂点シェーダー）、フラグメントシェーダー（ピクセルシェーダー）、ジオメトリシェーダーなど役割に応じたさまざまな種類がありますが、本書でレンダリングを行うために使うシェーダーは、Unityの**フラグメントシェーダー**というものです。

フラグメントシェーダーとは？

フラグメントシェーダーとは、簡単にいえば、描画するドット（画素）ごとに行う処理を記述するものです。一方、先ほどの例に出てきたバーテックスシェーダーは、ポリゴンの頂点ごとに行う処理を記述するものです。

NOTE

適切なテクスチャのドットを取得する処理や、ドットごとの光源計算を行う処理などが、代表的なフラグメントシェーダーの仕事になります。

フラグメントシェーダーはバーテックスシェーダーと比べて、描画されるすべてのドットに適用されるために処理時間を取りがちです。例えば、縦横640ドットの領域をポリゴンで埋めた場合、640×640＝409600ドットもの点の色をフラグメントシェーダーでの計算によって求める必要があります。

しかし、フラグメントシェーダーではアルゴリズムが簡単になり、簡潔にプログラムが書ける場合が多く、レンダリングの基礎理論を学ぶにはもってこいといえます。なお、DirectX等では、Unityのフラグメントシェーダーはピクセルシェーダーとも呼ばれます。

Unityでフラグメントシェーダーを使う

まず、Unityでフラグメントシェーダーを利用する方法について解説しましょう。Unityをすでに習得されている方は、154ページグラデーションを生成するシェーダーまで読み飛ばしてかまいません。

マテリアルとは？

オブジェクトの見た目を設定するためには、マテリアル（Material）というものを利用します。マテリアルとは、オブジェクトの「材質、素材」という意味で、オブジェクトをどのように描画するかを決定する重要なコンポーネントです。

マテリアルには、テクスチャを設定することもできますが、シェーダーを設定することもできます。本書では、マテリアルに各種シェーダーを設定することでオブジェクトにエフェクトを加えていきます。

マテリアルにシェーダーを設定する

それでは実際に、オブジェクトにシェーダーを設定していきましょう。04_Renderフォルダーを開くと、図4-1-1のような画面が表示されるはずです。まず、［Scene］ビュー（または［Hierarchy］ビュー）からPlaneオブジェクトを選択します。

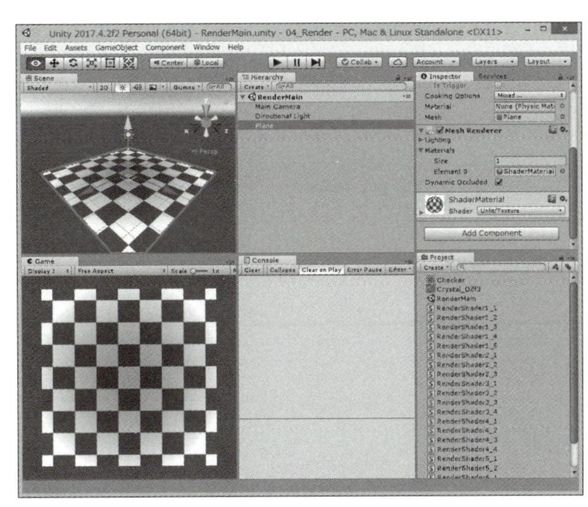

図4-1-1 04_Renderフォルダーを開いた例

[Inspector] ビューにPlaneの情報が表示されます。その中に表示されている[ShaderMaterial] というコンポーネントが、本書でシェーダーを利用するためのマテリアルです（図4-1-2）。そのうち、[Shader] という項目でシェーダーを切り替えていきます。

ここでは、[ShaderMaterial]→[Shader]を、[Standard]から[Unlit]→[RenderShader1_1]に変更してみましょう（図4-1-3）。

NOTE

本書で紹介するシェーダーは、Unlit（ライティングなし）のシェーダーです。ライティングの影響を受けるシェーダーについての解説は、本書の範囲を超えるため割愛します。

図4-1-2 [Inspector] ビュー

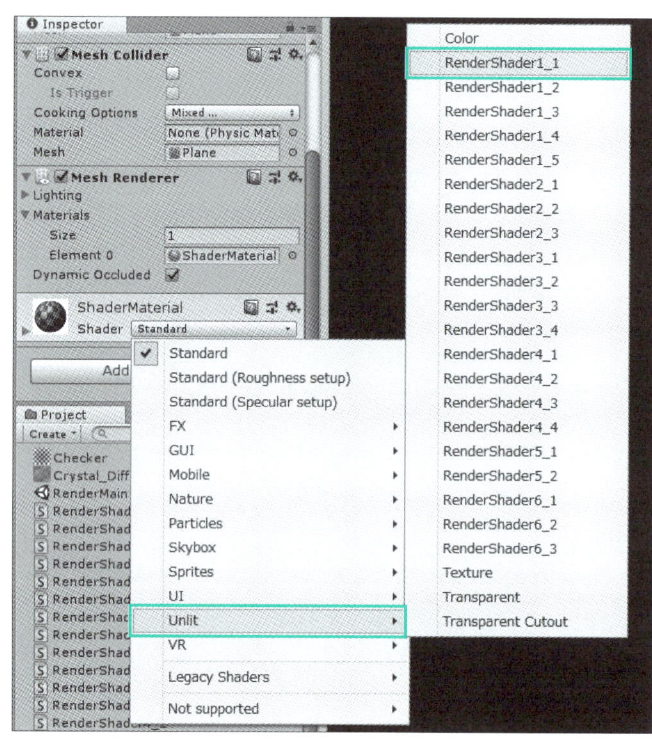

図4-1-3 シェーダーを選択する

すると、ShaderMaterialにRenderShader1_1がアタッチされ、Planeの見た目が変わったのがわかるでしょう（図4-1-4）。

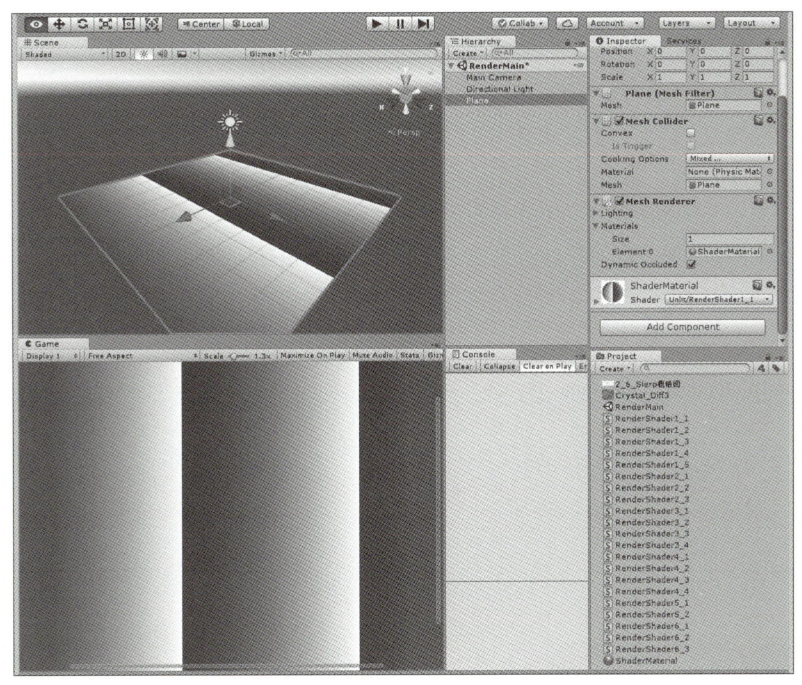

図4-1-4 シェーダーがアタッチされた

シェーダープログラムを開く

次に、シェーダープログラムの開き方を覚えておきましょう。シェーダープログラムを開くには、C#スクリプトと同様に［Project］ビューを用います（図4-1-5）。例えば、先ほどの［RenderShader1_1］をダブルクリックすることで、Windows環境であればVisual Studioなどのエディターが開き、編集できるようになります。

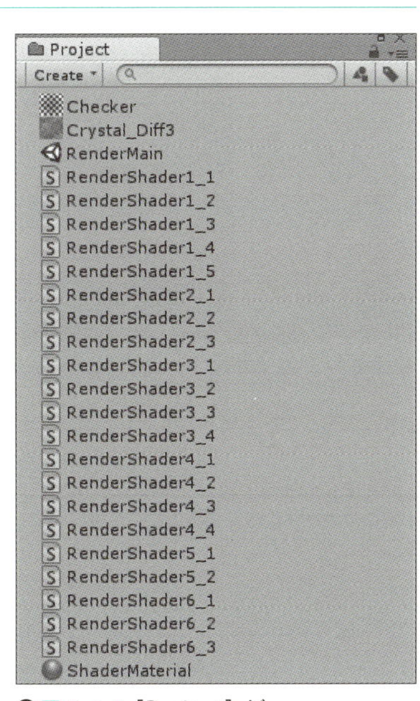

図4-1-5［Project］ビュー

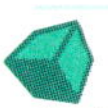

グラデーションを生成するシェーダー

さて、前置きはこのくらいにして、実際にフラグメントシェーダーによって、簡単な直線的グラデーションを描いてみましょう。それを実際に行っているのがシェーダープログラムRenderShader1_1です。

Unlitのシェーダーである RenderShader1_1 を ShaderMaterial というマテリアルにアタッチして実行すると、Plane内にx軸方向に流れるグラデーションが描画されます（図4-1-6）。

さて、このシェーダーでプログラム的に大事な箇所は、フラグメントシェーダー内の以下の部分です。

リスト4.1 RenderShader1_1（部分）

```
// make the color
fixed4 col = fixed4(0.0, 0.0, 1.0, 1.0);
col.rg = frac((i.uv.x * 2.0) - (_Time.w * 0.3));
```

この非常に短いフラグメントシェーダーのプログラムによって、グラデーションが生成されています。

図4-1-6 動作画面

1 2 3 4 5 6 7 簡単なレンダリング

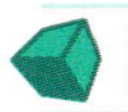 シェーダープログラムを読み解く

それでは、具体的に内容を見ていってみましょう。まず、

```
fixed4 col = fixed4(0.0, 0.0, 1.0, 1.0);
```

として、colという4次元ベクトル（fixed4）型の変数に(0, 0, 1, 1)という値を代入しています。colは色として使われるため、各成分の意味は(r, g, b, a)、つまり(赤, 緑, 青, 半透明度)という意味となり、つまりこれは赤＝0、緑＝0、青＝1、半透明度＝1、としていることになります。

シェーダーにおいては、色も半透明度も1が最大値に正規化されているため、これは青と半透明度が最大値、つまり「不透明な青」という色を設定していることになります（ただし、赤と緑は後ほど改めて再設定するため、実質的にここで決められているのは青と半透明度のみです。ここで赤と緑が0にされているのは暫定的なものです）。

次に、

```
col.rg = frac((i.uv.x * 2.0) - (_Time.w * 0.3));
```

としていますが、実は、この部分こそがグラデーションの形を決定している、最も重要な部分なのです。ここでは、ドットの色の明るさを、x座標つまりuv座標のu座標、それに時間（秒単位）である_Time.wで決めています。

つまり、色の明るさが物体表面でのx座標（u座標）に連動し、x座標が大きくなれば色の明るさも増していく、というようにすることで、x方向のグラデーションを実現しているわけです。

ただしこの場合、色の明るさの上限について考慮しておく必要があります。先ほども触れたように、シェーダーでは色の明るさが0～1に正規化されています。そのため、この場合も、色の明るさは0～1の値で指定するようになっており、明るさの上限は1です。

ベクトルプロセッサを使った演算

ここでは、値の小数部分を取り出すfracを用いて、u座標と時間から決められた値の小数部分のみを取り出しています。つまり、算出された値が大きな値であっても、明るさの値は0～1の範囲に収まるようにしているわけです。

そして、得られた値をcol.rgと指定したものに代入することによって、colの赤成分（r）と緑成分（g）に、同時に同じ値を代入しているのです。

シェーダーユニットは一般的にベクトル型の変数をハードウェアで扱えるベクトルプロセッサで、ベクトルの成分を一括して扱うことによって高速化を図っていますが、その機能を使っているわけですね。

そして、青はその前に最大輝度（1）にされていますから、col.rgに代入される値が最小値0の場合、点の色は青になります。また、最大値1（厳密にはfracで小数部分を取り出しているため、ちょうど1にはなり得ませんが）の場合、点の色は白（＝赤＋緑＋青）になるようなグラデーションが描かれるわけです。

 シェーダープログラムを書き換えてみる

さて、このフラグメントシェーダーを用いたレンダリングでは、プログラムのわずかな変更でも、結果には非常に大きな変化が現れます。そのことを実際に確かめてみましょう。

RenderShader1_1で

```
col.rg = frac((i.uv.x * 2.0) - (_Time.w * 0.3));
```

となっている部分を、一文字だけ変えて

```
col.rg = frac((i.uv.y * 2.0) - (_Time.w * 0.3));
```

としてみたらどうでしょう（変更したものをシェーダープログラム「RenderShader1_2」に用意してあります）。

こうすると、x方向だったグラデーションがy方向に変わり、かなり印象が違ったものになります（図4-1-7）。

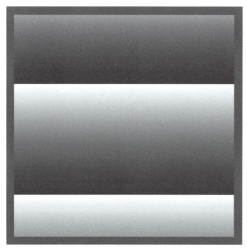

図4-1-7 動作画面

x座標に連動していた色の明るさをy座標に連動させたので、グラデーションの縦横方向が変化するのは当然のことではあるのですが、プログラムをわずか1文字変えただけで、これだけ見た目が変わるプログラムというのは、なかなか珍しいですよね。

斜め45度のグラデーション

では、縦、横ときたら次は斜めということで、グラデーションを斜め45度に傾けることを考えてみましょう。そのためにはどうすればいいか、先を読む前に少しご自分で考えてみるのがおすすめですが、どうでしょう。やり方は考えついたでしょうか。

正解は、RenderShader1_1で

```
col.rg = frac((i.uv.x * 2.0) - (_Time.w * 0.3));
```

となっている部分を、以下のようにします。なお、変更したものはシェーダープログラム「RenderShader1_3」に用意してあります（図4-1-8）。

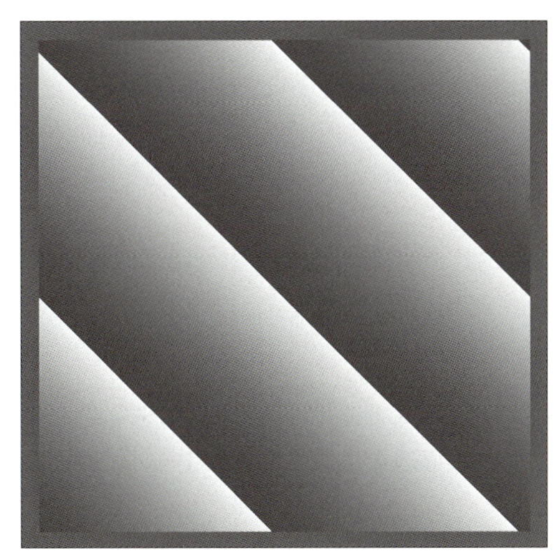

図4-1-8 動作画面

```
col.rg = frac(((i.uv.x + i.uv.y) * 2.0) - (_Time.w * 0.3));
```

さて、これでなぜ斜め45度のグラデーションになるのか、おわかりでしょうか。

ごく単純に考えれば、「$(x+y)$とすれば、x座標とy座標のどちらが増えても同じように、直線的に明るさが増えていくから、結果として斜め45度のグラデーションになる（図4-1-9）」と説明することもできます。

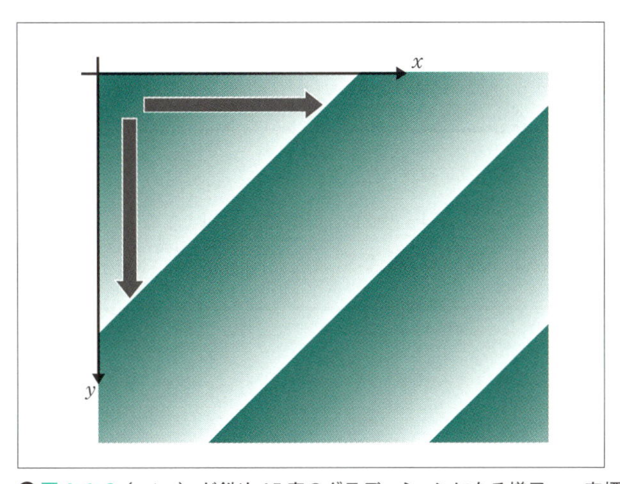

図4-1-9 $(x+y)$ が斜め45度のグラデーションになる様子。y座標が上から下に向いていることに注意

しかし、より一般性があるようにきちんと説明すれば、以下のようになります。

上の、`(i.uv.x + i.uv.y) * 2.0`という部分に書いてある式から、時間が0ならば、色の明るさは$2(x+y)$という式で計算することができる、とわかります。

そこで、時間が0のときの色の明るさを文字cで表すと、この場合

$$c = 2(x+y)$$

と表されることになります。この式の両辺を2で割ると

$$\frac{c}{2} = x+y$$

となり、この式の左辺と右辺を入れ替えて、xを移項すると

$$y = -x + \frac{c}{2}$$

となります。

この式は、よく見ると「傾き -1、切片$\frac{c}{2}$の直線の方程式」になっています。つまり、色の明るさであるcが一定の部分を見てみると、それは傾き -1の直線上に並ぶことになる、ということです（図4-1-10参照）。

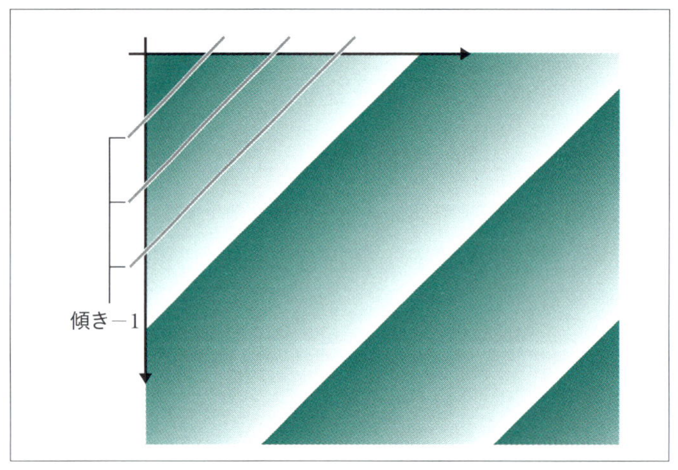

図4-1-10 c（色の明るさ）が一定の部分は、傾き -1の直線上に並ぶ

ここで、傾き -1の直線というのは、角度にして斜め45度の方向を向いていますから、この式で描かれるグラデーションも斜め45度になる、というわけです。

NOTE

ただし、1つ注意しなければならないのは、上の直線の切片がcではなく$\frac{c}{2}$になっている、という点です。
例えば、ここで直線の切片に当たる部分を$\frac{c}{2}$からcに変更したらどうなるか、おわかりでしょうか。
また、cに掛かる係数を$\frac{1}{2}$や1ではなく他の値にするとどうなるかはおわかりでしょうか。
ぜひご自分で考え、それを確かめるために、実際にシェーダーに反映させて実行してみることをおすすめしておきましょう。

好きな傾きを持ったグラデーション

さて、ここまでの議論を理解できたなら、斜め45度に限らず、好きな傾きを持ったグラデーションを描くことができそうですね。例えば、傾き-2の直線状のグラデーションを描くことを考えてみましょう。普通に考えれば、傾き-2の直線は

$$y=-2x+\frac{c}{2}$$

となりますから、移項して

$$c=2(2x+y)$$
$$\therefore c=4x+2y$$

とし、これをプログラム化した

```
col.rg = frac((4.0 * i.uv.x + 2.0 * i.uv.y) - (_Time.w * 0.3));
```

とすれば、傾き-2のグラデーションを描くことができそうです（RenderShader1_4）。実際、RenderShader1_4を実行すれば傾き-2のグラデーションが描画されますが、グラデーションの幅が今までより狭いのが目立ち、少し窮屈な印象のものになっているようです（図4-1-11）。

▶図 4-1-11 動作画面

では、このグラデーションの傾きは変えずに、グラデーションの幅を広げる方法はあるのでしょうか？

先ほどの切片の議論とも関連しますが、それを考えるために一般に

$$c = ax + by$$

としたときに、この数式で描き出されるグラデーションがどのようなものになるのか、について考えてみましょう。

この場合、上でやってみた傾き -2 のグラデーションは、$a = 4$、$b = 2$ とした場合に相当します。そこでまず、グラデーションの傾きを求めるために、上の式を y について解くと、

$$by = -ax + c$$
$$\therefore y = -\frac{a}{b}x + \frac{c}{b} \quad (\text{ただし} b \neq 0 \text{とする})$$

となりますから、傾きは $-\frac{a}{b}$ になります。

先ほどの傾き -2 のグラデーションを描くときには、$a = 4$、$b = 2$ としました。しかし、ただ「傾き -2」というだけなら、何もその組み合わせだけでなくても、$-\frac{a}{b} = -2$、つまり $a = 2b$ でありさえすればよい、ということになります。先ほどの $a = 4$、$b = 2$ でも確かに $a = 2b$ となりますが、他にも、例えば $a = 2$、$b = 1$ でも同じく $a = 2b$ を満たします。

そこで、

$$c = 2x + y$$

をプログラムにすると以下のようになります。

```
col.rg = frac((2.0 * i.uv.x + 1.0 * i.uv.y) - (_Time.w * 0.3));
```

簡単なレンダリング

この状態で実行すると、先ほどの

```
col.rg = frac((4.0 * i.uv.x + 2.0 * i.uv.y) - (_Time.w * 0.3));
```

の場合よりもグラデーションの幅が広がっているのがわかると思います。傾きは同じであっても、$a=2$、$b=1$の場合、x座標やy座標が変化したときの色の変化量が、$a=4$、$b=2$の場合の$\frac{1}{2}$になるために、2倍もゆっくりと色が変化するようになるからです。

色が増減するグラデーション

ここまでで、グラデーションの傾きと幅を大まかに制御することができるようになりました。しかし、これだけでは、まだグラデーションを自由自在に描けるようになったとはいえません。

ここまでは、「色の明るさが増えていき、限界まで達するとまた最低の明るさまで落ちる」というグラデーションを描いたのですが、実際にはそれだけでなく、「色の明るさが増えていき、限界まで達すると今度は色の明るさが減っていく」というグラデーションを描きたい場合もあります（図4-1-12）。

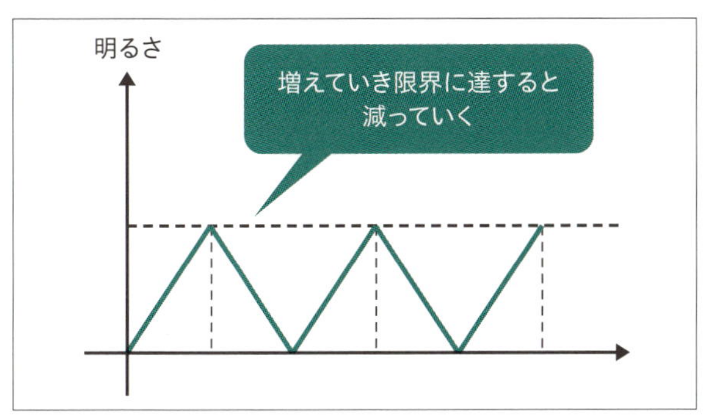

図4-1-12 描きたいグラデーションにおける、色の明るさの変化

後者のようなグラデーションを実際に描画しているのが、スクリプトRenderShader1_5です（図4-1-13）。

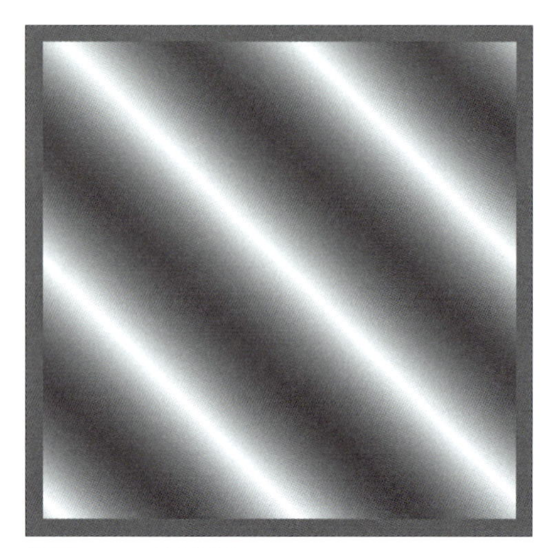

図 4-1-13 動作画面

このプログラムで大事なところは、フラグメントシェーダー内の以下の部分です。

```
fixed4 col = fixed4(0.0, 0.0, 1.0, 1.0);
col.rg = abs((frac((i.uv.x + i.uv.y) * 2.0 -
          (_Time.w * 0.3)) * 2.0) - 1.0);
```

この部分は、具体的には何をやっているのでしょうか？

まず、グラデーションの傾き・幅を決める部分は、`(i.uv.x + i.uv.y) * 2.0`という部分です。この部分をcと置いてみると

$$c = 2(x+y)$$

となります。これを変形すると

$$x+y = \frac{c}{2}$$
$$y = -x+\frac{c}{2}$$

となりますから、グラデーションの傾きは-1です。プログラム中では、この式の部分を含み、カッコで囲んで`frac((i.uv.x + i.uv.y) * 2.0 - (_Time.w * 0.3)) * 2.0`としています。ここで、`frac`で小数点以下を取り出した値は0～1であり、それに`* 2.0`として2を掛けていますから、この値は0～2の値を取ることになります。

この時点では、明るさの波は図4-1-14のような「のこぎり型」になっています。

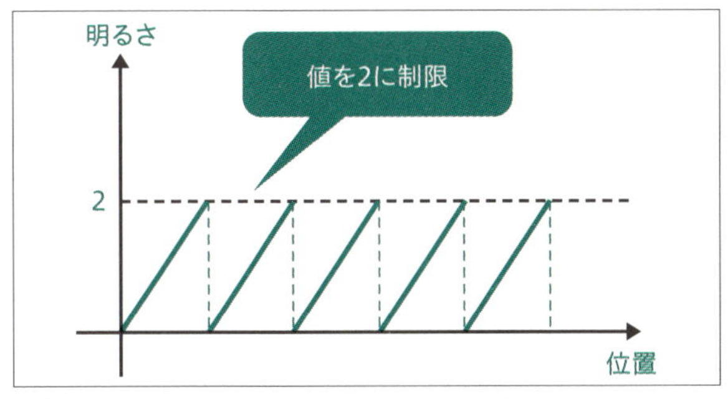

図4-1-14 のこぎり型に変化する色の明るさ

しかし、色の明るさは0〜1ですから、このままでは明るさがオーバーしてしまいますね。そこで、プログラムでは、この値から1を引いたあとで絶対値を取っています。

0〜2の値は1を引いた時点で−1〜1となり、さらにその値の絶対値を取ることで、マイナスの領域をプラスに折り返しています。それによって、のこぎり型だった「明るさの波」を、三角形にしているわけです（図4-1-15）。

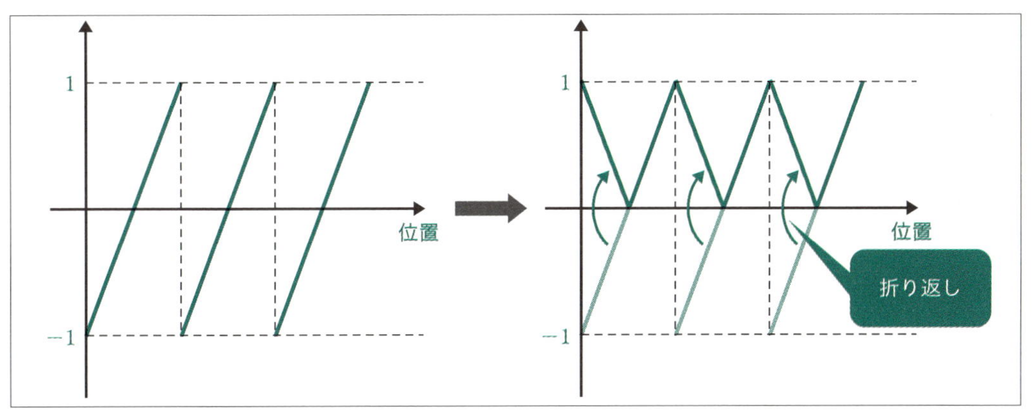

図4-1-15 三角形になるよう折り返す

以上のように、$ax+by$という形の式を使えば、好きな傾きを持った直線状のグラデーションを作ることができます。この原理を使って、もう少し数学的に工夫すれば、任意の角度θの傾きを持つ直線状のグラデーションを作って、それを回転させてみたりすることも可能ですが、そのやり方に興味のある方は、ご自分で考えて実現してみてください。よい勉強になると思います。

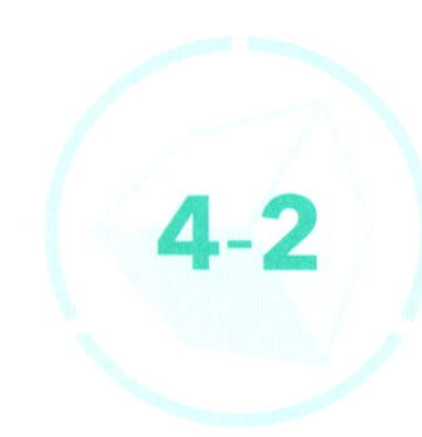

4-2 円形のグラデーションを描きたい

Keyword ピタゴラスの定理 円の方程式 アンチエイリアシング

本節では、フラグメントシェーダーを使って、自力で円形のグラデーションをレンダリングすることを考えてみましょう。円形のグラデーションは、エフェクトなどに応用することができます。

フラグメントシェーダーを使ったレンダリング

実際に簡単な円形グラデーションを描くのが、シェーダーRenderShader2_1です。

このUnlitのシェーダーをShaderMaterialにアタッチして実行すると、波紋のように広がるグラデーションが描画されます（図4-2-1）。

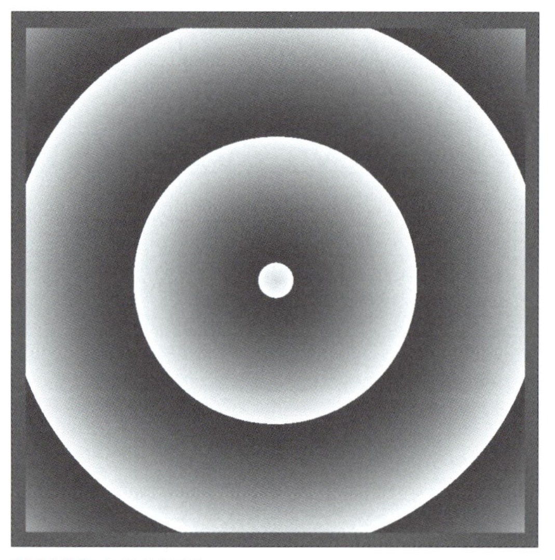

図4-2-1 動作画面

このプログラムで大事な箇所は、フラグメントシェーダーの中、以下の部分です。

リスト4.2 RenderShader2_1（部分）

```
fixed4 col = fixed4(0.0, 0.0, 1.0, 1.0);
float2 cp = float2(i.uv.x - 0.5, i.uv.y - 0.5);          // 相対座標

col.rg = frac((sqrt(cp.x * cp.x + cp.y * cp.y) * 4.0) -
         (_Time.w * 0.3));
```

cpは、平面の中央を原点(0, 0)としたときのx座標とy座標です。それを計算するために、テクスチャ座標上の横幅および縦幅である1.0の半分、つまり0.5を点のx座標、y座標からそれぞれ引いています。

次に、グラデーションの形を決めているのが

```
col.rg = frac((sqrt(cp.x * cp.x + cp.y * cp.y) * 4.0) -
            (_Time.w * 0.3));
```

という箇所ですが、ここでは何をやっているのでしょうか？

4.0を掛けている、つまり「* 4.0」という箇所は、グラデーションの幅を調整しています。

それに対し、実際にグラデーションの形を決めている核心部分はsqrt(cp.x * cp.x + cp.y * cp.y)という部分です。これをcと置いて、数学の式で表現してみると（sqrtは平方根を求める関数なので）、

$$c = \sqrt{x^2 + y^2}$$

となります（ただし、よりわかりやすいように、cp.xとcp.yは単なるxとyにしました）。

この式の両辺を2乗すると、

$$c^2 = x^2 + y^2$$

となり、その右辺と左辺を入れ替えると

$$x^2 + y^2 = c^2$$

となります。

この形は、**ピタゴラスの定理**（ていり）そのもので、原点を中心とした半径cの円を表します。つまりこの場合、同じ明るさの部分は円を描くことになり、結果、円形のグラデーションを描くことになるわけです。

なお、cp.xとcp.yを単なるxとyに置き換えるのではなく、原点を平面の中央に持ってきたcpの計算式も数学的な式に含めてみると、

$$c = \sqrt{\left(x - \frac{w}{2}\right)^2 + \left(y - \frac{h}{2}\right)^2}$$

となります。なお、wは平面の横幅、hは平面の高さを表しています。

先ほどと同じように、式の両辺を2乗して右辺と左辺を入れ替えると、

$$\left(x - \frac{w}{2}\right)^2 + \left(y - \frac{h}{2}\right)^2 = c^2$$

となります。これは、座標$\left(\frac{w}{2}, \frac{h}{2}\right)$（つまり、平面の中央）を中心とした半径$c$の円の方程式です。

NOTE

一般に、座標(x_0, y_0)を中心とした半径rの円の方程式は、

$$(x-x_0)^2+(y-y_0)^2=r^2$$

となるので覚えておきましょう。

リング状のグラデーションを描画する

さて、以上のRenderShader2_1で描いたグラデーションは、「平面の中央からの距離が離れるほど色が明るくなる」という単純なものでした。

そこで次は、日食のときのコロナのように、リング状に明るい部分が現れるようなグラデーションを考えてみましょう。そのようなリング状グラデーションを実際に描画しているのが、シェーダーRenderShader2_2です。なお、このシェーダーを実行するとコロナのようなグラデーションが描画されますが、時間によってグラデーションが動いたりはしません（図4-2-2）。

図4-2-2 動作画面

このプログラムで大事な所は、以下の部分です。

リスト4.3 RenderShader2_2（部分）

```
fixed4 col = fixed4(0.0, 0.0, 0.0, 1.0);
const float r1 = 0.2, r2 = 0.5;
float rad = distance(i.uv, float2(0.5, 0.5));
if (rad > r1) {
```

```
    col.gb = 1.0 - (rad - r1) / (r2 - r1);
}
```

if文による場合分け

上のプログラムでは、今までのシェーダープログラムとは違って、if文による場合分けが現れています。内容を細かく見ていってみましょう。まず、

```
float rad = distance(i.uv, float2(0.5, 0.5));
```

としていますが、これは、現在打とうとしている点と、平面の中央の座標(0.5, 0.5)との距離を出しています。

つまり、「今描画しようとしている点は、平面の中央からどれだけ離れているか」をradという変数に入れているわけです。この部分は、RenderShader2_1ではsqrt(cp.x * cp.x + cp.y * cp.y)であり、ピタゴラスの定理を使って自力で求めていた平面の中央からの距離を、シェーダーの関数であるdistanceに任せているというわけです。

疑問が残る方は、この部分を自力でのピタゴラスの定理を使った(0.5, 0.5)からの距離を求める式に置き換えて、同じ結果が得られることを確かめてみてください。円形、コロナ状のグラデーションを描くのにこのような式になるのは、円というのが「中心座標から一定の距離にある点の集合」であることを考えればわかるかと思います（図4-2-3）。

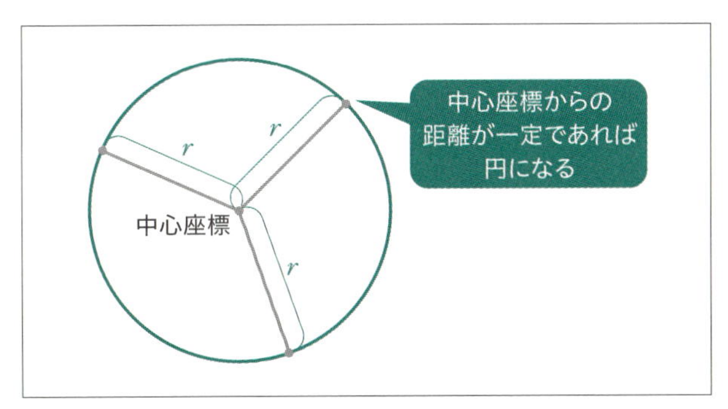

図4-2-3 円は、中心座標から一定の距離にある点の集合である

次に、その「平面の中央からの距離」radの値によって、以下のような条件で、デフォルトカラーから色を変更するかどうかを決めています。

```
if (rad > r1) {
```

ここで、r1というのは、内側の一番明るい円の半径です。グラデーションはこのr1の外側にしか存在しませんから、平面の中央からの距離がr1の外側でなければ、デフォルトカラーであるfixed4(0.0, 0.0, 0.0, 1.0)（＝不透明な黒）をそのまま使うようにしているわけです。

さて、では、平面の中央からの距離がr1の外側にあった場合（つまり、色がデフォルトから

更新される場合）にはどうしているのでしょうか。

上のプログラムを見ると

```
col.gb = 1.0 - (rad - r1) / (r2 - r1);
```

となっています。ここで、これを数学的な式で書いてみると

$$I=1-\frac{r_c-r_1}{r_2-r_1}$$

となります。ここで、Iは色の明るさ、r_cはradつまり平面の中央からの距離、r_1はr1つまり内側の一番明るい円の半径、r_2はプログラム上ではr2で、これは外側で明るさが完全にゼロになる円の半径です。さて、この式は、具体的には何をどう計算しているのでしょうか？

まず、分数部分の分子にあるr_c-r_1ですが、r_cは現在描画しようとしている点の平面中央からの距離、r_1は内側の円の半径ですから、r_c-r_1はつまり「現在描画しようとしている点が、内側の円よりどれだけ外にあるか」という値になります。グラデーションの配置からいって、この数字が大きければ大きいほど（つまり、点が画面の中心から離れれば離れるほど）、色は暗くなっていくことになります。

次に、これをr_2-r_1で割り算した

$$\frac{r_c-r_1}{r_2-r_1}$$

というのは、現在描画しようとしている点が、ちょうど外側の円（半径r_2）のところに来たときに1になるように設定した値です。描画しようとしている点が外側の円の所に来るのは$r_c=r_2$の場合です。上の式のr_cの所にr_2を代入すると分子と分母が等しくなって1になるため、確かにそうなっていることが確認できるでしょう。

また、$r_c=r_1$、つまり現在描画しようとしている点が、ちょうど内側の円（半径r_1）の所に来たときには、

$$\frac{r_c-r_1}{r_2-r_1}$$

という式はゼロになります。つまりこの式は、「現在描画しようとしている点が、内側の円の所にあればゼロ、外側の円の所にあれば1」ということになります。

そのため、仮にこの

$$\frac{r_c-r_1}{r_2-r_1}$$

という値をそのまま明るさとして採用した場合、「現在描画しようとしている点の明るさが、内側の円の所でゼロ、外側の円の所で1（最大の明るさ）」になります。

しかし、今描画しようとしている日食コロナのようなグラデーションにするためには、それとは逆に「現在描画しようとしている点の明るさが、内側の円の所で1、外側の円の所でゼロ」ということにしなければなりません。そうするために、この値を1から引いた

$$1-\frac{r_c-r_1}{r_2-r_1}$$

という値を色の明るさとしています。1－○という値を計算すると、○が0なら1、○が1なら0になる、というわけです。

その結果、

$$I=1-\frac{r_c-r_1}{r_2-r_1}$$

という明るさで点を描画すれば、平面中央からの距離r_cがr_1のときの明るさは1、r_cがr_2のときの明るさは0となって、コロナのような円形グラデーションが描画できることになるのです。

アンチエイリアシング

さて、以上のようにして描画されたコロナですが、これをよく見ると「少し描画が汚い」と感じる方もいるかもしれません。特に、真ん中に表示されている（日食なら月に当たる）黒い円形のフチの部分が、ギザギザになってしまっていてあまり美しいとはいえません（図4-2-4）。

図4-2-4 フチの部分がギザギザになってしまっている

これは、アルゴリズムなどの特性によって生じる「望ましくない形」である**アーティファクト**の中でも特に「**ジャギー**」と呼ばれるやっかいなものです。

コンピュータのディスプレイでは、ドットの集まりで画像を表現していますが、ギザギザのドットが鮮明に見えてしまうことでジャギーが生じます。そのため、画面の解像度を上げればジャギーを軽減することはできますが、画面の解像度には限界があるので、同じ解像度でもできるだけジャギーを軽減するような処理を行うことがあります。

同じ解像度でよりジャギーを目立たないようにするには、

・隣接するドット同士が、あまり違う明るさにならないようにする

のが普通で、そのような処理を「**アンチエイリアシング**」と呼びます。

アンチエイリアシングを行うと、ジャギーが軽減されて滑らかな画面になる代わりに、画像の鮮明さが落ちてぼけたような印象の画面になってしまいます。そのため、アンチエイリアシングを掛けすぎるのもまた問題になります。

しかし、RenderShader2_2のコロナはあまりにもジャギーが目立つため、簡易的なアンチエイリアシングによってジャギーを解消してみましょう。それを実際に行っているのが、シェーダー

RenderShader2_3です。

RenderShader2_3を実行してみると、黒い円形のフチにあったギザギザのジャギーが取れて、その代わりに円形のフチの境界部分が少々ボケた状態になっていることがわかります（図4-2-5）。

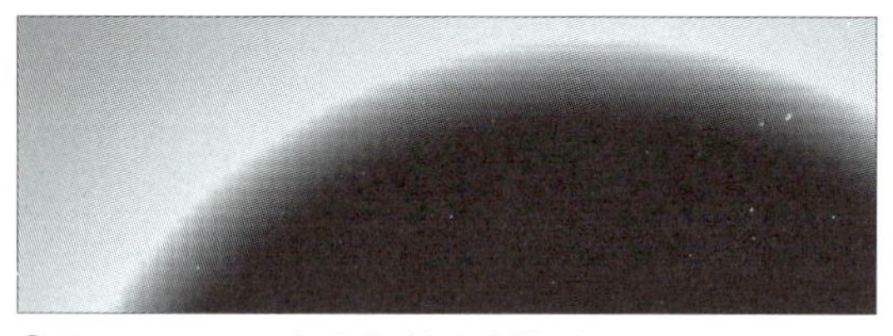

図4-2-5 フチの部分がボケた状態になっている

これを実現するにあたってRenderShader2_3で重要なのは、以下の部分です。

リスト4.4 RenderShader2_3（部分）

```
fixed4 col = fixed4(0.0, 0.0, 0.0, 1.0);
const float r0 = 0.17, r1 = 0.2, r2 = 0.5;
float rad = distance(i.uv, float2(0.5, 0.5));
if (rad > r0) {
    if (rad < r1) {
        col.gb = (rad - r0) / (r1 - r0);
    }
    else {
        col.gb = 1.0 - (rad - r1) / (r2 - r1);
    }
}
```

この部分では、平面中央からの距離radに対して、r0、r1、r2という3つの半径が設定されています。

これら3つの半径の意味は、それぞれ以下の通りです。

- r0：一番内側の円の半径で、これより内側にはグラデーションが描かれない
- r1：中間の円の半径で、グラデーションの色が一番明るく（明るさ1に）なる
- r2：一番外側の円の半径で、これより外側にはグラデーションが描かれない

ここで、r0とr2はグラデーションの内側と外側の端ですから、これらの部分ではグラデーションの明るさはゼロにならなければなりません。つまり、描こうとしているのは、以下の2種類のグラデーションになります。

1. r0とr1の間に描かれるグラデーション：r0の部分で明るさゼロ、r1の部分で明るさ1になる
2. r1とr2の間に描かれるグラデーション：r1の部分で明るさ1、r2の部分で明るさゼ

ロになる

以上のグラデーションのうち、1.がRenderShader2_3で新しく加わったものです。この、一番明るい部分とそれより内側の黒い部分の境目のところにグラデーションを追加することによって、境界がぼける代わりにジャギーを目立たなくしているわけです（図4-2-5）。

RenderShader2_3では、1.のr0とr1の間にあるグラデーションは、以下のようにして作っています。

```
col.gb = (rad - r0) / (r1 - r0);
```

この式では、radがr0からr1まで変化したときに、(rad - r0) / (r1 - r0)が0から1まで変化することを利用して、radがr0のときにcol.gbがゼロ、radがr1のときにcol.gbが1になるようにされています。

また、2.のr1とr2の間にあるグラデーションは、以下のようにして作っています。

```
col.gb = 1.0 - (rad - r1) / (r2 - r1);
```

この式でも同様に、radがr1からr2まで変化したときに、(rad - r1) / (r2 - r1)という部分が0から1まで変化することを利用して、radがr1のときにcol.gbが1、radがr2のときにcol.gbがゼロになるようにされているわけです。

このように、ドットが見えてしまうことによって境界線がギザギザになるジャギーを回避するためには、となり合ったドット同士であまり急激に明るさや色が変化しないようにするのが有効です。

ここでは明示的にグラデーションを付加することでそれを実現しましたが、その効果は十分体感していただけたと思います。一般の3Dグラフィックスでは、例えばポリゴンのフチの部分にいちいちグラデーションを付加したりするのは難しいので、「マルチサンプリング」という手法によって、画面全体を一様に少しぼかすことでアンチエイリアシング（ジャギー対策）をするのが一般的です。

ここではマルチサンプリングについての詳しい説明は省略しますが、興味のある方はMSAA（マルチサンプリングアンチエイリアシング）について調べてみるとよいでしょう。

4-3 球形を自力でレンダリングしたい

Keyword 球の方程式 法線ベクトル Lambert反射

本節では、シェーダーを使って、いよいよ3Dの図形である球形を自力でレンダリングしてみましょう。これができれば、原理的にはシェーダーでのピクセルごとの光源処理と同じことができるようになります。

プログラムを読み解く

球形をレンダリングしているのが、シェーダーRenderShader3_1です。このUnlitのシェーダーをShaderMaterialにアタッチして実行すると、確かに球が描画されます（図4-3-1）。

図4-3-1 動作画面

このプログラムで大事な所は、以下の部分です。

リスト4.5 RenderShader3_1（部分）

```
const float r = 0.4;
const float3 s_light = float3(-1.0 / 1.732, 1.0 / 1.732, 1.0 / 1.732);
float3 cp = float3(i.uv.x - 0.5, i.uv.y - 0.5, 0.0);
float zsq = r * r - cp.x * cp.x - cp.y * cp.y;
if (zsq > 0.0) {
    cp.z = sqrt(zsq);
```

```
    float3 norm = cp / r;
    float d_bright = max(dot(norm, s_light), 0.0);
    col.rgb = 0.3 + 0.7 * d_bright;
}
```

光源の方向を向く単位ベクトルを定義する

まず引用部分の最初の1行目と2行目

```
const float r = 0.4;
const float3 s_light = float3(-1.0 / 1.732, 1.0 / 1.732, 1.0 / 1.732);
```

この部分は、描画する球の半径r（＝0.4）と、光源の方向を向いた単位ベクトルs_light（＝$\left(-\frac{1}{\sqrt{3}}, \frac{1}{\sqrt{3}}, \frac{1}{\sqrt{3}}\right)$）を定義しています。

球面上のz座標を求める

また4行目の

```
float zsq = r * r - cp.x * cp.x - cp.y * cp.y;
```

という部分は、球の方程式を使って、仮想空間内での球面上のz座標を求めようとするものです。

原点が中心であり、半径rの球は、以下のような形で表されます。

$$x^2+y^2+z^2=r^2$$

これをz^2について解くと

$$z^2=r^2-x^2-y^2$$

となりますが、これが先ほどのコードの4行目、

```
float zsq = r * r - cp.x * cp.x - cp.y * cp.y;
```

になっています。

こうして求めたzsq（つまりz^2）の平方根（スクェアルート）を取ることによって、球面上でのz座標が求まり、つまり球面上での(x, y, z)座標が求まることになります。

ただし、その球面上でのz座標は、いつも存在するとは限りません。というのは、球を真正面から見ると円盤形になりますが、その円盤から外れている(x, y)座標を指定した場合には、そこに球そのものが存在しないため、当然そこのz座標を計算することはできません（図4-3-2）。その場合、数学的にはz^2がマイナスの値になり、平方根を計算することができなくなります。

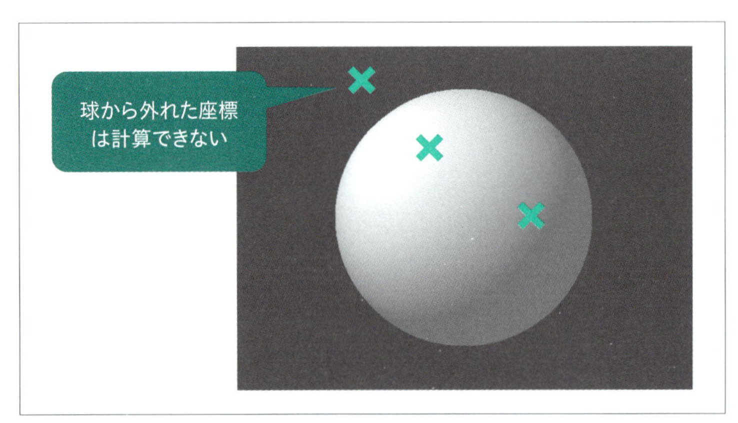

図 4-3-2 球に収まっている (x, y) 座標と、球から外れた (x, y) 座標

そこで、プログラムでは

```
if (zsq > 0.0) {
```

として、zsq（つまりz^2）がプラスの値だった場合のみ、z座標を計算して球面上の点を描画するようにしています。

z座標が＋、－いずれになるかを判定する

さて、z^2がプラスの場合には、z^2の平方根を計算することでz座標を計算できるのですが、そのときに気をつけなければならない点が1つあります。

どのような点かというと、球の方程式

$$x^2+y^2+z^2=r^2$$

をzについて解いたとき、

$$z^2=r^2-x^2-y^2$$
$$\therefore z \ =\pm\sqrt{r^2-x^2-y^2}$$

というように、zが±の2つ導き出されてしまうのです。

なぜzが2つ出てくるかというと、xとyを1つに定めても、その部分に当たる球面が前側と後ろ側の2か所あるからです（図4-3-3①および②参照）。

実際にこの球をレンダリングする場合には、これら2つの解のうち見えている側を選択する必要がありますが、この場合±のどちらを選択すべきかは、z座標の＋の方向がどちらを向いているかによります。

具体的には、z座標の＋の方向が手前方向ならば±のうちの＋を取るべきで（図4-3-3①）、逆にz座標の＋の方向が奥方向ならば±のうちの－を取るべきです（図4-3-3②）。

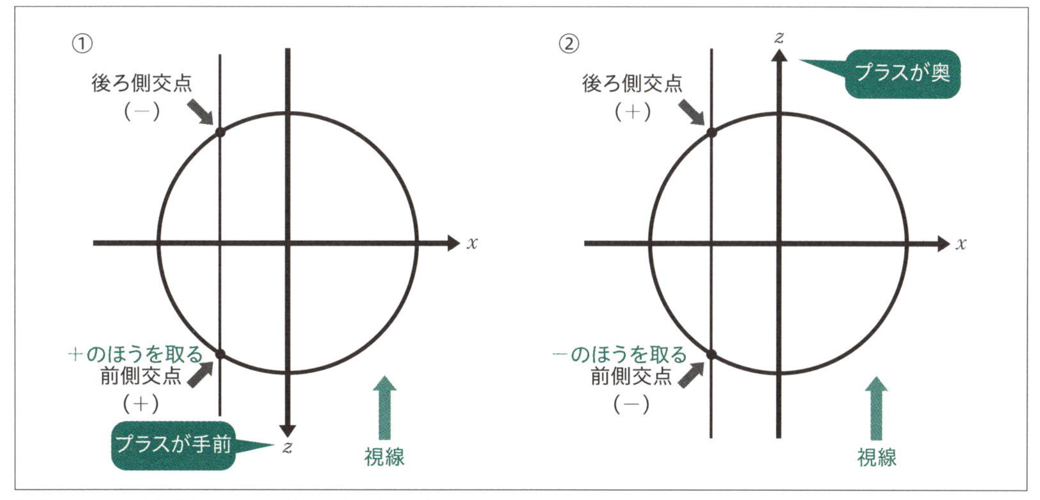

図 4-3-3 z 座標が＋、−いずれになるかの判定

RenderShader3_1の場合は、式を簡単にするために、前者、つまりz座標の＋の方向が手前方向と考え、±のうちの＋を取っています。つまり、

$$z=\sqrt{r^2-x^2-y^2}$$

を計算することになります。それがプログラムの

```
cp.z = sqrt(zsq);
```

という部分です。

以上で、その点の(x, y)座標に当たる部分に球があれば、球面上の(x, y, z)座標が求まったことになります。

 球面上の明るさを求める

では次に、球面上のその位置での色の明るさを考えてみましょう。今考えているのは、3D空間の中にある球の表面ですが、その部分の明るさというのは、その面に当たっている光の強さによって変化すると考えられます。

そこで、ある方向に光源があるとして、その光源に対して面がどんな位置関係にあるときに、その面がどんな明るさになるのか、を求めてみましょう。

まず明らかなのは、

・その面がちょうど光源の方向に向いていた場合、その面の明るさが最大になる
・その面が光源からの光にちょうど平行になった場合、その面には光源からの直接の光は当たらなくなり、明るさは最小になる

ということです（図4-3-4）。

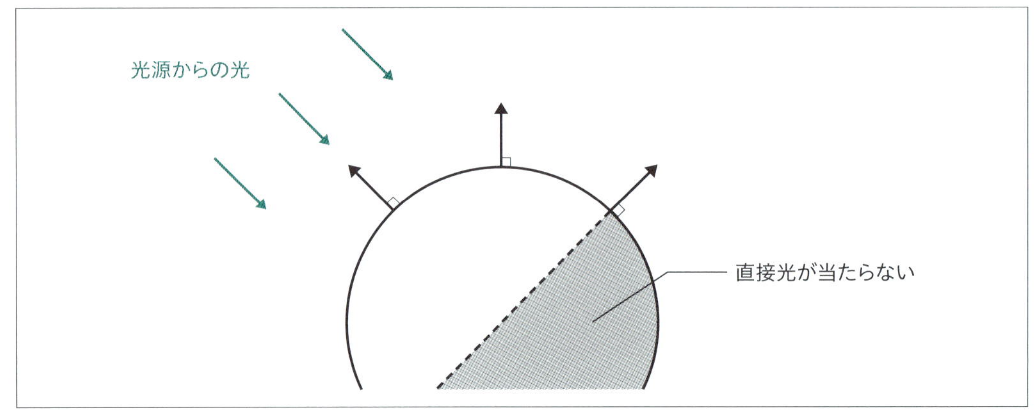

▶図4-3-4 光源の向きと、球面上の法線の向きによって明るさが決まる

このことから、その面に対して垂直なベクトルである法線ベクトルを考えると、

1. 法線ベクトルがちょうど光源の方に向いていれば、明るさは最大
2. 法線ベクトルが光源に対して $\frac{\pi}{2}$（90度）になると、明るさは最小

といえます。さらに、その面が光源と逆方向を向いていれば、その面には光源からの直接の光は当たらないので、

3. 法線ベクトルが光源に対して $\frac{\pi}{2}$（90度）以上になれば、明るさは最小

ともいえます。

明るさの変化を示すカーブ

さて、光源の方向に対する法線ベクトルの角度が $\frac{\pi}{2}$（90度）以上なら、ずっと明るさは最小のままなので、特別に明るさを計算すべきなのは、法線ベクトルが光源の方向に対して $0\sim\frac{\pi}{2}$（0度～90度）の角度の場合になります。

この領域について今わかっているのは、

- 角度が0のとき明るさが最大
- $\frac{\pi}{2}$ のとき明るさが最小

ということだけです。

ここで問題なのは、角度が0から $\frac{\pi}{2}$ まで変化した場合、明るさが徐々に暗くなっていくことは確かなのですが、角度が増すにつれ、明るさが具体的にどのようなカーブを描いて落ちていくのか、ということです（図4-3-5）。

結論からいってしまえば、そのカーブは物体の質感によって変化します。例えば、表面がザラザラな物体であれば、法線ベクトルが多少光源の方向から外れても、あまり明るさは落ちないでしょうし（図4-3-5①）、表面がツルツルな物体であれば、少し光源の方向から法線ベクトルが外れただけで、大きく明るさが落ちるでしょう（図4-3-5②）。

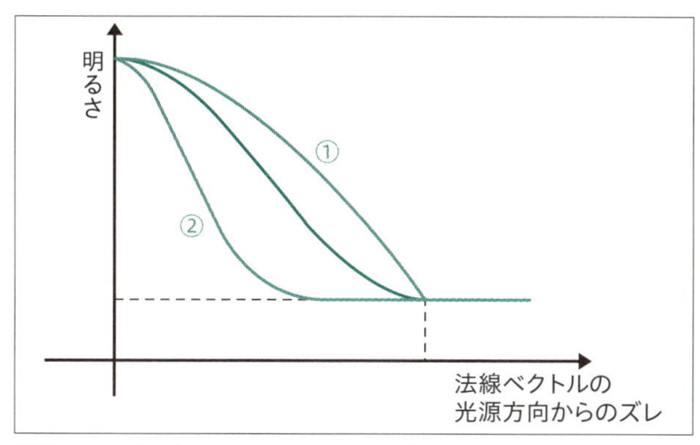

図4-3-5 質感による明るさの変化。①はよりザラザラな物体、②はよりツルツルな物体

ただ、ここで「それは物体による。終わり」としてしまうと、コンピュータで実際に明るさを計算してレンダリングすることはできませんから、ここでは、典型的な物体についての明るさのカーブを使ってレンダリングをしています。そのような、典型的な物体での明るさを計算するためには、Lambert（ランバート）反射というモデルを使います。

Lambert 反射では、色の明るさは以下のように計算されます。

$$I = I_0 + I_1 \cdot \cos\theta$$

上の式で、Iは色の明るさ、I_0はアンビエント光（環境光）の強さ、I_1はディレクショナル光（ある方向から平行に降り注ぐ光）の強さ、θは光源の方向に対して面の法線ベクトルがなす角です。

ここで、アンビエント光（環境光）というのは、光源に対する角度に関係なく一定の明るさで面を照らす光であり、いってみれば、「全方向から一定の明るさで来ている光」です。

このような明るさを加えているのは、周囲の他の物体から2次的に反射してきた光で照らされる効果を入れているためです。本来ならば、明るさを計算しようとしている面に近いところに明るい色の物体があれば、その面はより明るくなる、というようにすべきなのですが、そうするためは、ひとつの物体をレンダリングするために、他のすべての物体（場合によっては同じ物体の他の部分）によって反射された光を考えなければならなくなってしまい、ゲームのようにリアルタイムでレンダリングするには非現実的な計算量になってしまうのです。

そこで、周囲にどんな物体があるのかを真面目に見る代わりに、全方向から一定の明るさの光が来ている、という荒っぽい近似をしているわけです。実際、リアルタイムレンダリングが必要なゲームの3DCGでは、ほとんどの場合このアンビエント光による近似を使っています。

さて、Lambert 反射の式に戻りましょう。

$$I = I_0 + I_1 \cdot \cos\theta$$

これを見ると、アンビエント光I_0の他に、ディレクショナル光$I_1 \cdot \cos\theta$というものが加えられています。この$I_1 \cdot \cos\theta$という部分こそが、Lambert反射の本体です。

ここで、$\cos\theta$は$\theta = 0$であれば1、$\theta = \frac{\pi}{2}$であれば0になりますが、これは先ほどの面の明るさの条件「角度が0のとき明るさが最大、$\frac{\pi}{2}$のとき明るさが最小」を満たしています。ただ、この式のθは光源の方向に対して面の法線ベクトルがなす角ですが、空間内での角度θを求めるのはあまり簡単ではありません。

しかし都合のよいことに、今回欲しいのはθではなく$\cos\theta$であり、$\cos\theta$は内積を使えば簡単に求めることができます。

今、2つの3次元ベクトル$\boldsymbol{a} = (a_x, a_y, a_z)$と$\boldsymbol{b} = (b_x, b_y, b_z)$の内積は、$\boldsymbol{a}$と$\boldsymbol{b}$のなす角を$\theta$とすると

$$\boldsymbol{a} \cdot \boldsymbol{b} = a_x b_x + a_y b_y + a_z b_z = |\boldsymbol{a}||\boldsymbol{b}|\cos\theta$$

となります。そこで、光源方向と面の法線ベクトルとの$\cos\theta$を求めるために、光源方向の単位ベクトルを$\hat{\boldsymbol{l}} = (l_x, l_y, l_z)$、面の単位法線ベクトル（長さ1の法線ベクトル）を$\hat{\boldsymbol{n}} = (n_x, n_y, n_z)$とすると、

$$\hat{\boldsymbol{l}} \cdot \hat{\boldsymbol{n}} = l_x n_x + l_y n_y + l_z n_z = |\hat{\boldsymbol{l}}||\hat{\boldsymbol{n}}|\cos\theta = \cos\theta$$

この式から、$\cos\theta$が求まりますから、先ほどのLambert反射の式

$$I = I_0 + I_1 \cdot \cos\theta$$

にこれを代入すると、

$$I = I_0 + I_1 \cdot (\hat{\boldsymbol{l}} \cdot \hat{\boldsymbol{n}}) = I_0 + I_1 \cdot (l_x n_x + l_y n_y + l_z n_z)$$

となります。

ここで、$\hat{\boldsymbol{l}} = (l_x, l_y, l_z)$は光源の方向を決めるためのベクトルですから、あとは面の単位法線ベクトル$\hat{\boldsymbol{n}} = (n_x, n_y, n_z)$さえ求められれば、Lambert反射の式によって色の明るさを計算できそうです。球の中心座標から球面上の1点に向かうベクトルは球面に直交しますから（図4-3-6）、球面上の1点での単位法線ベクトルは、球の中心からその1点へ向かうベクトルを単位化する（長さ1にする）だけで得られるでしょう。

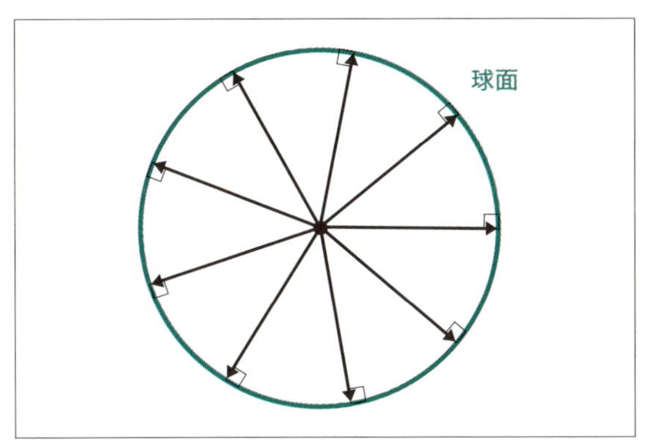

図4-3-6 球の中心から球面に向かうベクトルは、球面に直交する

それがRenderShader3_1の

```
float3 norm = cp / r;
```

という部分です。ここで、xyz各成分から作ったベクトルをr（球の半径）で割っているのは、球の中心から球面上の点までの距離は必ず球の半径になるため、球面上の位置ベクトルを球の半径で割ることで、単位ベクトルにすることができるからです。

そしてその次には、上で計算した単位法線ベクトルnormと、光源方向の単位ベクトルs_lightから、内積dotによって以下のように$\cos\theta$を計算し、d_brightという変数に格納しています。

```
float d_bright = max(dot(norm, s_light), 0.0);
```

ただしここでは、この$\cos\theta$を使ったディレクショナル光の計算式$I_1 \cdot \cos\theta$は、角度$\theta > \frac{\pi}{2}$の場合には$\cos\theta$がマイナスになるため、ディレクショナル光$I_1 \cdot \cos\theta$もマイナスになってしまいます。光の明るさがマイナスになることはあり得ないため、この式は、角度$\theta \leq \frac{\pi}{2}$の場合にだけ成り立つことになります。$\theta > \frac{\pi}{2}$の場合には、面が光源とは逆方向を向いていて直接の光は当たらないので、ディレクショナル光はゼロにしなければなりません。そのためにmaxを用いて、d_brightの値が0.0よりも小さくなることがないようにしています。

そしてこの、値がマイナスにならない$\cos\theta$、つまりd_brightを用いて、

```
col.rgb = 0.3 + 0.7 * d_bright;
```

と色の明るさを計算していますが、この式はLambert反射の式、

$$I = I_0 + I_1 \cdot \cos\theta$$

そのものです（I_0が0.3、I_1が0.7、$\cos\theta$がd_brightに相当）。

以上のような、「内積を使ってディレクショナル光の明るさを計算し、それにアンビエント光を加える」という明るさの計算方法は、ゲームでのリアルタイム3DCGでは基本中の基本であり、

シェーダープログラミングの基本として必要になりますから、ぜひ覚えておいてください。

球の質感をコントロールする

さて次に、せっかくですから、この球の質感をツルツルやザラザラにコントロールしてみましょう。Lambert反射の式で物体の質感をコントロールするには、以下のような式を使います。

$$I = I_0 + I_1 \cdot (\hat{l} \cdot \hat{n})^m$$

ここで、$m=1$の場合には、RenderShader3_1で使った計算式と同じものになります。そして、$m=1$以外の値にもできるように改変したのが、シェーダーRenderShader3_2です。

このプログラムで大事なところは、以下の部分です。

```
col.rgb = 0.3 + 0.7 * pow(d_bright, 2.0);
```

ここで、pow(x,y)はx^yを計算する関数ですから、この1行は以下のような数式を表しています。

$$I = I_0 + I_1 \cdot (\hat{l} \cdot \hat{n})^2$$

つまり、上のmが入った式で$m=2$とした場合に相当します。

これを実行してみると、RenderShader3_1の場合と比べて、球がツルツルした見た目になっているのがわかると思います（図4-3-7）。ということは、RenderShader3_1の$m=1$よりRenderShader3_2の$m=2$の方がツルツルなのですから、mが大きければ大きいほどツルツルな質感になることが予想されます。

図4-3-7 Render3_1の実行画面（左）とRender3_2の実行画面（右）

実際、RenderShader3_2の

```
col.rgb = 0.3 + 0.7 * pow(d_bright, 2.0);
```

という行の2.0をより大きな値に変えていってみると、質感はどんどんツルツルになっていきます。このように、Lambert反射の式では、内積部分をm乗するだけで、質感をツルツルにもザ

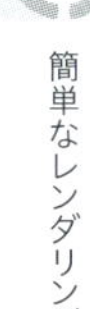

ラザラにもでき、またm乗のmが整数なら、明るさの計算は掛け算でできることから、速度的な問題も少ないため、覚えておいて損はないと思います。

球に色を付ける

さて次に、球体に色を付けることを考えてみましょう。物体に色を付けるとはどういうことか、考えてみる良いきっかけになると思います。

実際に球に色を付けているのが、シェーダーRenderShader3_3です（図4-3-8）。

図4-3-8 動作画面

このプログラムでは、球に玉乗りの玉、あるいは気球のように、縦方向の模様を付けていますが、大事な所は、以下の部分です。

リスト4.6 RenderShader3_3（部分）

```
float fBright = 0.3 + 0.7 * d_bright * d_bright;
float fAngle = atan2(cp.z, cp.x);
if (fAngle < 0.0f) fAngle += 2.0 * PI;        // プラスの角度に
if ((int)(fAngle / (2.0 * PI) * 16) & 1)
{
    col.rgb = float3(fBright, fBright, fBright);
}
else
{
    col.rgb = float3(fBright, 0.0, fBright);
}
```

ここではまず、球に縦じま模様を付けるために、球面をy軸方向から見た場合の角度、つまりxz平面に対する角度を出しています。それが2行目の

```
float fAngle = atan2(cp.z, cp.x);
```

という部分で、逆三角関数アークタンジェントというものを使って角度を出しています。アークタンジェントというのは、三角関数タンジェントの逆関数で、タンジェントとは逆に、座標値から角度を出すことができるものです。

上の行を数学的な式で表せば

$$\theta = \tan^{-1}\left(\frac{z}{x}\right)$$

ということになります。ただし、この数学的な式では、分母にあるxがゼロになってしまうと、$\tan^{-1}$の中身が無限大になってしまって角度が計算できなくなりますし、角度が第何象限にあるかは、xとzの符号から別に判断しなければなりませんが（図4-3-9)、C言語やシェーダーでのatan2関数は、ありがたいことにその辺りを全部考慮して、常に適切な角度を返してくれます。

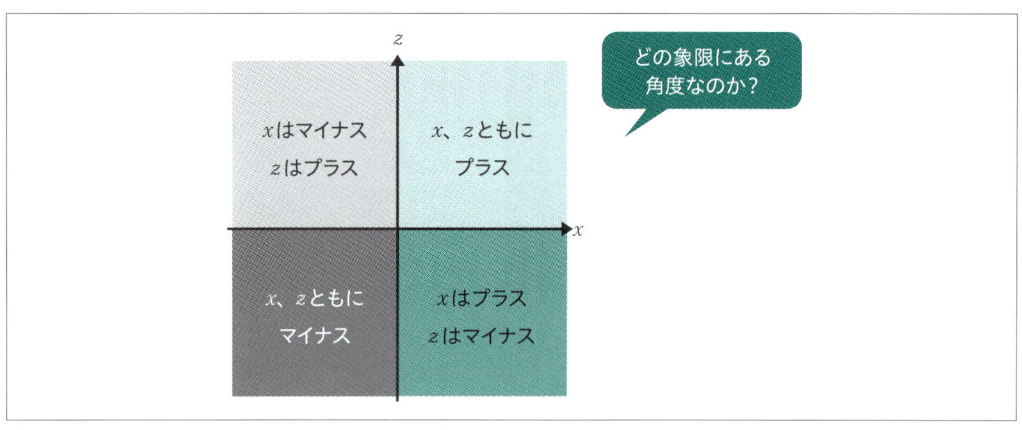

図4-3-9 4つの象限。右上から反時計回りに、「第一象限」「第二象限」「第三象限」「第四象限」と呼ぶ

ただし、atan2関数が返す角度の範囲は$-\pi$～πで、マイナスの角度も取り得るので（図4-3-10①)、プラスの角度だけで一周分の角度を表したい場合には（図4-3-10②)、角度の変換をする必要があります。

1
2
3
4
5
6
7
簡単なレンダリング

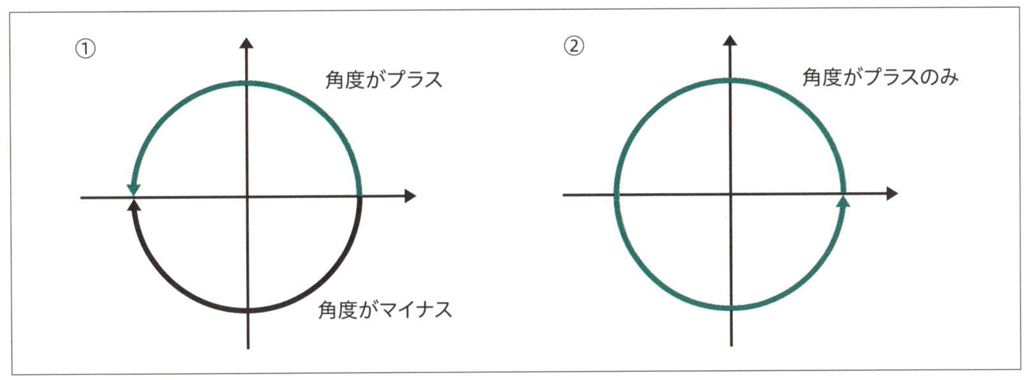

図 4-3-10 atan2関数が返す角度の範囲（①）と、変換後の様子（②）

それを行っているのが次の行です。

```
if (fAngle < 0.0f) fAngle += 2.0 * PI;                // プラスの角度に
```

ここで、PIは円周率πです。ラジアンによる角度では一周は2πなので、角度がマイナスの場合でもその角度に2πを加えれば、同じ角度を表したままで角度の値をプラスにできるというわけです。

プログラムでは、こうして角度を$0 \sim 2\pi$にしたあとで、以下のようにして一周を16等分し、1つおきに違う色を付けるようにしています（図 4-3-11）。

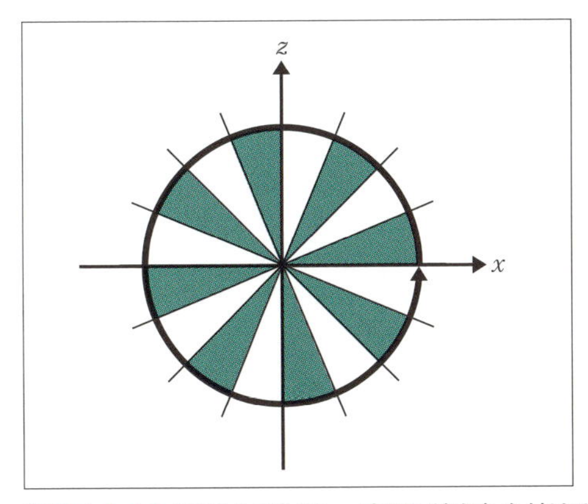

図 4-3-11 1周を16等分し、交互に違う色を付ける

```
if ((int)(fAngle / (2.0 * PI) * 16) & 1) {
```

ここでは、まずfAngle / (2.0 * PI)として、$0 \sim 2\pi$だった1周分の角度を$0 \sim 1$にしています。そして、その値に16を掛け算することで、1周の角度を$0 \sim 16$にしています。そのあと、その値と1とのAND演算をすることによって、16等分した領域で1つおきにこのif文の条件が満たされたり満たされなかったりするようにしているわけです。

そして、if文の条件が満たされたら

```
col.rgb = float3(fBright, fBright, fBright);
```

として、Lambert反射で計算された明るさの、白い点を打っています。これは、先ほどのRenderShader3_1などと同じ動作です。

一方、if文の条件が満たされない場合には、

```
col.rgb = float3(fBright, 0.0, fBright);
```

として、計算された明るさの、マゼンタ色の点を打っています。

ここで重要なのは、色の付け方です。上のプログラムを見ると、赤、緑、青の光の3原色をそれぞれ、赤＝fBright、緑＝0.0、青＝fBrightとすることでマゼンタ色を付けています。これはつまり、「緑色の光を完全に吸収し、赤と青の光を完全に反射する」という物体を再現したものであるわけです。

物体は、それ自体が発光しているのでもない限り、入射してきた光を一部吸収、一部反射していますが、その反射率が光の波長によって違っている場合に色が付きます。上のマゼンタ色の場合、赤の反射率＝100%、緑の反射率＝0%、青の反射率＝100%、というわけですね。

そこで、上記の行を例えば、

```
col.rgb = float3(fBright, 0.0, 0.0);
```

とすれば赤の反射率＝100%、緑の反射率＝0%、青の反射率＝0%で赤い球になり、

```
col.rgb = float3(0.0, fBright, fBright);
```

とすれば赤の反射率＝0%、緑の反射率＝100%、青の反射率＝100%で水色の球になります。

ただ、この「特定色成分の反射率をゼロにする」という方法では、原色しか表現できません。中間色を表現するときには、赤、緑、青の成分に、それぞれの反射率を掛け算することになります。

それを実際に行っているのがRenderShader3_4で、

```
col.rgb = float3(fBright * 0.7, fBright * 0.9, fBright * 0.3);
```

とすることで、赤の反射率=70%、緑の反射率=90%、青の反射率=30%として、スイカのような中間色を出しています。

皆さんも、この反射率をいろいろと調節してみて、どんな色が出るのか試してみることをおすすめします。

4-4 絵を拡大・縮小したい

Keyword テクセル 整数倍拡大 非整数倍拡大

本節では、シェーダーを用いて自力で絵（テクスチャ）を拡大・縮小をしてみることで、3DCGでのテクスチャマッピングについて深く理解することを考えてみましょう。

フラグメントシェーダーでテクスチャを拡大する

自力での拡大・縮小を実際に行っているのがシェーダーRenderShader4_1です。このUnlitのシェーダーをShaderMaterialにアタッチして実行すると、元の絵が2倍に拡大されて表示されます（図4-4-1）。

図4-4-1 元の絵

図4-4-2 動作画面

このプログラムで大事な所は、フラグメントシェーダーの以下の部分です。

```
float2 samp = i.uv / 2.0;
fixed4 col = tex2D(_MainTex, samp);
```

ここでtex2Dは、テクスチャの指定されたテクスチャ座標からテクセル（テクスチャのピクセル）を取得する関数で、今の場合2次元ベクトルsampが示すテクスチャ座標からテクセルを拾っています。

さて、このプログラムの大まかな動作としては、sampが示すテクスチャ座標を制御することによって拡大を実行する、というものになっています。よってポイントとなるのは、テクスチャ

座標をどのように変化させれば拡大になるのか、という部分になりますが、それは先ほどのコードのうち、

```
float2 samp = i.uv / 2.0;
```

という行です。

i.uvは通常のuv座標ですから、どうやらuv座標を半分にすると、絵が2倍に拡大されます。つまり元のテクスチャ座標を(x, y)とすると、$\left(\frac{x}{2}, \frac{y}{2}\right)$という位置から点を取ってきて描画すると2倍拡大になりますが、その理屈は以下の通りです。

まず、画像のどんな範囲が実際に画面に描画されるのかを考えてみましょう。今の場合、tex2Dでテクスチャの$\left(\frac{x}{2}, \frac{y}{2}\right)$という所から点を取得してきています。

ここで、xとyがテクスチャの端から端まで（つまり、0から1まで）動いても、$\left(\frac{x}{2}, \frac{y}{2}\right)$はテクスチャの半分の位置までしか動きません。そのため、元のテクスチャ座標がテクスチャ全体を描画するように動いても、テクスチャ画像の中で実際に描画されるのは縦方向・横方向共に画像の半分まで、ということになります。

それでも、その画像の半分までの領域が本来テクスチャ全体が張られる領域に描画されるのですから、結果的に画像は2倍に引き伸ばされる、というわけです（図4-4-3）。

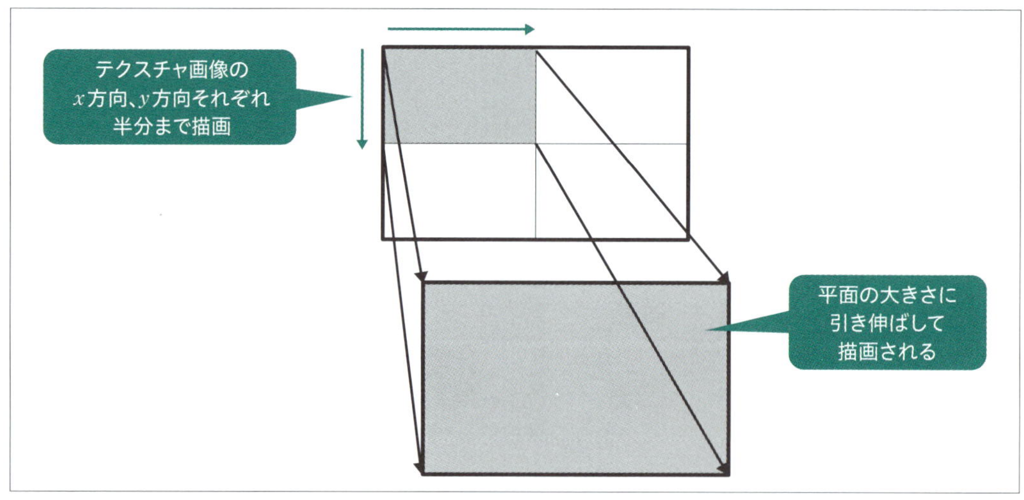

図4-4-3 画像を2倍に引き伸ばす手順

多少狐に化かされたようなお話ではありますが、おわかりになったでしょうか。これが、RenderShader4_1で2倍の拡大を実現している仕組みです。

この仕組みからすると、

```
float2 samp = i.uv / 2.0;
```

という部分を例えば

```
float2 samp = i.uv / 3.0;
```

とすれば3倍の拡大に、

```
float2 samp = i.uv / 7.0;
```

とすれば7倍の拡大になるであろう、ということは容易に想像がつくと思います。

テクスチャを縮小する

さて、テクスチャから点をゲットするとき

```
float2 samp = i.uv / 2.0;
```

と座標値を$\frac{1}{2}$にすれば2倍の拡大になるのなら、逆に

```
float2 samp = i.uv * 2.0;
```

と座標値を2倍すれば、結果として得られる画像は$\frac{1}{2}$の縮小になるだろう、というのは想像がつくと思います。

それを実際に行っているのがシェーダーRenderShader4_2です。実行してみると、確かに画像は見事に$\frac{1}{2}$縮小されています。そして、画像が縮小されれば画像の外側が描画されるようになるため、同じ画像が繰り返されることで同じ絵が縦横に2枚ずつ、合計4枚並ぶことになります（図4-4-4）。

図4-4-4 1/2に縮小された画像が、縦横2枚ずつ並んでいる

こうなる理由を、先ほどの拡大のときと同じように説明すると以下のようになります。まずこの場合、テクスチャの$(2x, 2y)$という位置から点を取得していることになりますが、ここでxと

yがテクスチャの端から端まで動くと、$(2x, 2y)$はテクスチャの大きさの倍の領域を動くことになります。つまり、通常ならちょうどテクスチャの大きさに等しい領域が描画される部分に、テクスチャの大きさの倍の領域が描画されることになりますから、それは$\frac{1}{2}$に縮小された画像になる、ということです。

　このことから、例えば、

```
float2 samp = i.uv * 3.0;
```

とすれば1/3縮小になり、

```
float2 samp = i.uv * 7.0;
```

とすれば1/7の縮小になる、というのは容易に想像できると思います。

整数でない倍率で拡大・縮小する

　さて、ここまでわかれば、2倍や$\frac{1}{2}$倍といった整数倍・整数分の1に限らず、1.5倍や0.7倍など、整数倍でない倍率の拡大・縮小についても実現できそうですね。

　2倍の拡大ならドットを拾う位置は$\left(\frac{x}{2}, \frac{y}{2}\right)$、3倍の拡大なら$\left(\frac{x}{3}, \frac{y}{3}\right)$、$\frac{1}{2}$の縮小ならドットを拾う位置は$(2x, 2y)$、$\frac{1}{3}$の縮小なら$(3x, 3y)$……などとなるので、任意倍率$\alpha$倍の拡大・縮小の場合には、$\left(\frac{x}{\alpha}, \frac{y}{\alpha}\right)$の位置からドットを拾うようにすれば良さそうです。

　それを実際に行っているのが、シェーダーRenderShader4_3です。このプログラムを実行してみると、拡大率が0.1倍～2倍までにリアルタイムに変化していきます。

　テクスチャ座標を計算している部分を見てみると、

```
float2 samp = i.uv / alpha;
```

となっています。alphaは拡大率を表しますから、確かに$\left(\frac{x}{\alpha}, \frac{y}{\alpha}\right)$の位置からテクセルを拾っていることがわかります。このテクセルを拾う位置は、拡大率αが分母に来ているので、拡大率が大きければ画像の中でのテクスチャ座標はゆっくり動き、逆に拡大率が小さければテクスチャ座標は速く動くことになります。

　このように、画像を拡大縮小描画するときには、画像中での座標をゆっくり動かせば拡大に、座標を速く動かせば縮小になります。

NOTE

例えば同じ面積のポリゴンを描画する場合でも、縮小率の大きなテクスチャを使うとGPUの内部アドレスが高速で変化します。そのため、GPU内で一時的にテクスチャデータを保持することで高速にテクスチャを扱うための**テクスチャキャッシュ**があふれやすくなり、速度が低下する場合があります。
この事実は、3Dゲームで速度が重要になる場面では考慮する必要がある要素の1つなので、覚えておくと良いでしょう。

拡大・縮小の中心点を移動させる

RenderShader4_3の拡大縮小では、確かに指定通りの倍率で拡大縮小は行われているものの、少し一般的でないズームイン・ズームアウトをしているように感じられると思います。

ここで問題になるのは、拡大・縮小の中心点、つまり画像の大きさを変えても移動しない点の位置です。RenderShader4_3では、その画像の大きさを変えても移動しない点は平面の左下にありますが、この場合拡大・縮小の中心点は平面の中心にあるのが自然なのではないでしょうか。

そこで、拡大・縮小の中心点を平面の中心まで移動させたのが、シェーダープログラムRenderShader4_4です。このシェーダーをShaderMaterialにアタッチして実行すると、確かに拡大・縮小の中心点は平面の中心になり、カメラでのズームイン・ズームアウトに似た印象のものになっているのがわかると思います。

このプログラムで大事なのは、以下の部分です。

```
float2 center = float2(0.5, 0.5);
float2 samp = ((i.uv - center) / alpha) + center;
fixed4 col = tex2D(_MainTex, samp);
```

ここではまず、centerというベクトルに、テクスチャの中心座標である(0.5, 0.5)をセットしています。

次に、

```
float2 samp = ((i.uv - center) / alpha) + center;
```

としていますが、これをRenderShader4_3の同等部分である、

```
float2 samp = i.uv / alpha;
```

と比べてみると、

1. i.uv→(i.uv - center)という置き換えが行われている
2. 最後にcenterが足されている

という違いがありますね。

まず1.は、座標の原点を`center`、つまりテクスチャの中心座標に移動させる操作です。ある定数を掛けたり割ったりすることによって実現される拡大縮小においては、拡大縮小の不動点（中心点）は常に原点(0, 0)になります。このことは、ゼロに何を掛けてもゼロのまま動かないことからも理解できると思います。

そのため、`i.uv`→`(i.uv - center)`として、テクスチャの中心座標を原点に移動させてから拡大縮小することによって、テクスチャの中心座標を不動点とした拡大縮小を実現しているわけです。ただし、そのままでは座標がずれたままになってしまいますから、2.の操作として、座標に`center`を足すことによって、座標の原点をUnityにおけるテクスチャ座標本来の原点位置である左下隅に戻しているわけです。

このように、拡大縮小に限らず座標の原点が特別な点である場合は多いので、ある座標をいったん原点に持っていき、操作が終わったあとで元の位置に戻す、という操作をすることはよくありますから、覚えておいてください。

4-5 絵を回転したい

 Keyword バーテックスシェーダー 回転の行列 回転の自由度

本節では、自力で絵を回転させてみることによって、絵が回転するとはどういうことか、ということを深く理解することを考えてみましょう。

さまざまなシェーダーを使った回転

絵を自力で回転させているのが、シェーダーRenderShader5_1です。ShaderMaterialにアタッチすることでこのシェーダーを実行してみると、テクスチャが時計回りにぐるぐると回転されて表示されます（図4-5-1）。

図4-5-1 動作画面

しかしまずは、このプログラムが何をしているのかを具体的に見てみる前に、「絵を回転する」という動作を実現するために、どのようなアルゴリズムを用いればいいのか、について考えてみましょう。

シェーダーを用いて絵を回転する場合、次のような2つのような方法が考えられます。

まず1つは「各頂点のuv座標を回転させれば、表示されるテクスチャはそれとは反対方向に回転するであろう」という方法です。

もう1つは、「画像から点を拾ってくるときに、回転の行列によって拾ってくる点の座標を回転させれば、表示される画像はやはり反対方向に回転したものになるであろう」という方法です。

これらは、究極的にはどちらも、「回転した部分からピクセルを拾ってくるから、結果の画像はそれとは逆回転した画像になる」と言い換えることができそうです。前者の場合、制御するのが頂点なので、実際に使うのはバーテックスシェーダーであり、後者の場合は制御するのがピクセルなので、フラグメントシェーダーとなります。

もちろん「ただ単に回転さえすればよい」という状況であればどちらで回転させても同じことですが、バーテックスシェーダーでの回転とフラグメントシェーダーでの回転には、次の表のように、それぞれ一長一短があります。

表4-1 バーテックスシェーダーでの回転とフラグメントシェーダーでの回転の比較

バーテックスシェーダー	一般に、頂点はピクセルよりも数が少ないため処理速度的には有利だが、処理の融通は利きにくい
フラグメントシェーダー	ピクセルは数が多いため処理速度的には不利になるが、位置によって回転角を変えるなどの融通を利かせやすい

バーテックスシェーダーを使って回転させる

RenderShader5_1では前者、つまりバーテックスシェーダーを用いた回転を行っているため、処理速度的には有利なものの融通は利きにくくなっています。以下で、具体的に中身を見てみましょう。

このプログラムで大事な部分は、バーテックスシェーダーの以下の部分です。

リスト4.7 RenderShader5_1（部分）

```
const float fTime_T = 10.0;
float fAngle = 2.0 * 3.1416 * _Time.w / fTime_T;
float2 uv_c = v.uv - float2(0.5, 0.5);
float2 uv_t = float2(uv_c.x * cos(fAngle) - uv_c.y * sin(fAngle),
                     uv_c.x * sin(fAngle) + uv_c.y * cos(fAngle));
uv_t += float2(0.5, 0.5);
o.uv = TRANSFORM_TEX(uv_t, _MainTex);
```

ここではまず、回転角を以下のように決めています。

```
float fAngle = 2.0 * 3.1416 * _Time.w / fTime_T;
```

絵が時間によって回転しているということは、この回転角`fAngle`は時間によって変化していくことになりますが、ここで大切なのは回転速度が制御できることです。例えば何秒間の間に1回転するか、あるいは回転速度が速い場合は1秒間の間に何回回転するか、というように定量的に回転速度が制御できなければ、ゲームでの実用性は非常に限られたものになってしまうからです。

前者、つまり「何秒間の間に1回転するか」では周期という物理量により、後者、つまり「1秒間の間に何回回転するか」では周波数(あるいは回転数)という物理量により回転速度を制御しています。

RenderShader5_1で行っているのは前者の周期による回転速度制御で、その場合回転角θは以下のような式で表されます。

$$\theta = 2\pi \frac{t}{T}$$

ここで、tは現在の時刻で、Tは周期つまり「これだけ時間が経てば1回転する」という時間です。ここで時刻tがTだけ増加したときのθをθ'とすると

$$\theta' = 2\pi \frac{t+T}{T} = 2\pi\left(\frac{t}{T}+1\right) = 2\pi\frac{t}{T}+2\pi = \theta+2\pi$$

となるため、θはTだけ時間が経てば2πだけ増えることになります。2πとはラジアンで測ったときの1周の角度ですから、確かにこの式で1周するまでの時間である周期がTになることがわかります。そして、この$\theta = 2\pi \frac{t}{T}$という式をプログラム化したのが、先ほどの、

```
float fAngle = 2.0 * 3.1416 * _Time.w / fTime_T;
```

という部分であるわけです。

さて、プログラムの次の部分

```
float2 uv_c = v.uv - float2(0.5, 0.5);
```

これはテクスチャの中心座標(0.5, 0.5)を原点に移動させています。なぜなら、次に出てくる回転の行列は原点を軸として回転することしかできず、今はテクスチャの中心を軸として回転させたいからです。なお、この操作を行った以上、4-4.絵を拡大・縮小したいで拡大縮小した場合と同じように、後ほど原点を元の位置に戻さなければならない、ということを覚えておいてください。

そして、次の

```
float2 uv_t = float2(uv_c.x * cos(fAngle) - uv_c.y * sin(fAngle),
                     uv_c.x * sin(fAngle) + uv_c.y * cos(fAngle));
```

という部分で、実際に回転の行列を用いて頂点のuv座標を回転させています。ここで用いているのは、2Dの回転の行列

$$\begin{pmatrix} \cos\theta & -\sin\theta \\ \sin\theta & \cos\theta \end{pmatrix}$$

です。例えば回転前の座標を$(x,\ y)$、回転後の座標を$(x',\ y')$とすると

$$\begin{pmatrix} x' \\ y' \end{pmatrix} = \begin{pmatrix} \cos\theta & -\sin\theta \\ \sin\theta & \cos\theta \end{pmatrix}\begin{pmatrix} x \\ y \end{pmatrix}$$

$$\therefore \begin{cases} x' = x\cos\theta - y\sin\theta \\ y' = x\sin\theta + y\cos\theta \end{cases}$$

となりますから、これを素直にプログラム化したのが先ほどの部分であるわけです。そして最後に忘れてはいけないものとして、先ほどテクスチャの中心を原点にずらしたのを元に戻す操作、

```
uv_t += float2(0.5, 0.5);
```

というものを行っているわけです。

以上が、バーテックスシェーダーで回転を行った場合です。先ほども触れたように、この場合処理速度的には有利ですが処理の柔軟さには欠けています。そこで今度はフラグメントシェーダーを用いて柔軟な回転をしてみることを考えてみましょう。

 フラグメントシェーダーを使って回転させる

フラグメントシェーダーを用いて回転を行っているのが、シェーダーRenderShader5_2です。これを実行してみると、柔らかい物体を勢いをつけて回転しているかのような結果になります(図4-5-2)。

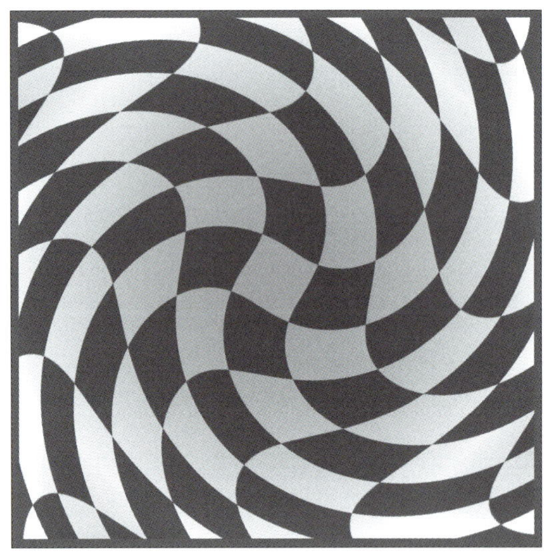

図4-5-2 動作画面

このプログラムで大事な部分は、フラグメントシェーダー内の以下の部分です。

```
float2 uv_c = i.uv - float2(0.5, 0.5);
float fAngle = 2.0 * 3.1416 * (_Time.w / fTime_T1
        - length(uv_c) * 0.5 * sin(2.0 * 3.1416 * (_Time.w / fTime_T2)));
```

ここでは、先ほどのRenderShader5_1の場合と同じように、

```
float2 uv_c = i.uv - float2(0.5, 0.5);
```

として、uv_cにテクスチャの中心を原点とした座標を取得しています。そして、このRenderShader5_2がRenderShader5_1と最も違っている点がfAngleの計算です。RenderShader5_1では、

```
float fAngle = 2.0 * 3.1416 * _Time.w / fTime_T;
```

となっていた部分が

```
float fAngle = 2.0 * 3.1416 * (_Time.w / fTime_T1
                - length(uv_c) * 0.5 * sin(2.0 * 3.1416 * (_Time.w / fTime_T2)));
```

と複雑になっています。

この部分を数式として書き下してみると、

$$\theta = 2\pi\left\{\frac{t}{T_1} - lA\sin\left(2\pi\frac{t}{T_2}\right)\right\}$$

となっています。ここで、tは現在の時刻、T_1は全体が一回転するまでの時間、lはテクスチャの中心からの距離、Aは回転角が振動する振幅（この場合0.5）、T_2は回転角が振動する周期です。

角度そのものがsin関数によって振動させられているために、回転方向が行ったり来たりしていますが、さらにそれにテクスチャの中心からの距離lが掛けられていることによって、テクスチャの中心から離れれば離れるほど角度の振れ幅が大きくなる、という動作になるわけです。

この辺りがわかりにくい方は、T_1であるfTime_T1、T_2であるfTime_T2、Aである0.5の値をいろいろと変えてみるとわかりやすいでしょう。

このように、テクスチャを回転させるような場合にも、速度に優れたバーテックスシェーダー、柔軟性に優れたフラグメントシェーダーを使い分けることは重要になります。シェーダープログラミングにおいては、必要な処理速度とエフェクトの自由度を総合的に判断しつつ使用するシェーダーの選択を行っていくべき、ということですね。

4-6 画像をさまざまに変形させたい

Keyword　サイン波　距離の変化量　事前計算

本節では、画像を変形させて表示することを考えてみましょう。前節「4-5.絵を回転したい」の後半でも画像を変形させましたが、ここでは、また別のさまざまな変形をさせてみることにします。

揺らめきを表現するエフェクト

まず、シェーダーRenderShader6_1をShaderMaterialにアタッチすることで実行してみると、波打つようにテクスチャが揺らめきます。このプログラムで大事なところは、フラグメントシェーダー内の以下の部分です。

```
float2 samp = i.uv;
samp.y += 0.05f * sin(2.0f * 3.1416 * (_Time.w / 4.0f - samp.y / 0.5f));
fixed4 col = tex2D(_MainTex, samp);
```

ここで、`i.uv`には通常のuv座標が流れてきており、そのuv座標をそのまま`tex2D`に渡せばゆがみのない普通の表示になります。

しかしここでは、サンプルに使うv座標に、以下のように変化を加えています。

```
samp.y += 0.05f * sin(2.0f * 3.1416 * (_Time.w / 4.0f - samp.y / 0.5f));
```

これは、本来のサンプル位置に対して、以下の式で与えられるようなサイン波を加えているものです。

$$\Delta y = A \sin\left\{2\pi\left(\frac{t}{T} - \frac{y}{\lambda}\right)\right\}$$

これは、振幅A、周期T、波長λのサイン波です。プログラム上では、振幅Aは`0.05f`、周期Tは`4.0f`（単位は秒）、波長λは`0.5f`（テクスチャの端から端までを1とした長さ）、と設定されています。

サイン波の振幅、波長は図4-6-1に示しました。

簡単なレンダリング

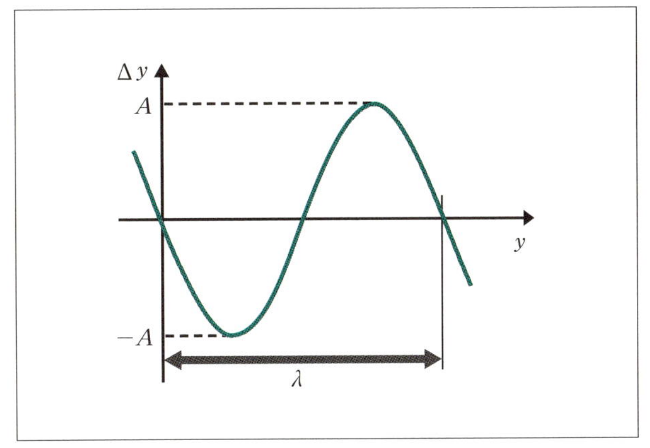

図4-6-1 サイン波における振幅（A）と波長（λ）

これに周期を加えた3つの数はそれぞれ物理量ですが、それらがどのような意味を持つのかがよく理解できない方は、プログラム中のそれぞれのパラメータを変化させてみて、テクスチャの揺らめき方がどのように変化するのかを観察してみるのが一番早いと思います。また、サイン波の式を少しだけ変化させて、

$$\Delta x = A \sin\left\{2\pi\left(\frac{t}{T} - \frac{y}{\lambda}\right)\right\}$$

とする、つまり`samp.y += 0.05f *`…という部分を`samp.x += 0.05f *`…と変化させると、また違った揺らめき方をするようになります。皆さんも、そのように変化させたときに結果がどう変化するのか予想し、それが合っているかどうか確かめてみてください。

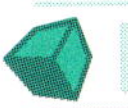

波紋が広がるエフェクト

さて、以上の変形は、往年のゲームで多用されたラスタスクロールという手法のような変形を行うもので、あえてフラグメントシェーダーを使わなくても、2Dの描画システムで1ライン（縦の1ドット）ごとに描画するという手法を使えば近い結果を得ることができます（ただし、バイリニアフィルタがかかるため、2Dの場合とまったく同じ結果になるわけではありません）。

そこで、せっかくフラグメントシェーダーを使っているのですから、フラグメントシェーダーでなければできないような波打ち方をさせてみましょう。シェーダーRenderShader6_2をShaderMaterialにアタッチして実行してみると、画像の中心にしずくが落ちて波紋が広がるようなエフェクトになります。これは先ほどと違って、2Dの描画システムで実現するのは非常に困難でしょう。

このプログラムで大事な部分は、フラグメントシェーダー内の以下の部分です。

リスト4.8 RenderShader6_2（部分）

```
float2 samp = i.uv;
float2 dir = samp - float2(0.5f, 0.5f);
float len = length(dir);
samp += dir / len * 0.03f * sin(2.0f * 3.1416 * (_Time.w / 3.0f - len / 0.3f));
fixed4 col = tex2D(_MainTex, samp);
```

さて、これは何をしているのでしょうか？

実はこれは、数学的な式に表すと以下のようになるものを実現しています。

$$\Delta r = A \sin\left\{2\pi\left(\frac{t}{T} - \frac{r}{\lambda}\right)\right\}$$

ここで、rは画像の中心からの距離、Δrはその画像の中心からの距離の変化量です。RenderShader6_1とは違って、sin関数の中身にrが入っているため、描画しようとしているuv座標の位置から画像の中心(0.5, 0.5)までの距離rを計算する必要があり、さらに、位置の変動Δrもu座標やv座標に沿ったものでなく、画像の中心に近づいたり離れたりするような変動にする必要があるわけです。

そのことを踏まえてプログラムを追って行ってみましょう。まず、

```
float2 samp = i.uv;
float2 dir = samp - float2(0.5f, 0.5f);
```

この部分は、sampという変数にuv座標をコピーし、dirという変数にはそのuv座標を画像の中心(0.5, 0.5)を原点とする座標に変換しています。

次に、

```
float len = length(dir);
```

として、lenという変数にベクトルdirの長さを代入していますが、これが画像の中心からの距離rになります。

その後、

```
samp += dir / len * 0.03f * sin(2.0f * 3.1416 * (_Time.w / 3.0f - len / 0.3f));
```

としていますが、これは、以下のような式で表せるものです。

$$\boldsymbol{p}' = \boldsymbol{p} + \hat{\boldsymbol{r}}\Delta r$$

ここで、$\boldsymbol{p}'$はテクセルをサンプルする位置、$\boldsymbol{p}$は現在のuv座標、$\hat{\boldsymbol{r}}$は画像の中心から現在のuv座標の方向へと向いた単位ベクトルです。この$\hat{\boldsymbol{r}}$に画像の中心からの距離の変化量であるΔrを掛け算することによって、実際にuv座標がどれほど変化するのかを計算することができるわけです。

さて、まずはこの$\hat{\boldsymbol{r}}$を計算しているのがdir / lenという部分です。dirには画像の中心

$(0.5,\ 0.5)$を原点とするuv座標（位置ベクトル）が入っており、lenにはそのdirの長さが入っているため、dirをlenで割ることで単位化して$\hat{r}$を得ているというわけです。

そして以下、`0.03f * sin(2.0f * 3.1416 * (_Time.w / 3.0f - len / 0.3f))`というのがΔrを計算している部分です。

これを

$$\Delta r = A \sin\left\{2\pi\left(\frac{t}{T} - \frac{r}{\lambda}\right)\right\}$$

という式と比較してみると、振幅Aが**0.03f**、周期Tが**3.0f**（秒）、波長λが**0.3f**、ということになります。つまり、以上のようにすれば、揺れの方向が座標軸に沿っていないような揺らし方をすることもできるわけです。

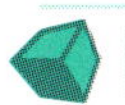 エフェクトを事前に計算する

先ほどまで説明していたような変形の仕方だと、サンプルするテクセルの位置をすべてリアルタイムに計算しているため、変形させるパターンの複雑さには限界があります。そこで次に、

・サンプルするテクセルの位置を事前に計算しておき
・それをテクスチャとして持たせて
・そのテクスチャデータの通りに変形を行う

ような例を見てみましょう。

それを実際に行っているのが、シェーダーRenderShader6_3です。これをShaderMaterialにアタッチして実行してみると、回転しているデコボコした氷を通して見たような画像になっています。

このプログラムで大事な部分は、フラグメントシェーダー内の以下の部分です。

リスト 4.9 RenderShader6_3（部分）

```
float fAngle = 2.0f * 3.1416 * _Time.w / 30.0f;
float2 CenOrg = float2(i.uv.x - 0.5f, i.uv.y - 0.5f) * 0.8f;
float2 RotSamp = float2(CenOrg.x * cos(fAngle) - CenOrg.y * sin(fAngle),
                        CenOrg.x * sin(fAngle) + CenOrg.y * cos(fAngle));
RotSamp += float2(0.5f, 0.5f);
float4 DeltaTex = tex2D(_DeltaTex, RotSamp) - float4(0.5f, 0.5f, 0.0f, 0.0f);
DeltaTex = float4(DeltaTex.x * cos(fAngle) - DeltaTex.y * sin(fAngle),
                  DeltaTex.x * sin(fAngle) + DeltaTex.y * cos(fAngle),
                  DeltaTex.z, DeltaTex.w);
float2 samp = i.uv + 0.2f * float2(DeltaTex.x, DeltaTex.y);
// sample the texture
fixed4 col = ( 0.3f * DeltaTex.z + 0.7f ) * tex2D(_MainTex, samp);
```

ここで、まず

```
float fAngle = 2.0f * 3.1416 * _Time.w / 30.0f;
```

という部分は氷の回転角を決めています。今回の例では、30秒で1周というゆっくりした回転をさせることになります。

次に、

```
float2 CenOrg = float2(i.uv.x - 0.5f, i.uv.y - 0.5f) * 0.8f;
```

という部分は、変数CenOrgに現在のuv座標を画像の中心(0.5, 0.5)を原点とし、また若干拡大したuv座標を入れています。

拡大は0.8fを掛けることによって行っていますが、こうするとなぜ拡大になるのかわからない方は、4-4. 絵を拡大・縮小したいをもう一度参照してみてください。

次は、

```
float2 RotSamp = float2(CenOrg.x * cos(fAngle) - CenOrg.y * sin(fAngle),
                        CenOrg.x * sin(fAngle) + CenOrg.y * cos(fAngle));
RotSamp += float2(0.5f, 0.5f);
```

という箇所です。ここでは、回転の行列を用いてCenOrgに入っているサンプル位置をfAngleだけ回転したあとで、画像の中心(0.5, 0.5)に移動された原点の位置を元に戻しています。画像の中心を回転軸として回転を行いたいのですが、回転の行列では原点中心の回転しかできないためにこのような回りくどいことをしているわけですね。

そしてさらに、

```
float4 DeltaTex = tex2D(_DeltaTex, RotSamp) - float4(0.5f, 0.5f, 0.0f, 0.0f);
```

として、回転済みのサンプル位置RotSampを用いて、テクスチャに入っているuv座標の移動量をサンプルしています。その際、u方向の移動量がx成分に、v方向の移動量がy成分に代入されますが、これらは元々テクセルの成分であり、色の明るさと解釈されるようなものです。そのため、そのままではそれぞれ0〜1の値となりプラス方向への移動しかできません。そこで、x成分、y成分の両方から0.5fを引くことによって、移動量が-0.5〜0.5の範囲になるようにしています。

そして、

```
DeltaTex = float4(DeltaTex.x * cos(fAngle) - DeltaTex.y * sin(fAngle),
                  DeltaTex.x * sin(fAngle) + DeltaTex.y * cos(fAngle),
                  DeltaTex.z, DeltaTex.w);
```

として、そのサンプルしたuv座標の移動量をfAngleだけ回転させています。デコボコした氷を回転させれば、屈折した光が移動する先も回転するため、このような処理を行っています。

次に、

```
float2 samp = i.uv + 0.2f * float2(DeltaTex.x, DeltaTex.y);
```

として、実際にテクセルをサンプルする*uv*座標を変数`samp`に代入しています。`i.uv`が現在の*uv*座標、`float2(DeltaTex.x, DeltaTex.y)`がテクスチャに入っていた元の位置からの移動量を回転したものです。しかし、その`float2(DeltaTex.x, DeltaTex.y)`をそのまま使わず`0.2f`を掛けているのは、先ほども書いたようにテクスチャに入っている変化量の値は0～1（その後変換されて－0.5～0.5）になっているため、そのままではサンプル位置の変化量としては大きすぎるので調整を行っている、というわけです。

「それならテクスチャに変化量を格納する時点で、最初から小さな変化量を入れておけばいいのでは？」と思われる方もいるかもしれませんが、テクスチャのビットデプス（1つのテクセルに割り当てられるビット数）は通常、非常に限られたものなので、最初から小さい値を入れてしまうと精度が悪いものになってしまいます。

そして最後に、

```
fixed4 col = ( 0.3f * DeltaTex.z + 0.7f ) * tex2D(_MainTex, samp);
```

として、実際にテクセルをサンプルしたあとで明るさ調整をしています。実は、*uv*座標の変化量を格納していたテクスチャの赤成分と緑成分にはそれぞれ*u*方向、*v*方向の変化量が入っているのですが、青成分（この場合`DeltaTex.z`）には明るさの値が入っていて、より氷による屈折に近い効果を得るようになっているのです。

ただし、この明るさの値も0～1で、そのままでは明るさの違いが強調され過ぎてしまうため、`(0.3f * DeltaTex.z + 0.7f)`として、明るさは0.7～1までの範囲でしか変化しないようにしているわけです。

このように、あらかじめ複雑な変化量をテクスチャに格納しておけば、リアルタイム計算では難しいような画像変形をさせることも可能になります。またその際、*uv*座標の変化量だけならば、テクセルの色成分であるRGBのうちRとGの2つしか使わないため、残りのBをRenderShader6_3における明るさのような特殊効果に使うこともできるでしょう。

皆さんも、いろいろと工夫してオリジナルの変形、特殊効果を作ってみると面白いと思います。

Chapter 5
立体物の作成

5-1 円筒形を作りたい

Keyword 頂点 頂点インデックス uv座標

本節では、数式を使ってポリゴンの頂点座標を決定することによって、基本的な立体の1つである円筒形を作ることを考えてみましょう。

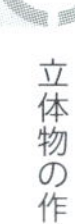

側面だけの円筒を作る

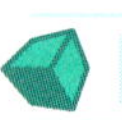

いきなりきちんとした円筒形を作るとプログラムが最初から複雑でわかりにくくなりますから、まずは前段階として、円筒の側面だけの、パイプのような形を作ってみることにしましょう。

本章では05_Shapeフォルダーを使います。プロジェクトとして開いておきましょう。

実際にパイプのような形を作っているのが、スクリプトShape1_1です。Shape1_1をPlaneにアタッチして実行すると、確かにパイプのような形が表示され、上下キーで回してみることもできます（図5-1-1）。

図5-1-1 動作画面

さて、このプログラムで大事なところは、Startメソッド内の以下の部分です。

リスト5.1 Shape1_1（部分）

```
float fAngle = 0.0f;
float fAngleDelta = 2.0f * Mathf.PI / Divide_Num;

float tu = 0.0f, dtu = 1.0f / Divide_Num;
int nIndex = 0;

for (int i = 0; i <= Divide_Num; i++)
{
    positions[nIndex] = new Vector3(fRadius * Mathf.Cos(fAngle),
                                    fLength / 2.0f,
                                    fRadius * Mathf.Sin(fAngle));
    positions[nIndex + 1] = new Vector3(fRadius * Mathf.Cos(fAngle),
                                        -fLength / 2.0f,
                                        fRadius * Mathf.Sin(fAngle));

    uvs[nIndex]     = new Vector2(tu, 1.0f);
    uvs[nIndex + 1] = new Vector2(tu, 0.0f);

    fAngle += fAngleDelta;
    tu += dtu;
    nIndex += 2;
}
nIndex = 0;
for (int i = 0; i < Divide_Num; i++)
{
    indices[nIndex] = i * 2;
    indices[nIndex + 1] = i * 2 + 2;
    indices[nIndex + 2] = i * 2 + 1;
    indices[nIndex + 3] = i * 2 + 1;
    indices[nIndex + 4] = i * 2 + 2;
    indices[nIndex + 5] = i * 2 + 3;
    nIndex += 6;
}
polygon.vertices = positions;
polygon.uv = uvs;
polygon.triangles = indices;
```

NOTE

ここで、物体の形を作るに当たり、頂点データと頂点インデックスというものを用意していることに注意しましょう。
頂点データは

- 頂点の位置
- uv 座標
- 法線ベクトル

などの、頂点についての情報を持つものです。
一方、頂点インデックスは、それらの頂点をどう使ってポリゴンを作成するかを指定するものです。このように頂点インデックスを使ってポリゴンを描画するのは、同じ位置にある頂点を複数のポリゴンで使い回すことができるようにすることで、必要になる頂点の数を減らし、必要な変換回数やデータ容量を節約するためです。

頂点の位置

円筒の側面、パイプのような形を作るにあたり、その頂点位置は次のように決められています。まずは、角度の取り回しのための変数を用意しています。

```
float fAngle = 0.0f;
float fAngleDelta = 2.0f * Mathf.PI / Divide_Num;
```

ここで、fAngleは円筒上の頂点のx軸に対する角度、fAngleDeltaは1ループにつき変化する角度量です。ここでループ回数はDivide_Num + 1回ですから、fAngleはループ中に0から2πまで変化することになります。

この角度fAngleを用いて、頂点の位置は以下のように決められています。

```
positions[nIndex] = new Vector3(fRadius * Mathf.Cos(fAngle),
                                fLength / 2.0f,
                                fRadius * Mathf.Sin(fAngle));
positions[nIndex + 1] = new Vector3(fRadius * Mathf.Cos(fAngle),
                                    -fLength / 2.0f,
                                    fRadius * Mathf.Sin(fAngle));
```

同じ角度位置にある円筒の上端の頂点をpositions[nIndex]に、下端の頂点をpositions[nIndex + 1]に入れています。ここで、y座標はfAngleの値によらず一定、つまり高さは一定となります。x座標とz座標がサインコサインによって、fRadiusの半径の円を描くことで円筒を形作っています。

テクスチャのuv座標

次に、テクスチャのuv座標が以下のように決められています。

```
uvs[nIndex    ] = new Vector2(tu, 1.0f);
uvs[nIndex + 1] = new Vector2(tu, 0.0f);
```

tuはループ外で初期化されています。

```
float tu = 0.0f, dtu = 1.0f / Divide_Num;
```

このように、tuは最初0にされ、1ループにつきdtuだけ、つまり1.0f / (Divide_Num)だけ増えていくようになっています。ループ回数はDivide_Num＋1回ですから、tuはループ中に0から1まで変化し、結果、円筒の側面にテクスチャ全体が貼られることになります。

これらの作業が終わったら、角度fAngle、u座標tu、セットする頂点の番号nIndexを以下のように更新しています。

```
fAngle += fAngleDelta;
tu += dtu;
nIndex += 2;
```

ここで、fAngleDeltaが1ループにつき変化する角度量、dtuが1ループ当たりのu座標の変化量であることはすでに述べましたが、頂点の番号nIndexが2だけ足されているのは、1ループにつき上端と下端の2つの頂点をセットしていっているからです。

頂点インデックス

さて、これで頂点データのセットは終わったので、次には頂点インデックスのセットを行っています。頂点インデックスは3つの数字が一組になって、どの3頂点を使ってポリゴンを描画するかを指定しますが、その部分は以下のようになっています。

```
indices[nIndex] = i * 2;
indices[nIndex + 1] = i * 2 + 2;
indices[nIndex + 2] = i * 2 + 1;
indices[nIndex + 3] = i * 2 + 1;
indices[nIndex + 4] = i * 2 + 2;
indices[nIndex + 5] = i * 2 + 3;
```

ここで注目すべきなのは、i * 2というインデックス位置を基準として、そこから＋0、＋2、＋1という3頂点で1ポリゴンを作り、＋1、＋2、＋3という頂点でもう1ポリゴンを作っている、という事実です。

先ほどの頂点データのことを思い出していただくと、1つの角度位置には上端と下端の2つの頂点がありました。つまり、今基準となっている`i * 2`というインデックス位置は、`i`が1ずつ変化していくと、それぞれの角度位置の先頭の頂点のインデックスを表すことになります。そして、そこからの頂点の位置は図5-1-2のようになっているため、

・+0、+2、+1の頂点で時計回り
・+1、+2、+3の頂点で時計回り

という2つの三角形ができて、円筒の側面を分割した1領域を占めるポリゴンを作っているのがわかると思います。

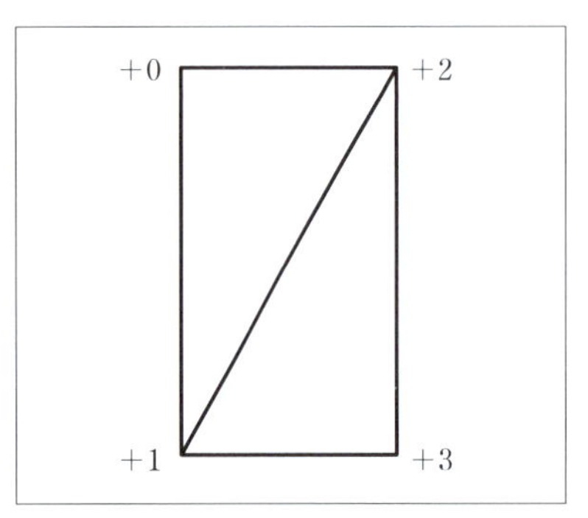

図5-1-2 円筒の側面のポリゴンにおける、頂点インデックス

これを円筒の分割数（`Divide_Num`）だけ繰り返すことによって、円筒全体を作り出しているわけです。

閉じた円筒を作る

さて、円筒の側面ができたところで、上と下にフタをして完全に閉じた円筒を作ってみましょう。それを実際に行っているのが、スクリプトShape1_2です（図5-1-3）。

図5-1-3 動作画面（傾けている）

Shape1_2をPlaneにアタッチして実行し、上下キーで回してみると、完全に閉じた円筒形が表示されているのがわかると思います。これについては、要点すべてを引用してしまうと長くなってしまうため、ループ中で頂点データをセットしている部分だけ見てみましょう。

リスト5.2 Shape1_2（部分）

```
positions[nIndex]     = new Vector3(0.0f, fLength / 2.0f, 0.0f);
positions[nIndex + 1] = new Vector3(fRadius * Mathf.Cos(fAngle),
                                    fLength / 2.0f,
                                    fRadius * Mathf.Sin(fAngle));
positions[nIndex + 2] = new Vector3(fRadius * Mathf.Cos(fAngle),
                                    -fLength / 2.0f,
                                    fRadius * Mathf.Sin(fAngle));
positions[nIndex + 3] = new Vector3(0.0f, -fLength / 2.0f, 0.0f);
uvs[nIndex]     = new Vector2(tu_h, 1.0f);
uvs[nIndex + 1] = new Vector2(tu,   0.8f);
uvs[nIndex + 2] = new Vector2(tu,   0.2f);
uvs[nIndex + 3] = new Vector2(tu_h, 0.0f);
```

閉じた部分を作成する

このうち、側面のみの場合に比べて頂点が増えている部分は、上端の円の中心に頂点を置いている部分

```
positions[nIndex] = new Vector3(0.0f, fLength / 2.0f, 0.0f);
```

と、同じく下端の円の中心に頂点を置いている部分

```
positions[nIndex + 3] = new Vector3(0.0f, -fLength / 2.0f, 0.0f);
```

です。

この操作によって1つの角度位置に置いている頂点は4つに増えています。しかし、実は、これら上端と下端の円の中心にある頂点は、位置的にはどの角度位置にある場合でも同じで、その意味ではこの円筒全体で1つずつ持てばよいものではあります。

それにもかかわらず、各角度ごとに同じ位置に頂点を置いているのは、テクスチャを貼るための*uv*座標は角度によって変化させていかなければならないからです。円筒とはいってもここで実際に作っているのは多角柱であり、展開図は、例えば図5-1-4のようになります。

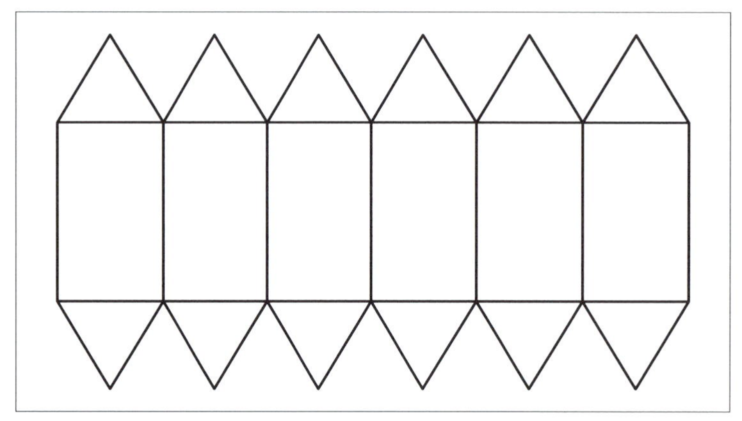

図5-1-4 多角柱の展開図の例

ここからも、角度が進めば（位置が同じであっても）*uv*座標は進まなければ、徐々にテクスチャがねじれていってしまうのがわかると思います。

そこで、上端の円の中心の頂点については

```
uvs[nIndex    ] = new Vector2(tu_h, 0.0f);
```

とし、下端の円の中心の頂点は

```
uvs[nIndex + 3] = new Vector2(tu_h, 1.0f);
```

として、1ループにつきtu_hを（側面の頂点のtuと同じように）dtuだけ増やしていくことで、上下のフタを構成する三角形のテクスチャ座標がねじれていかないようにしているわけです。

なお、図5-1-4の展開図からわかると思いますが、上端・下端の中心の頂点の*u*座標は、側面の角の頂点の*u*座標と比べると、1ループにつき動く角度の半分だけずれた位置に置くのが妥当でしょう。

そのために、変数tu_hを初期化する際には、

```
float tu_h = dtu / 2.0f;
```

として、1ループにつき動く角度であるdtuの半分だけずれた位置からスタートさせています。

このように、同じ位置に置く頂点なのにもかかわらず、テクスチャ座標を変化させなければならないために別頂点にしなければならないケースというのはよくあります。これは理論的に考えれば本来必要のない座標変換が発生するので無駄ではありますが、きれいな解決法があるかというと難しいところです。

通常は、仕方がないため最小限の無駄には目をつぶることになるでしょう。

5-2 球を作りたい

極座標　緯度　経度

本節では、ポリゴンを使って球を作ることを考えてみましょう。球は、幾何学的にも技術的にも基本となる形ですから、球が作成できる、というのは重要です。そして、その球をポリゴンを使って作るためには、極座標という数学トピックを理解しておく必要があります。

極座標とは？

球を作る前に、まずは**極座標**（きょくざひょう）について説明することにしましょう。

極座標とは、

・点の位置を、原点からの距離と角度で表現する座標系

です。

例えば、2次元の極座標では、点の位置を「原点からの距離」と「その点と原点を結ぶ線分と、x軸とのなす角度」で表現します（図5-2-1）。

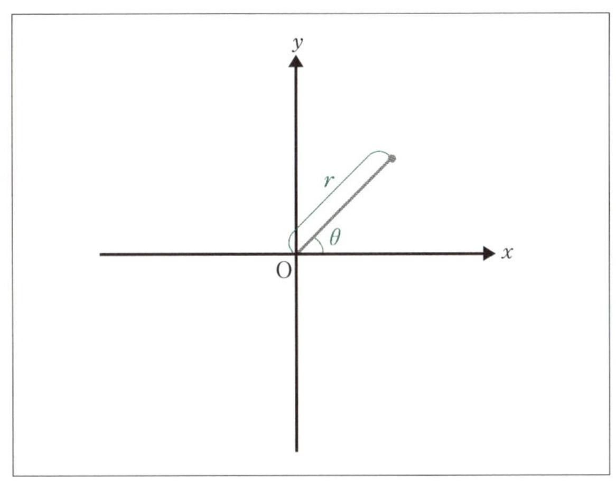

図5-2-1 極座標では原点からの距離（r）とx軸との角度（θ）で点の位置を表現する

極座標を使うと、点を単純に座標で表現した場合と比べて、点を回転させたり、円形を表現したりするのが簡単になります。例えば、点を回転するのは、単純に角度を増加・減少させるだけで可能です（図5-2-2）。

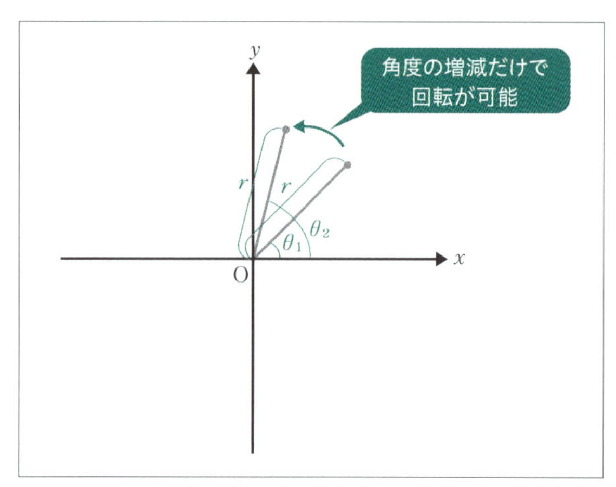

▶図 5-2-2 回転は、θを変化させることで行う

また、円形を表現するには、単純に「原点からの距離が一定」という条件だけで可能です（図5-2-3）。

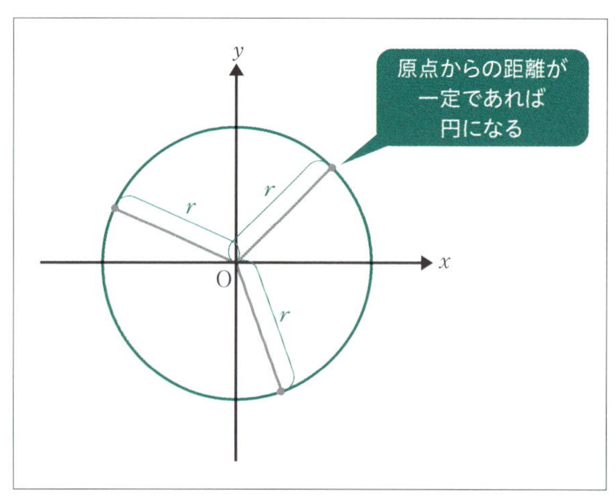

▶図 5-2-3 円はrだけで表現可能

このような極座標を、普通の直交座標に変換するための公式は、以下のようなものです。

$$\begin{cases} x = r \cdot \cos\theta \\ y = r \cdot \sin\theta \end{cases}$$

この式は、2Dゲームでもよく使う式ですが、数学的には極座標の世界から直交座標の世界への変換公式だった、というわけです。

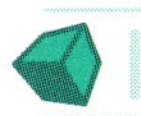

3D世界での極座標

さて、では、この2Dの極座標を拡張して、3Dの世界での極座標というものを考えると、いったいどうなるでしょうか？

極座標では、点の位置を原点からの距離と角度で表しますが、「原点からの距離」というのは1つしかありません。3Dでは位置の確定に3つの変数が必要ですから、位置を確定するための残り2つの変数は、必然的に両方とも角度になるでしょう。この2つの角度の取り方は、数学的にはいくつかのバリエーションが考えられますが、通常は以下のように導かれます。

まず、1つ目の角度θは、「その点と原点を結ぶ線分と、y軸とのなす角度」とします。また、2つ目の角度ϕは、「その点をxz平面に射影した点と原点とを結ぶ線分と、x軸とのなす角度」とします（図5-2-4）。

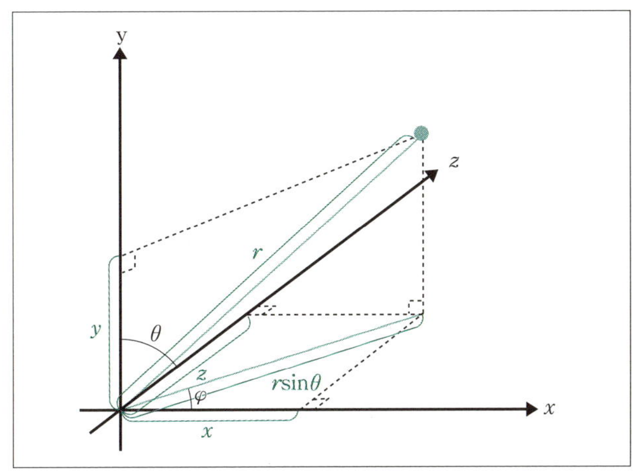

図5-2-4 3D空間での2つの角度θとφ

このとき、ある点の原点からの距離r、角度θとφから、通常の直交座標(x, y, z)は以下のように求められます。

$$
\begin{cases}
x = r \cdot \sin\theta\cos\varphi \\
y = r \cdot \cos\theta \\
z = r \cdot \sin\theta\sin\varphi
\end{cases}
$$

ここで、このようにr、θ、φを取った場合、y軸を自転軸とする地球を考えたときには、rは地球の半径、角度θは緯度、角度φは経度を表すことになります（図5-2-5）。

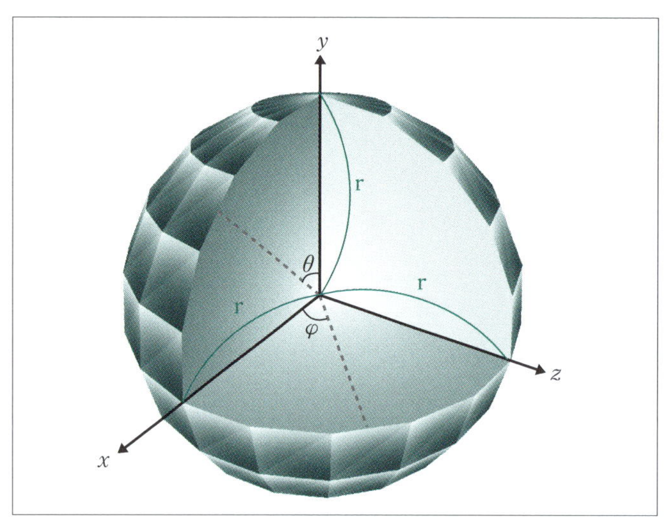

▶図5-2-5 地球を考えたときの角度θとφ

そのため、原点からの距離（半径）rを一定値に固定し、角度θと角度φを順に変更しつつポリゴンを敷きつめていけば、ちょうど地球儀の表面のようにして球面を作成することができます（図5-2-6）。

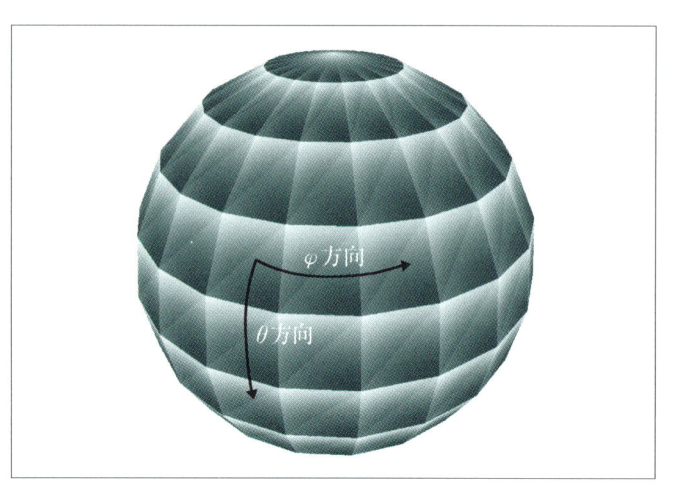

▶図5-2-6 角度θとφを変更しながらポリゴンを敷きつめ、球面を作成する

3Dの極座標を使ったプログラム

そのことを踏まえて球を作成しているのがスクリプトShape2_1で、これをPlaneにアタッチして実行すると球形が表示され、上下キーで回してみることもできます（図5-2-7）。

図 5-2-7 動作画面

このプログラムで大事な箇所は、Startメソッド中の以下の部分です。

リスト 5.3 Shape2_1（部分）

```
// 頂点データ
int nIndex = 0;
float fTheta = 0.0f;
float fPhi;
float fAngleDelta = 2.0f * Mathf.PI / Divide_Num;
Vector2 tex;
float dt = 1.0f / Divide_Num;
tex.y = 1.0f;
for (int i = 0; i <= Divide_Num / 2; i++)
{
    fPhi = 0.0f;
    tex.x = 0.0f;
    for (int j = 0; j <= Divide_Num; j++)
    {
        positions[nIndex] = new Vector3(
                    fRadius * Mathf.Sin(fTheta) * Mathf.Cos(fPhi),
                    fRadius * Mathf.Cos(fTheta),
                    fRadius * Mathf.Sin(fTheta) * Mathf.Sin(fPhi));
        uvs[nIndex] = tex;
        fPhi += fAngleDelta;
        tex.x += dt;
```

```
            nIndex++;
        }
        fTheta += fAngleDelta;
        tex.y -= 2.0f * dt;
    }
    // 頂点インデックス
    nIndex = 0;
    for (int i = 0; i < Divide_Num / 2; i++)
    {
        for (int j = 0; j < Divide_Num; j++)
        {
            indices[nIndex] = i * (Divide_Num + 1) + j;
            indices[nIndex + 1] = i * (Divide_Num + 1) + j + 1;
            indices[nIndex + 2] = (i + 1) * (Divide_Num + 1) + j;
            indices[nIndex + 3] = i * (Divide_Num + 1) + j + 1;
            indices[nIndex + 4] = (i + 1) * (Divide_Num + 1) + j + 1;
            indices[nIndex + 5] = (i + 1) * (Divide_Num + 1) + j;
            nIndex += 6;
        }
    }
    polygon.vertices = positions;
    polygon.uv = uvs;
    polygon.triangles = indices;
```


ここでも、5-1.円筒形を作りたいの場合と同じように、頂点データと頂点インデックスを順にセットしています。

まずは頂点位置などを決める頂点データをセットしている箇所から見てみましょう。実際に頂点位置を決めているのは以下の部分です。

```
positions[nIndex] = new Vector3(
            fRadius * Mathf.Sin(fTheta) * Mathf.Cos(fPhi),
            fRadius * Mathf.Cos(fTheta),
            fRadius * Mathf.Sin(fTheta) * Mathf.Sin(fPhi));
```

この部分は、先ほどの極座標を直交座標に変換する変換公式

$$\begin{cases} x = r \cdot \sin\theta \cos\varphi \\ y = r \cdot \cos\theta \\ z = r \cdot \sin\theta \sin\varphi \end{cases}$$

そのものですから、わかりやすいと思います。ただし、使われているfTheta (θ) とfPhi (φ) を適切な範囲で変化させつつ頂点を置いていかなければなりません。

そのために、fThetaについて、

```
float fTheta = 0.0f;
```

と最初に0に初期化されたあとで、外側のループ（Divide_Num / 2＋1回ループする）が回るごとに、

```
fTheta += fAngleDelta;
```

とされています。その際fAngleDeltaが

```
float fAngleDelta = 2.0f * Mathf.PI / Divide_Num;
```

と2π/Divide_Numになっていますから、結局fThetaは$0 \sim \pi$の範囲で変化することになります。

ループはDivide_Num / 2＋1回なので、最終的にfThetaはπの1つ先まで進みますが、最後のfThetaは使われないためにπまでとなります。

NOTE

なお、定数Divide_Numが奇数の場合はfThetaがπまで届かなくなりますが、ここではDivide_Numは偶数とします。

fThetaが1周分である2πまでではなくπまでしか動かないのは、fThetaが地球儀でいえば緯度であり、北極から南極まで、度数法でいえば0～180度までしか動かす必要はないからです。

次にfPhiは、外側のループ中で

```
fPhi = 0.0f;
```

と0に初期化され、内側のループ（Divide_Num＋1回ループする）が回るごとに、

```
fPhi += fAngleDelta;
```

とされています。fAngleDeltaは2π/Divide_Numでしたから、結局fPhiのほうは$0 \sim 2\pi$、つまり1周分の範囲で変化することになります。fPhiは地球でいえば経度に当たるため、丸々1周分動く必要があるからです。

なお、緯度方向であるfThetaも経度方向であるfPhiも、1ループにつきfAngleDeltaという同じ量だけ変化していることに注意しましょう。緯度方向・経度方向を平等に分割するためにはそうであるべきですし、通常は緯度方向と経度方向の分割する細かさを差別する理由はありませんから、このように変化する角度が同じであるべきです。

また、経度に相当するfPhiが$0 \sim 2\pi$まできちんと移動していることにも注意してください。ラジアンで測った角度として、0と2πは同じ角度ですから、この場合、角度0の同じ位置に2回頂点を置いていることになります。これは前節5-1.円筒形を作りたいでも出てきたように、位置的には同じでもuv座標だけ違うものにしたいからです。角度0でのu座標はテクスチャの左端、

角度2πでのu座標はテクスチャの右端にしたいので、同じ位置に頂点を重ね打ちするような形になっているわけですね。

テクスチャを貼る

さて、以上で頂点の位置については大丈夫だと思いますので、次は、テクスチャを適切に貼るためのuv座標について見てみましょう。

uv座標は、変数texに保持されています。そして、まずv座標がループの外側で

```
tex.y = 1.0f;
```

と1にされ、外側のループ（Divide_Num / 2＋1回ループする）が回るごとに、

```
tex.y -= 2.0f * dt;
```

とdtの2倍を引かれています。

dtは

```
float dt = 1.0f / Divide_Num;
```

と1/Divide_Numとされているので、v座標は1ループごとに2/Divide_Numだけ減っていきます。

その結果、v座標は1～0の範囲で動くこととなり、テクスチャの高さ全体に渡って貼られることがわかります。

同様にu座標について見てみると、外側のループの中で、

```
tex.x = 0.0f;
```

とされ、内側のループ（Divide_Num＋1回ループする）が回るごとに

```
tex.x += dt;
```

とdtを足されています。

dtは1/Divide_Numでしたから、u座標は0～1の範囲で動いてテクスチャの幅全体に渡って貼られることになります。

なお、uv座標については経度方向と緯度方向が同等ではありません。

緯度方向（v座標）は1ループにつき2/Divide_Numだけ、経度方向（u座標）は1ループにつき1/Divide_Numだけ動いていて、v座標はu座標の2倍の速さで動かされていることに注意してください。

テクスチャ座標が速く動かされるということは、それだけテクスチャの解像度が低くてもよいということなので、v方向、つまりテクスチャの縦方向の大きさは、u方向つまりテクスチャの横方向の大きさの半分でよいことになります。つまり、以上のような頂点の取り回しをする場合、テクスチャは、地図でいう正距円筒図法（緯度が一定である緯線と、経度が一定である経線と

が互いに直行するような図法）で作成することになりますが、テクスチャの適切なサイズは縦1：横2という比率になります。

頂点インデックスを使う

最後に、頂点インデックスの取り回し方について見てみましょう。

今回、頂点を置く際の内側のループは経度方向です。そのため、頂点インデックスを1だけ変化させると頂点は経度方向に1単位だけ移動し、また内側のループはDivide_Num＋1回であることから、頂点インデックスをDivide_Num＋1だけ変化させると頂点は緯度方向に1単位だけ移動します。

そのことを踏まえて図5-2-8を見てみましょう。

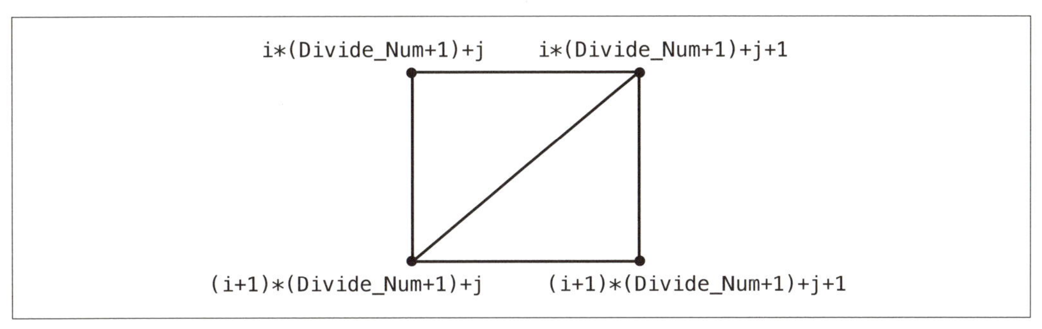

図5-2-8 ポリゴンに対する頂点インデックス

すると、ループ中の

```
indices[nIndex] = i * (Divide_Num + 1) + j;
indices[nIndex + 1] = i * (Divide_Num + 1) + j + 1;
indices[nIndex + 2] = (i + 1) * (Divide_Num + 1) + j;
```

とされている1枚目のポリゴンは

- 緯度方向にi番目で経度方向にj番目の基準点
- 基準点から経度方向に＋1
- 基準点から緯度方向に＋1

という3点であることがわかります。

同様に、

```
indices[nIndex + 3] = i * (Divide_Num + 1) + j + 1;
indices[nIndex + 4] = (i + 1) * (Divide_Num + 1) + j + 1;
indices[nIndex + 5] = (i + 1) * (Divide_Num + 1) + j;
```

とされている2枚目のポリゴンは、

・基準点から経度方向に＋１
・基準点から緯度方向に＋１かつ経度方向に＋１
・基準点から緯度方向に＋１

という３点であるわけです。

これら２枚のポリゴンによって、球面を分割した、空間的にゆがんだ四角形を作っているというわけです。このように、3Dでの極座標を使えば、比較的簡単に球を作ることができます。

ただし、これだと極地方と赤道地方のポリゴンの形が大きく異なるため、用途によっては種となる多面体を用意したうえで中点変位法という手法を用いて、ポリゴンを再帰的に分割していくことによって球を得る方がよい場合もあります。さらに、中点変位法を用いた場合には、ツルツルの球だけでなくゴツゴツした形を比較的簡単に作れるという利点もあります。

ただ、以上のように3Dでの極座標を使ってそれをきちんと理解しておくと、球を作り出す場合だけでなく、例えばある物体を中心としたカメラワークを行う場合などにも有用ですから、覚えておくことをおすすめします。

5-3 矢印（回転体）を作りたい

半自動生成　回転　植木算

本節では、ポリゴンを使って立体的な矢印を作ることを考えてみましょう。

回転体とは？

「立体的な矢印」を作成するにあたって、矢印を構成する頂点座標を全部計算式で求める方法もありますが、それは非常に大変です。また逆に、頂点座標を全部手動で指定する方法もありますが、それも大変なので、それらの中間的なやり方として、手動でアウトラインの形を指定して、それを計算で回転させることで形を作る方法を考えてみましょう。

そのようにして作った形を、数学では**回転体**（かいてんたい）と呼びますが、その回転体として実際に矢印を作っているのがスクリプトShape3_1で、これをPlaneにアタッチして実行すると、立体的な矢印が表示され、上下キーで回してみることもできます（図5-3-1）。

図5-3-1 動作画面

このプログラムで大事なところは、Startメソッド内の以下の部分です。

リスト 5.4 Shape3_1（部分）

```
// 頂点データ
int nIndex = 0;
float fAngle;
float fAngleDelta = 2.0f * Mathf.PI / Divide_Num;
Vector2 tex;
tex.y = 1.0f;
float du = 1.0f / Divide_Num;
float dv = 1.0f / ( DataNum - 1 );
for (int i = 0; i < DataNum; i++)
{
    fAngle = 0.0f;
    tex.x = 0.0f;
    for (int j = 0; j <= Divide_Num; j++)
    {
        positions[nIndex] = new Vector3(SrcPoints[i].x * Mathf.Cos(fAngle),
                                        SrcPoints[i].y,
                                        SrcPoints[i].x * Mathf.Sin(fAngle));
        uvs[nIndex] = tex;
        fAngle += fAngleDelta;
        tex.x += du;
        nIndex++;
    }
    tex.y -= dv;
}
// 頂点インデックス
nIndex = 0;
for (int i = 0; i < (DataNum - 1); i++)
{
    for (int j = 0; j < Divide_Num; j++)
    {
        indices[nIndex    ] = i       * (Divide_Num + 1) + j;
        indices[nIndex + 1] = i       * (Divide_Num + 1) + j + 1;
        indices[nIndex + 2] = (i + 1) * (Divide_Num + 1) + j;
        indices[nIndex + 3] = i       * (Divide_Num + 1) + j + 1;
        indices[nIndex + 4] = (i + 1) * (Divide_Num + 1) + j + 1;
        indices[nIndex + 5] = (i + 1) * (Divide_Num + 1) + j;
        nIndex += 6;
    }
}
polygon.vertices = positions;
polygon.uv = uvs;
```

```
polygon.triangles = indices;
```

5-2.球を作りたいでも述べたように、回転体を作るために、Shape3_1ではxy平面上の点をxz平面上で回転させる、という操作をしています（図5-3-2）。

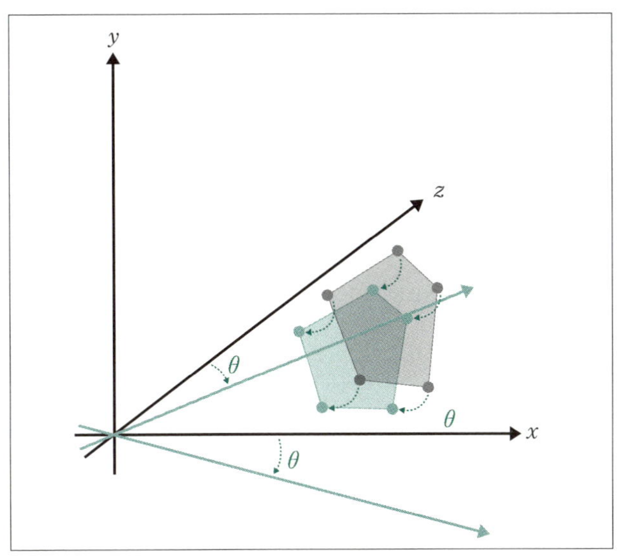

図5-3-2 xy平面上の点をxz平面上で回転させる

そうすることで、データとして平面図形を指定するだけで立体物を作成することができるので、データ作成の手間や難しさを減らすことができます。そのためここでは、データのxy座標と回転角から3D座標を計算しています。

具体的には、以下のようになっています。

```
positions[nIndex] = new Vector3(SrcPoints[i].x * Mathf.Cos(fAngle),
                                SrcPoints[i].y,
                                SrcPoints[i].x * Mathf.Sin(fAngle));
```

ここで、`SrcPoints[i].x`、`SrcPoints[i].y`は回転前のxy座標を、`fAngle`はxz平面上での回転角を表します。

まず、元の座標である`SrcPoints[i].x`、`SrcPoints[i].y`をxz平面上で回転させても、y座標は変化しませんから、`SrcPoints[i].y`をそのまま結果のy座標としています。

そして、残りのx座標とz座標については、元のx座標をxz平面上で`fAngle`だけ回転すればよいのですから、原点からの距離xで、x軸とのなす角が`fAngle`の点を出せばよいので、

- x座標：`SrcPoints[i].x * Mathf.Cos(fAngle)`
- z座標：`SrcPoints[i].x * Mathf.Sin(fAngle)`

としているわけです（図5-3-3）。

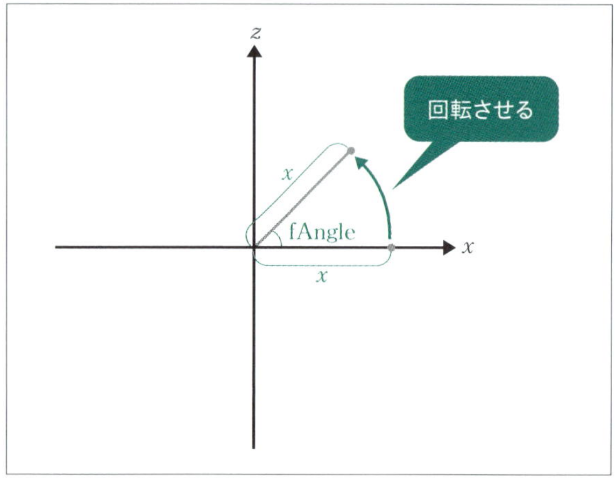

図5-3-3 元のx座標をxz平面上でfAngleだけ回転させる

なお、SrcPointsは回転体を作るための元のデータで、Shape3_1では以下のようなものになっています。

```
private Vector2[] SrcPoints = new Vector2[]{     // 形状データ
    new Vector2( 0.0f,  2.0f ),
    new Vector2( 1.0f,  0.5f ),
    new Vector2( 0.5f,  0.5f ),
    new Vector2( 0.5f, -2.0f ),
    new Vector2( 0.0f, -2.0f )
};
```

これはxy平面上での矢印の形データで、これを実際にプロットしてみると図5-3-4のようになります。この図形をxz平面上でぐるりと1周回転させれば、立体的な矢印が得られるので、上記のようにこのデータが示す点をfAngleだけ回転させた、というわけです。

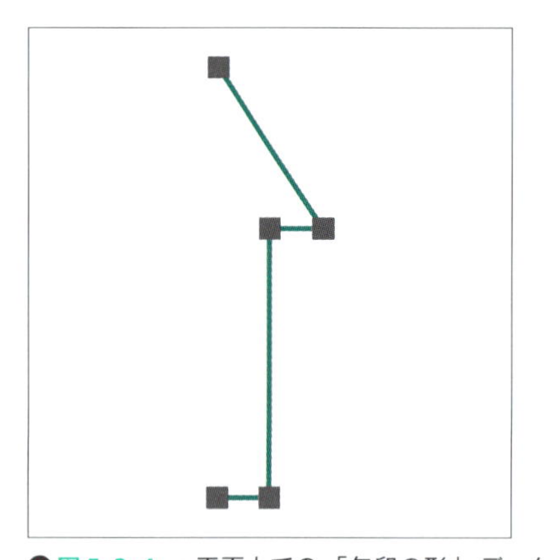

図5-3-4 xy平面上での「矢印の形」データ

また、その他に見るべき点としては、uv座標の取り回しがあるでしょう。ここでは、u座標であるtex.xについては5-1.円筒形を作りたいの場合と同じような座標計算をしていますが、v座標であるtex.yについては、まず、

```
tex.y = 1.0f;
```

として1から始めて、外側のループ内で、

```
tex.y -= dv;
```

と1ループごとにdvずつ減るようになっています。

そのdvは、

```
float dv = 1.0f / ( DataNum - 1 );
```

となっていますから、DataNum－1回目のループでv座標であるtex.yが0になるようになっています。

外側のループの回数はDataNum回ですから、最後のループでtex.yは0より小さくなるものの、その最後のループのtex.yは使われないため、結局v座標は1～0の範囲で変化することになります。

ただし、このv座標の取り回し方では、v座標は1ループにつき1/(DataNum－1)という一定量ずつ変化していくため、データにある点同士の距離が場所によって大きく変化するような場合には、適切なv座標の取り回し方とはいえなくなる場合も考えられます。その場合には、データ中の1つ前の点と現在の点との距離によってv座標の変化量を変えていく、といった工夫が必要になるでしょう。

頂点インデックスを使う

以上で、頂点データについては大丈夫だと思います。また、そのあとで頂点インデックスをセットしている部分がありますが、この部分は基本的に前節5-2.球を作りたいのときと同じですから、この部分の理解が不十分な方は5-2.球を作りたいを参照してください。

ただし、少し気をつけなければならないのはループの回数です。上記の頂点インデックスをセットしている部分では、外側のループが（DataNum回ではなく）DataNum－1 回と、データ数よりも1回少ないループ回数になっています。

それに応じて、総ポリゴン数も(Divide_Num * (DataNum - 1) * 2)枚になっているところに注意してください。これは、いわゆる「植木算」といわれているもので、ポリゴンは頂点と頂点の間に作られるため、間の数は頂点の数－1になります（図5-3-5）。つまり、ポリゴンを作るループ回数もデータ数－1回になっているわけです。

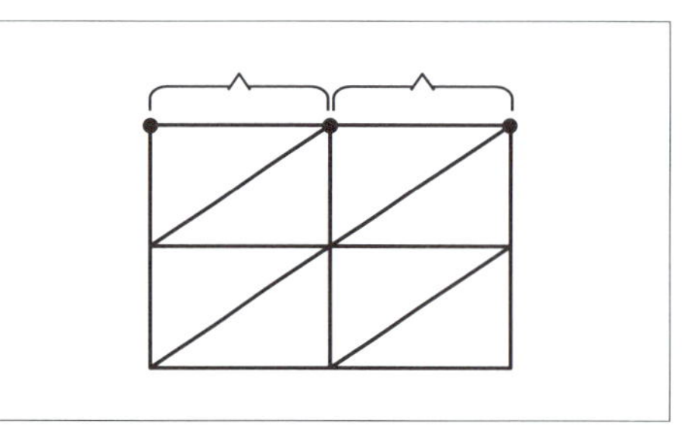

▶図 5-3-5「頂点の間」の数は、頂点の数 -1となる

なお、以上のような場合、*xy*平面上での元データの*x*座標である`SrcPoints[i].x`に0のデータが含まれている場合には、2枚のポリゴンのうちどちらかが直線状につぶれてなくなってしまうので、本質的には1枚のポリゴンだけ描画すればよい状況になります（実際、Shape3_1でも矢印の先端部分などでそのような状況になっています）。

しかし、ここでは特に気にせず、直線状につぶれたポリゴンもそのまま描画しています。ただ、そうすると若干ですが無駄な描画時間がかかってしまうため、気になる方は、ご自分で無駄なポリゴンを削除するように工夫してみてください。

グラスのような形を作成する

さて、このようにすれば手動で指定したデータから回転体を作ることができます。わずかなデータを元にして比較的複雑な形を作ることができるため、モデルの作成という意味ではなかなか有効な方法といえるのではないでしょうか。

そこで、せっかくですからもうひとつ、与えるデータを変更することで別の回転体を作ってみましょう。Shape3_2をPlaneにアタッチして実行してみると、グラスのような形が表示されます（図 5-3-6）。

▶図 5-3-6 動作画面

これは処理するプログラムの部分はShape3_1で矢印を作ったときと同じで、ただ与えるデータが以下のように変更されています。

リスト5.5 Shape3_2（部分）

```
private Vector2[] SrcPoints = new Vector2[]{     // 形状データ
    new Vector2( 1.8f,  2.0f ),
    new Vector2( 2.0f,  1.5f ),
    new Vector2( 1.8f,  1.0f ),
    new Vector2( 1.0f,  0.5f ),
    new Vector2( 0.5f,  0.0f ),
    new Vector2( 0.2f, -0.5f ),
    new Vector2( 0.2f, -1.7f ),
    new Vector2( 0.7f, -1.8f ),
    new Vector2( 1.4f, -1.9f ),
    new Vector2( 1.5f, -2.0f ),
    new Vector2( 0.0f, -2.0f )
};
```

この各点を平面上にプロットしてみると、図5-3-7のようになります。

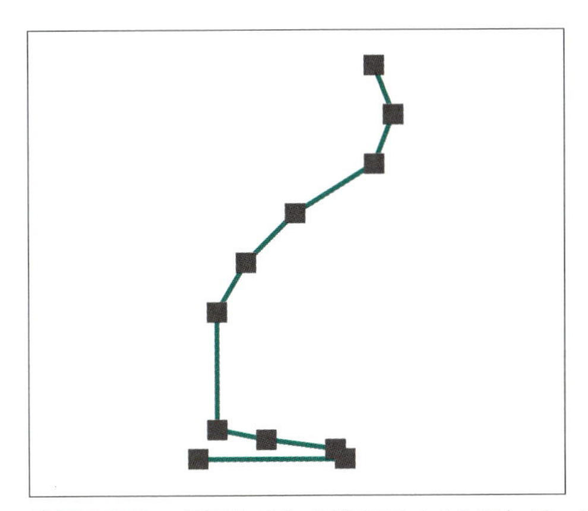

図5-3-7 xy平面上での「グラスのような形」データ

このような簡単な図形が、回転体として立体化すると、グラスのような複雑な形になるのですから、面白いものですね。回転体として作れる形は、「回転対称」と呼ばれる、ある軸を中心として回転しても形が変わらないものですが、そのような形のものは身近にたくさんあります。

そのように、回転体を作り出すプログラムというのは、意外に応用範囲の広いものです。皆さんも、ご自分でデータをいじって、自分オリジナルの回転体をいろいろと作ってみると面白いと思います。

5-4 簡単な地形を作りたい

Keyword　分割　サイン波　回転放物面

ここでは、ごく簡単な地形を作ってみましょう。キャラクターなどが上に乗ってアクションするような地形は、ゲームの大事な要素です。

平らな地形を作る

平らな地形を作っているのが、スクリプトShape4_1です。これをPlaneにアタッチして実行すると、四角い平らな地面が表示され、上下キーで回してみることもできます。これだけだとただの平面と何も変わらないように見えますが、ポイントは、「この地面は多数の正方形に分割されていて、しようと思えば曲面にすることも容易になっている」ことです（図5-4-1）。

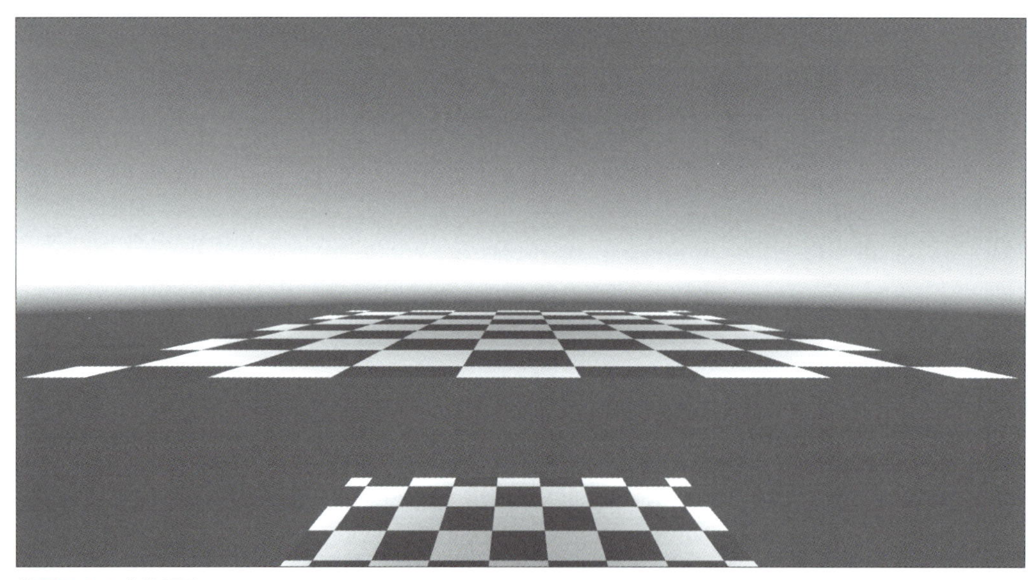

図5-4-1 動作画面

このプログラムで大事な箇所は、Startメソッド内の以下の部分です。

リスト5.6 Shape4_1（部分）

```
z = fFloorSize / 2.0f;
float dx = fFloorSize / Divide_Num;
tex.y = 1.0f;
float du = 1.0f / Divide_Num;
for (int i = 0; i <= Divide_Num; i++)
{
    x = -fFloorSize / 2.0f;
    tex.x = 0.0f;
    for (int j = 0; j <= Divide_Num; j++)
    {
        positions[nIndex] = new Vector3(x, 0.0f, z);
        uvs[nIndex] = tex;
        x += dx;
        tex.x += du;
        nIndex++;
    }
    z -= dx;
    tex.y -= du;
}
```

これ以後、頂点インデックスをセットしている部分が続きますが、その部分については5-2.球を作りたいとほぼ同じですので、そちらの頂点インデックスを解説している部分を参照してください。

さて、上記のプログラムを順に見ていってみましょう。

```
z = fFloorSize / 2.0f;
```

この部分は、頂点のz座標を初期化しており、fFloorSizeは作っている地面の大きさ、つまりサイズです。ここでz座標をfFloorSize / 2.0fとしているのは、画面の奥方向から頂点を置いていくようにし、また地面の真ん中を原点にするためです。

次に、

```
float dx = fFloorSize / Divide_Num;
```

としていますが、このdxは1ループにつきx座標やz座標が変化する量です。

ループ回数はDivide_Num＋1なので、この変化量はx座標やz座標を-fFloorSize/2〜fFloorSize/2の範囲で動かし、結果、地面全体のサイズをfFloorSizeとしています。

次に、

```
tex.y = 1.0f;
```

と、テクスチャのv座標を1に初期化しています。

これは、v座標をz座標と連動させて動かしていく際に、v座標を奥方向（z座標がプラスの方向）がテクスチャの上になるようにするためです。
　また、次の

```
float du = 1.0f / Divide_Num;
```

は、1ループにつきu座標やv座標が変化する量です。ループ回数がDivide_Num＋1のため、この変化量でu座標やv座標は0～1の範囲で変化することになります。
　さらに次の、

```
for (int i = 0; i <= Divide_Num; i++)
```

がz方向に頂点を置いていくためのループです。z方向のループが外側に来ることになりますから、これはx方向に1列頂点を置く、という操作をz方向の大きさだけ繰り返すことになります。
　そのため次はx方向の位置とテクスチャ座標をリセットする

```
x = -fFloorSize / 2.0f;
tex.x = 0.0f;
```

という操作がされています。
　fFloorSize/2で初期化されていたz座標とは違い、x座標は-fFloorSize/2で初期化されていますから、頂点は左方向から置かれていくことになります。また、1に初期化されていたv座標とは違い、u座標は0からスタートしています。
　そして次の

```
for (int j = 0; j <= Divide_Num; j++)
```

が、x方向に頂点を置いていくためのループです。その中で、

```
positions[nIndex] = new Vector3(x, 0.0f, z);
uvs[nIndex] = tex;
```

のように実際に位置とテクスチャ座標をバッファにセットしたあとで、

```
x += dx;
tex.x += du;
```

と、位置とテクスチャ座標を共に右方向に1単位動かして次の頂点へ、という操作をDivide_Num＋1回繰り返しています。
　そしてx方向に1列頂点を置き終わったら、

```
z -= dx;
tex.y -= du;
```

として、位置を手前方向に1単位、テクスチャ座標を下方向に1単位動かして次の列へ、という操作をDivide_Num＋1回繰り返しています。

以上の操作によって、x方向、z方向共に、Divide_Num個の正方形が並び、全体の大きさがfFloorSizeであるような平らな地面を作るよう頂点を配置することができます。

植木算により、地面を各方向Divide_Num個に分割するようにポリゴンを配置するには、頂点を各方向Divide_Num＋1個配置する必要があることに注意してください（図5-3-5）。

なお、このように四角い地面・平面を作る際には、全体の大きさ（Shape4_1の場合はfFloorSize）とその分割数（Shape4_1の場合はDivide_Num）をすぐに変えられるように生成プログラムを組んでおくのが重要です。地面全体の大きさはよく調整されますし、曲がった地面にした場合にその精度を決める分割数も、すぐに調整できることが非常に大事だからです。

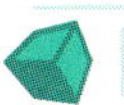

曲がった地形を作る

さて次に、せっかく地面を作れるようになったのですから、これをまっ平らでなく曲がった地面にしてみましょう。

そのごく簡単な例がShape4_2です。これをPlaneにアタッチして実行すると、今度は地面が平らではなく、魔法のじゅうたんのように曲がった地面になります（図5-4-2）。

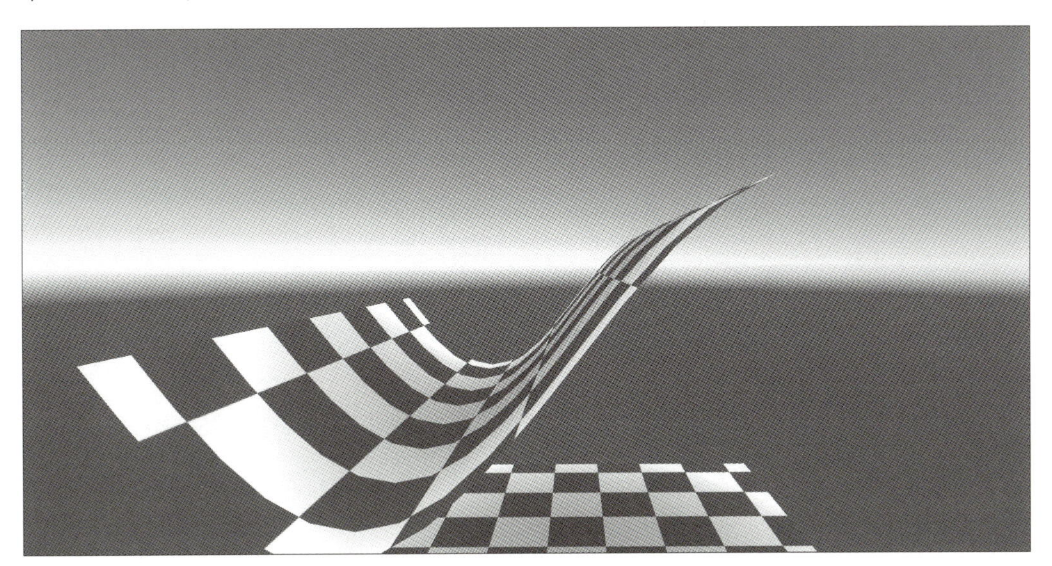

図5-4-2 動作画面

このプログラムはほとんどShape4_1と変わりませんが、重要な変更点は地形の頂点を置いている内側のループの中、以下の部分です。

```
y = fWaveAmp * Mathf.Sin(2.0f * Mathf.PI * x / fWaveLength);
positions[nIndex] = new Vector3(x, y, z);
```

これは、**サイン波**と呼ばれる波を作成しているものです。x方向を向いて止まっているサイン波は、数式では以下のように表されます。

$$y = A \cdot \sin\left(2\pi \frac{x}{\lambda}\right)$$

ここで、Aは**振幅**と呼ばれるパラメータで、波の高さを表します（図5-4-3）。このAは、プログラムでは`fWaveAmp`という変数に設定されていて、

```
const float fWaveAmp = 2.0f;              // 振幅
```

とされていますから、現状は`2.0f`だということになります。

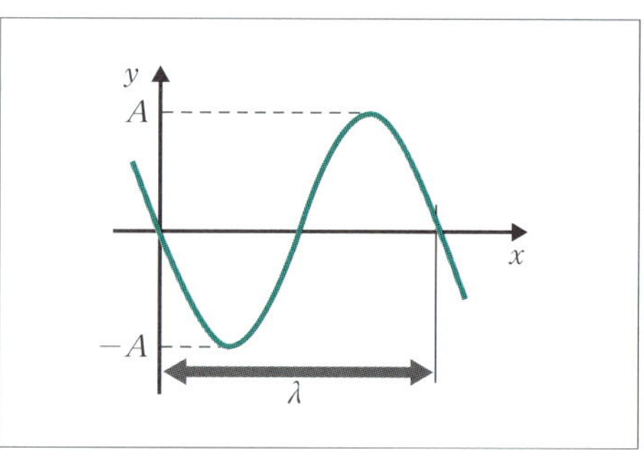

図5-4-3 サイン波における振幅（A）と波長（λ）

NOTE

この説明だけではわかりにくい方は、`2.0f`と設定されている`fWaveAmp`をいろいろと変化させてみて、波がどう変化するのか観察してみるとよいでしょう。

また、数式中のλは波長と呼ばれ、波の1周期の長さです（図5-4-3）。 今回は、プログラムではこの波長は`fWaveLength`という変数に設定されており、

```
const float fWaveLength = fFloorSize;    // 波長
```

と地面の大きさ`fFloorSize`と等しくされていますから、波長はちょうど地面の端から端まで、ということになっています。

NOTE

この説明だけではわかりにくい方は、例えば、波長を地面サイズの半分にしてみる、つまり上の行を

```
const float fWaveLength = fFloorSize / 2.0f;    // 波長
```

と変更したりしてみれば、波長についての理解が進むはずです。ぜひやってみましょう。

このように、サイン波を作る場合には、波の基本的なパラメータである振幅と波長をきちんと制御できるように組むのが基本です。そうでなければ、より高度で自由度の高い波を構成することはできず、応用範囲も限られたものになってしまうからです。

デコボコした地形と回転放物面

さて、せっかくですから、このサイン波を使ってもう少しいろいろやってみましょう。スクリプトShape4_3をPlaneにアタッチして実行すると、少し卵パックに似たデコボコした地形ができますが、これは標高を以下のように決めています。

```
y = fWaveAmp * Mathf.Sin(2.0f * Mathf.PI * x / fWaveLength)
  + fWaveAmp * Mathf.Sin(2.0f * Mathf.PI * z / fWaveLength);
```

つまりこれは、x方向に向いた波だけでなく、z方向に向いた波も作り出し、それらを重ね合わせることで形を作っています。それだけで意外に複雑な形ができるものですね（図5-4-4）。

図5-4-4 動作画面

NOTE

実は、この方向性を突き詰めていけば、これは最終的に逆フーリエ変換というものになり、あらゆる形の地形を作ることができることが知られていますが、今はここまでにしておきましょう。

さらに、スクリプトShape4_4をPlaneにアタッチして実行すると、今度はその卵パックに似たデコボコの真ん中が盛り上がっています（図5-4-5）。

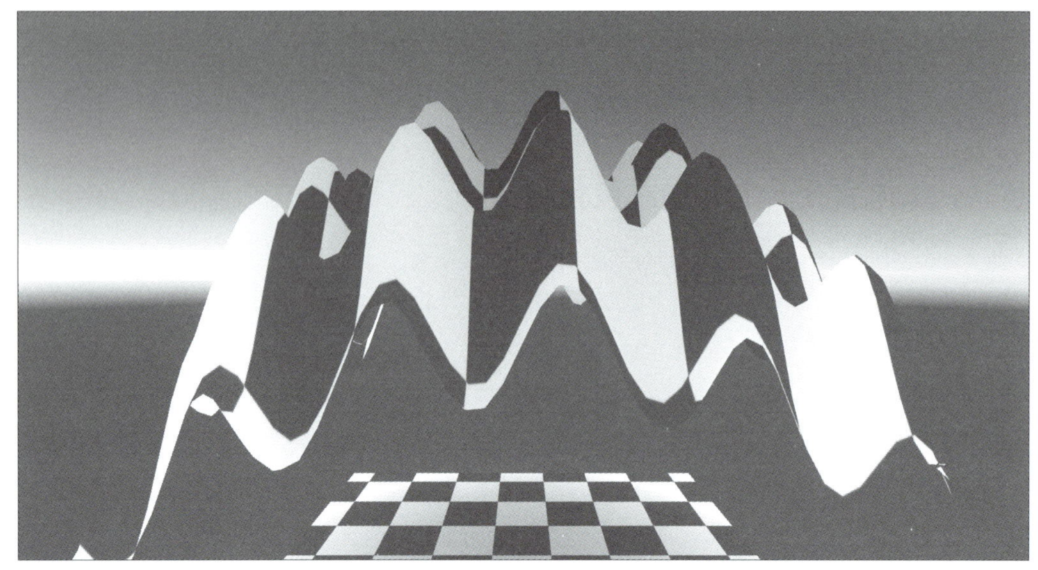

図5-4-5 動作画面

これについては標高を以下のように決めています。

```
y = fWaveAmp * Mathf.Sin(2.0f * Mathf.PI * x / fWaveLength)
  + fWaveAmp * Mathf.Sin(2.0f * Mathf.PI * z / fWaveLength)
  - 0.1f * (x * x + z * z) + 3.0f;
```

これは、2行目まではShape4_3と同じですから、3行目が真ん中を盛り上げているのだと考えられます。

このコード中で核心となるのは、(x * x + z * z)という部分です。これは、xz平面上で考えたときに、原点からの距離をrとすると、ピタゴラスの定理により$r^2 = x^2 + z^2$となることから、(x * x + z * z)という部分は、xz平面上で考えたときの原点からの距離の2乗となります。

それをy座標にしているということは、形としてはy軸を軸として放物線を回転した**回転放物面**（かいてんほうぶつめん）というものになります。

この回転放物面というものがどのようなものか見たければ、上記のy座標を計算している部分からサイン波によるデコボコを取り除き、

```
y = -0.1f * (x * x + z * z) + 3.0f;
```

として実行してみてください。滑らかにカーブした回転放物面が見られると思います。オリジナルのShape4_4では、この回転放物面にサイン波によるデコボコを加え合わせることで、デコボコしてなおかつ真ん中が盛り上がった形を作り出しているわけですね。

この回転放物面は、ピタゴラスの定理を使うにもかかわらず平方根を取らず掛け算と足し算だ

けで手軽に実現することができるため、何かを滑らかに盛り上げたいような場合にはなかなかに便利です。

 波紋のような地形

では最後に、そのピタゴラスの定理を使って、水面の波紋のような形のサイン波を作ってみましょう。スクリプトShape4_5をPlaneにアタッチして実行すると、まさに水面の波紋のような形の地形が表示されます（図5-4-6）。

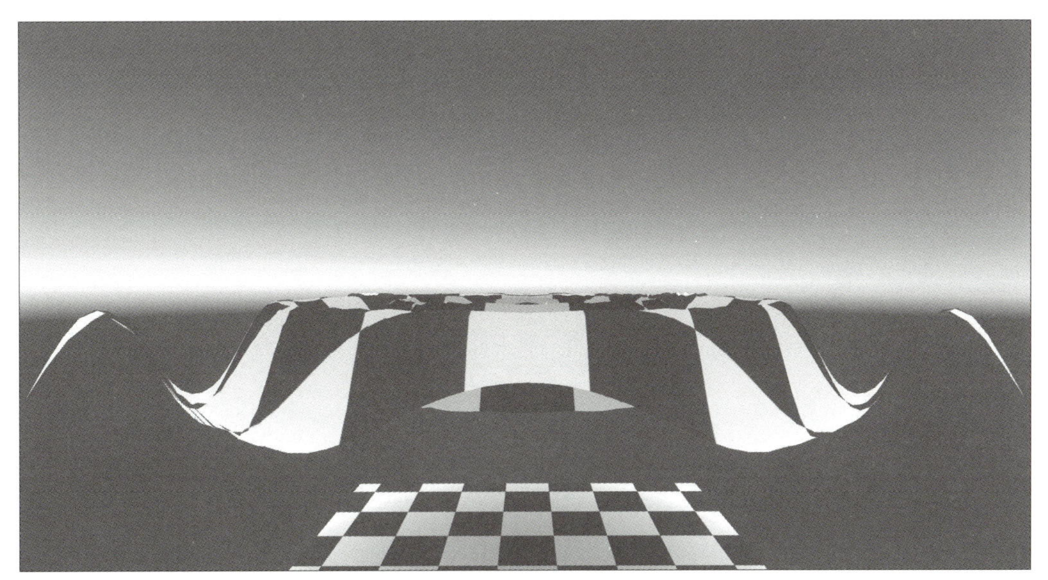

図5-4-6 動作画面

この場合の標高は以下のように定められています。

```
float len = Mathf.Sqrt(x * x + z * z);
y = fWaveAmp * Mathf.Sin(2.0f * Mathf.PI * len / fWaveLength);
```

先ほどのShape4_4の場合とは違い、今度はきちんと平方根を取ったピタゴラスの定理によって「xz平面上で考えたときの原点からの距離」を求めています。そして、それをShape4_2でのxの代わりにサイン関数の中に入れています。こうして、xz平面上で原点からの距離が同じならば同じ高さ、という円形の波を作り出しているわけです。

このように、数式を使って標高を決めていくことでさまざまな形をした地面を作り出すことができます。これを発展させていけば、地形の自動生成や、水面の複雑な波を作り出すといった応用につながっていきますので、以上の内容はそのようなものの基礎としてしっかりと押さえておきたいところです。

5-5 波打つ地形を作りたい

Keyword　進行波　周期　波数ベクトル

本節では、1つだけのサイン波を作り、それを時間とともに波打たせることを考えてみましょう。

進行波を作る

サイン波は簡単に作ることができるため、例えば「水面の波を表現する」といった使い方をするのに便利です。実は、実際の水面の波はサイン波ではなく、重力波（Gravity wave）と呼ばれる波になるのですが、一般にゲームで使われるような波の場合、たとえ水面の波であってもサイン波で十分な場合がほとんどです。

前節5-4.簡単な地形を作りたいまでで「止まっているサイン波」を作ることはできているため、それを時間が経つに連れて波が移動する、**進行波**（しんこうは）と呼ばれる波にすればよい、ということになります。

> **NOTE**
>
> ただ、止まっているサイン波を理解しないと進行波を理解するのは難しいため、前節の内容をしっかりと理解してから本節を読み進むのがおすすめです。

さて、実際に簡単な進行波を作っているのが、スクリプトShape5_1です。これをPlaneにアタッチして実行すると、x軸のプラス方向へと移動していく波が表示されます（図5-5-1）。

▶図5-5-1 動作画面

このプログラムで大事な箇所（かつ止まっているサイン波を作るShape4_2と異なっている箇所）は、FixedUpdateメソッド内の以下の部分です。ここでは、リアルタイムに変化する標高を決めています。

```
float fPhase = fMiliSec / fPeriod - x / fWaveLength;
positions[i].y = fWaveAmp * Mathf.Sin(2.0f * Mathf.PI * fPhase);
```

このコードでは、sin関数の中身が長くなっているため、いったんfPhaseという変数に、ある程度の計算値を入れてから処理しています。

x軸のプラス方向へと進行するサイン波は、数式では以下のように表されます。

$$y = A \cdot \sin\left\{2\pi\left(\frac{t}{T} - \frac{x}{\lambda}\right)\right\}$$

tは現在の時刻で、Tは周期と呼ばれる、波が1回波打つまでの時間を表すものです。

上のプログラムでは、変数fMiliSecが時刻t（ミリ秒単位）を表し、定数fPeriodが周期を表しています。

この周期を表す定数fPeriodに対し、実際に値を入れている部分を見てみると、

```
const float fPeriod = 2000.0f;              // 周期
```

となっていて、ミリ秒単位で2000.0f、つまり2秒の周期で波打つような波になっていることがわかります。

周期については、sin関数の中身、$\frac{t}{T}$という部分を見ると、tがTだけ増えると1増加しています。そしてそれに2πがかかっていることから、tがTだけ増えるとsin関数の中身は2πだけ増えることになります。

sin関数は2π周期の関数ですから、結局tがTだけ増えると上のサイン波は1周期分うねることになるわけです。

NOTE

以上の説明でわかりにくい方は、プログラムで使われている定数`fPeriod`を変更してみて、波の挙動がどう変わるか、実際に見てみるとよいでしょう。

斜めに進む波を作る

このように、座標軸に平行に進むようなサイン波を作るのは簡単ですが、それだけだと応用範囲は非常に限られたものになってしまいます。例えば海の波を考えてみても、海岸線に平行な波しか発生しない、などということはありませんね。

そこで、Shape5_1をさらに発展させ、サイン波をx軸方向だけでなく、好きな方向に進行させることを考えてみましょう。

まずは、厳密なことは抜きにして、斜め45度方向に波を進行させることを考えてみましょう。それを行っているのが、スクリプトShape5_2です。このプログラムの核心部分は、`FixedUpdate`メソッド内の以下の部分です。

```
float fPhase = fMiliSec / fPeriod - (x + z) / fWaveLength;
positions[i].y = fWaveAmp * Mathf.Sin(2.0f * Mathf.PI * fPhase);
```

これはどうやら、先ほどのShape5_1ではxだった部分を、$(x+z)$と置き換えているようです。

これが斜め45度方向に進む波になることを定性的に理解するのは、比較的簡単です。$(x+z)$は、単にxとした場合とは違って、x座標が変わってもz座標が変わっても変化し、かつxとzの変化に対して同等に反応しますから、必然的に斜め45度方向に進行する波になる、ということになります。

そう考えれば、これよりx軸寄りの方向に波を進行させたければ、zに小さい数を掛ければよいでしょうし（例えば`(x+z)`の代わりに`(x + 0.3f * z)`とするなど)、z軸寄りの方向に進行させたければ、逆にxの方に小さい数を掛ければよいでしょう（例えば`(x+z)`の代わりに`(0.5f * x + z)`とするなど)。

しかし、そのように場当たり的に考えているだけでは、きちんとした波をきちんとした方向に進行させることはできません。例えば、Shape5_2の波である、

```
float fPhase = fMiliSec / fPeriod - (x + z) / fWaveLength;
positions[i].y = fWaveAmp * Mathf.Sin(2.0f * Mathf.PI * fPhase);
```

では、もはや波長は`fWaveLength`ではなくなってしまっています。このことは、単にxとした場合よりも$(x+z)$とした方が座標の変化が速くなることを考えればわかると思います。

このように波長がコントロールできないと、きちんと波を制御することができません。また、`(x + 0.3f * z)`や`(0.5f * x + z)`などとして波の進行する方向を変えることはできても、そのような波が正確にはどのような方向に進行しているのか、というのが非常にわかりにくく

なってしまっています。

そこでできれば、波の進行方向は、あるベクトルを与えればそのベクトルの方向に進行する、という形に持っていくのが便利と思われます。そして、まさにそのようにして波を制御するのが、波数ベクトル$\boldsymbol{k}$というものです。波数ベクトルとは、波が進行する方向を向き、長さが$\frac{1}{\lambda}$であるようなベクトルです。

この波数ベクトル$\boldsymbol{k}$を使うと、任意の方向に向かうサイン波は

$$y = A \cdot \sin\left\{2\pi\left(\frac{t}{T} - \boldsymbol{k} \cdot \boldsymbol{r}\right)\right\}$$

と表せます。ここで、$\boldsymbol{r}$はyを計算したい位置の位置ベクトルで、波数ベクトル$\boldsymbol{k}$と位置ベクトル$\boldsymbol{r}$の間にある演算·は、内積を表しています。

例えば、Shape5_1で発生させた、x軸方向に進行する波長λの波の場合、波数ベクトル$\boldsymbol{k}$はx軸方向に向いた長さ$\frac{1}{\lambda}$のベクトル、つまり$\boldsymbol{k} = \left(\frac{1}{\lambda},\ 0,\ 0\right)$となります。

これと位置ベクトル$\boldsymbol{r} = (x,\ y,\ z)$を上記の式に代入すると、$\boldsymbol{k} \cdot \boldsymbol{r} = \frac{x}{\lambda}$となることから、

$$y = A \cdot \sin\left\{2\pi\left(\frac{t}{T} - \frac{x}{\lambda}\right)\right\}$$

となり、確かにx軸方向に進行する波の式を再現できることを確かめることができます。

 波の進行方向を変化させる

この波数ベクトル$\boldsymbol{k}$を使えば、好きな方向に好きな波長の波を進行させることができます。そこで、リアルタイムに波の進行方向を変化させることができるようにしたのが、スクリプトShape5_3です。

これをPlaneにアタッチして実行すると、Shape5_1と同じようにx軸のプラス方向へと波が進行していますが、今度は左右の方向キーによって波の進行方向を回転させることができます。

このプログラムで大事な部分は、`FixedUpdate`メソッド内の2つの部分です。

まず、次の箇所です。

```
k = new Vector3(Mathf.Cos(fWaveAngle),
                0.0f,
                Mathf.Sin(fWaveAngle)) / fWaveLength;
```

この部分は、波数ベクトル$\boldsymbol{k}$のx成分とz成分をセットしています。Shape5_3での波はxz平面で発生するため、波数ベクトルのy成分は必要ありません。

さて、上のプログラムで`fWaveAngle`は波の進行方向、`fWaveLength`は波の波長です。

ここで、この式を数学的にベクトル表記すると、

$$\boldsymbol{k} = \frac{1}{\lambda}(\cos\theta,\ 0,\ \sin\theta)$$

となります。ここでこのベクトルの絶対値、つまり長さを取ってみると、

$$
\begin{aligned}
|\boldsymbol{k}| &= \left|\frac{1}{\lambda}(\cos\theta,\ 0,\ \sin\theta)\right| \\
&= \left|\frac{1}{\lambda}\right| \cdot \sqrt{(\cos^2\theta + \sin^2\theta)} \\
&= \frac{1}{\lambda} \cdot \sqrt{1} \\
&= \frac{1}{\lambda}
\end{aligned}
$$

となりますから、確かに波数ベクトル$\boldsymbol{k}$は長さ$\frac{1}{\lambda}$のベクトルになっていることがわかります。

また、

$$
\boldsymbol{k} = \frac{1}{\lambda}(\cos\theta,\ 0,\ \sin\theta)
$$

で、$(\cos\theta,\ 0,\ \sin\theta)$というベクトルは、$xz$平面上で角度$\theta$の方向を向いたベクトルですから（図5-5-2）、この波数ベクトルは、xz平面上で角度θの方向に進行する波を表すことになります。

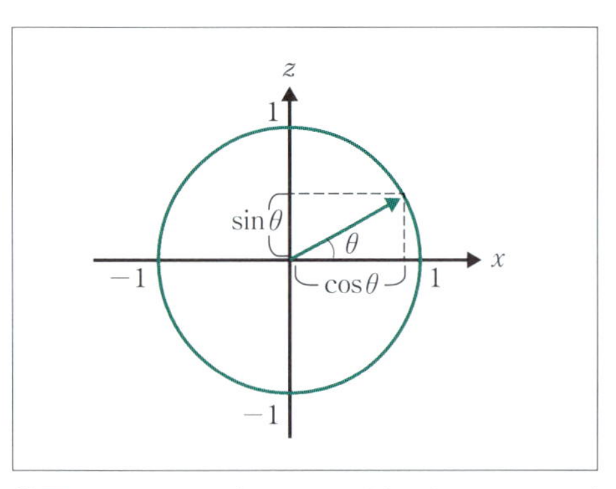

図5-5-2 xz平面上での、ベクトル$(\cos\theta,\ 0,\ \sin\theta)$の向き

以上で、波数ベクトル$\boldsymbol{k}$を用意できたので、これを使ってy座標を計算してみましょう。

ソースコード中で実際にy座標を計算しているのが、

```
float fPhase = fMiliSec / fPeriod - Vector3.Dot(k, positions[i]);
positions[i].y = fWaveAmp * Mathf.Sin(2.0f * Mathf.PI * fPhase);
```

という部分です。このうち、`- Vector3.Dot(k, positions[i])`という箇所が、$-\boldsymbol{k}\cdot\boldsymbol{r}$というベクトルの内積を計算しています。

以上のようにすれば、角度θの方向に任意の波長の波を進行させることができるわけです。

 逆フーリエ変換と中点変位法

このように任意の方向に向かい、振幅、波長をきちんと制御した波を作成できるというのは大切なことで、これを応用した**逆フーリエ変換**（ぎゃくフーリエへんかん）という手法によって、例えば地形の自動生成を行うことができます。

また、地形の自動生成については、他にも**中点変位法**（ちゅうてんへんいほう）という方法を使うこともできます。これは単位となる形（正方形など）を辺の中点で分割し、その中点を適当な方法で変位する（位置を変える）という操作を再帰的に繰り返すことによって地形を得るものです。ここで適当な変位の方法というのは、例えば「ランダムに位置を変化させていく」というようなことです。

ただし、中点変位法で地形を生成した場合、止まっている地形ならば問題はありませんが、例えば海の波のようにリアルタイムかつ滑らかにその地形を変化させていく、というようなことをするのはかなり難しいでしょう。それに対して、上で行ったような任意の方向に向かう波を組み合わせて地形を作った場合、その波を進行させることによって、簡単にリアルタイムかつ滑らかに変化するような地形を作り出すことができます。例えば荒波が立っている海や、ランダムにかげろうのようにゆがみ揺らめくエフェクトなども無理なく表現することができるわけですね。

逆フーリエ変換というのは本質的に多数の三角関数を重ね合わせることで形を作り出すものですから、「それでは、作れる形には限界があるのではないか？」と思われる方もいるかもしれません。しかし、実際はそのようなことはなく、逆フーリエ変換で三角関数を重ね合わせることで、あらゆる形を再現することができることが数学的に証明されています。

ゲームにおいて、波数ベクトルを用いて任意の方向に進むサイン波を作れるというのは大切なことです。本書においては実際に逆フーリエ変換を用いて地形を自動生成するのは割愛しますが、興味がある方は、その際に必要となる「フラクタル次元」「自己相似性」というような概念とともに逆フーリエ変換を実際に行って、地形の自動生成をするプログラムにチャレンジしてみてください。

5-6 空間曲線を表現したい

Keyword 十字 円筒 ローカル座標

本節では、ある程度の太さを持った空間曲線を作ることを考えてみましょう。これは、レーザーやミサイルなどの軌跡、ロープや鞭(むち)といったものを表現するときに必要となるものです。

曲がった曲線を表示する

簡単な方法で空間曲線を作っているのが、スクリプトShape6_1です。これをPlaneにアタッチして実行してみると、立体的に曲がった曲線が表示され、上下キーで回転させて見ることができます。

なお、このShape6_1はカリング（裏返ったポリゴンは描画をしないという動作）をOFFにし、裏返ったポリゴンも描画するようにしなければ正しく表示されません。もし角度によっては曲線が表示されなくなったりする場合には、PlaneにアタッチされているShaderMaterialで使用するシェーダーをUnlit/NoCullShaderにして実行してみてください。

そのようにしてカリングがOFFにされていれば、さまざまな角度から見てもだいたい同じような太さの曲線として表示されるのがわかると思います。

ただし、よく見ると角度によって太さが変わって見える部分もあるのに気がつくかもしれません。実はこの「曲線」は、十字型に配置されたポリゴンを曲線に沿って曲げる、という風に作られているため（図5-6-1）、見る角度によっては太さが変わって見えてしまったりするわけです。

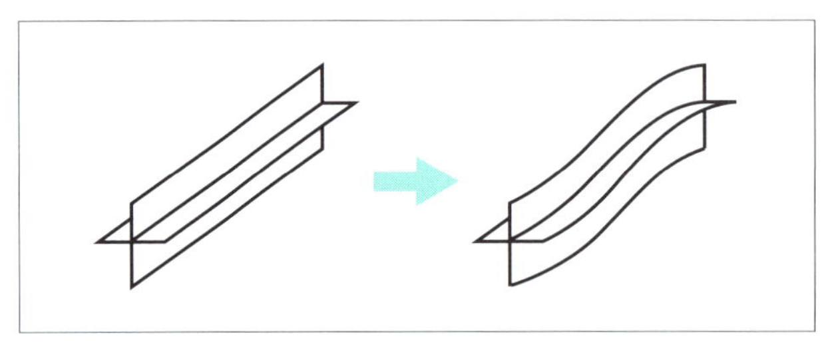

図5-6-1 十字型に配置されたポリゴンを曲線に沿って曲げる

さて、このプログラムで大事な部分は、Startメソッド内の以下の部分です。

リスト5.7 Shape6_1（部分）

```
// 頂点データ
int nIndex = 0;
```

```
for (int i = 0; i < Point_Num; i++)
{
    Vector3 v3Forward;
    if ( i < Point_Num - 1 )
    {
        v3Forward = points[i + 1] - points[i];      // 通常のフォワード
    }
    else
    {
        v3Forward = points[i] - points[i - 1];      // 端のフォワード
    }
    Vector3 v3SideS1 = new Vector3(-v3Forward.z, 0, v3Forward.x);   // 法線ベ
クトル1
    Vector3 v3SideS2 = Vector3.Cross(v3Forward, v3SideS1);          // 法線ベ
クトル2
    v3SideS1.Normalize();
    v3SideS2.Normalize();
    positions[nIndex]     = points[i] + fLineSize * v3SideS1;
    positions[nIndex + 1] = points[i] - fLineSize * v3SideS1;
    positions[nIndex + 2] = points[i] + fLineSize * v3SideS2;
    positions[nIndex + 3] = points[i] - fLineSize * v3SideS2;
    uvs[nIndex]     = new Vector2(0.0f, 0.0f);
    uvs[nIndex + 1] = new Vector2(0.0f, 0.0f);
    uvs[nIndex + 2] = new Vector2(0.0f, 0.0f);
    uvs[nIndex + 3] = new Vector2(0.0f, 0.0f);
    nIndex += 4;
}
// 頂点インデックス
nIndex = 0;
for (int i = 0; i < Point_Num - 1; i++)
{
    indices[nIndex]      = i       * 4;
    indices[nIndex + 1]  = (i + 1) * 4;
    indices[nIndex + 2]  = i       * 4 + 1;
    indices[nIndex + 3]  = i       * 4 + 1;
    indices[nIndex + 4]  = (i + 1) * 4;
    indices[nIndex + 5]  = (i + 1) * 4 + 1;
    indices[nIndex + 6]  = i       * 4 + 2;
    indices[nIndex + 7]  = (i + 1) * 4 + 2;
    indices[nIndex + 8]  = i       * 4 + 3;
    indices[nIndex + 9]  = i       * 4 + 3;
    indices[nIndex + 10] = (i + 1) * 4 + 2;
```

```
    indices[nIndex + 11] = (i + 1) * 4 + 3;
    nIndex += 12;
}
polygon.vertices = positions;
polygon.uv = uvs;
polygon.triangles = indices;
```

上のプログラムでは、曲線は一連の点をPoint_Num個つないだ配列として与えられています。このとき、十字型のポリゴンを曲線に沿って曲げていくためには、各頂点の位置で、曲線に直交する方向に向けた十字型に頂点を配置していく必要があります。そのためにまず、曲線に沿った方向のベクトルをv3Forwardに得ているのが以下の部分です。

```
Vector3 v3Forward;
if ( i < Point_Num - 1 )
{
    v3Forward = points[i + 1] - points[i];      // 通常のフォワード
}
else
{
    v3Forward = points[i] - points[i - 1];      // 端のフォワード
}
```

if文による場合分けがされています。これは、通常は現在の通過点から次の通過点に向かうベクトルをv3Forwardとしているものの、最後の通過点では次の通過点が存在しないため、その場合だけは1つ前の通過点から現在の通過点に向かうベクトルをv3Forwardとするためです。

なお、この「曲線に沿った方向のベクトル」というのは厳密には曲線の接線ベクトルであり、それを「現在の通過点から次の通過点に向かうベクトル（図5-6-2①)」とするのは近似に過ぎません。

しかも、上のように曲線が（元となる方程式でなく）通過点の集合で与えられている場合でも、曲線の接線ベクトルの近似としては「(現在のものではなく）1つ前の通過点から次の通過点に向かうベクトル（図5-6-2②)」とした方が精度はよくなります。

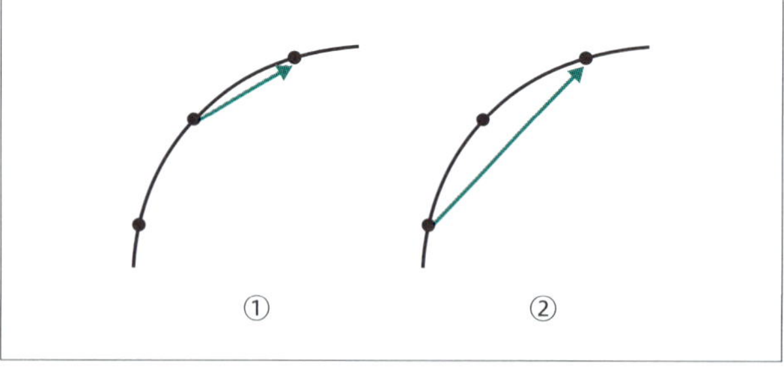

図5-6-2 現在の通過点から次の通過点に向かうベクトル(①)と、1つ前の通過点から次の通過点に向かうベクトル(②)

ただ、説明が複雑になるのを避けるために、ここでは最も簡単な方法で曲線の接線ベクトルを近似しているわけです。この場合、与えられる通過点がまばらだったり、曲線がきつくカーブしているような場合にはその精度の違いが問題になり得ますから、気になる方はご自分で精度を上げてみてください。

さて、次には、その曲線に沿った方向のv3Forwardに直交して、さらに互いにも直交するような2つのベクトルを求めています。それら2つのベクトルの方向に、十字を構成する頂点を置こうとしているわけですね。

具体的には、それら直交するベクトル、v3SideS1とv3SideS2は以下のように求められています。

```
Vector3 v3SideS1 = new Vector3(-v3Forward.z, 0, v3Forward.x); // 法線ベクトル1
Vector3 v3SideS2 = Vector3.Cross(v3Forward, v3SideS1);        // 法線ベクトル2
```

さて、ここでv3Forwardに直交する1番目のベクトルとして(-v3Forward.z, 0, v3Forward.x)というベクトルを与えていますが、これは、どういう理由でv3Forwardと直交するとわかったのでしょうか。

確かにv3Forwardである(v3Forward.x, v3Forward.y, v3Forward.z)というベクトルと(-v3Forward.z, 0, v3Forward.x)というベクトルの内積を取ってみると、-v3Forward.x × 3Forward.z + v3Forward.z × v3Forward.xとなって必ず0になるため、事後にこのベクトルがv3Forwardと直交しているのがわかるかと思います。

実はこれは、v3Forwardと(0, 1, 0)というベクトルの**外積**（がいせき）です。数学的には、外積は以下のように表されます。

$$(a_x, a_y, a_z) \times (b_x, b_y, b_z) = ((a_y b_z - a_z b_y), (a_z b_x - a_x b_z), (a_x b_y - a_y b_x))$$

この式を使って、実際にv3Forwardと(0, 1, 0)の外積が(-v3Forward.z, 0, v3Forward.x)になるのを確かめてみてください。

さて、外積を使って直交するベクトルを求めているということは、必然的にv3Forwardが(0, 1, 0)と平行になっている場合には、結果がゼロベクトルになってしまい、直交するベクトルは求められません。つまり現状では、曲線を真上方向や真下方向に向けることはできないのです。

NOTE

真上や真下に曲線を向けられないのは不便かもしれませんが、説明が複雑になるのを避けるために、本書ではこのようにしています。
もし、曲線を真上・真下方向にも向かわせたい場合には、いったんv3Forwardを単位化し、その単位化したv3Forwardのy成分の絶対値の大きさによって場合分け、などといった処理をすればよいので、興味のある方はやってみてください。

v3Forwardに直交するベクトルが1つ見つかってしまえばあとは簡単で、両者の外積を取ればその両方に直交するベクトルは簡単に求められます。
　それが

```
Vector3 v3SideS2 = Vector3.Cross(v3Forward, v3SideS1); // 法線ベクトル2
```

という部分であるわけです。
　こうして、曲線に直交する2ベクトルv3SideS1とv3SideS2が求まったら、これらのベクトルを

```
v3SideS1.Normalize();
v3SideS2.Normalize();
```

と単位化しています。これから曲線に直交する十字の頂点の位置ベクトルを求めるわけですが、その十字の大きさを制御しやすくするためです。
　この単位化を怠ってしまうと、外積の結果の長さ、つまりv3Forwardが(0, 1, 0)となす角によって、十字の大きさ、つまりは曲線の太さが変わってきてしまいます。それを避けるためにも、単位化は大事な処理です。
　そして、その単位化した2つのベクトルに曲線の太さ（半径）を掛けたものを現在の通過点の位置ベクトルに対して足し引きすれば、十字の頂点の位置ベクトルが求められます。それを実行しているのが以下の部分です。

```
positions[nIndex    ] = points[i] + fLineSize * v3SideS1;
positions[nIndex + 1] = points[i] - fLineSize * v3SideS1;
positions[nIndex + 2] = points[i] + fLineSize * v3SideS2;
positions[nIndex + 3] = points[i] - fLineSize * v3SideS2;
```


　ここでは、fLineSizeが曲線の太さ（半径）ですね。
　以上の操作をすべての通過点に対して行えば、頂点の準備は完了です。その後、頂点インデックスをセットしてポリゴンを作っていますが、これは（端の部分を除き）1つの通過点につき1つ、四角形が十字に交差した形のポリゴンを作っています。
　その際には、1つの四角形を作るのにポリゴンを2枚作り、さらにその四角形を2枚組み合わせて十字型を作っているため、1ループにつき4枚のポリゴン、12個の頂点をセットしています。

曲線を工夫する

　さて、このような十字型になったリボンのようなポリゴンで曲線を表現すると、使うポリゴンは比較的少なくて済み、また使うアルゴリズムも簡単で、レーザーのように中心から周辺に向けてグラデーションがかかっているような曲線も簡単に表現できます。
　しかし、実際Shape6_1を動かしてみればわかることですが、見る角度によってはペラペラのポリゴンであることが思いきり見えてしまう場合があります。そのため、常に同じような太さの

曲線に見えるように、曲線をチューブのような曲がった円筒で囲っているのが、スクリプトShape6_2です。

これをPlaneにアタッチして実行してみると、Shape6_1と同じように立体的に曲がった曲線が表示されて、さらに上下キーで回転もします。Shape6_1よりも見る角度によって曲線の太さが変わって見えてしまう現象がだいぶ少なくなっているのがわかると思います。

このプログラムを理解するには、Shape6_1をきちんと理解していれば、Startメソッド内の以下の部分を参照すれば十分でしょう。

```
positions[nIndex] = points[i]
                + fLineSize * Mathf.Cos(fLineAngle) * v3SideS1
                + fLineSize * Mathf.Sin(fLineAngle) * v3SideS2;
```

ここでv3SideS1とv3SideS2は、先ほどと同じように曲線に沿ったベクトルv3Forwardに直交し、また互いにも直交しているベクトルです。この部分を理解するには、互いに直交している、v3SideS1、v3SideS2、v3Forwardをそれぞれx、y、z軸とするようなローカル座標を考えるのが一番わかりやすいでしょう。

通常の方向を向いているx、y軸の空間で、

$$\begin{cases} x = r\cos\theta \\ y = r\sin\theta \end{cases}$$

として、θを1周分回せば、それは半径rの円になるというのはわかるかと思います。

これを基底ベクトル$\boldsymbol{i}$、$\boldsymbol{j}$を用いて書けば

$$\boldsymbol{p} = r\cos\theta \cdot \boldsymbol{i} + r\sin\theta \cdot \boldsymbol{j}$$

となります。

さらに、ある点$\boldsymbol{p}_0$を中心とする円ならば、

$$\boldsymbol{p} = \boldsymbol{p}_0 + r\cos\theta \cdot \boldsymbol{i} + r\sin\theta \cdot \boldsymbol{j}$$

となります。

この式は、先ほどのプログラムにおいて、points[i]を$\boldsymbol{p}_0$、fLineSizeをr、fLineAngleをθ、v3SideS1を$\boldsymbol{i}$、v3SideS2を$\boldsymbol{j}$、と置き換えたものに等しくなっています。v3SideS1とv3SideS2は互いに直交していて、x軸とy軸の代わりになり得ることに注意しましょう。

つまり先ほどの行は、「曲線に直交する半径rの円周上に頂点を置いていっている」ということになります。そのような円周上の点をポリゴンでつないでいけば、半径rで曲線を覆うような、曲がった円筒ができるのが容易にわかると思います。

以上のように、ある程度の太さを持った空間曲線を表現するのにはいくつか方法があり、用途や必要になる処理速度によって使い分ける必要があります。ただし、上に挙げた2つの方法では、いずれも曲線のカーブが急になると（「曲率が大きくなる」「曲率半径が小さくなる」ともいいま

す)、曲線の太さを上手く保てなくなってしまいます。

カーブの急な部分では、まるで折り曲げたホースのように曲線がつぶれてしまうことになりますから注意してください。それを回避するためには、カーブが急な部分だけ通過点を増やすなど、特別な工夫が必要になってきますが、本書ではこれ以上は触れないことにしておきましょう。

Chapter 6
基本的な数学理論

6-1 比例と一次関数、直線の方程式

Keyword 比例関係 比例定数 媒介変数

本節では、ゲームに必要な数学のうち、最も基礎となるものの1つである「比例」と、それを一般化するための「一次関数」を解説します。
さらに、一次関数を使って直線を表す方法についてもあわせて解説していきます。

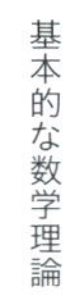

比例とは？

ある数が、別の数に定数aを掛けた数として表せるとき、両者は**比例**(ひれい)関係にあるといいます。また、その場合のaを**比例定数**(ひれいていすう)といいます。

例えば、「10円のアメを買う数と、その代金」は比例関係にあります。これは、買うアメの数をx、その代金をyとすると

$$y = 10x$$

と表すことができ、この場合、比例定数aは10ということになります。この式を使って計算すると、例えば、$x = 5$、つまりアメを5個買うなら代金yは

$$y = 10 \cdot 5 = 50(\text{円})$$

となりますし、アメ100個を買うなら代金yは

$$y = 10 \cdot 100 = 1000(\text{円})$$

と求められます。

比の形で表現する

さらに、別な書き方でこれを表してみましょう。

今、アメ1つと10円が等しいので、これをアメ:代金＝1：10と表現します。この書き方を**比**(ひ)と呼びます。このように書くと、アメ2つと20円も等しいので、アメ：代金＝2：20でもあり、またアメ7つと70円も等しいですからアメ：代金＝7：70でもあります。

これらをまとめて書いてみると

$$\text{アメ：代金} = 1:10 = 2:20 = 7:70$$

ということになります。

ここで、$1:10=2:20$という部分に注目すると、内側2つの数を掛けると$10\cdot 2=20$、外側2つの数を掛けると$1\cdot 20=20$で、同じ数になっています（図6-1-1）。

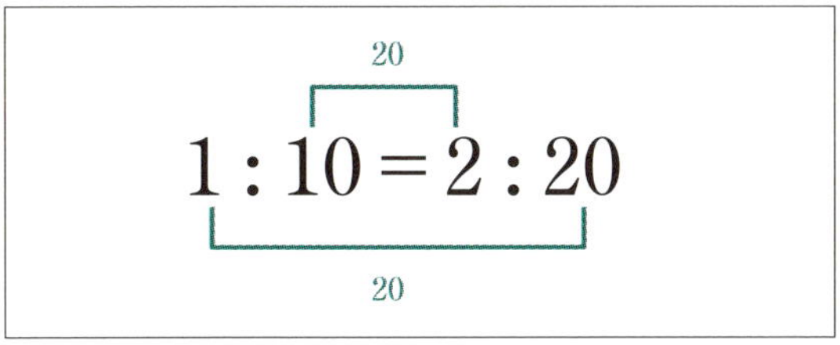

$$\overset{20}{\overbrace{}} \quad 1:10=2:20 \quad \underset{20}{\underbrace{}}$$

▶図6-1-1 内側2つの数を掛けたものと、外側2つの数を掛けたものは、ともに20となり等しい

また、$2:20=7:70$という部分に注目しても、内側2つの数を掛けると$20\cdot 7=140$、外側2つの数を掛けると$2\cdot 70=140$で、やはり同じ数です。ということで、

$$a:b=c:d\ であれば、bc=ad$$

という関係が常に成り立っているといえます。

試しに、その事実を使ってアメの代金を出してみましょう。アメ：代金$=1:10$なのですから、アメ5個を買ったときの代金をyとすれば

$$1:10=5:y$$

となります。内側2つの数を掛けると$10\cdot 5=50$、外側2つの数を掛けると$1\cdot y=y$で、それらは等しいですから$y=50$、つまりアメ5個を買ったときの代金は50円とわかります。

また、アメ：代金$=2:20$でもありますから、これを使ってアメ100個の代金yを求めてみると

$$2:20=100:y$$

内側2つの数を掛けたものと外側2つの数を掛けたものが等しいですから

$$20\cdot 100=2\cdot y$$

$$\therefore y=\frac{2000}{2}=1000(円)$$

つまり、アメ100個の代金は1000円とわかります。

このような比例関係にある数同士の場合、比例定数をaとして

$$y=ax$$

という関係が成り立ちます。先ほどのアメx個とその代金y円の場合は、$a=10$だったわけです。

他にも例えば、1フレームに3ドットの速さで進む物体の場合、経過フレーム数をx、進む距離をyとすれば、

$$y=3x$$

となります。この場合も、アメの場合と同じように比例計算をすることで、ある時間での移動距

離を簡単に導くことができます。

一次関数

ただ、アメの代金とは違って、物体の運動の場合、最初にどの位置にいたのか、ということも関係してきます。例えば、最初10という位置にいて、かつ1フレームに3ドットの速さで進むなら、経過フレーム数をx、位置をyとして

$$y = 3x + 10$$

と表せるでしょう。

それでは、これを一般化してみましょう。最初bという位置にいて、1フレームにaドットの速さで進むなら、xフレーム経過後のyは

$$y = ax + b$$

と表せますが、この形の式を、**一次関数**（いちじかんすう）といいます。ここで、$b = 0$であれば単純な比例の式$y = ax$になりますから、単純な比例の式も一次関数です。

一次関数は、グラフに書いてみると必ず直線になります。グラフにした場合、aを**傾き**（かたむき）、bを**切片**（せっぺん）と呼びます（図6-1-2）。

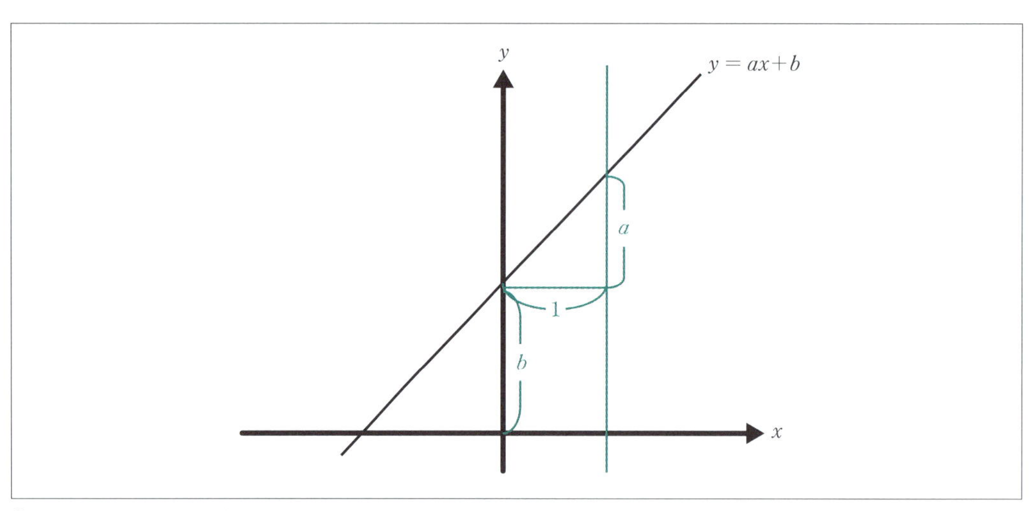

▶図6-1-2 一次関数のグラフ。aは傾き、bは切片と呼ぶ

直線を一次関数で表す

一次関数のグラフが直線で表せるということは、逆に直線という図形を一次関数で表せる、ということでもあります。

ただし、平面上の直線すべてを先ほどの

$$y = ax + b$$

という一次関数で表せるわけではありません。この式では、y軸に平行な、完全に立ってしまっている直線は表現できません。その場合、数学的には傾きaが無限大になってしまいますからね。

また、完全にy軸に平行でなくても、y軸に対してあまり傾いていない直線を表現しようとすると、切片bの値が極端なものになってしまって、特にコンピュータ上ではとても扱いにくくなってしまいます（図6-1-3）。

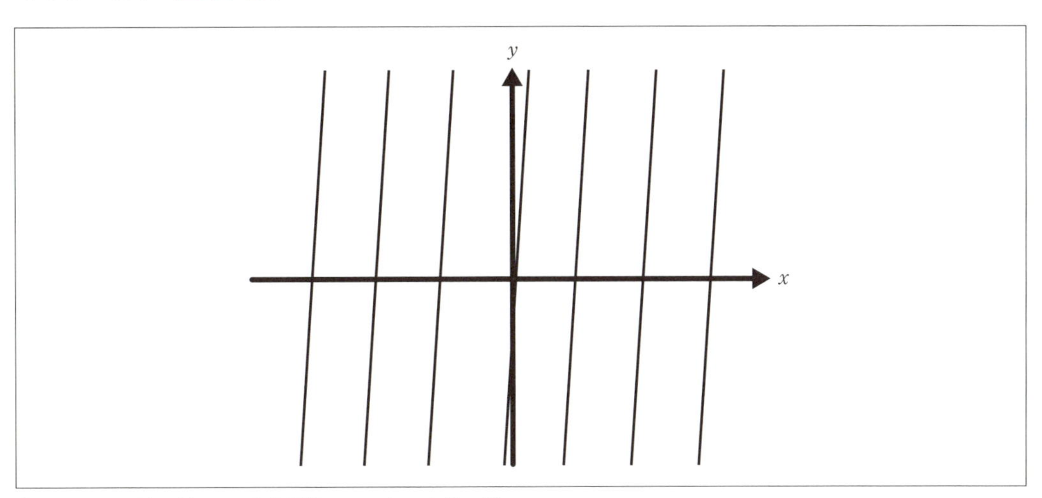

図6-1-3 y軸に対してほとんど傾いていない直線の例

媒介変数

そこで、コンピュータ上で図形としての直線を扱うときには、**媒介変数**（ばいかいへんすう）tというものを導入して、以下のような形で表現しておくと便利です。

$$x = a_x t + b_x$$
$$y = a_y t + b_y$$

つまり、1つの一次関数で直線を表現するのではなくて、x座標、y座標についてそれぞれ1つずつ、つまり平面ならば2つの一次関数を使って表すわけです。

ここで、媒介変数tは、例えば時刻と考えることができます。その場合、上の式は「時刻0に(b_x, b_y)という位置にいて、一定速度(a_x, a_y)で動くものが描く直線」と考えることができ、例えば

$$x = 3t + 1$$
$$y = 4t + 2$$

という直線なら、「時刻0に(1, 2)という位置にいて、一定速度(3, 4)で動くものが描く直線」ということになります。

この表現方法なら、$y = ax + b$という表現とは違って、a_xをゼロにすればy軸に平行な直線も無理なく表現できるため便利です。さらに、媒介変数tの値の範囲を制限すれば、ある点からあ

る点までを結ぶ線分を表現することも無理なく可能なので、いろいろと使い道が広がります。

例えば、先ほどの

$$x = 3t + 1$$
$$y = 4t + 2$$

という直線で、tの値を$0 \leq t \leq 2$と制限すれば、「点(1, 2)から点(7, 10)までを結ぶ線分」を簡単に表現することができます（図6-1-4）。

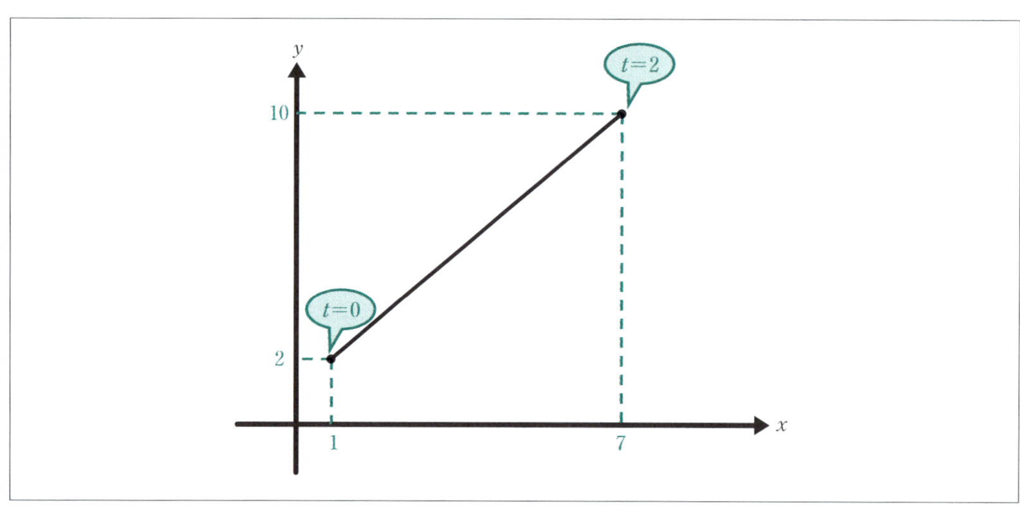

図6-1-4 点(1, 2)から点(7, 10)までを結ぶ線分

このように、2D（平面）の場合には、2組の一次関数を組み合わせた媒介変数表示で直線を表せば、無理なくさまざまな直線・線分を表せるため、これは特にゲームで直線や線分を表すときによく使われます。

直線の方程式

またそれ以外にも、平面上のすべての直線を表現できる形式として、以下のような直線の方程式があります。

$$ax + by + c = 0$$

先ほどの簡単な直線の方程式$y = ax + b$を式変形してみると

$$ax - y + b = 0$$

となるため、これは

$$ax + by + c = 0$$

という式の特殊な場合（$b = -1$とし、定数項cをbで置き換えたもの）であることがわかります。

つまり、$ax+by+c=0$という式は、$y=ax+b$という式も特殊な場合として含んでいるのです。
　また、$ax+by+c=0$という式をyについて解いてみると

$$by=-ax-c$$

となり、ここで、$b \neq 0$として、両辺をbで割ると

$$y=-\frac{a}{b}x-\frac{c}{b}$$

となります。
　ここで、$-\frac{a}{b}=a'$、$-\frac{c}{b}=b'$と置き換えてみると

$$y=a'x+b'$$

となりますから、$b \neq 0$の場合には、$ax+by+c=0$という式を$y=ax+b$という形式に変換することもできることがわかります。

y軸に平行な直線を表現する

　さてここで、$ax+by+c=0$という形式を使って、$y=ax+b$という形式では表現できなかった、y軸に平行な直線を表現してみましょう。

- $b \neq 0$の場合には$ax+by+c=0$を$y=ax+b$という形に変換できること
- $y=ax+b$という形ではy軸に平行な直線は表現できないこと

から、$ax+by+c=0$という式でy軸に平行な直線を表すには、$b=0$である必要があることがわかります。これは論理的な思考ですが、おわかりでしょうか。
　さて、実際$b=0$としてみると、$ax+by+c=0$は

$$ax+c=0$$

となりますが、これを$a \neq 0$としてxについて解いてみると

$$ax=-c$$

$$\therefore x=-\frac{c}{a}$$

となります。
　ここで、右辺はすべて定数の組み合わせであり、全体としても単なる定数です。そこで右辺をc'と置くと、

$$x=c'$$

という式になります。

つまりこれは、xがc'という定数に等しく、y座標については式に含まれていないのだから何でもいい、という図形を表し、それはy軸に平行な直線を表します（図6-1-5）。

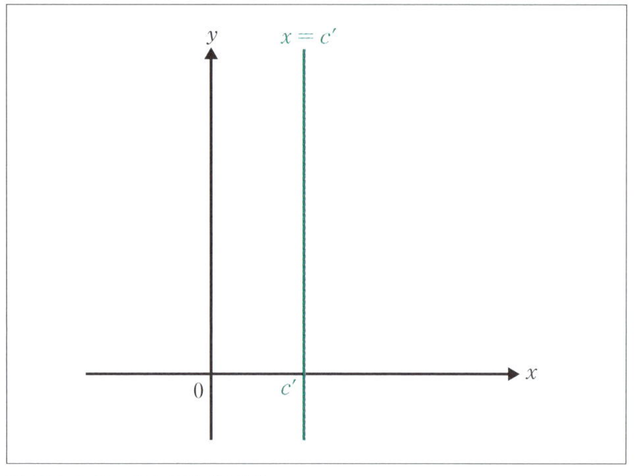

▶図6-1-5 y軸に平行な直線

これで、$ax+by+c=0$という形式の直線の方程式は、y軸に平行な直線も表現できることがわかりました。

NOTE

ちなみに、上の$ax+c=0$という式をxについて解くときに、$a \neq 0$としましたが、では$a=0$の場合にはどうなるでしょうか。
その場合、すでに$b=0$という条件を設定していますから$a=b=0$となり、$ax+by+c=0$という式は、$c=0$という何も表していない式になって意味がない、ということになります。
なお、$b \neq 0$の場合には、$a=0$のとき$ax+by+c=0$という式はx軸に平行な直線を表します。このことについては、ご自分で確かめてみてください。

同じ直線を表現する方程式は無数にある

さて、この$ax+by+c=0$という形式の直線の方程式を扱うときに気を付けなければならないことの1つが、同じ直線を表現する方程式が無数にある、ということです。

例えば、

$$ax+by+c=0$$

という式の両辺に、dという0でない定数を掛けてみると

$$d(ax+by+c)=0$$
$$dax+dby+dc=0$$

となり、形式的には元の式とは違ったものになりますが、両辺に定数を掛けても式は変化しない

ため、これは元の式と同じ図形を表していることになります。つまり、$d \neq 0$ならば、$ax+by+c=0$も$dax+dby+dc=0$も、同じ図形を表しているのです。

これは3Dでの平面の式でもいえることなのですが、見た目の形が違っていても同じ直線を表している場合もあり、またこれを応用して、得られた直線の方程式を、計算量を減らせるような形に変形できることもありますから覚えておいてください。

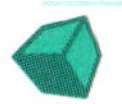

直線の方程式の性質

さて、この$ax+by+c=0$という直線の方程式の重要な性質として、(a, b)という、xとyに掛かっている係数をそれぞれx、y成分としたベクトル（ベクトルについては6-5.ベクトルとその演算を参照）を作ると、それは元の直線の**法線**（ほうせん）**ベクトル**、つまり元の直線に直交するようなベクトルになる、という性質があります。

それでは実際に確かめてみましょう。まず、$ax+by+c=0$という直線上に異なる2点(x_1, y_1)と(x_2, y_2)があったとします。これら2点は、直線上にあるので、両方とも直線の方程式を満たします。

そこで、2点の座標をそれぞれ直線の方程式$ax+by+c=0$に代入すると、

$$ax_1+by_1+c=0$$
$$ax_2+by_2+c=0$$

となり、ここで、上の式から下の式を引いてみると、

$$a(x_1-x_2)+b(y_1-y_2)=0$$

となります。

さて、この式をよく見てみると、左辺は(a, b)というベクトルと(x_1-x_2, y_1-y_2)というベクトルの内積と同じ形になっています。それが0になるということは、つまり(a, b)と(x_1-x_2, y_1-y_2)というベクトルは**直交**（ちょっこう）**する**ということになります（291ページ内積の使い道②：2つのベクトルが直交していることを確かめられる参照）。

一方、(x_1-x_2, y_1-y_2)というベクトルは、ちょうどベクトルの引き算になっていますから、点(x_2, y_2)から点(x_1, y_1)へと向かうベクトルとなっていて、それは直線と平行なベクトルになっています（図6-1-6）。

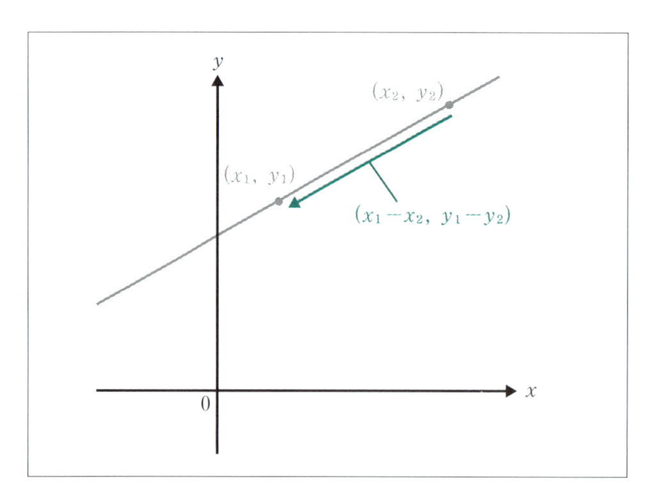

図6-1-6 点(x_2, y_2)から点(x_1, y_1)へと向かうベクトル

つまり、(a, b)というベクトルは直線と平行なベクトルに直交するので、直線とも直交することになります。

これで、(a, b)というベクトルは$ax+by+c=0$という直線に直交することがわかりました。この事実そのものは、ゲームで直接使う場合は少ないのですが、後ほど出てくる平面の法線ベクトルを求めるときに、これと同じような考え方が出てきますから、よく覚えておいてください。

6-2 平面の方程式

Keyword　束縛条件　軸平行　法線ベクトル

本節では、3D内での平面の方程式について解説しましょう。

平面の方程式とは?

一般的な平面の方程式は、

$$ax+by+cz+d=0$$

という式で表されます。これは、2D内での直線の方程式

$$ax+by+c=0$$

の自然な拡張になっていることがおわかりになるでしょうか。つまり、空間は3D（三次元）、平面は2D（二次元）、直線は1D（一次元）であることを踏まえると、

- 空間内での平面とは、3D内での2D
- 平面内での直線とは、2D内での1D

というように、それぞれ次元を1だけ落とした図形になっています。

つまり、3D内での平面というのは、平面内での直線と同じように次元を1だけ落とすために、**束縛条件**（そくばくじょうけん）としての方程式を1つだけ設定することで表現することができるわけです。これが、3D内での平面が2D内での直線と同じようにして表現できる大ざっぱな理由です。

NOTE

自由に動かすことのできる変数のうち、それら相互間に成り立つ（ある変数が決まれば別の変数も決まる）関係がある場合、その関係性を**束縛条件**と呼びます。
また、変数の数から束縛条件の数を引いたものを**自由度**（じゆうど）と呼びます。

1つの軸に平行な平面

さて、この$ax+by+cz+d=0$という平面ですが、x、y、zの頭に付いたa、b、cという定数の値が0を取る場合があり、その場合にはそれぞれ特殊な平面を表すことになります。

ここで、2D内での直線の方程式

$$ax+by+c=0$$

では、$a=0$の場合には$y=$定数というx軸に平行な直線を表し、$b=0$の場合には$x=$定数というy軸に平行な直線を表すことに注意しましょう。

NOTE

この辺りがまだあいまいな方は、先に前節**6-1. 比例と一次関数、直線の方程式**を参照してください。

さて、直線の方程式の場合には、直線の傾き(あるいは向いている方向)を決めている定数がaとbの2つしかありませんでしたから、そのうちのどれかの定数が0になる場合というのは上記の2つしかありませんでした(aとbの両方が0だと意味のある図形を表しません)。一方、3D内での平面の方程式

$$ax+by+cz+d=0$$

の場合は、平面の傾きはa、b、cの3つの定数に左右されますから、このうちのどれかが0になる場合というのは、

- aだけが0の場合
- bだけが0の場合
- cだけが0の場合
- $a=0$かつ$b=0$の場合
- $a=0$かつ$c=0$の場合
- $b=0$かつ$c=0$の場合

と、ざっと6通りの場合があることがわかります($a=0$かつ$b=0$かつ$c=0$、つまりa、b、cが全部0の場合というのは、$d=0$という意味のない式になってしまいますから除外します)。

さて、これら6通りの特殊な平面のうち、一番わかりやすいのはcだけが0の場合でしょう。この場合、$ax+by+cz+d=0$という式は$ax+by+d=0$となりますが、これは定数項の名前が違っているだけで、2D内での直線の方程式

$$ax+by+c=0$$

と同じ式になっています。つまり、この場合の平面は、「この$ax+by+d=0$というxy平面上にある直線を、直接に3D空間内に拡張したもの」になっているわけです。

この場合、xy平面上の直線をどのように3D空間内に拡張するのかといえば、「図形を表す方程式の場合、式に含まれていない変数はどのような値も取りうるとする」というルールを適用します。

そのため、$ax+by+d=0$という式にz座標は含まれていないため、z座標はどのような値も取りうる、つまりはxy平面上の$ax+by+d=0$という直線を、z軸方向に無限に伸ばした平面が、この$ax+by+d=0$という方程式が表す平面だ、ということになります(図6-2-1)。

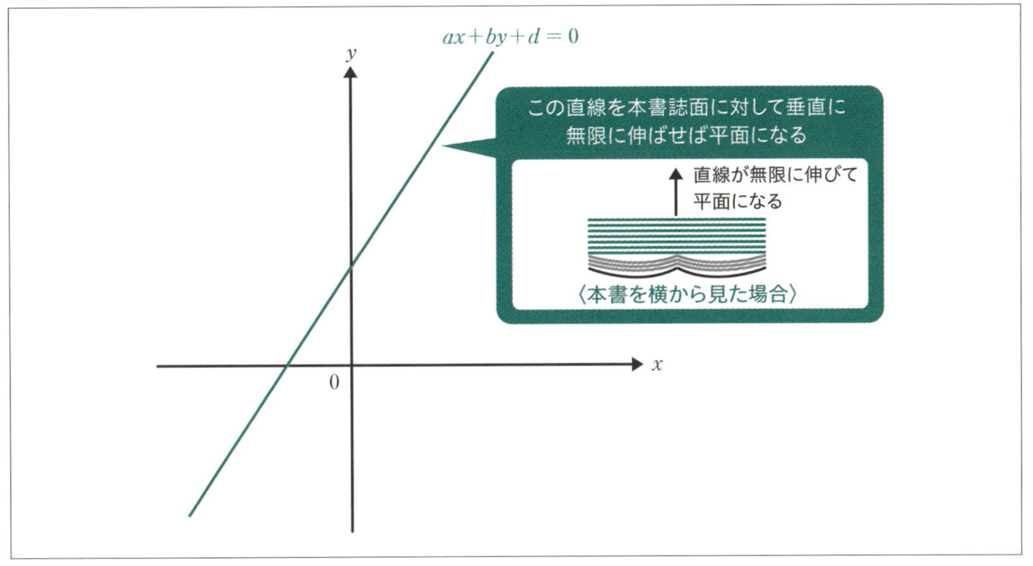

▶図6-2-1 $ax+by+d=0$のグラフ。本書誌面に対し垂直に伸ばすことで平面になる

この平面は、必ずz軸に平行になります。それと同様に、aだけが0の場合は、平面の方程式は$by+cz+d=0$となってyz平面上の直線と同じ形になるので、その$by+cz+d=0$という直線をx軸方向に無限に伸ばした、x軸に平行な平面となります。また、bだけが0の場合には、平面の方程式は$ax+cz+d=0$となってxz平面上の直線と同じ形になるので、それをy軸方向に無限に伸ばした、y軸に平行な平面となります。

これら3つの場合、つまりaだけが0の場合、bだけが0の場合、cだけが0の場合、というのは、3つある3D空間の軸方向のうち、ある1つの軸にのみ平行になるような平面を表すことになります。

2つの軸に平行な平面

一方、3つの3D空間の軸方向のうち、2つの軸に平行な平面というのも、当然存在するでしょう。

例えば、$a=0$かつ$b=0$の場合はどうでしょうか。この場合、平面の方程式は$cz+d=0$となり、これを$c \neq 0$としてzについて解くと

$$cz=-d$$

$$\therefore z=-\frac{d}{c}$$

となります。つまりこれは、$z=$ 定数という式であり、この式に現れていないxとyはどのような値も取りうるため、x軸とy軸の両方に平行、つまりxy平面に平行な平面で、かつ$z=$ 定数という位置を通るような平面、ということになります。

以下同様にして、$a=0$かつ$c=0$の場合は、平面は$y=$ 定数という式になって、x軸とz軸の

両方に平行、つまりxz平面に平行な平面となり、また$b=0$かつ$c=0$の場合には、平面は$x=$定数という式になって、y軸とz軸の両方に平行、つまりyz平面に平行な平面となります。

これら特殊な場合の平面というのは、ゲームで3D空間内での平面を扱う際には、常に考えておかなければならない要素になりますので、よく覚えておいてください。

平面を決定する定数

さて、実際に平面の方程式を使う場合には、$ax+by+cz+d=0$という式に含まれる4つの定数、a、b、c、dを決定しなければなりません。ゲームなどでの応用の場合、空間上のある点を通るような平面を設定する、という場合が多いと思います。そこでまずは、いくつの点を設定すれば1つの平面をきちんと決められるのか、ということから考えてみましょう。

2D上での直線では、2つの点を与えることによって1つに決まりました。しかし、3D上での平面の場合は2点では足りなさそうです。それは、例えば下敷きのような平面的なものを指で支えることを考えてみると、2本の指だけで支えてみても、グラグラと回転してしまって安定しないことからわかると思います（図6-2-2）。

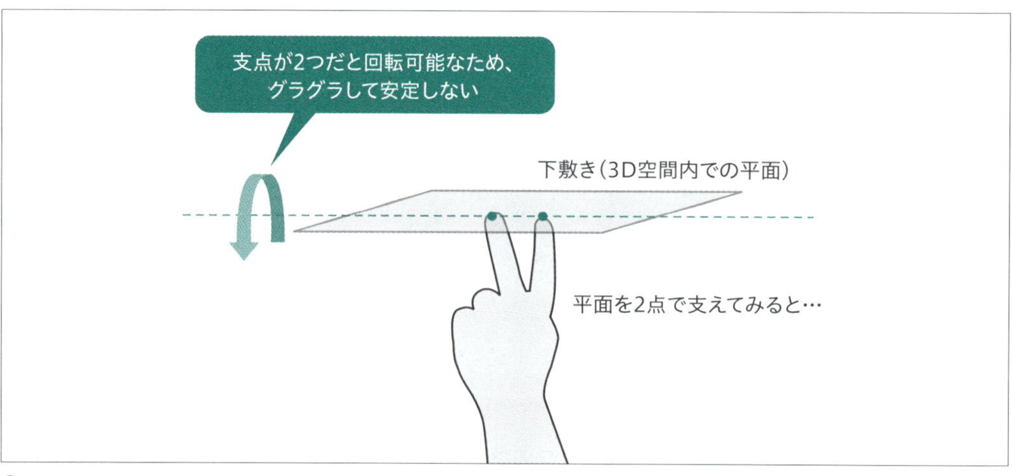

図6-2-2 下敷き（平面）を2本の指（2点）で支えようとしても安定しない

下敷きを支えるなら、3本の指を使って3点で支えなければダメでしょうし、逆にいえば、3点が決まれば下敷きのような平面は1つの姿勢に決められる、つまり1つの平面が決められそうです。

しかし、ここで問題が発生します。先ほども触れたように、平面の方程式は$ax+by+cz+d=0$という形をしていて、決定すべき定数はa、b、c、dと4つもあります。ここで、3点の座標を平面の方程式に代入しても、式は3本までしか立てられず、未知数は3つまでしか決定できません。これでは先ほどの議論に反して、3点を与えただけでは平面の方程式は決まらない、ということになってしまいそうですが、いったいこれはどういうことなのでしょうか？

3つの定数で平面を決定する

実は、平面の方程式には表面上、決めるべき定数がa、b、c、dと4つもあるように見えていますが、実質的には決めるべき定数は3つでよいのです。先ほど、ある軸に平行な平面について説明したときにも触れましたが、$ax+by+cz+d=0$という平面の方程式では、3つの定数a、b、cのうち、少なくとも1つは0ではありません。これは、a、b、cのすべてが0だった場合には、$ax+by+cz+d=0$という式は$d=0$という何の意味もない式になってしまうからです。

さて、a、b、cのうちどれかは0でないということは、その0でない係数で平面の方程式の両辺を割ってしまえば、定数を1つ消去してしまえることになります。例えば、$a \neq 0$だったとしましょう。その場合、

$$ax+by+cz+d=0$$

この式の両辺をaで割ると

$$x+\frac{b}{a}y+\frac{c}{a}z+\frac{d}{a}=0$$

となります。ここで、$\frac{b}{a}$などは定数同士の割り算で、それ自身単なる定数ですから、$\frac{b}{a}=b'$、$\frac{c}{a}=c'$、$\frac{d}{a}=d'$とそれぞれまとめて1つの定数に置き換えると、上式は

$$x+b'y+c'z+d'=0$$

となり、決めるべき定数がb'、c'、d'の3つに減っているのがわかると思います。

以下同様に、$b \neq 0$であれば両辺をbで割り、$c \neq 0$であれば両辺をcで割れば、やはり同じように決めるべき定数を3つに減らすことができます。

本質的には決めるべき定数は3つでよいのに、なぜわざわざ$ax+by+cz+d=0$などと4つも定数を使って平面を表現しているのかといえば、x軸、y軸、z軸といった座標軸のどれかに平行になるような特殊な平面も例外なく網羅するためです。そのため、何かしらの事前情報で、ある軸には平行にならない、ということがわかっていれば、決めるべき定数は問題なく3つに減らすことができます。

例えば、ゲームでよくある状況としては、平面の集まりで地面を表現していて、垂直に切り立った地面はない、ということがわかっていることがあります。この場合、高さ方向がy方向だとすると、平面はy軸に平行になることはありません。すると、yに掛かっている定数bは0でないことから、通常の平面の方程式を最初からbで割って

$$a'x+y+c'z+d'=0$$

という形にしておけば、元からa'、c'、d'という3つの定数を決めるだけでよいために便利です。

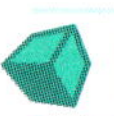

3点の座標から平面の方程式を求める

さて、これで平面の方程式を決定するには3点の座標を与えるだけでよいことはおわかりかと思います。では、具体的に3点の座標から平面の方程式を定めるには、どのような計算をすればよいでしょうか？

普通に考えれば、3点のxyz座標をそれぞれ平面の方程式に代入して3本の式を連立させ、3元連立方程式を解けばよいことになりますが、それは3×3行列の逆行列を求める問題になってしまい少々複雑です。

そのため特にゲームでは、そのようにまともに連立方程式を解くのではなく、(a, b, c)というベクトルが平面$ax+by+cz+d=0$の**法線**（ほうせん）**ベクトル**となる、つまりベクトル(a, b, c)は平面$ax+by+cz+d=0$に直交することを利用して平面を決定することがよく行われます。

平面の法線ベクトル

まずは、(a, b, c)というベクトルが平面$ax+by+cz+d=0$に直交することから確かめてみましょう。

今、平面$ax+by+cz+d=0$上に2点$\boldsymbol{p}_1(p_{1x}, p_{1y}, p_{1z})$と$\boldsymbol{p}_2(p_{2x}, p_{2y}, p_{2z})$があるとします。$\boldsymbol{p}_1$と$\boldsymbol{p}_2$は平面上にあるので、それぞれ平面の方程式を満たします。

そこで、$\boldsymbol{p}_1$と$\boldsymbol{p}_2$の座標を平面の方程式に代入すると、それぞれ

$$a\cdot p_{1x}+b\cdot p_{1y}+c\cdot p_{1z}+d=0$$
$$a\cdot p_{2x}+b\cdot p_{2y}+c\cdot p_{2z}+d=0$$

となります。上の式から下の式を引き算してみると

$$a(p_{1x}-p_{2x})+b(p_{1y}-p_{2y})+c(p_{1z}-p_{2z})=0$$

となりますが、この式の左辺はベクトル(a, b, c)と$\boldsymbol{p}_1-\boldsymbol{p}_2$というベクトルの内積になっており、その内積が0になるということは、「ベクトル(a, b, c)と$\boldsymbol{p}_1-\boldsymbol{p}_2$は直交する」ということになります。

ここで、$\boldsymbol{p}_1-\boldsymbol{p}_2$というベクトルは点$\boldsymbol{p}_2$から点$\boldsymbol{p}_1$に向かうベクトルであって、常に平面に平行です。つまり、ベクトル(a, b, c)は平面に平行なベクトルに常に直交することになりますから、ベクトル(a, b, c)は平面$ax+by+cz+d=0$に直交することになります。

以上のことから、平面に直交する法線ベクトルを先に1つ与えてしまえば、平面の方程式にある定数のうちa、b、cの3つを一挙に決めてしまうことができることがわかります。

具体的には、例えば3点の位置ベクトル$\boldsymbol{p}_1$、$\boldsymbol{p}_2$、$\boldsymbol{p}_3$が与えられた場合、$\boldsymbol{p}_1$の位置を基準とした$\boldsymbol{p}_2-\boldsymbol{p}_1$と$\boldsymbol{p}_3-\boldsymbol{p}_1$という2つのベクトルを考え（図6-2-3）、それらの外積$\boldsymbol{n}=(\boldsymbol{p}_2-\boldsymbol{p}_1)\times(\boldsymbol{p}_3-\boldsymbol{p}_1)$を求めれば、この$\boldsymbol{n}$が3点$\boldsymbol{p}_1$、$\boldsymbol{p}_2$、$\boldsymbol{p}_3$を含む平面に直交する法線ベクトルになります。

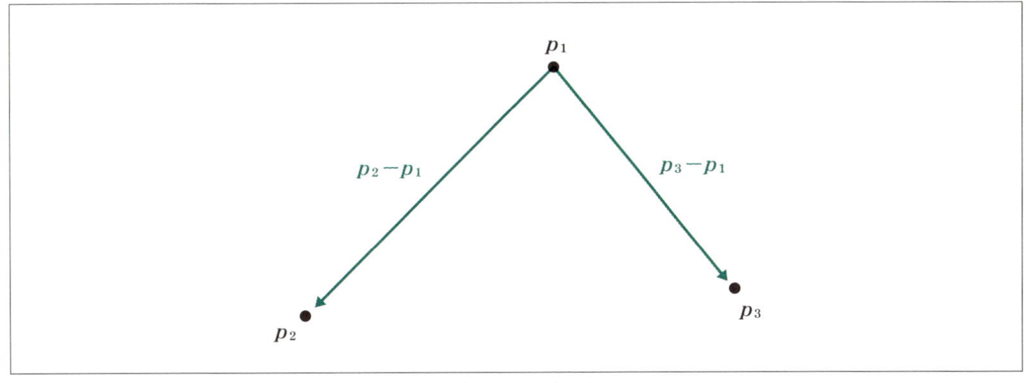

図6-2-3 位置ベクトルp_1を基準にp_2、p_3に向かうベクトルを考える

そこで、$ax+by+cz+d=0$の定数a、b、cは外積の結果$\boldsymbol{n}$のx、y、z成分にそれぞれ等しくすればよく、残りの定数dは、この平面が例えば点$\boldsymbol{p}_1$を通ることから、$\boldsymbol{p}_1$の座標を平面の方程式に代入すれば求めることができます。

この方法の優れた所は、3点の座標を与えれば、それらの点を通る平面の方程式だけでなく、その法線ベクトルも同時に得られるところです。ゲームにおいては、法線ベクトルは光源処理や物体をその平面に沿って傾ける場合などに必要となり、何かと必要になる場面が多いため、まずは法線ベクトルを計算しておくというのは効率のよい方法なので、ぜひ覚えておきましょう。

6-3 二次関数、二次方程式と放物線・円

Keyword 平方完成 解の公式 ピタゴラスの定理

本節ではゲームで使われる複雑な形の一例として、放物線を表すことができる二次関数と、円を表す方程式について解説します。

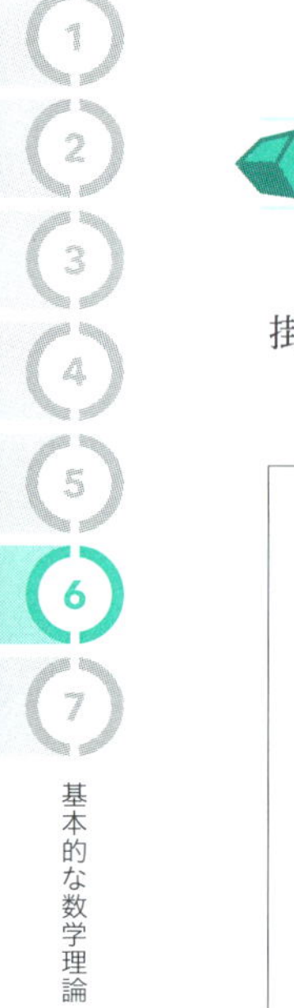

二次関数と放物線

二次関数（にじかんすう）というのは、$y=ax^2+bx+c$という式で表される関数で、x^2という「自分自身との掛け算」の項が含まれているのが特徴です。

一番簡単な形の二次関数は$y=ax^2$と表され、図6-3-1①や②のような形のグラフになります。

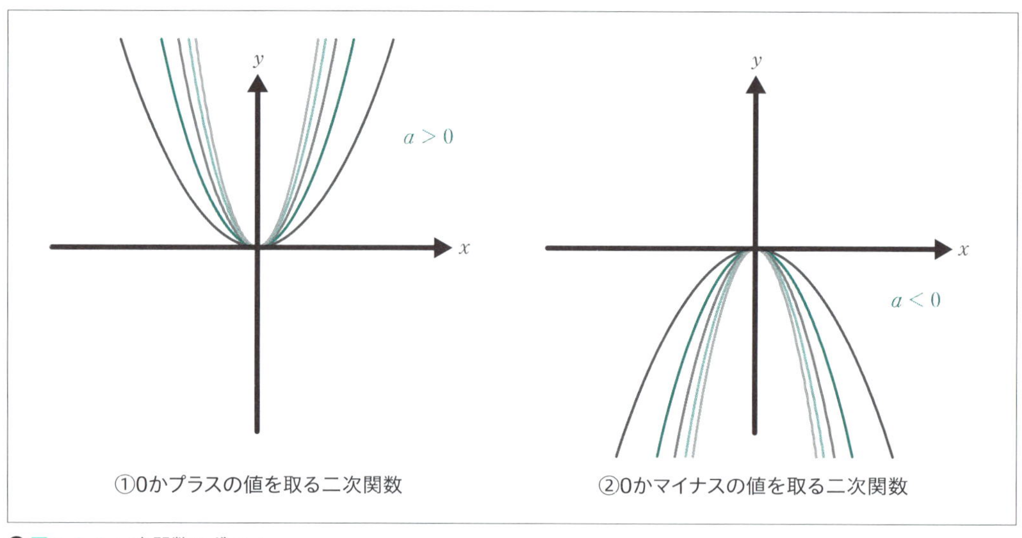

▶図6-3-1 二次関数のグラフ

この曲線は**放物線**（ほうぶつせん）と呼ばれていて、名前通り、物体を空中に放り出すとこの曲線を描くことが知られています。

NOTE

実際には、空気抵抗などが原因で厳密な放物線は描きませんが、ほぼ近しい軌道を描きます。

二次関数の性質

また、x^2は自分自身との掛け算ですから、xがプラスの数であればもちろんx^2はプラスになりますし、xがマイナスの数であっても、マイナスの数×マイナスの数でプラスになりますから、$y=ax^2$という関数には「$a>0$の場合、xが実数ならどんな値でもyはプラスか0になる」という性質があります。

またこれは「$a<0$の場合、xが実数ならどんな値でもyはマイナスか0になる」という性質でもあります。つまり、$y=ax^2$という関数は、

・0かプラスの値ばかり取る（図6-3-1①）
・0かマイナスの値ばかり取る（図6-3-1②）

のどちらか、ということになります。

二次関数の一般式

この、$y=ax^2$というxの二次の項のみがある関数に、xの一次の項bxと定数cを加えると、**二次関数の一般式**（にじかんすうのいっぱんしき）と呼ばれる、$y=ax^2+bx+c$という形になります。

この式で表される二次関数のグラフは、$y=ax^2$のグラフをx方向とy方向に平行移動させたものに等しくなります。つまりax^2に一次式$bx+c$を足しても、位置がずれるだけでグラフの形自体は変わりません。

これは少し不思議な気もしますが、式$y=ax^2+bx+c$を以下のように変形することで示すことができます。

平方完成

まず、

$$y=ax^2+bx+c$$

という式を$y=a\square^2+\triangle$という形に変形することを考えます。このような形にできれば、この式は2乗の式による放物線を△だけy方向に平行移動したものとわかるからです。

そのためには、bxというxの1次の項を消し去りたいので、2乗の項にbxを取り込んでしまうことを考えます。そのためにまず、bxの部分を強引にaという係数が掛かった形にまとめ、以下のような形にします。

$$y=a\left(x^2+\frac{b}{a}x\right)+c$$

次に、上の式のカッコ内を強引に2乗の形にします。手がかりは、2乗の展開の式$(x+\alpha)^2=x^2+2\alpha x+\alpha^2$です。この展開の式では、$x$の1次の項の係数は$2\alpha$ですから、先ほどのカッ

コ内の一次の係数$\frac{b}{a}$を2αにする、つまり$2\alpha=\frac{b}{a}$すなわち $\alpha=\frac{b}{2a}$としてしまえば、2乗にしてしまうことができそうです。

ただし、そのためにはα^2つまり$\left(\frac{b}{2a}\right)^2$が足りませんから、$\left(\frac{b}{2a}\right)^2$を足してから同じものを引く、というトリックを使います。

$$y=a\left\{x^2+2\cdot\frac{b}{2a}x+\left(\frac{b}{2a}\right)^2-\left(\frac{b}{2a}\right)^2\right\}+c$$

すると、カッコ{ }の中身の最初の3項が、ちょうど$x^2+2\alpha x+\alpha^2$という形になりましたから、これを$(x+\alpha)^2$の形にまとめます。

$$y=a\left\{\left(x+\frac{b}{2a}\right)^2-\left(\frac{b}{2a}\right)^2\right\}+c$$

ここで、カッコ{ }の中身のうち、$-\left(\frac{b}{2a}\right)^2$の項は、$x$を含まない単なる定数ですから、カッコの外に出してしまいましょう。

$$y=a\left(x+\frac{b}{2a}\right)^2-a\cdot\frac{b^2}{4a^2}+c$$

そして、外に出した定数と、元から外にあった定数cを、通分してまとめます。

$$y=a\left(x+\frac{b}{2a}\right)^2-\frac{b^2-4ac}{4a}$$

ここで、$X=x+\frac{b}{2a}$と置くと

$$y=aX^2-\frac{b^2-4ac}{4a}$$

となります。先ほど置いたように$x=X-\frac{b}{2a}$ですから、$y=ax^2+bx+c$のグラフは、$y=ax^2$のグラフを$\left(-\frac{b}{2a},\ -\frac{b^2-4ac}{4a}\right)$だけ平行移動したものであることがわかります（図6-3-2）。

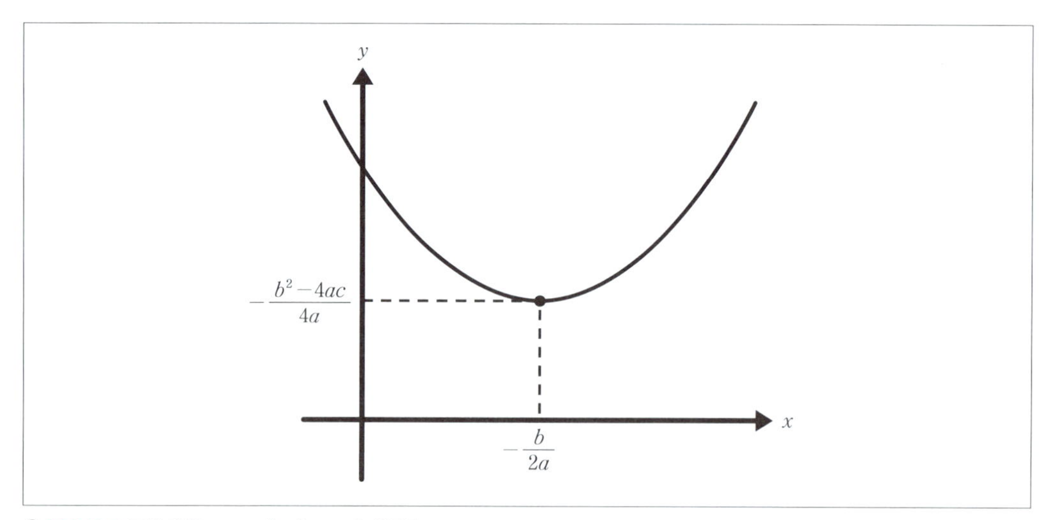

▶図6-3-2 二次関数$y=ax^2+bx+c$のグラフ

二次関数をこのような形に式変形することは、**平方完成**と呼ばれます。

二次方程式の解の公式

さて、この平方完成された二次関数から、二次関数で$y=0$としたもの、つまり二次方程式

$$ax^2+bx+c=0$$

の解を求めることができます。

このような二次方程式のうち簡単なものを手計算で解くときには、場当たり的に因数分解を行いますが、これから求める式は**二次方程式の解の公式**というもので、基本的にどのようなa、b、cの値でも解xが求められるという、コンピュータで二次方程式を解くときには特に便利なものです。

実際にやってみましょう。二次方程式$ax^2+bx+c=0$があるときに、先ほどの結果から

$$a\left(x+\frac{b}{2a}\right)^2-\frac{b^2-4ac}{4a}=0$$

となります。

この両辺をaで割ると、

$$\left(x+\frac{b}{2a}\right)^2-\frac{b^2-4ac}{4a^2}=0$$

となり、さらに左辺を因数分解すると、

$$\left\{\left(x+\frac{b}{2a}\right)+\sqrt{\frac{b^2-4ac}{4a^2}}\right\}\left\{\left(x+\frac{b}{2a}\right)-\sqrt{\frac{b^2-4ac}{4a^2}}\right\}=0$$

となります。

よって

$$\left(x+\frac{b}{2a}\right)=\pm\sqrt{\frac{b^2-4ac}{4a^2}}$$

$$=\pm\frac{\sqrt{b^2-4ac}}{2a}$$

となりますが、$\frac{b}{2a}$を右辺に移項すると、

$$x=-\frac{b}{2a}\pm\frac{\sqrt{b^2-4ac}}{2a}$$

$$x=\frac{-b\pm\sqrt{b^2-4ac}}{2a}$$

と求められます。これこそが二次方程式の解の公式と呼ばれているものです。この式は、ゲームのプログラミングをするならば必ず覚えておきたいものです。

そしてさらに、二次方程式が

$$ax^2+2bx+c=0$$

という形になっている、つまり、xの一次の項に定数2が掛かっている場合には、少しだけ結果を簡単にできます。実際に解を求めてみましょう。

$$ax^2+2bx+c=0$$

$$a\left(x^2+2\frac{b}{a}x\right)+c=0$$

$$a\left\{x^2+2\frac{b}{a}x+\left(\frac{b}{a}\right)^2-\left(\frac{b}{a}\right)^2\right\}+c=0$$

$$a\left\{\left(x+\frac{b}{a}\right)^2-\left(\frac{b}{a}\right)^2\right\}+c=0$$

$$a\left(x+\frac{b}{a}\right)^2-\frac{b^2}{a}+c=0$$

$$a\left(x+\frac{b}{a}\right)^2-\frac{b^2-ac}{a}=0$$

$$\left(x+\frac{b}{a}\right)^2-\frac{b^2-ac}{a^2}=0$$

$$\left\{\left(x+\frac{b}{a}\right)+\frac{\sqrt{b^2-ac}}{a}\right\}\left\{\left(x+\frac{b}{a}\right)-\frac{\sqrt{b^2-ac}}{a}\right\}=0$$

$$\left(x+\frac{b}{a}\right)=\pm\frac{\sqrt{b^2-ac}}{a}$$

$$x=-\frac{b}{a}\pm\frac{\sqrt{b^2-ac}}{a}$$

$$x=\frac{-b\pm\sqrt{b^2-ac}}{a}$$

となります。この結果もゲームプログラミングには大変有用ですから、覚えておくとよいと思います。

円錐曲線と円の方程式

さて、上の二次関数は、変数xだけが二乗になった式で与えられていますが、もし変数xだけでなく、変数yの方にも二乗の項が含まれていた場合にはどうなるでしょうか？

その場合、一般には**円錐曲線**(えんすいきょくせん)と呼ばれる曲線になり、各項の係数の値によって楕円や双曲線などの曲線になることが知られています。本書では、その中でも特に重要な、**円の方程式**(えんのほうていしき)について解説します。

円の方程式とは？

円の方程式は、一般には

$$x^2+y^2+ax+by+c=0$$

となります。ただ、このままだとこれが本当に円になるのかもわかりにくいですし、円の特徴的な値である、円の半径や中心の位置も読み取れません。

そこでこれを、よりわかりやすい形に変形します。

$$x^2+y^2+ax+by+c=0$$

$$x^2+ax+\left(\frac{a}{2}\right)^2-\left(\frac{a}{2}\right)^2+y^2+by+\left(\frac{b}{2}\right)^2-\left(\frac{b}{2}\right)^2+c=0$$

$$\left(x+\frac{a}{2}\right)^2-\left(\frac{a}{2}\right)^2+\left(y+\frac{b}{2}\right)^2-\left(\frac{b}{2}\right)^2+c=0$$

$$\left(x+\frac{a}{2}\right)^2+\left(y+\frac{b}{2}\right)^2=\left(\frac{a}{2}\right)^2+\left(\frac{b}{2}\right)^2-c$$

ここで、上の式に含まれている$\frac{a}{2}$や$\frac{b}{2}$、$\left(\frac{a}{2}\right)^2+\left(\frac{b}{2}\right)^2-c$などは、複雑な形はしていますが全部ただの定数ですから、わかりやすくするために、まとめて別の定数に置き換えてしまいましょう。

具体的には、$\frac{a}{2}$を$-x_0$と置き換え、$\frac{b}{2}$を$-y_0$と置き換え、さらに右辺の$\left(\frac{a}{2}\right)^2+\left(\frac{b}{2}\right)^2-c$をまとめて$r^2$と置き換えます。すると、上の式$\left(x+\frac{a}{2}\right)^2+\left(y+\frac{b}{2}\right)^2=\left(\frac{a}{2}\right)^2+\left(\frac{b}{2}\right)^2-c$は、

$$(x-x_0)^2+(y-y_0)^2=r^2$$

と書くことができます。

さて、この式は、**ピタゴラスの定理**（ていり）そのものになっています。そのため、変数xとyは、「座標$(x_0,\ y_0)$から距離rの位置にある点」でなければならないことになります。

そのような、ある一点からの距離が等しいような点の集合はまさに円のことですから、

$$(x-x_0)^2+(y-y_0)^2=r^2$$

は、中心座標$(x_0,\ y_0)$、半径rの円を表す式であることがわかります。

この式はゲームプログラミングにおいても大変重要ですから、ぜひ覚えておきましょう。

6-4 三角関数

Keyword 直角三角形 単位円 ラジアン

本節では、ゲーム数学で大変重要であり、たびたび登場する「三角関数」と、角度を表す際に使われる「弧度法」「ラジアン」について解説します。

「コサイン、サイン、タンジェント」

三角関数(さんかくかんすう)というのは、その名の通り三角形の辺の長さと角度についての関数です。多くの種類がありますが、ゲームプログラミングで特に重要なのはcos（**コサイン**）、sin（**サイン**）、tan（**タンジェント**）の3つです。

これら3つの関数の原始的な定義としては、直角三角形の1つの鋭角θを考えた場合、以下のようになります（図6-4-1も参照してみてください）。

$$\cos\theta = \frac{a}{c}$$
$$\sin\theta = \frac{b}{c}$$
$$\tan\theta = \frac{b}{a}$$

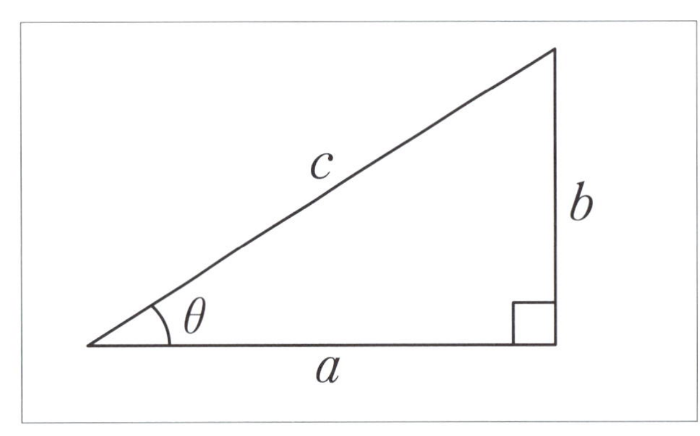

図6-4-1 直角三角形abcと辺a、cがなす角度θ

ゲームプログラミングにおける三角関数の重要性

これらの関数がゲームプログラムで重要になるのは、主に、座標上のある一点P(x, y)（ただし$x>0$かつ$y \geq 0$）を考えたとき、点Pと原点Oを結ぶ線分の長さをr、線分OPとx軸のなす角をθとすると（図6-4-2）、

$$\cos\theta = \frac{x}{r}$$
$$\sin\theta = \frac{y}{r}$$
$$\tan\theta = \frac{y}{x}$$

という関係となるためです。

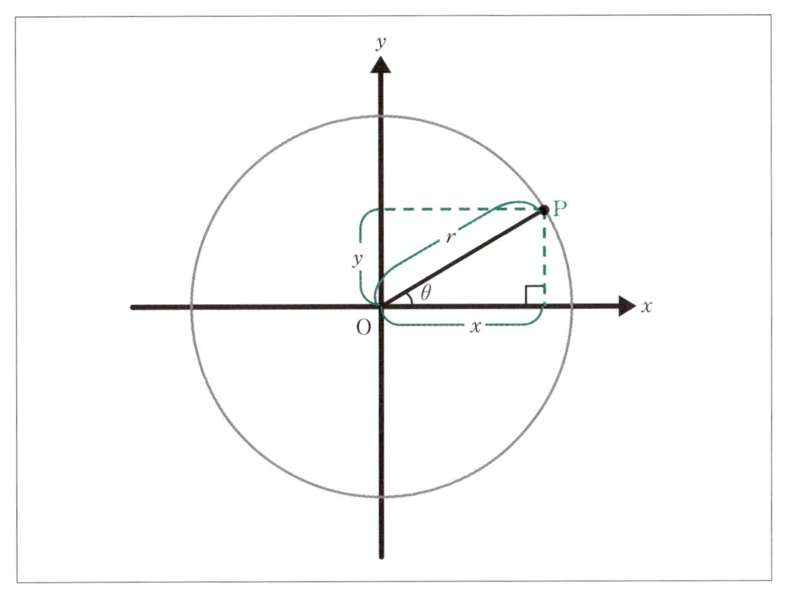

▶図6-4-2 点Pと、原点Oとの距離r

特に、cosとsinの式を変形すると

$$x = r \cdot \cos\theta$$
$$y = r \cdot \sin\theta$$

となりますが、これは大変有用な式です。例えば、この式でrを固定したままθを変化させれば、半径rの回転運動をさせることができますし（図6-4-3①）、θを固定したままrを変化させれば、角度θの方向に物体を直線運動させることもできます（図6-4-3②）。

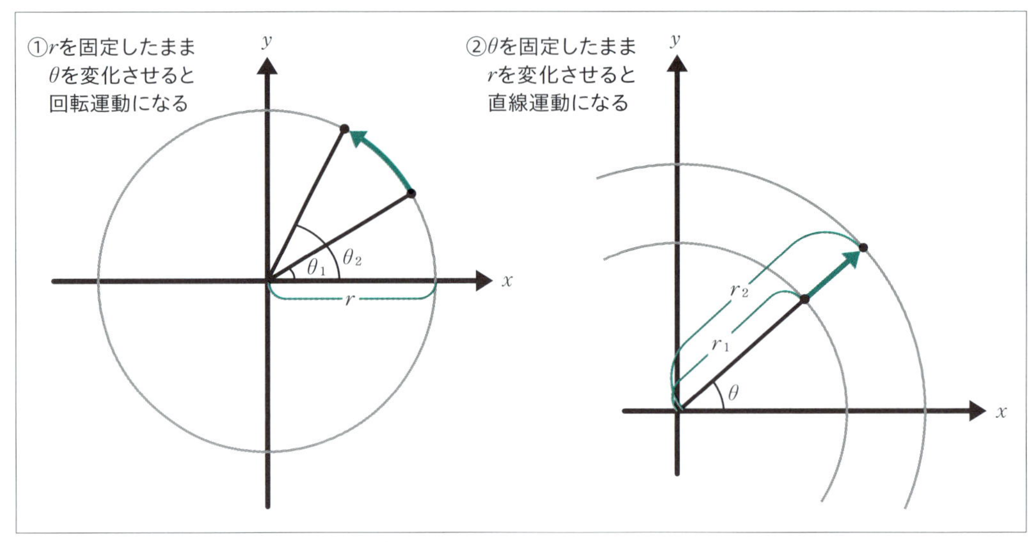

図6-4-3 回転運動（①）と直線運動（②）

アークタンジェント

tanについては、直接ゲームプログラミングで使う機会は少ないのですが、tan関数の逆関数である$\tan^{-1}$（**アークタンジェント**）という関数を使うと

$$\theta = \tan^{-1}\left(\frac{y}{x}\right)$$

となるため、座標(x, y)から角度を求めるのに便利です。

NOTE

特に、xの絶対値が非常に小さい場合の例外処理などを考えなくても、正しい象限の角度を出してくれる、（C言語などに実装されている）atan2関数は重宝します。

角度を限定しない定義

さて、以上の話は、（atan2関数は別として）まだ$x > 0$かつ$y \geq 0$の場合、つまり座標系でいえば第一象限（182ページ、図4-3-9参照）に限定された議論です。それは、三角関数cos、sin、tanを、直角三角形によって定義していたのでは、角度θは90度より小さくなければならないからです。

そこで、角度θの範囲が限定されず、かつ上の議論がそのまま成り立つようにするため、単位円というものを使って三角関数を定義し直します。この定義では、原点Oを中心とした半径1の円（単位円）を考え、その単位円上の点P(x, y)を使って、以下のように定義します（図6-4-4も参照してみてください)。

$$\cos\theta = x$$
$$\sin\theta = y$$
$$\tan\theta = \frac{y}{x} \quad (x \neq 0)$$

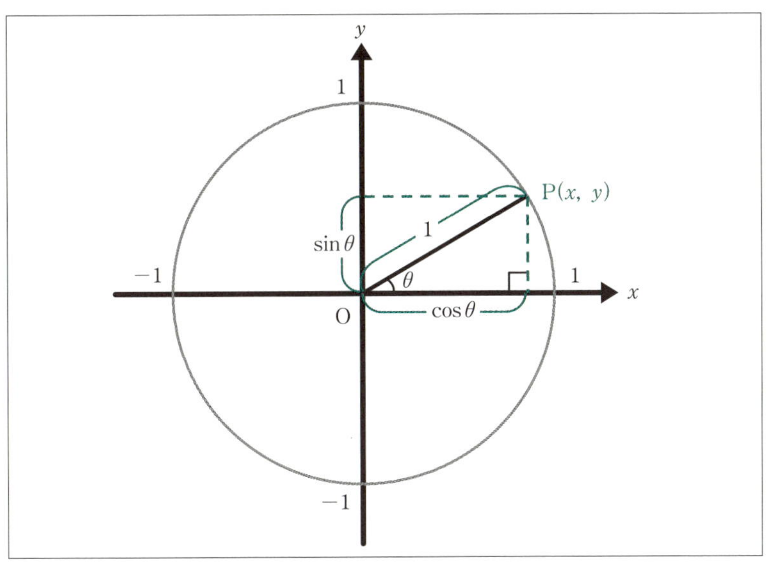

図6-4-4 単位円を使った三角関数の再定義

このようにすれば、角度が限定されずに三角関数を定義できるので、座標上のどの象限でも使えて便利です。なお、コンピュータ上の三角関数cos、sin、tanなどは、この単位円を使った定義を元にきちんと作られているため、角度の大きさを気にしないで使うことができます。

度数法とラジアン

さてここで、角度θの単位について考えてみます。

日常生活では、角度の単位としては、**度数法**(どすうほう)(1周が360度)が使われることが多いでしょうが、高等数学やコンピュータ上の三角関数では**ラジアン**という単位が使われるのが一般的です。これは、半径1の単位円を考えたとき、角度を単位円上の弧の長さとして表すものです(図6-4-5)。

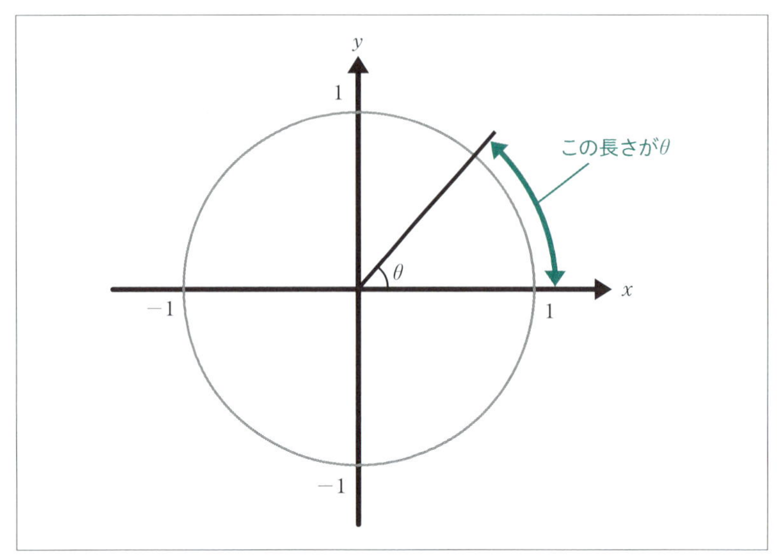

▶図6-4-5 弧度法では、単位円の弧の長さを使って角度を表す

単位円1周分の周の長さは2πですから、1周（360度）の角度はラジアン単位では2πとなります。他の例としては、30度なら$\frac{\pi}{6}$、60度なら$\frac{\pi}{3}$、90度なら$\frac{\pi}{2}$、180度ならちょうどπになります。

このラジアンという単位を使うことで、三角関数の微分積分が非常に取り扱いやすくなるため、とても重宝します。実際、ゲームプログラミングで角度を扱うときには、度数法を使うことはそれほどなく、多くの場合このラジアンを角度の単位として使います。

マイナスの角度

また、角度には「マイナスの角度」というものも定義されています。y軸が上を向いた通常の座標系では、角度のプラス方向（角度が増える方向）は反時計回りと決められていますが、角度のマイナス方向は、その逆回転、時計回りの回転方向がマイナス方向と決められています（図6-4-6。ただし、y軸が下を向いたコンピュータの2D座標では、それぞれ逆回転になる）。

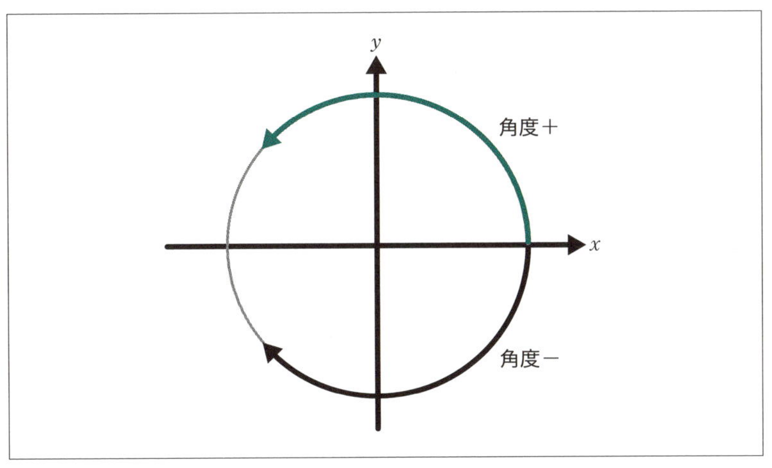

図6-4-6 プラスの角度とマイナスの角度

このようにマイナスの角度も定義すると、あらゆる値、つまり実数全体に渡って三角関数を定義することができます。

NOTE

ただし、tanは一部の値について定義できません。

最初、直角三角形で三角関数を定義したときには0度～90度しか定義できなかったため、かなり大幅に拡張できたことになりますね。その実数全体について定義された三角関数cos、sin、tanのグラフを示したのが図6-4-7です。この図を見ると、cosとsinは形が同じで、x方向の位置がずれているだけであることがわかると思います。

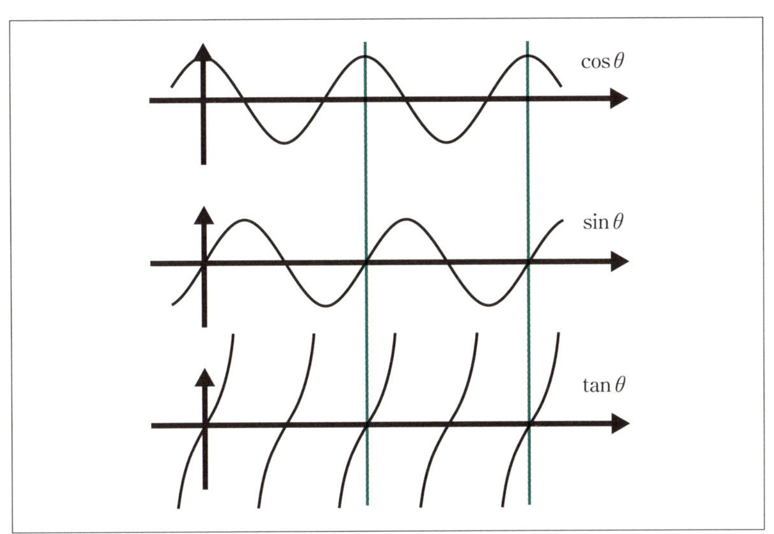

図6-4-7 $\cos\theta$、$\sin\theta$、$\tan\theta$それぞれのグラフ

加法定理

こうして定義域が実数全体に拡張された三角関数に対しては、さまざまな公式が成り立ちます。

それら公式は数も多いですし、中には大変複雑な公式もあって、三角関数が嫌われる原因にもなってしまっていますが、ここではまず、それら公式のうち、ゲームプログラミングでも特に重要になるcos、sinについての**加法定理**（かほうていり）について説明します。

加法定理とは、$\cos(\alpha+\beta)$や$\sin(\alpha+\beta)$についての公式で、「単位円上で角度αの位置にある点を、そこからさらに角度βだけ回転させるとどうなるのか？」という公式だと考えておけばわかりやすいかと思います（図6-4-8）。

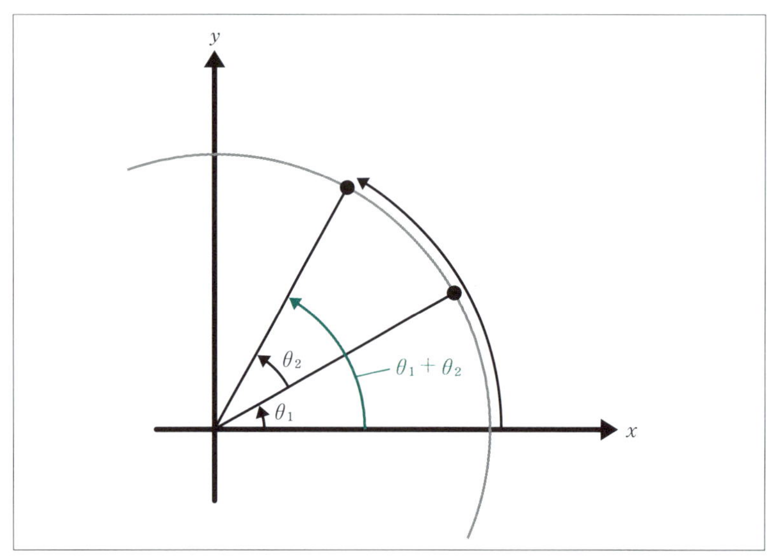

図6-4-8 加法定理の図解。単位円上でθ_1にある点をさらにθ_2だけ回転させる

ある点をある角度だけ回転させるので、ゲームプログラムをしようとしている方であれば、回転の行列を使うのがわかりやすいと思います。

具体的には、点$(\cos(\alpha+\beta),\ \sin(\alpha+\beta))$は点$(\cos\alpha,\ \sin\alpha)$を角度$\beta$だけ回転させたものであり、回転の行列を使うと

$$\begin{pmatrix}\cos(\alpha+\beta)\\ \sin(\alpha+\beta)\end{pmatrix}=\begin{pmatrix}\cos\beta & -\sin\beta\\ \sin\beta & \cos\beta\end{pmatrix}\begin{pmatrix}\cos\alpha\\ \sin\alpha\end{pmatrix}$$

となります。

この式のx成分から

$$\cos(\alpha+\beta)=\cos\alpha\cos\beta-\sin\alpha\sin\beta$$

という式が得られ、また、y成分からは、

$$\sin(\alpha+\beta)=\cos\alpha\sin\beta+\sin\alpha\cos\beta$$

という式が得られます。

これら2本の式は、三角関数を含んだ式変形のときに使える場合があるので、覚えておくと便利です。

また、ゲームプログラムをしているときには、βとして$\frac{\pi}{2}$を代入したものが便利なこともよくあります。実際にやってみましょう。

垂直なベクトルを求める

先ほどの式、

$$\cos(\alpha+\beta)=\cos\alpha\cos\beta-\sin\alpha\sin\beta$$

に$\beta=\frac{\pi}{2}$（90度）を代入すると、

$$\begin{aligned}\cos\left(\alpha+\frac{\pi}{2}\right)&=\cos\alpha\cos\left(\frac{\pi}{2}\right)-\sin\alpha\sin\left(\frac{\pi}{2}\right)\\&=\cos\alpha\cdot0-\sin\alpha\cdot1\\&=-\sin\alpha\end{aligned}$$

となり、角度に$\frac{\pi}{2}$を足すことで、cosが－sinに変わりました。

次は、sinについてやってみましょう。

$$\sin(\alpha+\beta)=\cos\alpha\sin\beta+\sin\alpha\cos\beta$$

という式に$\beta=\frac{\pi}{2}$を代入すると、

$$\begin{aligned}\sin\left(\alpha+\frac{\pi}{2}\right)&=\cos\alpha\sin\frac{\pi}{2}+\sin\alpha\cos\frac{\pi}{2}\\&=\cos\alpha\cdot1+\sin\alpha\cdot0\\&=\cos\alpha\end{aligned}$$

となり、角度に$\frac{\pi}{2}$を足すことで、sinがcosに変わりました。

三角関数のグラフ（図6-4-7）の所で見たように、「cosとsinは角度的な位置（これを「位相」といいます）がずれているだけである」、というのが式のうえでもわかると思います。

ちなみに、上と同じようにして$\beta=-\frac{\pi}{2}$（90度）とすると

$$\cos\left(\alpha-\frac{\pi}{2}\right)=\sin\alpha$$

$$\sin\left(\alpha-\frac{\pi}{2}\right)=-\cos\alpha$$

となります。

このような「角度的に$\frac{\pi}{2}$や$-\frac{\pi}{2}$だけ回転したときに、三角関数がどうなるか」というのは、あるベクトルに垂直なベクトルを求めたい場合などに便利ですから、覚えておくとよいと思います。

和積の公式

さらに、例えば

$$\sin(\alpha+\beta)=\cos\alpha\sin\beta+\sin\alpha\cos\beta$$

でβを$-\beta$とすると、サインは**奇関数**(きかんすう)のため、$\sin(-\beta)=-\sin\beta$となります。また、コサインは**偶関数**(ぐうかんすう)のため$\cos(-\beta)=\cos\beta$なので、

$$\sin(\alpha-\beta)=-\cos\alpha\sin\beta+\sin\alpha\cos\beta$$

となります。

NOTE

奇関数とは、$f(x)=-f(-x)$となる関数のことであり、偶関数とは、$f(x)=f(-x)$となる関数のことです。

xy平面上に$y=f(x)$のグラフを描くと、奇関数は原点に対して点対称のグラフを描き、偶関数はy軸に対して線対称のグラフを描きます。

上の2式を引き算すると

$$\sin(\alpha+\beta)-\sin(\alpha-\beta)=2\cos\alpha\sin\beta$$

となります。

ここでさらに、$\alpha+\beta=A$、$\alpha-\beta=B$と置くと、$\alpha=\dfrac{A+B}{2}$、$\beta=\dfrac{A-B}{2}$ですから、

$$\sin A-\sin B=2\cos\frac{A+B}{2}\sin\frac{A-B}{2}$$

となり、三角関数の引き算を掛け算に変換できる公式が得られます。

このような公式を**和積の公式**(わせきのこうしき)といい、足し引きする三角関数によって他にもいろいろなバリエーションがありますが、それらの解説は本書では割愛します。

この和積の公式は、ゲームプログラムに直接使うことは少ないですが、微分やクォータニオンなどの理論を扱うときに必要になる場合があります。実際、上に挙げたサイン同士の引き算を掛け算に変換する公式は、三角関数の微分の公式を出すときに使うので覚えておいてください。

6-5 ベクトルとその演算

有向線分　内積　外積　基底ベクトル

本節では、位置や速度、図形や座標変換など、ゲーム数学でさまざまなものを表すのに用いられるベクトルについて解説します。

ベクトルとは？

ベクトルとは、長さと方向を持つ量で、一般にスカラー（ただの数）を複数組み合わせることで表現されます。

例えば、2つのスカラーを組み合わせて作られるのが2次元ベクトルで、2D空間（平面）上での長さと方向を持つ量です。また、3つのスカラーを組み合わせて作られるのが3次元ベクトルで、3D空間中での長さと方向を持つ量です。

同様に4次元ベクトルも考えることができ、ゲームにおいては**同次座標**（どうじざひょう）（297ページ）というものや**クォータニオン**（349ページ）と呼ばれる量を考えるときに使います。

有向線分との違い

ただし、ベクトルは**有向線分**（ゆうこうせんぶん）とは違います。有向線分とは、始点と終点がある線分のことですが、ベクトルには始点は関係なく、平行移動したベクトルはすべて同じものとされます。

このことは、例えば2Dの有向線分を表現するには、始点と終点それぞれのxy座標、つまり4つのスカラーが必要になるのに対して、2次元ベクトルを表現するには2つのスカラーしか必要ないことを考えてもわかると思います。

ベクトルは、例えば空間上の位置を表したり（位置ベクトル）、速度や加速度などの物理量、あるいは、直線や円などの図形、また回転などの座標変換を表現するのにも使われます。そのように、ゲームプログラミングにおいてベクトルは（特に3Dでは）非常に重要なものといえます。

ベクトルを数式上で表現する

具体的にベクトルを数式上に表現するときには、いくつかの表現方法があります。まず、変数名を太字で$\boldsymbol{a}$などと書いた場合には、その変数はベクトルだという意味になります。

NOTE

同じような目的の表現方法で、変数名の上に矢印を付けた$\vec{a}$という表現も見かけますが、これは大学レベル以上の数学ではあまり使いません。
本書でも、ベクトルの変数については$\boldsymbol{a}$などと太字で表現することにします。

また、ベクトルを成分、つまりいくつかのスカラーの組み合わせで表示するときには、いくつかの書き方の流儀があります。例えば、3次元ベクトルを例とすれば、

・3D空間での座標表示と同じ(x, y, z)（x、y、zはスカラー）と表現する方法
・行ベクトルと呼ばれる$(x \quad y \quad z)$と表現する方法
・あるいは列ベクトルと呼ばれる$\begin{pmatrix} x \\ y \\ z \end{pmatrix}$と表現する方法

があります。

ベクトルの属性

ベクトルには、以下のような属性があります。

絶対値（ノルム）

ベクトルの**絶対値**（ぜったいち）は、**ノルム**とも呼ばれ、以下のように定義されます。

2次元ベクトル$\boldsymbol{a} = \begin{pmatrix} a_x \\ a_y \end{pmatrix}$の絶対値は

$$|\boldsymbol{a}| = \sqrt{{a_x}^2 + {a_y}^2}$$

となり、3次元ベクトル$\boldsymbol{a} = \begin{pmatrix} a_x \\ a_y \\ a_z \end{pmatrix}$の絶対値は

$$|\boldsymbol{a}| = \sqrt{{a_x}^2 + {a_y}^2 + {a_z}^2}$$

となります。

これはピタゴラスの定理の式ですから、**ベクトルの長さ**（なが）が絶対値、ということになります。普通の数であるスカラーでも、数直線上での原点からの長さが絶対値ですから、ベクトルでも長さが絶対値、というのは自然なことといえるでしょう。

単位ベクトル

単位(たんい)**ベクトル**とは、絶対値（長さ）が1のベクトルのことです。

2次元ベクトル$\boldsymbol{a}=\begin{pmatrix}a_x\\a_y\end{pmatrix}$の場合は、

$$|\boldsymbol{a}|=\sqrt{{a_x}^2+{a_y}^2}=1$$

のときが単位ベクトル、3次元ベクトル$\boldsymbol{a}=\begin{pmatrix}a_x\\a_y\\a_z\end{pmatrix}$の場合は、

$$|\boldsymbol{a}|=\sqrt{{a_x}^2+{a_y}^2+{a_z}^2}=1$$

のときに単位ベクトルになります。

しばしば、単位ベクトルであることを示すために、ベクトルの変数名に＾（ハット）を付けて$\hat{\boldsymbol{a}}$、$\hat{\boldsymbol{b}}$などと表現されます。この単位ベクトルは、ゲームプログラムでも基準となるベクトルなどとして多用されるので覚えておきましょう。

ベクトルの基本的な演算

また、普通の数であるスカラーと同じように、ベクトルにはいくつかの演算があります。以下に、そのうちでも基本的な演算をいくつか解説します。

加算（足し算）

2つの2次元ベクトル$\boldsymbol{a}=\begin{pmatrix}a_x\\a_y\end{pmatrix}$と$\boldsymbol{b}=\begin{pmatrix}b_x\\b_y\end{pmatrix}$の足し算は、

$$\boldsymbol{a}+\boldsymbol{b}=\begin{pmatrix}a_x\\a_y\end{pmatrix}+\begin{pmatrix}b_x\\b_y\end{pmatrix}=\begin{pmatrix}a_x+b_x\\a_y+b_y\end{pmatrix}$$

となり、2つの3次元ベクトル$\boldsymbol{a}=\begin{pmatrix}a_x\\a_y\\a_z\end{pmatrix}$と$\boldsymbol{b}=\begin{pmatrix}b_x\\b_y\\b_z\end{pmatrix}$の足し算は

$$\boldsymbol{a}+\boldsymbol{b}=\begin{pmatrix}a_x\\a_y\\a_z\end{pmatrix}+\begin{pmatrix}b_x\\b_y\\b_z\end{pmatrix}=\begin{pmatrix}a_x+b_x\\a_y+b_y\\a_z+b_z\end{pmatrix}$$

となります。

つまり、xはx同士、yはy同士と、同じ成分同士を足し算した結果を、ベクトルの足し算とします。これについては「なぜ？」と思ってはいけません。そういうふうに決められている、つま

り定義されているのです。

ちなみに、図で示すと、ベクトルの足し算は、各ベクトルの終点と始点をつなぎ合わせていったものになります（図6-5-1）。

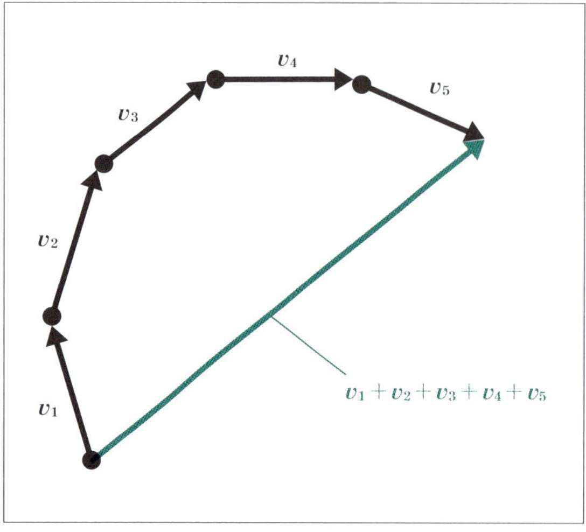

▶図6-5-1 5つのベクトル（$v_1 \sim v_5$）ベクトルの足し算

減算（引き算）

2つの2次元ベクトル$\boldsymbol{a}=\begin{pmatrix} a_x \\ a_y \end{pmatrix}$と$\boldsymbol{b}=\begin{pmatrix} b_x \\ b_y \end{pmatrix}$の引き算は、

$$\boldsymbol{a}-\boldsymbol{b}=\begin{pmatrix} a_x \\ a_y \end{pmatrix}-\begin{pmatrix} b_x \\ b_y \end{pmatrix}=\begin{pmatrix} a_x-b_x \\ a_y-b_y \end{pmatrix}$$

と定義され、また、2つの3次元ベクトル$\boldsymbol{a}=\begin{pmatrix} a_x \\ a_y \\ a_z \end{pmatrix}$と$\boldsymbol{b}=\begin{pmatrix} b_x \\ b_y \\ b_z \end{pmatrix}$の引き算は、

$$\boldsymbol{a}-\boldsymbol{b}=\begin{pmatrix} a_x \\ a_y \\ a_z \end{pmatrix}-\begin{pmatrix} b_x \\ b_y \\ b_z \end{pmatrix}=\begin{pmatrix} a_x-b_x \\ a_y-b_y \\ a_z-b_z \end{pmatrix}$$

と定義されています。つまり、同じ成分同士を引き算した結果が、ベクトルの引き算となるのです。

図形的には、$\boldsymbol{a}-\boldsymbol{b}$というベクトルは、ベクトル$\boldsymbol{b}$の先端からベクトル$\boldsymbol{a}$の先端へと向かうベクトルになります（図6-5-2）。

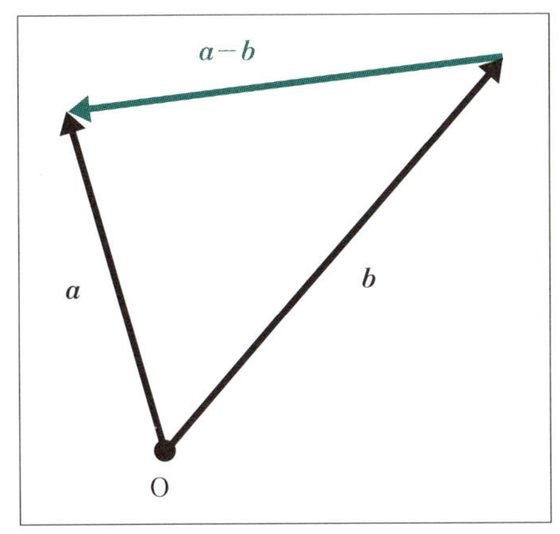

図6-5-2 ベクトルの引き算（$\boldsymbol{a}-\boldsymbol{b}$）

このことから、$\boldsymbol{a}-\boldsymbol{b}=\boldsymbol{c}$とすると、

$$\boldsymbol{a}=\boldsymbol{b}+\boldsymbol{c}$$

となりますから、ベクトルで構成された式でも、**移項**（いこう）が普通にできることがわかります。

これは、図形的に考えても、成分的に考えてもわかることでしょう。この性質から、ベクトルの足し算・引き算の部分については、普通の式と同じように式変形をすることができるのです。

定数（スカラー）倍

2次元ベクトル$\boldsymbol{a}=\begin{pmatrix} a_x \\ a_y \end{pmatrix}$に定数$\alpha$（スカラー）を掛けると、

$$\alpha\boldsymbol{a}=\alpha\begin{pmatrix} a_x \\ a_y \end{pmatrix}=\begin{pmatrix} \alpha a_x \\ \alpha a_y \end{pmatrix}$$

となり、同様に、3次元ベクトル$\boldsymbol{a}=\begin{pmatrix} a_x \\ a_y \\ a_z \end{pmatrix}$（$a_x$、$a_y$、$a_z$はスカラー）に定数$\alpha$（スカラー）を掛けると

$$\alpha\boldsymbol{a}=\alpha\begin{pmatrix} a_x \\ a_y \\ a_z \end{pmatrix}=\begin{pmatrix} \alpha a_x \\ \alpha a_y \\ \alpha a_z \end{pmatrix}$$

となります。

つまり、ベクトルの定数倍とは、ベクトルのすべての成分にその定数を掛けたものです。これもやはり定義ですから、「なぜ？」と思ってはいけません。そう決められているので、覚えましょう。

一次結合と線形補間

ベクトルの一次結合(いちじけつごう)は、上で述べたベクトルの定数倍と、ベクトルの加算・減算を組み合わせることによって、以下のように表されます。

$$\boldsymbol{p}=\alpha\boldsymbol{a}+\beta\boldsymbol{b}$$

ここで、αとβは定数です。このαとβを制御することで、元になるベクトル$\boldsymbol{a}$とベクトル$\boldsymbol{b}$から、さまざまな新しいベクトルを作り出すことができます。

例えば、$\alpha+\beta=1$の場合を考えます。このとき、$\beta=t$と置き換えると、$\alpha+\beta=1$から$\alpha=1-t$となるため、

$$\boldsymbol{p}=(1-t)\boldsymbol{a}+t\boldsymbol{b}$$

となります。これを変形すれば

$$\boldsymbol{p}=\boldsymbol{a}+t(\boldsymbol{b}-\boldsymbol{a})$$

となるため、ベクトル$\boldsymbol{p}$は、ベクトル$\boldsymbol{a}$の先端を起点として、ベクトル$(\boldsymbol{b}-\boldsymbol{a})$の方向（あるいは、$t<0$ならばその逆方向）に延びるベクトルになります。

このときベクトル$\boldsymbol{p}$は、$t=0$であればベクトル$\boldsymbol{a}$と一致し、$t=1$であればベクトル$\boldsymbol{b}$と一致するため、tを0から1まで変化させれば、ベクトル$\boldsymbol{a}$とベクトル$\boldsymbol{b}$の間を直線的につなぐようなベクトルを作ることができます（図6-5-3）。

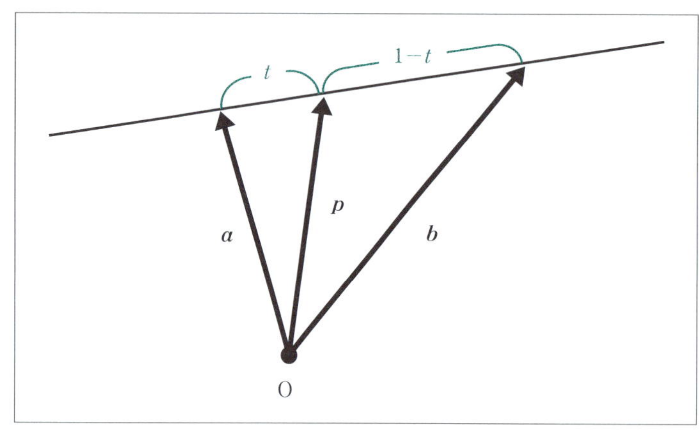

図6-5-3 ベクトル$\boldsymbol{a}$とベクトル$\boldsymbol{b}$の間を直線的につなぐベクトル$\boldsymbol{p}$

この場合、ベクトル$\boldsymbol{a}$とベクトル$\boldsymbol{b}$の間を$t:1-t$に内分することから、

$$\boldsymbol{p}=(1-t)\boldsymbol{a}+t\boldsymbol{b}\quad(0\leq t\leq 1)$$

という式を、ベクトルの内分の公式といいます。ゲームプログラムでは例えば、この公式でのtを時間と解釈すれば、位置$\boldsymbol{a}$と位置$\boldsymbol{b}$だけがわかっていて、それらの間に物体を移動させる場合

に、位置$\boldsymbol{a}$、位置$\boldsymbol{b}$間の中間の位置を計算することができ、それは**線形補間**(せんけいほかん)と呼ばれてよく使われます。

また、ベクトルの一次結合

$$\boldsymbol{p} = \alpha\boldsymbol{a} + \beta\boldsymbol{b}$$

では、αとβの符号によって、ベクトル$\boldsymbol{p}$がベクトル$\boldsymbol{a}$、$\boldsymbol{b}$とどのような位置関係にあるかを判定することができます。2次元ベクトルを例に、その様子を図6-5-4に示しました。

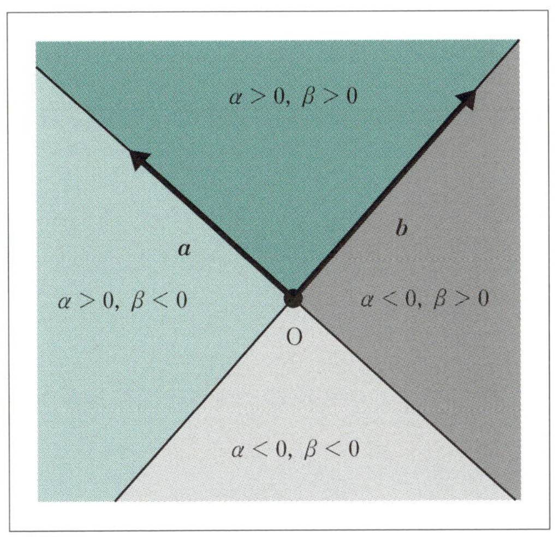

図6-5-4 α、βそれぞれの符号による、一次結合ベクトルの位置関係

ゲームでは、ポリゴンなどの自由な形の多角形に対する当たり判定を取るときに、当たっているかどうかだけでなく、その多角形のどちら側に外れているのかまで知りたい場合に便利です。

内積

内積(ないせき)はベクトル同士の掛け算の一種で、2つのベクトルから1つのスカラー、つまりただの数を得ます。ベクトル$\boldsymbol{a}$とベクトル$\boldsymbol{b}$の内積は$\boldsymbol{a}\cdot\boldsymbol{b}$と表現されるため、英語ではDot productと呼ばれ、具体的には、

$$\boldsymbol{a}\cdot\boldsymbol{b} = |\boldsymbol{a}||\boldsymbol{b}|\cos\theta$$

と定義されています。なお、θはベクトル$\boldsymbol{a}$とベクトル$\boldsymbol{b}$のなす角のことです（ただし$0 \leq \theta \leq \pi$）。

このままでは計算するのも大変そうですが（特に、2ベクトルのなす角θは求めにくい）、この内積については、2Dで$\boldsymbol{a} = (a_x \quad a_y)$、$\boldsymbol{b} = (b_x \quad b_y)$とすると

$$\boldsymbol{a}\cdot\boldsymbol{b} = a_x b_x + a_y b_y$$

となり、また3Dで$\boldsymbol{a} = (a_x \quad a_y \quad a_z)$、$\boldsymbol{b} = (b_x \quad b_y \quad b_z)$とすると

$$\boldsymbol{a}\cdot\boldsymbol{b} = a_x b_x + a_y b_y + a_z b_z$$

となることが知られています。

つまり、

・x成分同士、y成分同士、z成分同士の掛け算を行ったあとで
・それらをすべて足す

ということをすればよく、内積を求めるだけなら、この式を使って簡単確実にできるというわけです。

さてここで、例えば3Dの式が成り立つためには

$$|\boldsymbol{a}||\boldsymbol{b}|\cos\theta = a_x b_x + a_y b_y + a_z b_z$$

が成り立たなければなりませんから、この式の証明を行ってみましょう。

余弦定理とは？

それには、三角形の**余弦定理**（よげんていり）というものを使うのが便利です。余弦定理とは、三辺の長さがそれぞれa、b、cで図6-5-5に示した角度がθのとき

$$c^2 = a^2 + b^2 - 2ab\cos\theta$$

となる、という定理です。

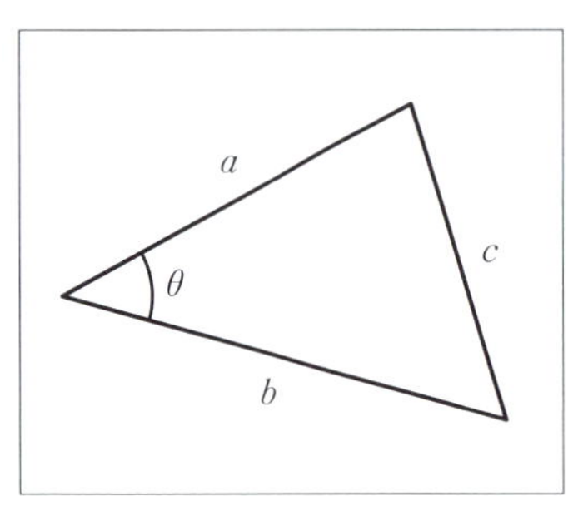

図6-5-5 a、b、cの三辺からなる三角形と、辺aと辺bがなす角θ

この角度θが$\frac{\pi}{2}$のときには、$\cos\theta = 0$となってピタゴラスの定理に一致することに注意しましょう。

余弦定理を使った証明

さて、ベクトル$\boldsymbol{a}$、ベクトル$\boldsymbol{b}$、ベクトル$\boldsymbol{b}-\boldsymbol{a}$を三辺とする三角形（図6-5-6）に上記の余弦定理を当てはめてみましょう。すると、

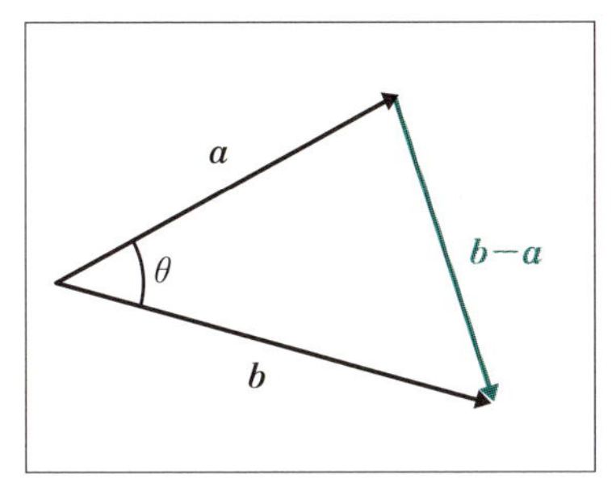

図6-5-6 $\boldsymbol{a}$、$\boldsymbol{b}$の2つのベクトルと、なす角θ

$$|\boldsymbol{b}-\boldsymbol{a}|^2=|\boldsymbol{a}|^2+|\boldsymbol{b}|^2-2|\boldsymbol{a}||\boldsymbol{b}|\cos\theta$$

となりますが、ここで、ピタゴラスの定理から、

$$|\boldsymbol{a}|^2=a_x{}^2+a_y{}^2+a_z{}^2$$
$$|\boldsymbol{b}|^2=b_x{}^2+b_y{}^2+b_z{}^2$$
$$|\boldsymbol{b}-\boldsymbol{a}|^2=(b_x-a_x)^2+(b_y-a_y)^2+(b_z-a_z)^2$$

となり、これらを上式に代入すると

$$(b_x-a_x)^2+(b_y-a_y)^2+(b_z-a_z)=a_x{}^2+a_y{}^2+a_z{}^2+b_x{}^2+b_y{}^2+b_z{}^2-2|\boldsymbol{a}||\boldsymbol{b}|\cos\theta$$

となります。

ここで、左辺を展開してみると

$$(b_x-a_x)^2+(b_y-a_y)^2+(b_z-a_z)^2=b_x{}^2-2b_xa_x+a_x{}^2+b_y{}^2-2b_ya_y+a_y{}^2+b_z{}^2-2b_za_z+a_z{}^2$$
$$=a_x{}^2+a_y{}^2+a_z{}^2+b_x{}^2+b_y{}^2+b_z{}^2-2b_xa_x-2b_ya_y-2b_za_z$$

となります。

さて、この結果から改めて元の式を見てみると、両辺に$a_x{}^2+a_y{}^2+a_z{}^2+b_x{}^2+b_y{}^2+b_z{}^2$という共通項が現れていますから、それらを両辺から消去すると

$$-2b_xa_x-2b_ya_y-2b_za_z=-2|\boldsymbol{a}||\boldsymbol{b}|\cos\theta$$
$$-2(a_xb_x+a_yb_y+a_zb_z)=-2|\boldsymbol{a}||\boldsymbol{b}|\cos\theta$$
$$\therefore a_xb_x+a_yb_y+a_zb_z=|\boldsymbol{a}||\boldsymbol{b}|\cos\theta$$

となります。これで、示したかった関係

$$|\boldsymbol{a}||\boldsymbol{b}|\cos\theta=a_xb_x+a_yb_y+a_zb_z$$

が成り立つことが証明できたことになります（2Dの場合でも同様です）。よって、内積$\boldsymbol{a}\cdot\boldsymbol{b}$については、

$$\boldsymbol{a}\cdot\boldsymbol{b}=|\boldsymbol{a}||\boldsymbol{b}|\cos\theta$$

でもあり、また

$$\boldsymbol{a}\cdot\boldsymbol{b}=a_x b_x+a_y b_y+a_z b_z$$

でもあるわけです。

内積の使い道①：2つのベクトルのなす角度（とコサイン）を求められる

さて、問題は、この内積というものが何の役に立つのか、ということです。それを考えるためには、まず

$$\boldsymbol{a}\cdot\boldsymbol{b}=a_x b_x+a_y b_y+a_z b_z$$

であることから、ベクトル$\boldsymbol{a}$と$\boldsymbol{b}$との内積は、2つのベクトルの成分から確実に、しかも簡単に計算できる、という性質を押さえておきましょう。

そして、

$$\boldsymbol{a}\cdot\boldsymbol{b}=|\boldsymbol{a}||\boldsymbol{b}|\cos\theta$$

でもあることから、

- 確実に計算することができる内積を使い
- 2つのベクトルのなす角をθとして、$\cos\theta$を計算することができる

という重要性が見えてきたことでしょう。

実際、上記の式から

$$\cos\theta=\frac{\boldsymbol{a}\cdot\boldsymbol{b}}{|\boldsymbol{a}||\boldsymbol{b}|}$$

となるため、$|\boldsymbol{a}|\neq 0$かつ$|\boldsymbol{b}|\neq 0$でさえあれば、どんな状況であっても2ベクトルのなす角θのコサインを得ることができるといえます。2ベクトルの$\cos\theta$を計算したい場合というのはよくあることですから、内積のこの性質は重要です。

また、2ベクトルのなす角θそのものを求めたい場合には、逆三角関数であるアークコサイン($\cos^{-1}$)を用いて

$$\theta=\cos^{-1}\left(\frac{\boldsymbol{a}\cdot\boldsymbol{b}}{|\boldsymbol{a}||\boldsymbol{b}|}\right)$$

と求めることも可能です。3D空間内の2ベクトルのなす角を計算するのは、これ以外の方法はあまり簡単ではないため、この方法は非常に重宝します。

ただし、角度θまで求めるのは比較的計算コストがかかりますから、本当にθそのものを求めなければならない状況なのか、$\cos\theta$のままで何とかできる状況ではないのか、というのはよく検討する必要はあるでしょう。

内積の使い道②：2つのベクトルが直交していることを確かめられる

また、$\cos\theta$やθを求める必要まではない状況でも、

$$\boldsymbol{a}\cdot\boldsymbol{b}=|\boldsymbol{a}||\boldsymbol{b}|\cos\theta$$

という式から、$|\boldsymbol{a}|\neq 0$かつ$|\boldsymbol{b}|\neq 0$であれば、

$$\boldsymbol{a}\cdot\boldsymbol{b}=0 \leftrightarrow \text{ベクトル}\boldsymbol{a}\text{とベクトル}\boldsymbol{b}\text{が直交}$$

という関係が成り立ちます。つまり、内積$\boldsymbol{a}\cdot\boldsymbol{b}=0$であれば2つのベクトルは直交していて、また逆に、2つのベクトルが直交していれば、内積$\boldsymbol{a}\cdot\boldsymbol{b}=0$となる、ということです。

このことは、$\boldsymbol{a}\cdot\boldsymbol{b}=0$で$|\boldsymbol{a}|\neq 0$かつ$|\boldsymbol{b}|\neq 0$であれば$\cos\theta=\dfrac{\boldsymbol{a}\cdot\boldsymbol{b}}{|\boldsymbol{a}||\boldsymbol{b}|}$も0になることから$\theta=\dfrac{\pi}{2}$、つまり2つのベクトルが直交することになること、また2つのベクトルが直交するということは$\theta=\dfrac{\pi}{2}$であることから$\cos\theta$が0になって内積も0になることからわかります。

これによって、2つのベクトルが直交しているかどうかを判定することもできますし、

$$\boldsymbol{a}\cdot\boldsymbol{b}=a_x b_x+a_y b_y+a_z b_z$$

という関係を使って、この$a_x b_x+a_y b_y+a_z b_z$を0にするように成分を調整することで、あるベクトル$\boldsymbol{a}$に直交するようなベクトルを作り出すこともできます。

NOTE

それを系統的に行う方法として、グラム・シュミットの方法というものもあります。
本書では扱いませんが、興味のある方は調べてみるとよいでしょう。

外積

外積（がいせき）というのは、内積とは別のもう1つのベクトル同士の掛け算です。この外積は、2Dのベクトルにはなかったもので、内積とは違い、計算結果もベクトルになります。

外積の定義は、

$$\boldsymbol{a}\times\boldsymbol{b}=|\boldsymbol{a}||\boldsymbol{b}|\sin\theta\cdot\hat{\boldsymbol{n}}$$

というものです。ここで、θはベクトル$\boldsymbol{a}$と$\boldsymbol{b}$のなす角、$\hat{\boldsymbol{n}}$はベクトル$\boldsymbol{a}$と$\boldsymbol{b}$の両方に直交する単位ベクトルです。

ここで、「ベクトル$\boldsymbol{a}$と$\boldsymbol{b}$の両方に直交する単位ベクトル」というのは、互いに方向が逆の2本が存在しますが（図6-5-7）、このうちどちらを取るのかは、座標系の取り方によるため、以下のように決まると覚えておくとよいでしょう。

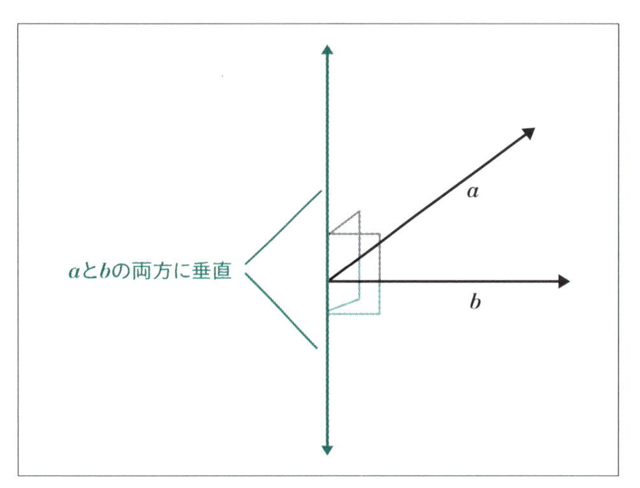

▶図6-5-7 ベクトルaとbの両方に直交する単位ベクトルは、互いに向きが逆な2本が存在する

ある座標系で$\hat{\boldsymbol{n}}$の方向を決める場合、x軸方向の単位ベクトル（基底ベクトル）を$\boldsymbol{i}$、y軸方向の単位ベクトルを$\boldsymbol{j}$、z軸方向の単位ベクトルを$\boldsymbol{k}$としたとき$\hat{\boldsymbol{n}}$の向きは、

$$\boldsymbol{i} \times \boldsymbol{j} = \boldsymbol{k}$$

となるような向きになります。

例えば、$\boldsymbol{a} \times \boldsymbol{b}$であれば、Unityなどで普通に使う左手系の場合には、$\boldsymbol{a}$を$\boldsymbol{b}$に一致するように回転したとき、その回転方向に丸めた左手指（親指を除く）の方向を合わせたときに、親指が向いている方向に$\hat{\boldsymbol{n}}$を取ります（図6-5-8）。

また、数学の教科書などでよく用いられる右手系の場合には、同じく$\boldsymbol{a}$を$\boldsymbol{b}$に一致するように回転したとき、その回転方向に丸めた右手指（親指を除く）の方向を合わせたときに、親指が向いている方向に$\hat{\boldsymbol{n}}$を取ります（図6-5-9）。

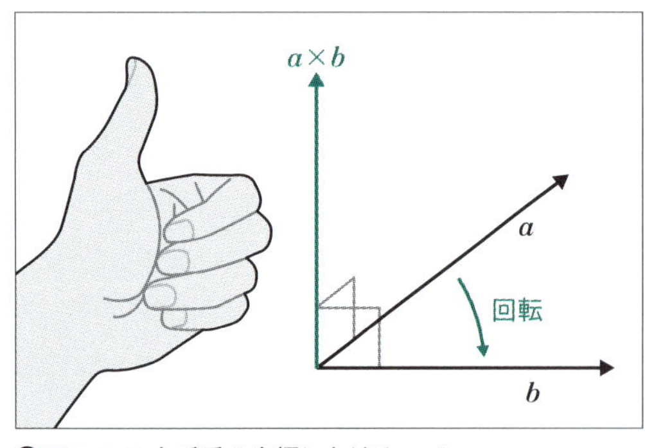

▶図6-5-8 左手系の座標における$a \times b$

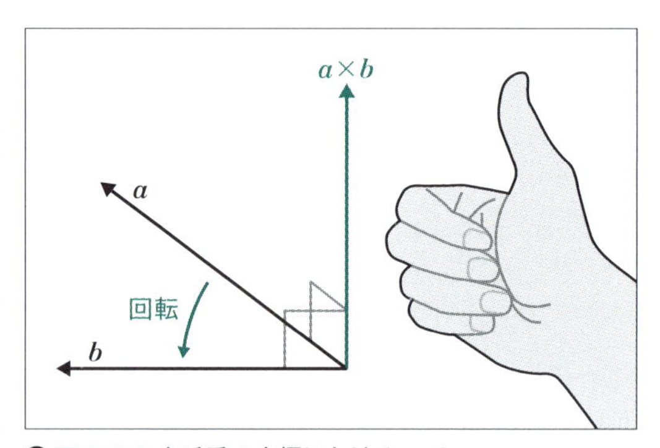

▶図6-5-9 右手系の座標における$a \times b$

教科書などの資料では右手系を前提に書かれていることが多く、その場合Unityなどでよく使われている左手系での外積とは向きが真逆になるため、資料を参照するときには注意が必要です。

外積の計算方法

さて、この外積

$$\boldsymbol{a}\times\boldsymbol{b}=|\boldsymbol{a}||\boldsymbol{b}|\sin\theta\cdot\hat{\boldsymbol{n}}$$

ですが、このままでは（内積の場合と同様に）具体的にどう計算してよいのかわかりません。取りあえず$\boldsymbol{a}$と$\boldsymbol{b}$のなす角θもわかりませんし、$\boldsymbol{a}$と$\boldsymbol{b}$の両方に直交するベクトル$\hat{\boldsymbol{n}}$も、どう出したらいいかわからないでしょう。

しかし、幸いなことに、外積についても内積の場合と同様に、ベクトル$\boldsymbol{a}$と$\boldsymbol{b}$の成分を使って、簡単確実に計算をすることができます。

$\boldsymbol{a}=(a_x\quad a_y\quad a_z)$、$\boldsymbol{b}=(b_x\quad b_y\quad b_z)$とすると

$$\boldsymbol{a}\times\boldsymbol{b}=(a_yb_z-a_zb_y\quad a_zb_x-a_xb_z\quad a_xb_y-a_yb_x)$$

となることが知られています。これについては、なぜか、という証明は少し複雑なためここでは省略します。

この「成分での式」を使えば、先ほどの、基底ベクトル同士の関係

$$\boldsymbol{i}\times\boldsymbol{j}=\boldsymbol{k}$$

は簡単に確かめることができます。

外積の使い道①：あるベクトルに垂直なベクトルを得られる

先ほど、外積の計算方法についての証明は省きましたが、そこで重要なのは2つ、

・この成分計算はどんなベクトル同士でも確実にできる

という性質と、この成分計算によって外積のベクトルを作ることで得られる

$$\boldsymbol{a}\times\boldsymbol{b}=|\boldsymbol{a}||\boldsymbol{b}|\sin\theta\cdot\hat{\boldsymbol{n}}$$

という関係から、

・ベクトル$\boldsymbol{a}$と$\boldsymbol{b}$の両方に垂直で、長さが$|\boldsymbol{a}||\boldsymbol{b}|\sin\theta$であるようなベクトルが得られる

という性質です。

この「2つのベクトルに垂直なベクトルを得る」処理は、あるポリゴンの法線ベクトルを得られるため、ゲームでは非常に重要になってきます。

NOTE

ただし、外積を使って法線ベクトルを得る場合、その法線ベクトルがどちらを向くのかを、きちんと把握しておくことが必要です。先ほど触れたように、Unityなどでよく使われている左手系では、左手を使って外積結果の方向を知ることができます。
また、外積を取る順番を変えるとベクトルの方向は真逆になるということ、つまり

$$\boldsymbol{a}\times\boldsymbol{b}=-\boldsymbol{b}\times\boldsymbol{a}$$

となるため、意図しない方向に外積のベクトルが向いてしまうのであれば、外積を取る順番を変えるだけで逆方向のベクトルを求めることができます。

外積の使い道②：2つのベクトルの方向がどのぐらい違うかを得られる

外積結果の長さである$|\boldsymbol{a}||\boldsymbol{b}|\sin\theta$という値をよく見ると、これはベクトル$\boldsymbol{a}$と$\boldsymbol{b}$から作られる平行四辺形の面積になっています（図6-5-10）。

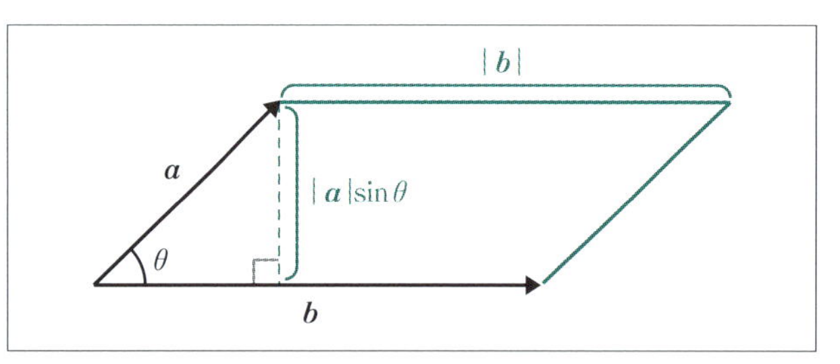

図6-5-10 ベクトルa、bから作られる平行四辺形と、$|a|\sin\theta$および$|b|$の関係

この性質を使うと、2つのベクトルの方向がどれだけ違っているかを、外積結果のベクトルの長さによって評価することができます。この場合、外積のベクトルの長さが小さいほど、2ベクトルは同じような方向を向いていて、外積のベクトルの長さが大きいほど、2ベクトルは違った向きを向いていることになります。

NOTE

ただし、この結果は$0\leq\theta\leq\frac{\pi}{2}$の場合に限られます。
$\frac{\pi}{2}$つまり直角よりも大きく方向が違っていた場合、今度は方向が違うほど外積のベクトルは短くなります。

この外積は、3Dプログラミングをする際にキーポイントとなり得る重要なものであり、ぜひとも覚えておくことをおすすめします。

基底ベクトル

基底(きてい)**ベクトル**とは、各座標軸の方向を向き、長さ1のベクトルのことです。

例えば、2Dの座標(x, y)は、x方向の基底ベクトル$\boldsymbol{i}=(1, 0)$とy方向の基底ベクトル$\boldsymbol{j}=(0, 1)$を使って$x\boldsymbol{i}+y\boldsymbol{j}$と表すことができます。このような表現の利点というのは、$\boldsymbol{i}=(1, 0)$や$\boldsymbol{j}=(0, 1)$という単純なベクトルの組み合わせで座標を表現することで、単純な基底ベクトルのみを変換すればあらゆる座標に対する変換を表現できる点にあります。

NOTE

ただし、その場合の変換は、行列で表現できる**一次変換**(いちじへんかん)である必要があります。

回転変換の例

例えば、回転変換について考えてみましょう。

一般の座標をθだけ回転する変換というのは少し考えにくいものがありますが、$\boldsymbol{i}=(1, 0)$をθだけ回転するだけなら、図6-5-11から結果が$(\cos\theta, \sin\theta)$であることがすぐわかります。これを$\boldsymbol{i}'$としておきましょう。

また、$\boldsymbol{j}=(0, 1)$をθだけ回転すれば$(-\sin\theta, \cos\theta)$となることも図6-5-11からすぐにわかります。これは$\boldsymbol{j}'$としましょう。

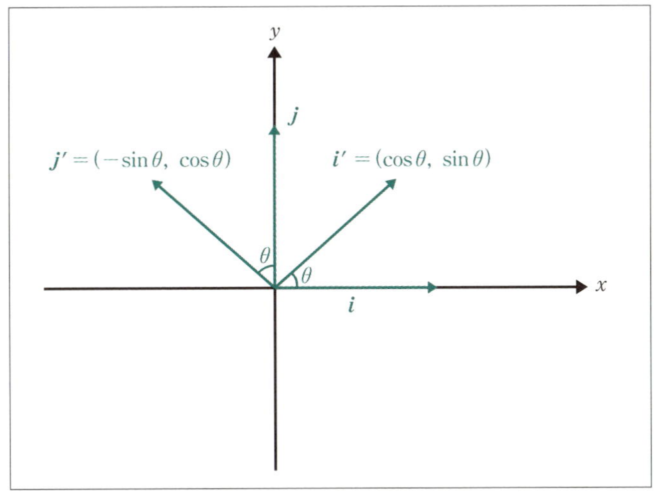

図6-5-11 基底ベクトル$\boldsymbol{i}$および$\boldsymbol{j}$をθだけ回転させる

そこで、ある点$\boldsymbol{p}=x\boldsymbol{i}+y\boldsymbol{j}$を$\theta$だけ回転した点$\boldsymbol{p}'$を考えると、$\boldsymbol{p}'=x\boldsymbol{i}'+y\boldsymbol{j}'$となります（図6-5-12）。

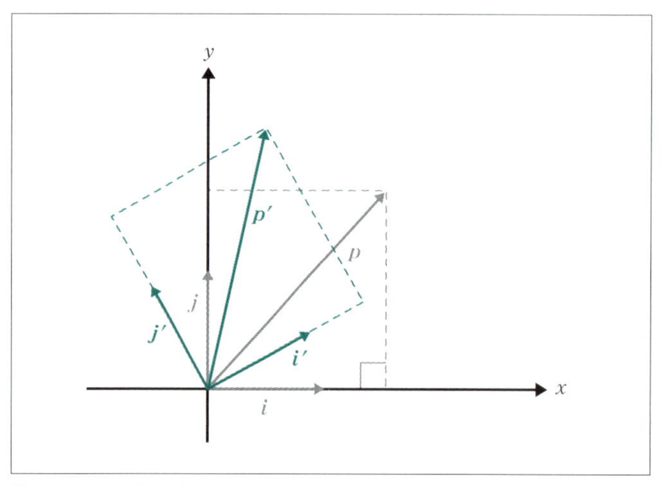

図6-5-12 点p（$x\boldsymbol{i}+y\boldsymbol{j}$）を$\theta$だけ回転させる

各ベクトルを列ベクトルで表して、$\boldsymbol{p}' = \begin{pmatrix} x' \\ y' \end{pmatrix}$とすると、$\boldsymbol{i}' = \begin{pmatrix} \cos\theta \\ \sin\theta \end{pmatrix}$、$\boldsymbol{j}' = \begin{pmatrix} -\sin\theta \\ \cos\theta \end{pmatrix}$なので、$\boldsymbol{p}' = x\boldsymbol{i}' + y\boldsymbol{j}'$から

$$\begin{pmatrix} x' \\ y' \end{pmatrix} = x\begin{pmatrix} \cos\theta \\ \sin\theta \end{pmatrix} + y\begin{pmatrix} -\sin\theta \\ \cos\theta \end{pmatrix}$$

$$= \begin{pmatrix} x\cdot\cos\theta - y\cdot\sin\theta \\ x\cdot\sin\theta + y\cdot\cos\theta \end{pmatrix}$$

$$\therefore \begin{cases} x' = x\cdot\cos\theta - y\cdot\sin\theta \\ y' = x\cdot\sin\theta + y\cdot\cos\theta \end{cases}$$

となります。この結果は、2Dの回転の行列を使って変換を行ったものと同じになっていることを確かめてみてください。

それと同じように、3D空間でも

- x方向の基底ベクトル$\boldsymbol{i} = (1,\ 0,\ 0)$
- y方向の基底ベクトル$\boldsymbol{j} = (0,\ 1,\ 0)$
- z方向の基底ベクトル$\boldsymbol{k} = (0,\ 0,\ 1)$

を考えて、

- 座標を$x\boldsymbol{i}+y\boldsymbol{j}+z\boldsymbol{k}$と表現し
- それぞれの基底ベクトルを特定の方向に向けることによって変換行列を作り出す

というテクニックがよく使われるので、ぜひ覚えておきましょう。

同次座標

同次座標というものについても、ここで簡単に説明しておきましょう。

同次座標(どうじざひょう)というのは、3Dでの位置やベクトルを、4次元ベクトルで表記するものです。これは、$(x \quad y \quad z)$という3Dの位置やベクトルを、もう1つの成分wを加えて$(x \quad y \quad z \quad w)$とする、ということです。

UnityやDirectXなどの、ゲームで使用されるグラフィックライブラリでも、主にこの同次座標を使って3Dの位置やベクトルを表現します。

同次座標を使う利点

同次座標では、この4次元ベクトルから、最終的には$\left(\frac{x}{w} \quad \frac{y}{w} \quad \frac{z}{w}\right)$というように、最後の成分$w$で割ったものを結果として採用します。

この同次座標による表現にはさまざまな利点があります。例えば、$(x \quad y \quad z \quad 1)$としておいて$4 \times 4$行列を用いることで、通常は一次変換として行列で表現することができない平行移動も行列で表現でき、それを行列の掛け算を使って他の変換と合成することもできるようになります。これについては、304ページ、4次元ベクトル（同次座標）と4×4行列を参照してください。

また、同次座標では最終的に全体がwで割り算されるため、同じく通常の行列では表現できない割り算を、（限定的ながら）行列で表現することも可能になります。さらに、システム的に見た場合には、ベクトルや行列の要素数が2^nの数になるため（ベクトルの要素数は$2^2=4$、行列の要素数は$2^4=16$となる）、コンピュータにとってきちんと整列されたデータとして扱いやすく、データ量は3次元ベクトルより増えるにもかかわらず、逆に処理の高速化・ハードウェアの単純化を期待することもできます。

このように、コンピュータで処理するにあたって有利な点が非常に多いため、2018年現在ではゲームでの3Dでも、ほとんどがこの同次座標による3D表現を採用していますから、ぜひ覚えておきましょう。

Chapter 7
より高度な数学理論

7-1 変換行列

Keyword　合成　逆行列　転置行列

ベクトルを回転させたり、拡大縮小したり、平行移動したりする変換（一次変換）を行う行列が、変換行列です。
本節では、ゲーム数学で重要な「行列」と、行列によるベクトルの「変換」について解説します。

一次変換

変換行列とは、ベクトルなどに対して、**一次変換**と呼ばれる変換を施すものです。ここではまず最も簡単な、2次元ベクトルに作用して一次変換をするような行列（具体的には、2行2列の正方行列）について説明しましょう。

2次元ベクトルを一次変換する、2行2列の正方行列というものは

$$\begin{pmatrix} a & b \\ c & d \end{pmatrix}$$

という形をしています。これを2次元ベクトル$\begin{pmatrix} v_x \\ v_y \end{pmatrix}$(このように、要素を縦に並べて書いたベクトルは列ベクトルです)に作用させるには

$$\begin{pmatrix} a & b \\ c & d \end{pmatrix}\begin{pmatrix} v_x \\ v_y \end{pmatrix}$$

と、行列を列ベクトルに対して右側から掛け算します。

この掛け算の結果は、変換前と同じ列ベクトルとなり、具体的には

$$\begin{pmatrix} a & b \\ c & d \end{pmatrix}\begin{pmatrix} v_x \\ v_y \end{pmatrix} = \begin{pmatrix} av_x + bv_y \\ cv_x + dv_y \end{pmatrix}$$

となります。……が、これだけでは「だから何？」と言いたくなるでしょう。これが何かの役に立たないことには、覚える気にもなりません。

しかし実は、この一次変換を起こす行列の中には、ゲームプログラムには欠かせない「回転の行列」つまりベクトルを好きな方向へ回転させるような行列があるので、ゲームプログラミングの世界では、大変重要になってくるのです。

回転の行列

回転の行列を使えば、どんな長さの、どんな方向を向いたベクトルでも好きな角度だけ回転できてしまうので、ゲームプログラミングでは非常に重宝します。では、2次元ベクトルに対する

回転の行列とは、具体的にはどのような形になるのでしょうか？

実は、ベクトルをθだけ回転させるような回転の行列は、x方向の基底ベクトル$\begin{pmatrix}1\\0\end{pmatrix}$を$\begin{pmatrix}\cos\theta\\\sin\theta\end{pmatrix}$に変換し、$y$方向の基底ベクトル$\begin{pmatrix}0\\1\end{pmatrix}$を$\begin{pmatrix}-\sin\theta\\\cos\theta\end{pmatrix}$に変換するものといえます（図7-1-1）。

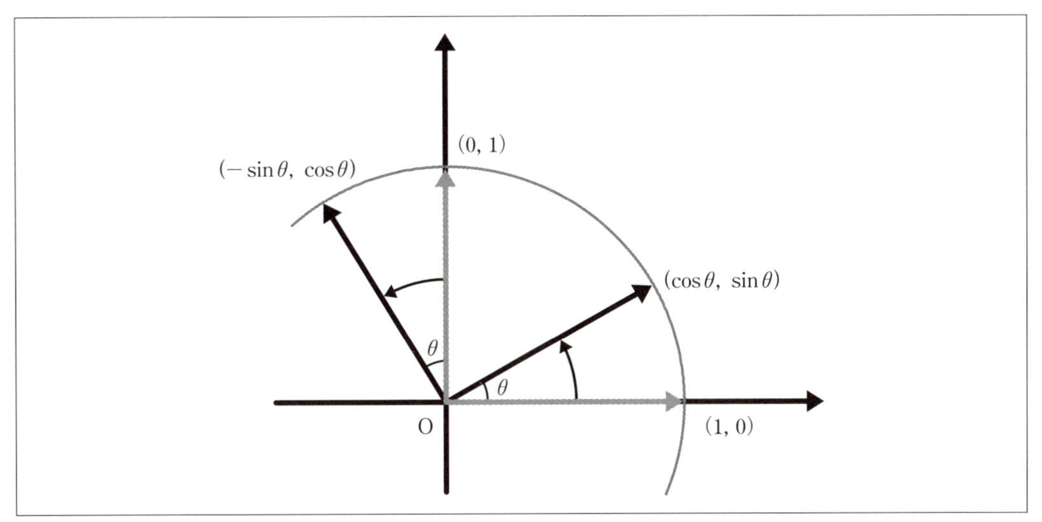

図7-1-1 ベクトルをθだけ回転させる行列と、x、y方向の基底ベクトル

そこで、回転の行列を$\begin{pmatrix}a & b\\c & d\end{pmatrix}$と置くと、$\begin{pmatrix}1\\0\end{pmatrix}$を$\begin{pmatrix}\cos\theta\\\sin\theta\end{pmatrix}$に変換することから

$$\begin{pmatrix}a & b\\c & d\end{pmatrix}\begin{pmatrix}1\\0\end{pmatrix}=\begin{pmatrix}\cos\theta\\\sin\theta\end{pmatrix}$$

となり、左辺の掛け算を実行すると

$$\begin{pmatrix}a\\c\end{pmatrix}=\begin{pmatrix}\cos\theta\\\sin\theta\end{pmatrix}$$

$$\therefore a=\cos\theta,\ c=\sin\theta$$

となります。一方、$\begin{pmatrix}0\\1\end{pmatrix}$を$\begin{pmatrix}-\sin\theta\\\cos\theta\end{pmatrix}$に変換することから

$$\begin{pmatrix}a & b\\c & d\end{pmatrix}\begin{pmatrix}0\\1\end{pmatrix}=\begin{pmatrix}-\sin\theta\\\cos\theta\end{pmatrix}$$

となり、左辺の掛け算を実行すると

$$\begin{pmatrix}b\\d\end{pmatrix}=\begin{pmatrix}-\sin\theta\\\cos\theta\end{pmatrix}$$

$$\therefore b=-\sin\theta,\ d=\cos\theta$$

となります。

これでa、b、c、dが全部出てきたので、これらを元の行列$\begin{pmatrix}a & b\\c & d\end{pmatrix}$に代入すると

$$\begin{pmatrix} \cos\theta & -\sin\theta \\ \sin\theta & \cos\theta \end{pmatrix}$$

となります。

つまり、あるベクトル$\begin{pmatrix} v_x \\ v_y \end{pmatrix}$を角度$\theta$だけ回転させたければ、この回転の行列をベクトルに左から掛けて

$$\begin{pmatrix} \cos\theta & -\sin\theta \\ \sin\theta & \cos\theta \end{pmatrix}\begin{pmatrix} v_x \\ v_y \end{pmatrix} = \begin{pmatrix} v_x\cos\theta - v_y\sin\theta \\ v_x\sin\theta + v_y\cos\theta \end{pmatrix}$$

を計算すればよい、ということになります。こうすれば、$\begin{pmatrix} v_x \\ v_y \end{pmatrix}$というベクトルがどちらを向いていようと、どんな長さだろうと関係なくθだけ回転できてしまうため、ゲームプログラムにおいては大変便利であり、もはや必須といってもよいでしょう。

単位行列

さて、この回転の行列の他にも、ゲームプログラミングで大切な行列はいくつかありますが、その1つが単位行列Eです。

単位行列というのは、「ベクトルなどに掛けても元のベクトルなどを変化させないような行列」のことです。普通の数で、掛け算しても元の数を変えないのは1ですから、単位行列Eは普通の数の1に相当するともいえます。

「ベクトルを変化させない変換なんて実用にならないだろう」などと思ってはいけません。これ自身は変換には役に立たなくても、計算の過程で必要になることや、ある変換を表す行列を作る出発点として有用な場合が多々あるため、単位行列は重要です。

具体的には、2行2列の行列では

$$E = \begin{pmatrix} 1 & 0 \\ 0 & 1 \end{pmatrix}$$

という形をしています。試しにこれをベクトル$\begin{pmatrix} v_x \\ v_y \end{pmatrix}$に掛けてみると

$$\begin{pmatrix} 1 & 0 \\ 0 & 1 \end{pmatrix}\begin{pmatrix} v_x \\ v_y \end{pmatrix} = \begin{pmatrix} v_x \\ v_y \end{pmatrix}$$

となりますから、Eは掛けてもベクトルを変化させないことが確かめられます。

逆行列

さらに、単位行列に負けず劣らず大切なのが、**逆行列**という特殊な行列です。逆行列とは、逆変換、つまり、ある行列が表す変換に対して、さらにその変換を掛けるとキャンセルされてなかったことになるような変換を表す行列です。

言葉で説明すると少々複雑ですが、例えば、ベクトルを時計回りにθだけ回転する行列に対し

ては、ベクトルを反時計回りにθだけ回転する行列が逆行列です。時計回りに回してから反時計回りに同じだけ回せばなかったことになるのは、容易に想像できると思います。

ゲームプログラムでも、逆変換をしたいことは結構あるので、この逆行列は重要です。ここで、ゲームプログラムで普通に扱うような変換については、3Dの変換も含め、たいてい逆変換が存在し、したがってそれらの変換を表す行列の逆行列も存在しています。

具体的には、2Dの場合、つまり2行2列の行列に限れば、

$$A=\begin{pmatrix} a & b \\ c & d \end{pmatrix}$$

という行列の逆行列は

$$A^{-1}=\frac{1}{ad-bc}\begin{pmatrix} d & -b \\ -c & a \end{pmatrix}$$

となりますが、その理由はまた後ほど、3Dの変換行列を説明する際（304ページ）に述べることにしましょう。

先ほどの式で、A^{-1}の肩に乗っている$^{-1}$は逆行列を表し、A^{-1}で「A**インバース**」と読みます。この公式を実際に使って、回転が本当に逆回転になるかどうか、実際にやってみましょう。

2Dベクトルを角度θだけ回転する行列は

$$\begin{pmatrix} \cos\theta & -\sin\theta \\ \sin\theta & \cos\theta \end{pmatrix}$$

でした。これを上の式の行列Aに当てはめると、$a=\cos\theta$、$b=-\sin\theta$、$c=\sin\theta$、$d=\cos\theta$ですから、その逆行列はA^{-1}の式から

$$\frac{1}{(\cos\theta)^2+(\sin\theta)^2}\begin{pmatrix} \cos\theta & \sin\theta \\ -\sin\theta & \cos\theta \end{pmatrix}$$

となります。

ここで、$\cos\theta$と$\sin\theta$はそれぞれ、「半径1である単位円上の、角度θの場所のx座標とy座標」であり、ピタゴラスの定理から、$(\cos\theta)^2+(\sin\theta)^2=1^2=1$です。これを代入すると、上の逆行列は

$$\frac{1}{1}\begin{pmatrix} \cos\theta & \sin\theta \\ -\sin\theta & \cos\theta \end{pmatrix}=\begin{pmatrix} \cos\theta & \sin\theta \\ -\sin\theta & \cos\theta \end{pmatrix}$$

となり、$\cos(-\theta)=\cos\theta$、また$\sin(-\theta)=-\sin\theta$なので、

$$\begin{pmatrix} \cos\theta & \sin\theta \\ -\sin\theta & \cos\theta \end{pmatrix}=\begin{pmatrix} \cos(-\theta) & -\sin(-\theta) \\ \sin(-\theta) & \cos(-\theta) \end{pmatrix}$$

となります。この最後の形は、回転の行列でθを$-\theta$に置き換えたものですから、この逆行列は確かに、角度θの回転に対する逆回転を表していることがわかります。

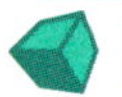

4次元ベクトル（同次座標）と4×4行列

さて次に、3D空間内での変換を表す、さまざまな変換行列について説明しましょう。3Dグラフィックスにおいては、平行移動も含むほとんどの変換を、行列のみを使って表現する、ということが行わるため、これらは大変重要です。

ここで、3D空間内での通常の一次変換を表すだけなら、3×3行列、つまり3行3列の行列で十分なのですが、例えば

・通常の一次変換には含まれない平行移動も行列で表現するため
・遠くのものほど小さく見えるようにするためのパースペクティブ変換も行列だけで表現できるようにするため
・データ量をキリのよいものにするため

など、さまざまな理由から、2018年現在では、3D空間内での変換を表すのに、3×3行列よりも一回り大きな**4×4行列**を用いて、6-5. ベクトルとその演算にも出てきた同次座標による4次元ベクトルを変換するのが一般的です。

そのため、本項でも3D空間での変換を行う4×4行列について説明をすることにしましょう。

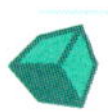

ベクトルを行列で変換する

まずは、「同次座標（4次元ベクトル）をどのような形で4×4行列で変換するのか」について考えてみましょう。

行列は、ベクトルに掛け算することによって、そのベクトルに対してある変換をします。行列とベクトルの掛け算をするにあたり、変換されるベクトルをどのように表現するかによって以下の2つの選択肢があります。

・同次座標のベクトルを**行ベクトル**で表現する
・同次座標のベクトルを**列ベクトル**で表現する

まず、同次座標を行ベクトルで表現する場合には、そのベクトルを以下のように行列の左側から掛け算します(右側からでは掛け算できません)。

$$(x' \quad y' \quad z' \quad w') = (x \quad y \quad z \quad w)\begin{pmatrix} a_{11} & a_{12} & a_{13} & a_{14} \\ a_{21} & a_{22} & a_{23} & a_{24} \\ a_{31} & a_{32} & a_{33} & a_{34} \\ a_{41} & a_{42} & a_{43} & a_{44} \end{pmatrix}$$

ここで、x、y、z、wは変換前のx、y、z座標とw値、x'、y'、z'、w'は変換後のx、y、z座標とw値です。この掛け算の結果は、以下のようになります。

$$\begin{cases} x' = a_{11}x + a_{21}y + a_{31}z + a_{41}w \\ y' = a_{12}x + a_{22}y + a_{32}z + a_{42}w \\ z' = a_{13}x + a_{23}y + a_{33}z + a_{43}w \\ w' = a_{14}x + a_{24}y + a_{34}z + a_{44}w \end{cases}$$

つまりこれは、掛け算する行ベクトルを、行列の4列ある列ベクトルと内積を取ったものを掛け算の結果にしています（図7-1-2）。

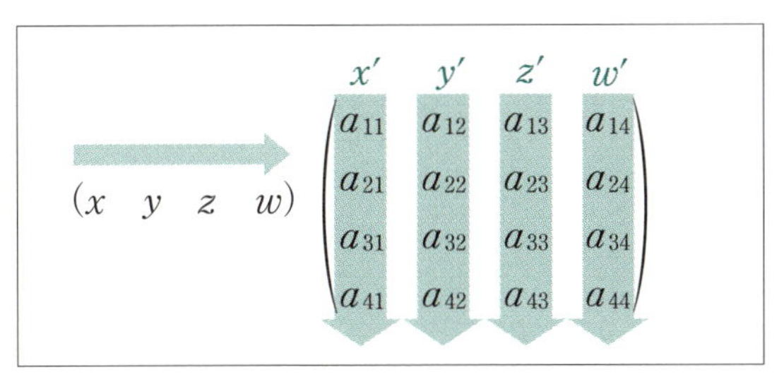

図7-1-2 行ベクトルと行列の掛け算

2Dの行列変換に比べると、ずいぶんと項の数が多くなってしまっています。しかし、考え方は同じで、単に項の数が増えているだけです。

一方、同次座標を列ベクトルで表現する場合には、そのベクトルを以下のように行列の右側から掛け算します。

$$\begin{pmatrix} x' \\ y' \\ z' \\ w' \end{pmatrix} = \begin{pmatrix} a_{11} & a_{12} & a_{13} & a_{14} \\ a_{21} & a_{22} & a_{23} & a_{24} \\ a_{31} & a_{32} & a_{33} & a_{34} \\ a_{41} & a_{42} & a_{43} & a_{44} \end{pmatrix}\begin{pmatrix} x \\ y \\ z \\ w \end{pmatrix}$$

この場合の掛け算の結果は、以下のようになります。

$$\begin{cases} x' = a_{11}x + a_{12}y + a_{13}z + a_{14}w \\ y' = a_{21}x + a_{22}y + a_{23}z + a_{24}w \\ z' = a_{31}x + a_{32}y + a_{33}z + a_{34}w \\ w' = a_{41}x + a_{42}y + a_{43}z + a_{44}w \end{cases}$$

つまり、「掛け算する列ベクトルを（行列中の、4行ある）行ベクトルと内積を取ったもの」

を掛け算の結果にしています（図7-1-3）。

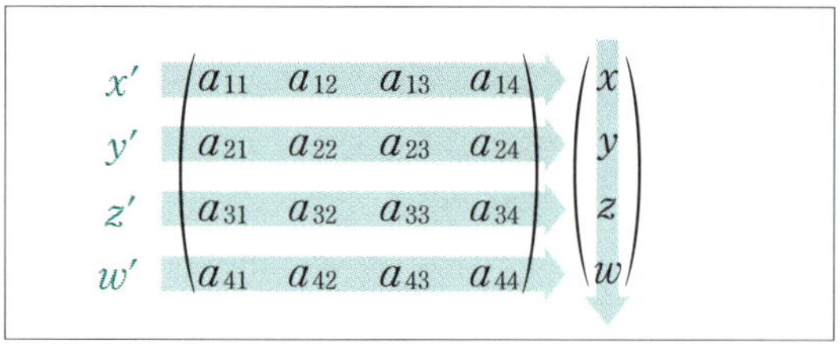

$$
\begin{matrix} x' \\ y' \\ z' \\ w' \end{matrix}
\begin{pmatrix} a_{11} & a_{12} & a_{13} & a_{14} \\ a_{21} & a_{22} & a_{23} & a_{24} \\ a_{31} & a_{32} & a_{33} & a_{34} \\ a_{41} & a_{42} & a_{43} & a_{44} \end{pmatrix}
\begin{pmatrix} x \\ y \\ z \\ w \end{pmatrix}
$$

図7-1-3 行列と列ベクトルの掛け算

さて、この結果を先ほどの同次座標を行ベクトルとして表現した場合の結果と比べてみると、結果が違っていることがわかるでしょうか。これはつまり、同じ行列であっても、行ベクトルを変換する場合と列ベクトルを変換する場合では異なる結果を与えることになる、ということです。

例として、回転の行列の場合、行ベクトルを変換した場合と列ベクトルを変換した場合では、同じ行列でも回転の方向が逆転してしまいます。そのため、ある変換行列が実際にはどんな変換を表すのかを知るには、その行列が行ベクトルを変換するのか列ベクトルを変換するのかをきちんと確かめる必要があります。

NOTE

少し前の時代までは、ゲームCGでは固定機能パイプラインというハードウェアが使われていたため、同次座標は行ベクトルで表現するしかなかったのですが、2018年現在では、プログラマブルシェーダーが使われることが一般的になったため、少なくともハード的には行ベクトル・列ベクトルのどちらでも扱えるようになっています。

ただし、これらを混用したりすれば無用な混乱・バグの元ですから、どちらを使用するのかはプログラムの仕様としてしっかり決めておく必要があるでしょう。

数学についての資料を参照する場合にも、その資料が行ベクトル・列ベクトルのどちらを変換することを前提にしているかをしっかりと確かめておくことが重要です。

例①：元の座標やベクトルを変えない変換

さて、ここでは実際に行ベクトルを使って同次座標を変換する行列を挙げていってみましょう。

まず前提条件として、実際に変換するのは3D座標なので、4次元ベクトルで$(x \quad y \quad z \quad w)$と表現される同次座標を使って、3D空間の座標$x$、$y$、$z$を表現しなければなりません。また、それを4×4行列で変換して、再び3D空間の座標を得ることになりますが、その場合、$w=1$とした$(x \quad y \quad z \quad 1)$という同次座標を使います。

というのも、同次座標では最終的に通常の3D座標に直すとき、$\left(\frac{x}{w} \quad \frac{y}{w} \quad \frac{z}{w}\right)$というように全体が$w$で割られるために、$w$を1以外の値にしてしまうと、意図しない結果になってしまうことになるからです。そのため、3D座標→3D座標という変換を行う行列では、最後の成分wを変化させないよう注意して行列を作る必要があります。

以上のことを踏まえたうえで、まず、4×4行列での最も単純な変換は、**元の座標やベクトルを一切変えない**ような変換（？）でしょう。

前述のように、そのような変換を表すのは単位行列Eです。4×4行列の単位行列Eは、具体的には以下のように表されます。

$$E = \begin{pmatrix} 1 & 0 & 0 & 0 \\ 0 & 1 & 0 & 0 \\ 0 & 0 & 1 & 0 \\ 0 & 0 & 0 & 1 \end{pmatrix}$$

これを$(x \quad y \quad z \quad 1)$というベクトルに掛けて

$$(x' \quad y' \quad z' \quad 1) = (x \quad y \quad z \quad 1)\begin{pmatrix} 1 & 0 & 0 & 0 \\ 0 & 1 & 0 & 0 \\ 0 & 0 & 1 & 0 \\ 0 & 0 & 0 & 1 \end{pmatrix}$$

としてもベクトルは一切変化しないことを、ご自分で確かめてみるとよいでしょう。

例②：拡大縮小をする変換

次に、やはり簡単な変換として、拡大縮小をする行列を考えてみましょう。拡大縮小をするには、$(x \quad y \quad z \quad 1)$という座標であれば、1に保たなければならない$w$を除く$x$、$y$、$z$座標にそれぞれ定数$s$を掛けて$(sx \quad sy \quad sz \quad 1)$という座標を得ることになります。

ちなみにwも含んで定数sを掛けてしまい$(sx \quad sy \quad sz \quad s)$としてしまうと、最終的に4番目の成分$w$で割られてしまうため、元の座標とまったく変わらない結果となってしまうため注意してください。

さて、$(x \quad y \quad z \quad 1)$から$(sx \quad sy \quad sz \quad 1)$という結果を得るためには、単位行列の**対角成分**（たいかくせいぶん）のみを書きかえて、

$$\begin{pmatrix} s & 0 & 0 & 0 \\ 0 & s & 0 & 0 \\ 0 & 0 & s & 0 \\ 0 & 0 & 0 & 1 \end{pmatrix}$$

という行列を用いればOKです。これで実際にx、y、z座標がs倍されることを確かめてみてください。

さらにもし、x、y、z座標それぞれについて別々の拡大率s_x, s_y, s_zを使って$(s_x x \quad s_y y \quad s_z z \quad 1)$という結果を得たいなら、

$$\begin{pmatrix} s_x & 0 & 0 & 0 \\ 0 & s_y & 0 & 0 \\ 0 & 0 & s_z & 0 \\ 0 & 0 & 0 & 1 \end{pmatrix}$$

という行列を使います。例えば、x方向を2倍、y方向を0.5倍、z方向を3倍にしたいなら

$$\begin{pmatrix} 2 & 0 & 0 & 0 \\ 0 & 0.5 & 0 & 0 \\ 0 & 0 & 3 & 0 \\ 0 & 0 & 0 & 1 \end{pmatrix}$$

という行列を用いればよいわけですね。

例③：z軸を中心とした回転をする変換

さて、次は3Dでの回転の行列について考えてみましょう。

出発点として、まず先ほど出てきた平面での回転を考えますが、それは、

$$\begin{pmatrix} \cos\theta & -\sin\theta \\ \sin\theta & \cos\theta \end{pmatrix}$$

というものでした。この行列の場合は、

$$\begin{pmatrix} x' \\ y' \end{pmatrix} = \begin{pmatrix} \cos\theta & -\sin\theta \\ \sin\theta & \cos\theta \end{pmatrix} \begin{pmatrix} x \\ y \end{pmatrix}$$

というように使い、元のxやyを、x'やy'に変換します。

これをまずは、平面のまま、列ベクトルを変換する行列から行ベクトルを変換する行列に変えてみましょう。行ベクトルに対して上の行列と同じ回転を与えるのは、

$$(x' \quad y') = (x \quad y) \begin{pmatrix} \cos\theta & \sin\theta \\ -\sin\theta & \cos\theta \end{pmatrix}$$

という行列です。これが上記の列ベクトルに対する行列と同じ結果を与えることを確かめてみてください。

さて、ここで話を3D空間に拡張します。もし、3D空間でx座標とy座標に対してこの平面に対する回転をさせ、z座標については変化させないような変換をしたなら、それは「z軸を中心とした回転」になるでしょう（図7-1-4）。

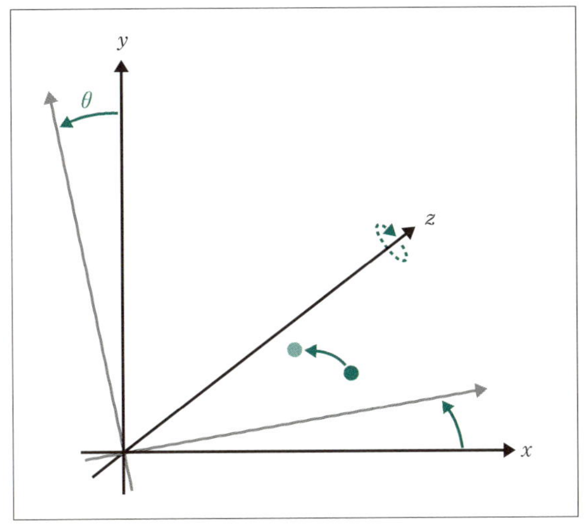

図7-1-4 z軸を中心とした回転

そこで、実際にその「x y座標に対して回転、z座標は変化しない」という行列を作ってみましょう。まずはベースとして、まったく変換を行わない行列である単位行列を用意します。

$$\begin{pmatrix} 1 & 0 & 0 & 0 \\ 0 & 1 & 0 & 0 \\ 0 & 0 & 1 & 0 \\ 0 & 0 & 0 & 1 \end{pmatrix}$$

この状態ではどの座標もまったく変化しないのですから、もちろんz座標も変化しません。この「z座標が変化しない」という状態を保ったまま、x y座標に対して回転を行ってみましょう。

まず、同次座標で考えると、変化するのはx y座標だけなので、$(x \quad y \quad z \quad w)$という4要素のうち、$z$座標だけでなく$w$座標も変化してはいけません。ここで、$z$座標を決めているのは行列の図7-1-5①の部分、$w$座標を決めているのは図7-1-5②の部分であり、これら合計8つの要素は単位行列の値のままで保持しておかなければなりません。

また、x y座標を決めている残り8つの要素のうち、図7-1-6に図示した部分は、x座標やy座標に対して、z座標やw座標が影響を与える項です。

$$\begin{pmatrix} a_{11} & a_{12} & \overset{①}{\boxed{a_{13}}} & \overset{②}{\boxed{a_{14}}} \\ a_{21} & a_{22} & \boxed{a_{23}} & \boxed{a_{24}} \\ a_{31} & a_{32} & \boxed{a_{33}} & \boxed{a_{34}} \\ a_{41} & a_{42} & \boxed{a_{43}} & \boxed{a_{44}} \end{pmatrix}$$

図7-1-5 4×4行列のうち、z座標を決める部分（①）とw座標を決める部分（②）

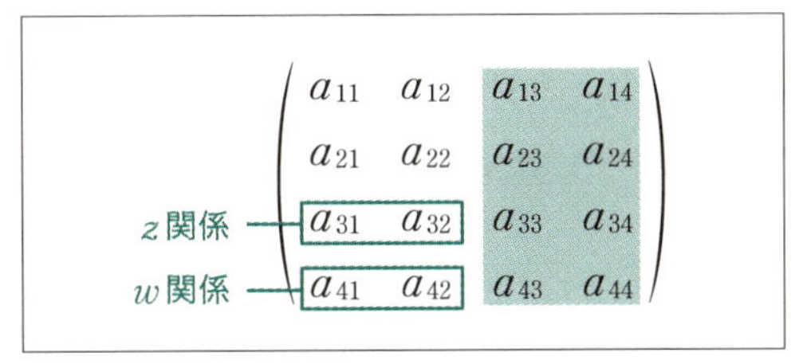

図7-1-6 4×4行列のうち、z座標やw座標が影響を与える部分

今の場合、z座標やw座標は回転に影響しませんから、この部分も単位行列の値のままで保持しなければなりません。結局、残った図7-1-7の4成分を、上記の行ベクトルに対する回転行列で置き換えればよいことになります。

回転行列で置き換えるべき部分

$$\begin{pmatrix} \boxed{\begin{matrix} a_{11} & a_{12} \\ a_{21} & a_{22} \end{matrix}} & \begin{matrix} a_{13} & a_{14} \\ a_{23} & a_{24} \end{matrix} \\ \begin{matrix} a_{31} & a_{32} \\ a_{41} & a_{42} \end{matrix} & \begin{matrix} a_{33} & a_{34} \\ a_{43} & a_{44} \end{matrix} \end{pmatrix}$$

図7-1-7 z軸を中心とした回転に関わる部分

これを実際にやってみると、

$$\begin{pmatrix} \cos\theta & \sin\theta & 0 & 0 \\ -\sin\theta & \cos\theta & 0 & 0 \\ 0 & 0 & 1 & 0 \\ 0 & 0 & 0 & 1 \end{pmatrix}$$

となります。また、この行列を同次座標に用いる場合、通常、3Dの座標を表現するために$w=1$とした同次座標を用いて

$$(x' \quad y' \quad z' \quad 1) = (x \quad y \quad z \quad 1)\begin{pmatrix} \cos\theta & \sin\theta & 0 & 0 \\ -\sin\theta & \cos\theta & 0 & 0 \\ 0 & 0 & 1 & 0 \\ 0 & 0 & 0 & 1 \end{pmatrix}$$

というように使用しますが、その場合、x座標とy座標に対しては

$$(x' \quad y') = (x \quad y)\begin{pmatrix} \cos\theta & \sin\theta \\ -\sin\theta & \cos\theta \end{pmatrix}$$

と同じ結果になり、z座標は変化せず、w座標もたとえ1でなかったとしても変化しないことが確かめられますね。つまりこれが、3D空間でz軸を回転軸として回転を行う行列になります。

例④：x軸やy軸を中心にした回転をする変換

z軸を中心とした回転と同じように考えれば、x軸やy軸を中心にした回転を考えることもできます。

まず、x軸を中心軸にした場合から考えてみましょう。この場合、$(x \quad y \quad z \quad w)$のうち$y$と$z$が回転によって変化し、$x$と$w$は変化しません。また、回転には$x$と$w$は影響しません。そのため、

図7-1-8の要素は単位行列の値から変化しないことになります。

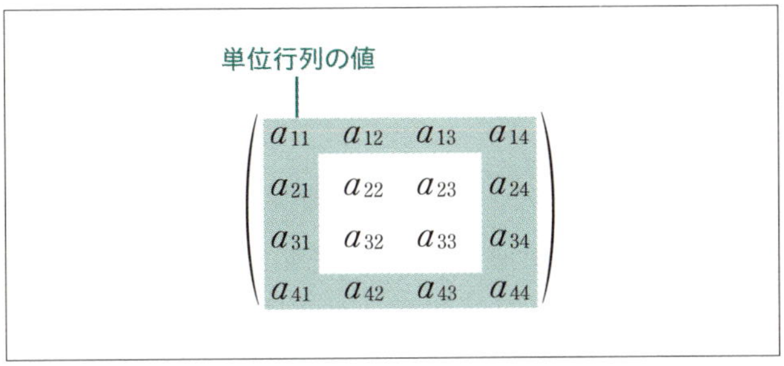

単位行列の値

$$
\begin{pmatrix}
a_{11} & a_{12} & a_{13} & a_{14} \\
a_{21} & a_{22} & a_{23} & a_{24} \\
a_{31} & a_{32} & a_{33} & a_{34} \\
a_{41} & a_{42} & a_{43} & a_{44}
\end{pmatrix}
$$

図7-1-8 x軸を中心とした回転の際、単位行列から変化しない部分

残り4つの要素は、yz平面での回転

$$
(y' \quad z') = (y \quad z)\begin{pmatrix} \cos\theta & \sin\theta \\ -\sin\theta & \cos\theta \end{pmatrix}
$$

と同じ結果を与えることから

$$
\begin{pmatrix}
1 & 0 & 0 & 0 \\
0 & \cos\theta & \sin\theta & 0 \\
0 & -\sin\theta & \cos\theta & 0 \\
0 & 0 & 0 & 1
\end{pmatrix}
$$

となります。

また、y軸を中心軸にした場合は、$(x \quad y \quad z \quad w)$のうち$x$と$z$が回転によって変化し、$y$と$w$は変化せず、$y$と$w$は回転に影響しません。そのことから、図7-1-9に示す要素は単位行列のままとなります。

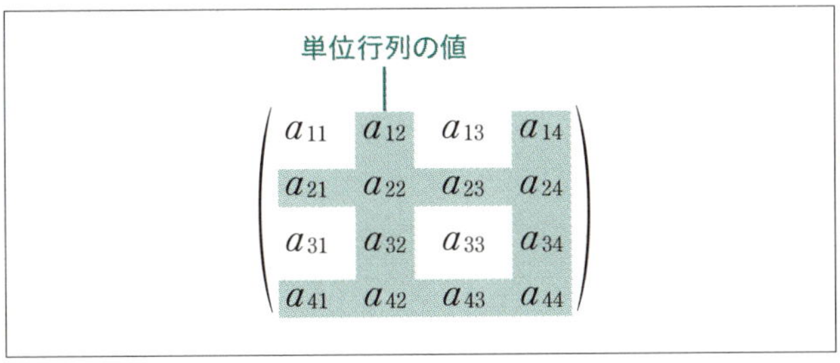

単位行列の値

$$
\begin{pmatrix}
a_{11} & a_{12} & a_{13} & a_{14} \\
a_{21} & a_{22} & a_{23} & a_{24} \\
a_{31} & a_{32} & a_{33} & a_{34} \\
a_{41} & a_{42} & a_{43} & a_{44}
\end{pmatrix}
$$

図7-1-9 y軸を中心とした回転の際、単位行列から変化しない部分

残り4つの要素は、zx平面での回転

$$
(z' \quad x') = (z \quad x)\begin{pmatrix} \cos\theta & \sin\theta \\ -\sin\theta & \cos\theta \end{pmatrix}
$$

と同じ結果を与えることから

$$
\begin{pmatrix}
\cos\theta & 0 & -\sin\theta & 0 \\
0 & 1 & 0 & 0 \\
\sin\theta & 0 & \cos\theta & 0 \\
0 & 0 & 0 & 1
\end{pmatrix}
$$

となります。このy軸を中心軸にした場合は、xz平面でなくzx平面（通常の平面でのx座標の役割がz、y座標の役割がx）で考えるのがお約束になっているので注意してください。

これらの結果をまとめると、表7-1のようになります。

▶ 表7-1 各軸を中心とした回転

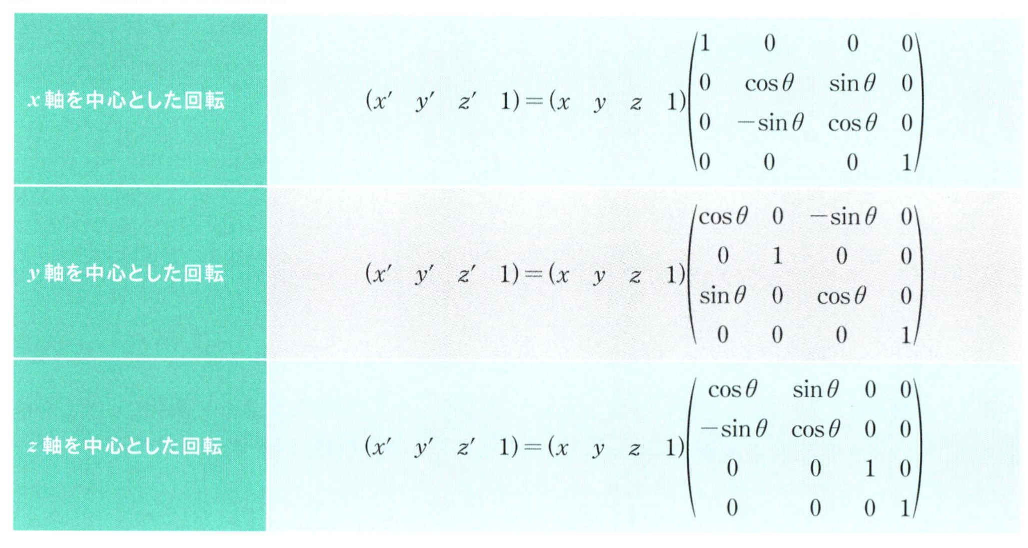

x軸を中心とした回転	$(x' \quad y' \quad z' \quad 1)=(x \quad y \quad z \quad 1)\begin{pmatrix}1 & 0 & 0 & 0 \\ 0 & \cos\theta & \sin\theta & 0 \\ 0 & -\sin\theta & \cos\theta & 0 \\ 0 & 0 & 0 & 1\end{pmatrix}$
y軸を中心とした回転	$(x' \quad y' \quad z' \quad 1)=(x \quad y \quad z \quad 1)\begin{pmatrix}\cos\theta & 0 & -\sin\theta & 0 \\ 0 & 1 & 0 & 0 \\ \sin\theta & 0 & \cos\theta & 0 \\ 0 & 0 & 0 & 1\end{pmatrix}$
z軸を中心とした回転	$(x' \quad y' \quad z' \quad 1)=(x \quad y \quad z \quad 1)\begin{pmatrix}\cos\theta & \sin\theta & 0 & 0 \\ -\sin\theta & \cos\theta & 0 & 0 \\ 0 & 0 & 1 & 0 \\ 0 & 0 & 0 & 1\end{pmatrix}$

オイラー角とジンバルロック

さて、このx軸、y軸、z軸周りの回転を組み合わせることで、物体の任意の姿勢を表現することができることが知られていて、そのような回転の表現方法を**オイラー角**（かく）といいます。

ただし、オイラー角を使えばどんな姿勢も表せるとはいえ、x、y、z軸周りの角度の取り回し方によっては望みの姿勢に持っていくことが不可能になる場合があり、その現象は**ジンバルロック**と呼ばれます。

このジンバルロックを回避するためにはクォータニオンを使って回転を表現しますが、クォータニオンについて詳しいことは7-4.複素数とクォータニオンを参照してください。

例⑤：平行移動をする変換

さて次に、平行移動を表す行列について考えてみましょう。

高校などで一次変換をよく勉強した方には、この「行列を用いて平行移動を表す」ということには違和感があると思います。なぜなら通常、平行移動は一次変換には含まれないからです。

しかし、3D座標を表現するのに同次座標$(x \quad y \quad z \quad 1)$を用いることによって、行列を使って平行移動を行うことができ、空間内のあらゆる動きを行列だけで表現することができるようになります。

実際に平行移動を表す行列を考えてみましょう。今、点を$(T_x \quad T_y \quad T_z)$だけ平行移動することを考えてみましょう。すると、元の点の座標が$(x \quad y \quad z \quad 1)$だとして、平行移動後には$(x+T_x \quad y+T_y \quad z+T_z \quad 1)$という位置に移動することになります。

それでは、このような移動結果を得るには、どのような行列を掛ければよいのでしょうか。鍵となるのは、同次座標$(x \quad y \quad z \quad 1)$の最後の成分1です。

この1は定数ですから、これが掛かる部分にT_xなどを配置すれば、座標値にそれらの値を足すことができそうです。そして、各成分を計算するときに、その「最後の1」に掛かってくるのは、行列の4行目の成分であり、T_xなどの平行移動量を行列の4行目に配置すれば、その分だけの平行移動になりそうです。

実際、行列の4行目に平行移動成分を配置し、それ以外の成分は（何も変換を行わない行列である）単位行列の成分にしたような行列、つまり

$$\begin{pmatrix} 1 & 0 & 0 & 0 \\ 0 & 1 & 0 & 0 \\ 0 & 0 & 1 & 0 \\ T_x & T_y & T_z & 1 \end{pmatrix}$$

という行列を掛けると、$(x \quad y \quad z \quad 1)$という点を$(x+T_x \quad y+T_y \quad z+T_z \quad 1)$という点に変換することができます。ぜひ確かめてみるとよいでしょう。

別の方法で平行移動を行う

ただし実は、ゲームなどでの実用においては、この平行移動の行列を独立に用いるシチュエーションというのはそれほど多くはありません。平行移動を行う場合、回転などの他の変換を行ったあとで平行移動を行うなら、その回転などの変換を表す変換行列の4行1列〜4行3列に平行移動成分を書くだけでよいからです。例えば、x軸を中心とした回転を表す行列

$$\begin{pmatrix} 1 & 0 & 0 & 0 \\ 0 & \cos\theta & \sin\theta & 0 \\ 0 & -\sin\theta & \cos\theta & 0 \\ 0 & 0 & 0 & 1 \end{pmatrix}$$

の4行1列〜4行3列を書きかえて

$$\begin{pmatrix} 1 & 0 & 0 & 0 \\ 0 & \cos\theta & \sin\theta & 0 \\ 0 & -\sin\theta & \cos\theta & 0 \\ T_x & T_y & T_z & 1 \end{pmatrix}$$

という行列を作れば、x軸を中心とした回転を行ってから$(T_x \quad T_y \quad T_z)$だけ平行移動する、という行列を作ることができます。

このことは、上のx軸を中心とした回転を表す行列で$(x \quad y \quad z \quad 1)$という点を変換すれば、$(x \quad y\cdot\cos\theta - z\cdot\sin\theta \quad y\cdot\sin\theta + z\cdot\cos\theta \quad 1)$という結果になるのに対して、下の$x$軸を中心とした回転＋平行移動の行列で$(x \quad y \quad z \quad 1)$を変換すれば、

$$(x+T_x \quad y\cdot\cos\theta - z\cdot\sin\theta + T_y \quad y\cdot\sin\theta + z\cdot\cos\theta + T_z \quad 1)$$

という結果になることからもわかります。

ただし、このように簡単に平行移動成分を並べればよいだけなのは、**ある変換のあとに平行移動をする**場合だけです。

「ある変換の前に」平行移動を行う変換

その行列が表すある変換の前に平行移動を行いたく、なおかつその行列で「前に行う」平行移動も表現したい場合というのは実際にあるのですが、その場合には、その行列が表す変換で変換済みの平行移動量を4行1列～4行3列に設定する、という方法が用いられます。

例えば、先ほどのx軸を中心とした回転を表す行列

$$\begin{pmatrix} 1 & 0 & 0 & 0 \\ 0 & \cos\theta & \sin\theta & 0 \\ 0 & -\sin\theta & \cos\theta & 0 \\ 0 & 0 & 0 & 1 \end{pmatrix}$$

の場合、この回転変換が掛かる前に座標を$(T_x \quad T_y \quad T_z)$だけ平行移動する、というのをこの行列で表現したい場合には、$(T_x \quad T_y \quad T_z)$を上記の行列（その左上の3×3部分）で変換した$(T_x \quad T_y\cdot\cos\theta - T_z\cdot\sin\theta \quad T_y\cdot\sin\theta + T_z\cdot\cos\theta)$という平行移動成分を4行1列～4行3列に設定します。つまり、

$$\begin{pmatrix} 1 & 0 & 0 & 0 \\ 0 & \cos\theta & \sin\theta & 0 \\ 0 & -\sin\theta & \cos\theta & 0 \\ T_x & T_y\cdot\cos\theta - T_z\cdot\sin\theta & T_y\cdot\sin\theta + T_z\cdot\cos\theta & 1 \end{pmatrix}$$

という行列を用いれば、$(T_x \quad T_y \quad T_z)$だけの平行移動＋$x$軸を中心とした回転、という変換が実現できるということです。

実際に確かめてみましょう。

$$(x' \quad y' \quad z' \quad 1) = (x \quad y \quad z \quad 1)\begin{pmatrix} 1 & 0 & 0 & 0 \\ 0 & \cos\theta & \sin\theta & 0 \\ 0 & -\sin\theta & \cos\theta & 0 \\ T_x & T_y\cdot\cos\theta - T_z\cdot\sin\theta & T_y\cdot\sin\theta + T_z\cdot\cos\theta & 1 \end{pmatrix}$$

とすると、

$$x' = x + T_x$$

となり、ここまでは問題ないと思います。この場合、x成分は単に平行移動しているだけです。

次に、

$$\begin{aligned} y' &= y \cdot \cos\theta - z \cdot \sin\theta + T_y \cdot \cos\theta - T_z \cdot \sin\theta \\ &= (y + T_y) \cdot \cos\theta - (z + T_z) \cdot \sin\theta \end{aligned}$$

ここでは、y'について同類項である$\cos\theta$や$\sin\theta$を含む項をまとめ、さらにz'についても同様に、

$$\begin{aligned} z' &= y \cdot \sin\theta + z \cdot \cos\theta + T_y \cdot \sin\theta + T_z \cdot \cos\theta \\ &= (y + T_y) \cdot \sin\theta + (z + T_z) \cdot \cos\theta \end{aligned}$$

として、ここでも同じく$\cos\theta$や$\sin\theta$を含む項をまとめました。

これらをまとめて書いてみると、

$$\begin{cases} x' = x + T_x \\ y' = (y + T_y) \cdot \cos\theta - (z + T_z) \cdot \sin\theta \\ z' = (y + T_y) \cdot \sin\theta + (z + T_z) \cdot \cos\theta \end{cases}$$

となります。

また、「点を$(T_x \quad T_y \quad T_z)$だけ平行移動してから、$x$軸を中心とした回転をする」というのは、より素直に

$$(x' \quad y' \quad z' \quad 1) = (x + T_x \quad y + T_y \quad z + T_z \quad 1) \begin{pmatrix} 1 & 0 & 0 & 0 \\ 0 & \cos\theta & \sin\theta & 0 \\ 0 & -\sin\theta & \cos\theta & 0 \\ 0 & 0 & 0 & 1 \end{pmatrix}$$

と書くこともできます。これならば、$(T_x \quad T_y \quad T_z)$だけ平行移動してから回転が掛かるのは一目瞭然でしょう。この掛け算を実行すると、まさに上記の結果と同じx'、y'、z'が得られますから確かめてみてください。

今行ったのはx軸を中心とした回転という特別な場合だけでしたが、どのような変換の場合にも同じで、つまり平行移動してからある変換が掛かるというのを1つの行列で表現したい場合には、平行移動成分に対してその変換を行ったものを行列の4行1列～4行3列に設定すればよい、ということになります。この事実は、特に他人が作った変換行列がどのような変換を表すのかを理解する場合などに重要になりますから、よく覚えておいてください。

変換同士をまとめる

さて、上の議論は平行移動と（回転など）他の変換を両方行う行列についてのものですが、平行移動に限らず、どのような変換同士も、**行列の掛け算**を行うことによって1つの行列にまとめることができます。

行列の掛け算とは？

まずは、より簡単な2×2行列同士の場合を考えてみましょう。

$$A=\begin{pmatrix}a_{11} & a_{12}\\ a_{21} & a_{22}\end{pmatrix}、B=\begin{pmatrix}b_{11} & b_{12}\\ b_{21} & b_{22}\end{pmatrix}$$

としたとき、AとBの掛け算は

$$AB=\begin{pmatrix}a_{11} & a_{12}\\ a_{21} & a_{22}\end{pmatrix}\begin{pmatrix}b_{11} & b_{12}\\ b_{21} & b_{22}\end{pmatrix}=\begin{pmatrix}a_{11}b_{11}+a_{12}b_{21} & a_{11}b_{12}+a_{12}b_{22}\\ a_{21}b_{11}+a_{22}b_{21} & a_{21}b_{12}+a_{22}b_{22}\end{pmatrix}$$

となります。このように掛け算を定義すると、AとBがどのような変換を表す行列だったとしても、ABは、それら2つの変換を合成したものになります。

そのことを少し確認してみましょう。$\begin{pmatrix}x\\ y\end{pmatrix}$というベクトルに対して、行列$B$による変換を掛けてから行列$A$による変換を掛けるとしましょう。数式で書けば

$$\begin{pmatrix}x'\\ y'\end{pmatrix}=A\left\{B\begin{pmatrix}x\\ y\end{pmatrix}\right\}=\begin{pmatrix}a_{11} & a_{12}\\ a_{21} & a_{22}\end{pmatrix}\left\{\begin{pmatrix}b_{11} & b_{12}\\ b_{21} & b_{22}\end{pmatrix}\begin{pmatrix}x\\ y\end{pmatrix}\right\}$$

となります。実際に計算してみましょう。

$$\begin{aligned}\begin{pmatrix}a_{11} & a_{12}\\ a_{21} & a_{22}\end{pmatrix}\left\{\begin{pmatrix}b_{11} & b_{12}\\ b_{21} & b_{22}\end{pmatrix}\begin{pmatrix}x\\ y\end{pmatrix}\right\}&=\begin{pmatrix}a_{11} & a_{12}\\ a_{21} & a_{22}\end{pmatrix}\begin{pmatrix}b_{11}x+b_{12}y\\ b_{21}x+b_{22}y\end{pmatrix}\\ &=\begin{pmatrix}a_{11}(b_{11}x+b_{12}y)+a_{12}(b_{21}x+b_{22}y)\\ a_{21}(b_{11}x+b_{12}y)+a_{22}(b_{21}x+b_{22}y)\end{pmatrix}\\ &=\begin{pmatrix}a_{11}b_{11}x+a_{11}b_{12}y+a_{12}b_{21}x+a_{12}b_{22}y\\ a_{21}b_{11}x+a_{21}b_{12}y+a_{22}b_{21}x+a_{22}b_{22}y\end{pmatrix}\\ &=\begin{pmatrix}(a_{11}b_{11}+a_{12}b_{21})x+(a_{11}b_{12}+a_{12}b_{22})y\\ (a_{21}b_{11}+a_{22}b_{21})x+(a_{21}b_{12}+a_{22}b_{22})y\end{pmatrix}\end{aligned}$$

よって、

$$\begin{pmatrix}x'\\ y'\end{pmatrix}=\begin{pmatrix}(a_{11}b_{11}+a_{12}b_{21})x+(a_{11}b_{12}+a_{12}b_{22})y\\ (a_{21}b_{11}+a_{22}b_{21})x+(a_{21}b_{12}+a_{22}b_{22})y\end{pmatrix}$$

となります。成分の数が多過ぎて目がチカチカしてくると思いますが、やっていること自体は単

純です。

行列の掛け算を使って変換をまとめる

さて、先ほどの行列の掛け算の部分で触れたのは、これを行列AとBを先に掛け算してしまってから$\begin{pmatrix} x \\ y \end{pmatrix}$に作用させても同じ結果になる、というものです。つまり、数式で書けば

$$\begin{pmatrix} x' \\ y' \end{pmatrix} = \{AB\}\begin{pmatrix} x \\ y \end{pmatrix} = \left\{\begin{pmatrix} a_{11} & a_{12} \\ a_{21} & a_{22} \end{pmatrix}\begin{pmatrix} b_{11} & b_{12} \\ b_{21} & b_{22} \end{pmatrix}\right\}\begin{pmatrix} x \\ y \end{pmatrix}$$

とした場合と同じ、ということです。

実際に確かめてみましょう。

$$\left\{\begin{pmatrix} a_{11} & a_{12} \\ a_{21} & a_{22} \end{pmatrix}\begin{pmatrix} b_{11} & b_{12} \\ b_{21} & b_{22} \end{pmatrix}\right\}\begin{pmatrix} x \\ y \end{pmatrix} = \left\{\begin{pmatrix} a_{11}b_{11}+a_{12}b_{21} & a_{11}b_{12}+a_{12}b_{22} \\ a_{21}b_{11}+a_{22}b_{21} & a_{21}b_{12}+a_{22}b_{22} \end{pmatrix}\right\}\begin{pmatrix} x \\ y \end{pmatrix}$$
$$= \begin{pmatrix} (a_{11}b_{11}+a_{12}b_{21})x+(a_{11}b_{12}+a_{12}b_{22})y \\ (a_{21}b_{11}+a_{22}b_{21})x+(a_{21}b_{12}+a_{22}b_{22})y \end{pmatrix}$$

よって、

$$\begin{pmatrix} x' \\ y' \end{pmatrix} = \begin{pmatrix} (a_{11}b_{11}+a_{12}b_{21})x+(a_{11}b_{12}+a_{12}b_{22})y \\ (a_{21}b_{11}+a_{22}b_{21})x+(a_{21}b_{12}+a_{22}b_{22})y \end{pmatrix}$$

となり、先ほどの行列BとAを順番にベクトルに掛けた結果と同じになります。つまりは

$$A\left\{B\begin{pmatrix} x \\ y \end{pmatrix}\right\} = \{AB\}\begin{pmatrix} x \\ y \end{pmatrix}$$

という関係が成り立つことになりますから、ABという、行列Aと行列Bを掛け算した行列は、行列Bの変換を掛けたあとで行列Aの変換を掛けるような行列となるのです。

座標の変換では、同じ変換を3Dオブジェクトの頂点など多数のベクトルに対して掛けることが多いため、複数の変換行列を順番に掛けていく代わりに、事前に変換行列を全部掛け算しておいて、その行列だけをベクトルに掛ければよいことになるため、この性質は非常に便利です。

掛け算や変換の順番

ただし、この変換や掛け算は順番を変更することができない、という点には注意してください。行列の掛け算の定義から、

$$AB=\begin{pmatrix}a_{11} & a_{12}\\ a_{21} & a_{22}\end{pmatrix}\begin{pmatrix}b_{11} & b_{12}\\ b_{21} & b_{22}\end{pmatrix}=\begin{pmatrix}a_{11}b_{11}+a_{12}b_{21} & a_{11}b_{12}+a_{12}b_{22}\\ a_{21}b_{11}+a_{22}b_{21} & a_{21}b_{12}+a_{22}b_{22}\end{pmatrix}$$

$$BA=\begin{pmatrix}b_{11} & b_{12}\\ b_{21} & b_{22}\end{pmatrix}\begin{pmatrix}a_{11} & a_{12}\\ a_{21} & a_{22}\end{pmatrix}=\begin{pmatrix}a_{11}b_{11}+a_{21}b_{12} & a_{12}b_{11}+a_{22}b_{12}\\ a_{11}b_{21}+a_{21}b_{22} & a_{12}b_{21}+a_{22}b_{22}\end{pmatrix}$$

となるため、$AB \neq BA$ということがわかります。よって、行列の掛け算を考えるときには、その順番に細心の注意を払うようにしてください。

4×4行列の演算

さて、ここまでは2×2行列同士の掛け算およびそれが表す変換を解説してきましたが、この事情は4×4行列でも同様です。4×4行列での行列の掛け算は、

$$\begin{pmatrix}c_{11} & c_{12} & c_{13} & c_{14}\\ c_{21} & c_{22} & c_{23} & c_{24}\\ c_{31} & c_{32} & c_{23} & c_{34}\\ c_{41} & c_{42} & c_{33} & c_{44}\end{pmatrix}=\begin{pmatrix}a_{11} & a_{12} & a_{13} & a_{14}\\ a_{21} & a_{22} & a_{23} & a_{24}\\ a_{31} & a_{32} & a_{33} & a_{34}\\ a_{41} & a_{42} & a_{43} & a_{44}\end{pmatrix}\begin{pmatrix}b_{11} & b_{12} & b_{13} & b_{14}\\ b_{21} & b_{22} & b_{23} & b_{24}\\ b_{31} & b_{32} & b_{23} & b_{34}\\ b_{41} & b_{42} & b_{33} & b_{44}\end{pmatrix}$$

$$c_{11}=a_{11}b_{11}+a_{12}b_{21}+a_{13}b_{31}+a_{14}b_{41}$$
$$c_{12}=a_{11}b_{12}+a_{12}b_{22}+a_{13}b_{32}+a_{14}b_{42}$$
$$c_{13}=a_{11}b_{13}+a_{12}b_{23}+a_{13}b_{33}+a_{14}b_{43}$$
$$c_{14}=a_{11}b_{14}+a_{12}b_{24}+a_{13}b_{34}+a_{14}b_{44}$$
$$c_{21}=a_{21}b_{11}+a_{22}b_{21}+a_{23}b_{31}+a_{24}b_{41}$$
$$\cdots$$
$$c_{mn}=a_{m1}b_{1n}+a_{m2}b_{2n}+a_{m3}b_{3n}+a_{m4}b_{4n}$$

というものになります。

そして、（煩雑になるため証明は省略しますが）4×4行列においても、ABという行列Aと行列Bとの掛け算は、行列Aが表す変換と行列Bが表す変換を合成した変換を表す行列になります。

掛け算の順番

ただしここで、ABと掛け算した場合に、行列Aの変換と行列Bの変換のどちらが先に掛かるのか、という順番の問題には注意する必要があります。

先ほどの2×2行列で示した例と同じように、列ベクトルを変換し

$$\begin{pmatrix}x'\\ y'\\ z'\\ w'\end{pmatrix}=AB\begin{pmatrix}x\\ y\\ z\\ w\end{pmatrix}$$

とした場合には、これは

$$\begin{pmatrix} x' \\ y' \\ z' \\ w' \end{pmatrix} = AB\begin{pmatrix} x \\ y \\ z \\ w \end{pmatrix} = A\left\{B\begin{pmatrix} x \\ y \\ z \\ w \end{pmatrix}\right\}$$

となりますから、先にBの変換が掛かり、そのあとでAの変換が掛かります。

一方、これが行ベクトルを変換する場合には

$$(x' \quad y' \quad z' \quad w') = (x \quad y \quad z \quad w)AB$$

と、行列を右から掛ける形となるため、

$$(x' \quad y' \quad z' \quad w') = (x \quad y \quad z \quad w)AB = \{(x \quad y \quad z \quad w)A\}B$$

となり、この場合は行列Aの変換が先に掛かり、行列Bの変換が後に掛かることになります。

この事情は掛ける行列がもっと増えても同様で、4つの行列を掛け算した$ABCD$という行列があった場合、行ベクトルを変換する場合の変換の順番は$A \to B \to C \to D$と左から順に掛かることになり、一方列ベクトルを変換する場合は逆の$D \to C \to B \to A$と右から順に掛かることになります。そのため、特に文献を参照する場合には、掛け算の結果出てきた行列が行ベクトルを変換するものなのか列ベクトルを変換するものなのかを、よく確認する必要があるでしょう。

逆行列

さて、上記のようなさまざまな変換行列があったとき、「その行列に対して特別な関係にある行列」がいくつか存在します。その一例が、先ほど出てきた**逆行列**（ぎゃくぎょうれつ）A^{-1}です。

逆行列は、元の行列の逆変換を表し、元の行列Aとともに用いられれば、その変換がなかったことになります。何も変換しない行列は単位行列Eですから、「行列Aの変換と行列A^{-1}の変換を合成すると何も変換しなくなる」ということは、行列の掛け算を使って

$$AA^{-1} = A^{-1}A = E$$

となる、ということです。

この逆変換がわかりやすい例としては、2Dのときにも出てきた回転に対する逆回転があるでしょう。例えば、x軸を中心とした角度θの回転を表す行列を$R(\theta)$とすると、

$$R(\theta) = \begin{pmatrix} 1 & 0 & 0 & 0 \\ 0 & \cos\theta & \sin\theta & 0 \\ 0 & -\sin\theta & \cos\theta & 0 \\ 0 & 0 & 0 & 1 \end{pmatrix}$$

となりますが、その逆変換を表すのは、x軸を中心として逆回転、つまり角度$-\theta$の回転を表す行列

$$R(-\theta)=\begin{pmatrix}1 & 0 & 0 & 0\\ 0 & \cos\theta(-\theta) & \sin\theta(-\theta) & 0\\ 0 & -\sin\theta(-\theta) & \cos\theta(-\theta) & 0\\ 0 & 0 & 0 & 1\end{pmatrix}$$

$$=\begin{pmatrix}1 & 0 & 0 & 0\\ 0 & \cos\theta & -\sin\theta & 0\\ 0 & \sin\theta & \cos\theta & 0\\ 0 & 0 & 0 & 1\end{pmatrix}$$

でしょう。

これが元の行列の逆行列になっているなら、この$R(\theta)$と$R(-\theta)$を掛け算すれば、単位行列Eになるはずです。実際にやってみましょう。

$$R(\theta)R(-\theta)=\begin{pmatrix}1 & 0 & 0 & 0\\ 0 & \cos\theta & \sin\theta & 0\\ 0 & -\sin\theta & \cos\theta & 0\\ 0 & 0 & 0 & 1\end{pmatrix}\begin{pmatrix}1 & 0 & 0 & 0\\ 0 & \cos\theta & -\sin\theta & 0\\ 0 & \sin\theta & \cos\theta & 0\\ 0 & 0 & 0 & 1\end{pmatrix}$$

$$=\begin{pmatrix}1 & 0 & 0 & 0\\ 0 & \cos^2\theta+\sin^2\theta & -\cos\theta\sin\theta+\sin\theta\cos\theta & 0\\ 0 & -\sin\theta\cos\theta+\cos\theta\sin\theta & \sin^2\theta+\cos^2\theta & 0\\ 0 & 0 & 0 & 1\end{pmatrix}$$

$$=\begin{pmatrix}1 & 0 & 0 & 0\\ 0 & 1 & 0 & 0\\ 0 & 0 & 1 & 0\\ 0 & 0 & 0 & 1\end{pmatrix}$$

となりますから、確かに$R(\theta)$と$R(-\theta)$を掛けると、単位行列になっています。

掛け算の順番を逆にしても結果は同じ単位行列になりますから確かめてみてください。つまり、$R(\theta)R(-\theta)=R(-\theta)R(\theta)=E$を満たしていますから、$R(-\theta)$は$R(\theta)$の逆行列、つまり$\{R(\theta)\}^{-1}=R(-\theta)$となることが確かめられました。

このように、逆行列A^{-1}は逆変換を表しますが、回転のように逆変換を求めるのが簡単なものだけでなく、どのような変換を表す行列であっても（逆変換が存在するような変換でありさえすれば）逆行列を計算することでその逆変換を表す行列が求められます。

逆行列が存在しない行列

では、「逆変換が存在しないような変換を表す行列」は存在するのでしょうか？

実際、そのような行列は存在します。簡単な例を挙げれば、

$$\begin{pmatrix} 1 & 0 & 0 & 0 \\ 0 & 1 & 0 & 0 \\ 0 & 0 & 0 & 0 \\ 0 & 0 & 0 & 1 \end{pmatrix}$$

という行列です。

この行列の場合、どんなベクトルを掛けてもz座標が無条件で0になりますから、空間内のすべての点がxy平面につぶれてしまいます。つまり、3Dを2Dにしてしまう、次元を減らしてしまうような行列なのですが、そのような次元を減らすような行列には、逆行列が存在しないことが知られています。

逆行列の求め方（2×2行列）

さて、ある行列Aが与えられたとき、その逆行列を実際に求めるにはどうすればよいでしょうか。まずは最も単純な2×2行列から考えてみます。

$$A=\begin{pmatrix} a_{11} & a_{12} \\ a_{21} & a_{22} \end{pmatrix}、B=\begin{pmatrix} b_{11} & b_{12} \\ b_{21} & b_{22} \end{pmatrix}$$

として、行列Bを行列Aの逆行列A^{-1}にすることを考えてみましょう。その場合、$AB=BA=E$になるので、まずは$AB=E$としてみます。すると、

$$\begin{aligned} AB &= \begin{pmatrix} a_{11} & a_{12} \\ a_{21} & a_{22} \end{pmatrix}\begin{pmatrix} b_{11} & b_{12} \\ b_{21} & b_{22} \end{pmatrix} \\ &= \begin{pmatrix} a_{11}b_{11}+a_{12}b_{21} & a_{11}b_{12}+a_{12}b_{22} \\ a_{21}b_{11}+a_{22}b_{21} & a_{21}b_{12}+a_{22}b_{22} \end{pmatrix} \\ &= \begin{pmatrix} 1 & 0 \\ 0 & 1 \end{pmatrix} \end{aligned}$$

$$\begin{cases} a_{11}b_{11}+a_{12}b_{21}=1 \cdots ① \\ a_{11}b_{12}+a_{12}b_{22}=0 \cdots ② \\ a_{21}b_{11}+a_{22}b_{21}=0 \cdots ③ \\ a_{21}b_{12}+a_{22}b_{22}=1 \cdots ④ \end{cases}$$

となります。

ここから、できるだけ要素が0でないなどの条件を置かずにb_{11}、b_{12}、b_{21}、b_{22}を求めてみましょう。

まず、b_{11}を求める（b_{21}を消す）ため、①×a_{22}－③×a_{12}から以下のように計算します。

$$\begin{array}{rr} & a_{11}a_{22}b_{11}+a_{12}a_{22}b_{21}=a_{22} \\ -) & a_{12}a_{21}b_{11}+a_{12}a_{22}b_{21}=0 \\ \hline & (a_{11}a_{22}-a_{12}a_{21})b_{11}=a_{22} \end{array}$$

b_{21}を求める（b_{11}を消す）ため、③$\times a_{11}-$①$\times a_{21}$から以下のように計算します。

$$
\begin{array}{rr}
 & a_{11}a_{21}b_{11}+a_{11}a_{22}b_{21}=0 \\
-) & a_{11}a_{21}b_{11}+a_{12}a_{21}b_{21}=a_{21} \\
\hline
 & (a_{11}a_{22}-a_{12}a_{21})b_{21}=-a_{21}
\end{array}
$$

b_{12}を求める（b_{22}を消す）ため、②$\times a_{22}-$④$\times a_{12}$から以下のように計算します。

$$
\begin{array}{rr}
 & a_{11}a_{22}b_{12}+a_{12}a_{22}b_{22}=0 \\
-) & a_{12}a_{21}b_{12}+a_{12}a_{22}b_{22}=a_{12} \\
\hline
 & (a_{11}a_{22}-a_{12}a_{21})b_{12}=-a_{12}
\end{array}
$$

最後に、b_{22}を求める（b_{12}を消す）ため、④$\times a_{11}-$②$\times a_{21}$から以下のように計算します。

$$
\begin{array}{rr}
 & a_{11}a_{21}b_{12}+a_{11}a_{22}b_{22}=a_{11} \\
-) & a_{11}a_{21}b_{12}+a_{12}a_{21}b_{22}=0 \\
\hline
 & (a_{11}a_{22}-a_{12}a_{21})b_{22}=a_{11}
\end{array}
$$

ここまでで、左辺のすべてに$(a_{11}a_{22}-a_{12}a_{21})$という共通項が現れているのに気づいたでしょうか？

そこで、$(a_{11}a_{22}-a_{12}a_{21})\neq 0$として、上の4つの式の両辺を$(a_{11}a_{22}-a_{12}a_{21})$で割ってみると、

$$
\begin{aligned}
b_{11}&=\frac{1}{(a_{11}a_{22}-a_{12}a_{21})}a_{22} \\
b_{21}&=\frac{1}{(a_{11}a_{22}-a_{12}a_{21})}(-a_{21}) \\
b_{12}&=\frac{1}{(a_{11}a_{22}-a_{12}a_{21})}(-a_{12}) \\
b_{22}&=\frac{1}{(a_{11}a_{22}-a_{12}a_{21})}a_{11}
\end{aligned}
$$

となります。これを行列の形に書いて、共通項である$\dfrac{1}{(a_{11}a_{22}-a_{12}a_{21})}$をくくり出すと

$$
B=\frac{1}{(a_{11}a_{22}-a_{12}a_{21})}\begin{pmatrix} a_{22} & -a_{12} \\ -a_{21} & a_{11} \end{pmatrix}
$$

となります。これが$AB=E$を満たすような行列Bとなります。

それでは、行列Bが逆順の掛け算$BA=E$も満たすか確かめてみましょう。

$$BA = \frac{1}{(a_{11}a_{22} - a_{12}a_{21})}\begin{pmatrix} a_{22} & -a_{12} \\ -a_{21} & a_{11} \end{pmatrix}\begin{pmatrix} a_{11} & a_{12} \\ a_{21} & a_{22} \end{pmatrix}$$

$$= \frac{1}{(a_{11}a_{22} - a_{12}a_{21})}\begin{pmatrix} a_{11}a_{22} - a_{12}a_{21} & a_{12}a_{22} - a_{12}a_{22} \\ -a_{11}a_{21} + a_{11}a_{21} & -a_{12}a_{21} + a_{11}a_{22} \end{pmatrix}$$

$$= \begin{pmatrix} 1 & 0 \\ 0 & 1 \end{pmatrix}$$

となりますから、確かに$BA = E$も成り立ち、この結果できちんと$AB = BA = E$が成り立っていることがわかります。

つまり、Aの逆行列A^{-1}は、$\det A = a_{11}a_{22} - a_{12}a_{21} \neq 0$のとき、

$$A^{-1} = \frac{1}{(a_{11}a_{22} - a_{12}a_{21})}\begin{pmatrix} a_{22} & -a_{12} \\ -a_{21} & a_{11} \end{pmatrix}$$

ということです。

NOTE

ちなみに、$\det A$というのは、行列Aの行列式（デターミナント）と呼ばれていて、これが0のときには行列Aの逆行列は存在しません。
先に行列Bを求める際に立てた連立方程式で、この$\det A$（つまり$a_{11}a_{22} - a_{12}a_{21}$）が0だと、連立方程式が解けなくなってしまうことを確かめてみてください。

逆行列の求め方（3×3行列）

さて次に、3×3行列の逆行列について考えてみましょう。2×2行列と同じようにして、あるいは余因子行列というものを考えることによって、3×3行列の逆行列も計算できますが、煩雑になるためここでは結果だけ書いておきましょう。

$$A = \begin{pmatrix} a_{11} & a_{12} & a_{13} \\ a_{21} & a_{22} & a_{23} \\ a_{31} & a_{32} & a_{33} \end{pmatrix}$$

の逆行列A^{-1}は

$$\det A = a_{11}a_{22}a_{33} + a_{13}a_{21}a_{32} + a_{12}a_{23}a_{31} - a_{13}a_{22}a_{31} - a_{11}a_{23}a_{32} - a_{12}a_{21}a_{33} \neq 0$$

のとき、

$$A^{-1} = \frac{1}{\det A}\begin{pmatrix} a_{22}a_{33}-a_{23}a_{32} & a_{13}a_{32}-a_{12}a_{33} & a_{12}a_{23}-a_{13}a_{22} \\ a_{23}a_{31}-a_{21}a_{33} & a_{11}a_{33}-a_{13}a_{31} & a_{13}a_{21}-a_{11}a_{23} \\ a_{21}a_{32}-a_{22}a_{31} & a_{12}a_{31}-a_{11}a_{32} & a_{11}a_{22}-a_{12}a_{21} \end{pmatrix}$$

となります。

NOTE

この場合もやはり、$\det A$が0の場合には逆行列は存在しません。

なお、同次座標に対する変換行列は4×4行列ですが、ゲームプログラミングで4×4行列の逆行列まで考える必要がある場合はあまりないですから、4×4行列以上の逆行列についてはここでは触れないことにします。

転置行列

さて、上記のようにすれば逆行列をきちんと求めることは可能です。しかし、ある種の変換行列については、このように真面目に逆行列を計算しなくても、**転置行列**（てんちぎょうれつ）というものを作ればそれが逆行列になっていることがあります。

転置行列とは、行列の行と列を入れ替えたような行列です（図7-1-10）。

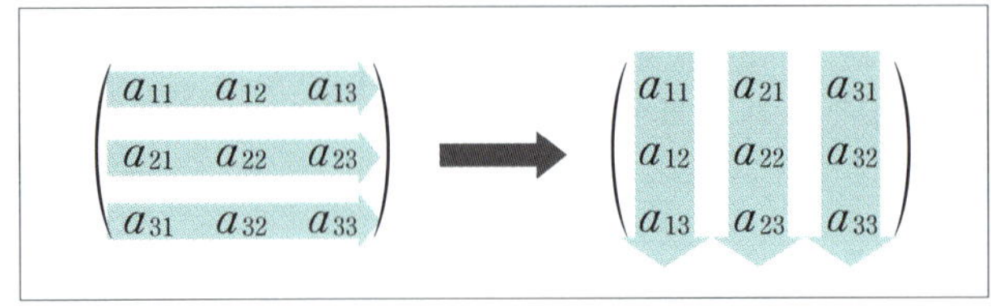

図7-1-10 転置行列：行と列を入れ替えた行列

例えば、3×3行列の場合を考えると

$$A = \begin{pmatrix} a_{11} & a_{12} & a_{13} \\ a_{21} & a_{22} & a_{23} \\ a_{31} & a_{32} & a_{33} \end{pmatrix}$$

の転置行列A^Tは

$$A^T = \begin{pmatrix} a_{11} & a_{21} & a_{31} \\ a_{12} & a_{22} & a_{32} \\ a_{13} & a_{23} & a_{33} \end{pmatrix}$$

と表されます。ここで、どの要素を見ても、a_{mn}だった所がa_{nm}と、行の番号と列の番号が入れ替わっていることに注意しましょう。

転置行列と逆行列の関係

この転置行列は、先ほどの真面目に求めた逆行列よりもずっと簡単な形をしているので、これを逆行列にできてしまうなら非常に便利です。

それでは、どのような場合に$A^T = A^{-1}$になるのか調べてみましょう。もし$A^T = A^{-1}$ならば、$AA^T = A^T A = E$になるため、まずは$AA^T = E$としてみると以下のようになります。

$$AA^T = \begin{pmatrix} a_{11} & a_{12} & a_{13} \\ a_{21} & a_{22} & a_{23} \\ a_{31} & a_{32} & a_{33} \end{pmatrix} \begin{pmatrix} a_{11} & a_{21} & a_{31} \\ a_{12} & a_{22} & a_{32} \\ a_{13} & a_{23} & a_{33} \end{pmatrix}$$

$$= \begin{pmatrix} {a_{11}}^2 + {a_{12}}^2 + {a_{13}}^2 & a_{11}a_{21} + a_{12}a_{22} + a_{13}a_{23} & a_{11}a_{31} + a_{12}a_{32} + a_{13}a_{33} \\ a_{21}a_{11} + a_{22}a_{12} + a_{23}a_{13} & {a_{21}}^2 + {a_{22}}^2 + {a_{23}}^2 & a_{21}a_{31} + a_{22}a_{32} + a_{23}a_{33} \\ a_{31}a_{11} + a_{32}a_{12} + a_{33}a_{13} & a_{31}a_{21} + a_{32}a_{22} + a_{33}a_{23} & {a_{31}}^2 + {a_{32}}^2 + {a_{33}}^2 \end{pmatrix}$$

さて、この行列の各要素を見てみると、ベクトルの内積と同じ形になっているようです。そこで、行列Aを行ごとに分割した、$\boldsymbol{a} = (a_{11} \quad a_{12} \quad a_{13})$、$\boldsymbol{b} = (a_{21} \quad a_{22} \quad a_{23})$、$\boldsymbol{c} = (a_{31} \quad a_{32} \quad a_{33})$というベクトルを作ってみましょう。

NOTE

このように行列を行ごとに分割したベクトルを**行**(ぎょう)**ベクトル**といいます。

すると、これら3つの行ベクトルの内積を使って、上の行列の各要素を以下のように表せます。

$$AA^T = \begin{pmatrix} \boldsymbol{a}\cdot\boldsymbol{a} & \boldsymbol{a}\cdot\boldsymbol{b} & \boldsymbol{a}\cdot\boldsymbol{c} \\ \boldsymbol{b}\cdot\boldsymbol{a} & \boldsymbol{b}\cdot\boldsymbol{b} & \boldsymbol{b}\cdot\boldsymbol{c} \\ \boldsymbol{c}\cdot\boldsymbol{a} & \boldsymbol{c}\cdot\boldsymbol{b} & \boldsymbol{c}\cdot\boldsymbol{c} \end{pmatrix}$$

さて、これがAA^Tであり、$A^T = A^{-1}$ならば $AA^T = E$なのですから、

$$\begin{pmatrix} \boldsymbol{a}\cdot\boldsymbol{a} & \boldsymbol{a}\cdot\boldsymbol{b} & \boldsymbol{a}\cdot\boldsymbol{c} \\ \boldsymbol{b}\cdot\boldsymbol{a} & \boldsymbol{b}\cdot\boldsymbol{b} & \boldsymbol{b}\cdot\boldsymbol{c} \\ \boldsymbol{c}\cdot\boldsymbol{a} & \boldsymbol{c}\cdot\boldsymbol{b} & \boldsymbol{c}\cdot\boldsymbol{c} \end{pmatrix} = \begin{pmatrix} 1 & 0 & 0 \\ 0 & 1 & 0 \\ 0 & 0 & 1 \end{pmatrix}$$

ということになります。両辺の成分同士を見比べてみると、この式は、$\boldsymbol{a}$、$\boldsymbol{b}$、$\boldsymbol{c}$という3つのベクトルが、

- 自分自身と内積を取ったときに1
- 他のベクトルと内積を取ったときに0

になっていれば成り立つことがわかります。

自分自身との内積は、ピタゴラスの定理からベクトルの長さの2乗ですから、これはベクトル$\boldsymbol{a}$、$\boldsymbol{b}$、$\boldsymbol{c}$がすべて長さが1（自分との内積が1）の単位ベクトルで、互いに直交する（他のベクトルとの内積が0である）場合に上記の式が成り立つことがわかります。

また、$AA^T=E$なのであれば、両辺に左からA^{-1}を掛ければ以下のようになります。

$$A^{-1}AA^T=A^{-1}E$$

これは、$A^{-1}A=E$であり、また$A^{-1}E=A^{-1}$であることから

$$A^T=A^{-1}$$

となります。つまり、上記の3ベクトルについての条件を満たし、$AA^T=E$となりさえすれば、$A^T=A^{-1}$となることがわかります。

以上をまとめれば、

・行列Aの行ベクトルがすべて単位ベクトルであり、
・かつ互いに直交する場合には
・$A^T=A^{-1}$となる

ということになります。

さて、このような条件を満たす行列とは、どのような変換を行う行列でしょうか？

そのことを考えるために、3Dの行ベクトルでの基底ベクトル$\boldsymbol{i}=(1\quad 0\quad 0)$、$\boldsymbol{j}=(0\quad 1\quad 0)$、$\boldsymbol{k}=(0\quad 0\quad 1)$を行列$A$がどのように変換するのか見てみましょう。

まずは$\boldsymbol{i}$から、

$$\begin{aligned}(1\quad 0\quad 0)A&=(1\quad 0\quad 0)\begin{pmatrix}a_{11} & a_{12} & a_{13}\\ a_{21} & a_{22} & a_{23}\\ a_{31} & a_{32} & a_{33}\end{pmatrix}\\ &=(a_{11}\quad a_{12}\quad a_{13})\end{aligned}$$

となります。つまり、x方向の基底ベクトル$\boldsymbol{i}=(1\quad 0\quad 0)$は、行列$A$の1行目の行ベクトル$(a_{11}\quad a_{12}\quad a_{13})$そのものに変換されます。

以下、$\boldsymbol{j}$については

$$\begin{aligned}(0\quad 1\quad 0)A&=(0\quad 1\quad 0)\begin{pmatrix}a_{11} & a_{12} & a_{13}\\ a_{21} & a_{22} & a_{23}\\ a_{31} & a_{32} & a_{33}\end{pmatrix}\\ &=(a_{21}\quad a_{22}\quad a_{23})\end{aligned}$$

となるので、y方向の基底ベクトル$\boldsymbol{j}$は、行列Aの2行目の行ベクトルに変換されます。

最後、$\boldsymbol{k}$については

$$(0\quad 0\quad 1)A=(0\quad 0\quad 1)\begin{pmatrix} a_{11} & a_{12} & a_{13} \\ a_{21} & a_{22} & a_{23} \\ a_{31} & a_{32} & a_{33} \end{pmatrix}$$
$$=(a_{31}\quad a_{32}\quad a_{33})$$

となるので、z方向の基底ベクトル$\boldsymbol{k}$は、行列Aの3行目の行ベクトルに変換されます。

つまり、3×3行列Aを3つの行ベクトルに分けた場合、1行目の行ベクトルは基底ベクトル$\boldsymbol{i}$の変換後のベクトルとなり、2行目の行ベクトルは$\boldsymbol{j}$の変換後、3行目の行ベクトルは$\boldsymbol{k}$の変換後のベクトルになる、ということです。

さて、このことと$A^T=A^{-1}$となるような行列の条件「行列Aの行ベクトルがすべて単位ベクトルであり、かつ互いに直交する」という条件をあわせて考えると、「$A^T=A^{-1}$となるような行列は、基底ベクトル$\boldsymbol{i}=(1\quad 0\quad 0)$、$\boldsymbol{j}=(0\quad 1\quad 0)$、$\boldsymbol{k}=(0\quad 0\quad 1)$を、長さ1でかつ互いに直交するようなベクトルに変換する」ということになります。

基底ベクトル$\boldsymbol{i}$、$\boldsymbol{j}$、$\boldsymbol{k}$は元々長さ1でかつ互いに直交していますから、$A^T=A^{-1}$となる行列は、基底ベクトルの長さや互いに直交しているという関係を崩さないような、つまり、あまり物体を変形させたりしないような変換を表す行列である、ということになるわけです。

正規直交行列

このような行列、つまり$A^T=A^{-1}$であり、基底ベクトルを長さ1で互いに直交するようなベクトルに変換する行列を、**正規直交行列**（せいきちょっこうぎょうれつ）、あるいは単に**直交行列**（ちょっこうぎょうれつ）といいます。

このような正規直交行列の例としては、回転の行列があります。回転変換の場合、基底ベクトルの長さを変えないだけでなく、位置関係も変えないため（図7-1-11）、元から長さ1で互いに直交している基底ベクトルは、回転変換をしても長さ1であり互いに直交したままとなります。

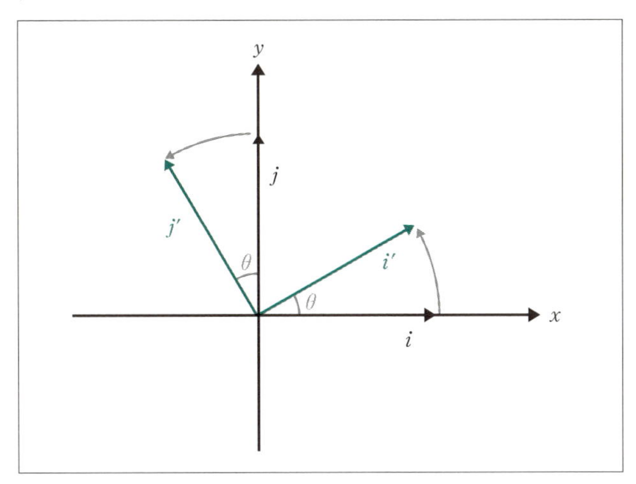

図7-1-11 基底ベクトルi、jに回転変換を掛け、i'、j'にする

つまり、どのような回転変換を表す行列であっても、それは正規直交行列であり$A^T=A^{-1}$が成り立ちます。これは、オイラー角による座標軸中心の回転であっても、クォータニオンによる

回転であっても、またグラフィックライブラリによくある、視点の位置と注目点、アップベクトルを指定することによって生成された、ビュー変換を表す行列であっても同じことです。

さらに、それらの回転変換を掛け算によって複雑に合成したとしても、全体として回転を表すことに変わりはないため、それはやはり正規直交行列であり、$A^T = A^{-1}$ が成り立ちます。

この事実は、ゲームプログラミングにおいても重要ですから、覚えておいてください。

7-2 微分

Keyword　変化率　無限小　極限

速度や加速度など、変化率を求めるための微分は、ゲーム数学でよく用いられます。
本節では、微分の概要と、ゲーム数学で使われる主な公式を紹介します。

微分と微分係数

微分（びぶん）というのは、「微分係数を求める操作である」、と考えることができます。また、**微分係数**（びぶんけいすう）とは、「ある関数の、ある値での変化率」であるといえます。これは、ゲームプログラムでよく使う概念でいえば、ある関数の変化する速さ、と考えることもできます。

直線の微分係数

具体例を挙げましょう。例えば、直線である$f(x)=ax$の変化率を考えてみます。この場合、xがある量Δxだけ変化したときの$f(x)$の変化率をdとすると、

$$\begin{aligned} d &= \frac{f(x)\text{の変化量}}{x\text{の変化量}} \\ &= \frac{f(x+\Delta x)-f(x)}{\Delta x} \\ &= \frac{a(x+\Delta x)-ax}{\Delta x} \\ &= \frac{a\Delta x}{\Delta x} \\ &= a \end{aligned}$$

となって、$f(x)=ax$の場合は、変化率、すなわち微分係数は常にaです。これは、直線の場合その傾きが関数の変化率になるため、当然のことといえます。

次に、$f(x)=ax+b$の微分係数を考えてみましょう。この場合、xがΔxだけ変化したときの$f(x)$の変化率dは

$$\begin{aligned} d &= \frac{f(x+\Delta x)-f(x)}{\Delta x} \\ &= \frac{\{a(x+\Delta x)+b\}-(ax+b)}{\Delta x} \\ &= \frac{a\Delta x}{\Delta x} \\ &= a \end{aligned}$$

となって、bという定数を加えても、変化率、すなわち微分係数はaのままです。これは、「スタート地点が違ったとしても、速さが変わらなければ位置の変化率は同じ」ということと同じ意味です。つまり、微分係数はある関数に定数を足しても変化しません。

放物線の微分係数

さて、直線的な関数である$f(x)=ax+b$では、微分係数は常にaという一定値でした。では、直線的でなく曲がった関数、例えば放物線$f(x)=ax^2$ではどうでしょうか。

放物線上では、変化の速さは場所によって違うため、$f(x)$の変化率は、それそのものがxの関数になることが予想されます。実際に変化率dを求めてみましょう。

$$
\begin{aligned}
d &= \frac{f(x+\Delta x)-f(x)}{\Delta x} \\
&= \frac{a(x+\Delta x)^2-ax^2}{\Delta x} \\
&= \frac{ax^2+2ax(\Delta x)+a(\Delta x)^2-ax^2}{\Delta x} \\
&= 2ax+a(\Delta x)
\end{aligned}
$$

つまりこの場合、$f(x)$の変化率は、xとΔxの両方によって変化します。放物線$f(x)=ax^2$では、xが変われば変化率も変わり（図7-2-1）、xの変化量であるΔxが変わった場合にも変化率も変わります（図7-2-2）。

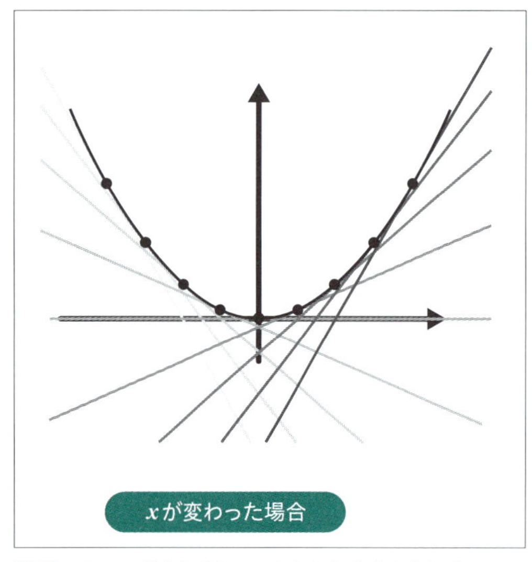

図7-2-1 xが変わると、$f(x)$の変化率も変わる

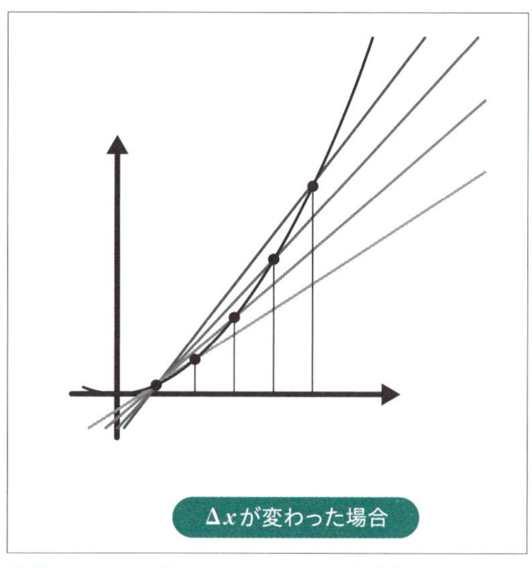

図7-2-2 Δxが変わると、$f(x)$の変化率も変わる

ここで、微分係数は「あるxでの$f(x)$の変化率」です。つまり、特定の1つのxについて、そこでの変化率を出したいわけです。これは例えば、「ある瞬間での速度を出したい」というのと同じことです。

無限小と極限

しかし、変化率というのは本質的に$\dfrac{f(x)\text{の変化量}}{x\text{の変化量}}$であり、特定の1つの$x$についてだけ考えたときに$x$の変化量がなくなってしまったら、変化率というものそのものを考えることができなくなってしまいます。

そこで、xの変化量というものは維持しつつ、1つのxについての微分係数を考えるために、「xの変化量Δxを無限小にする」という操作をします。その操作は記号として$\lim\limits_{\Delta x \to 0}\bigcirc$と書かれ、**極限**（きょくげん）と呼ばれます。また、変化率の極限を取ったものは微分係数で$f'(x)$と書かれ、また、微分係数を求める作業を**微分する**（びぶん）といいます。

そこで、これらの記号・用語を使って表現すれば、放物線$f(x)=ax^2$を微分すると

$$
\begin{aligned}
f'(x) &= \lim_{\Delta x \to 0} \frac{f(x+\Delta x)-f(x)}{\Delta x} \\
&= \lim_{\Delta x \to 0} (2ax + a(\Delta x)) \\
&= 2ax
\end{aligned}
$$

ということになります。つまり、放物線の場合には、xが大きくなるほどxの変化率も増していく、ということです。ある点での変化率というのは、その点で曲線に接する直線、つまり接線の傾きになるため、放物線の場合にはxが大きくなるほど接線の傾きも増していくのです（図7-2-1）。

微分係数を表す記号

さて、この微分係数を表す記号ですが、$f'(x)$という書き方の代わりに、$\dfrac{d}{dx}f(x)$という書き方、あるいは$y=f(x)$の場合に$\dfrac{dy}{dx}$という書き方をすることがあります。この書き方は、どの変数について微分するのか明確にできる、という利点があり、例えば$\dfrac{dy}{dx}$は「yをxについて微分する」という意味になります。

高次式の微分

さて、上の例では、直線（xの1乗）、放物線（xの2乗）の場合について微分係数を求めました。では、もっと大きい次数（xの3乗、xの4乗…）の場合はどうでしょうか。

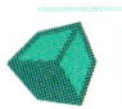

NOTE

このような高次式の微分は、ゲームプログラムでは例えば、好きな座標に置いた複数の点を通過する「補間曲線」を作るときなどに必要になります。

ここで、改めてxの1乗、2乗の場合も含め、微分をしてみましょう。

$$\frac{d}{dx}(x) = \lim_{\Delta x \to 0} \frac{(x+\Delta x)-x}{\Delta x}$$
$$= \lim_{\Delta x \to 0} \frac{\Delta x}{\Delta x}$$
$$= 1$$

$$\frac{d}{dx}(x^2) = \lim_{\Delta x \to 0} \frac{(x+\Delta x)^2 - x^2}{\Delta x}$$
$$= \lim_{\Delta x \to 0} \frac{x^2 + 2x(\Delta x) + (\Delta x)^2 - x^2}{\Delta x}$$
$$= \lim_{\Delta x \to 0} \left\{ \frac{2x(\Delta x)}{\Delta x} + \frac{(\Delta x)^2}{\Delta x} \right\}$$
$$= \lim_{\Delta x \to 0} (2x + \Delta x)$$
$$= 2x$$

$$\frac{d}{dx}(x^3) = \lim_{\Delta x \to 0} \frac{(x+\Delta x)^3 - x^3}{\Delta x}$$
$$= \lim_{\Delta x \to 0} \frac{x^3 + 3x^2(\Delta x) + 3x(\Delta x)^2 + (\Delta x)^3 - x^3}{\Delta x}$$
$$= \lim_{\Delta x \to 0} \left\{ \frac{3x^2(\Delta x)}{\Delta x} + \frac{3x(\Delta x)^2}{\Delta x} + \frac{(\Delta x)^3}{\Delta x} \right\}$$
$$= \lim_{\Delta x \to 0} \{3x^2 + 3x\Delta x + (\Delta x)^2\}$$
$$= 3x^2$$

…

以下、省略しますが、一般に

$$\frac{d}{dx}(x^n) = nx^{n-1}$$

となることが知られています。

さまざまな微分の公式

ここで、さまざまな計算についての微分の公式を書き並べてみます。

微分の足し算・引き算

微分の足し算は一般に、

$$\frac{d}{dx}(f(x) + g(x)) = \frac{d}{dx}f(x) + \frac{d}{dx}g(x)$$

となります。つまり、関数同士を足してから微分したものは、関数を個別に微分したもの同士を足したものに等しくなります。そのため例えば、

$$\frac{d}{dx}(x^2+x)=\frac{d}{dx}(x^2)+\frac{d}{dx}(x)$$
$$=2x+1$$

となります。また、引き算も同様に、

$$\frac{d}{dx}(f(x)-g(x))=\frac{d}{dx}f(x)-\frac{d}{dx}g(x)$$

となります。

定数倍

一般に、aを定数として、定数倍については

$$\frac{d}{dx}(af(x))=a\frac{d}{dx}f(x)$$

となります。つまり、a倍した関数を微分したものは、微分した関数をa倍したものと等しくなるのです。

これを足し算と組み合わせると、例えば、

$$\frac{d}{dx}(ax^3+bx^2+cx)=\frac{d}{dx}(ax^3)+\frac{d}{dx}(bx^2)+\frac{d}{dx}(cx)$$
$$=a\frac{d}{dx}(x^3)+b\frac{d}{dx}(x^2)+c\frac{d}{dx}(x)$$
$$=3ax^2+2bx+c$$

となります。

三角関数の微分

累乗の式の他によく使う関数として、三角関数の微分について考えると、

$$\frac{d}{dx}(\sin x)=\lim_{\Delta x\to 0}\frac{\sin(x+\Delta x)-\sin x}{\Delta x}$$

となり、ここで、三角関数の和積の公式

$$\sin A-\sin B=2\cos\frac{A+B}{2}\sin\frac{A-B}{2}$$

を使うと

$$\frac{d}{dx}(\sin x)=\lim_{\Delta x\to 0}\frac{2\cos\frac{2x+\Delta x}{2}\sin\frac{\Delta x}{2}}{\Delta x}$$

となります。さらにlimの中身の分数について、分子と分母を2で割ると

$$\frac{d}{dx}(\sin x)=\lim_{\Delta x\to 0}\left(\cos\frac{2x+\Delta x}{2}\cdot\frac{\sin\frac{\Delta x}{2}}{\frac{\Delta x}{2}}\right)$$

となります。

ここで、前半のコサイン部分は

$$\lim_{\Delta x\to 0}\left(\cos\frac{2x+\Delta x}{2}\right)=\cos\frac{2x}{2}=\cos x$$

となり、後半のサイン部分については、

$$\lim_{t\to 0}\left(\frac{\sin t}{t}\right)=1$$

という公式があるため、$\frac{\Delta x}{2}=t$と置けば

$$\lim_{\Delta x\to 0}\left(\frac{\sin\frac{\Delta x}{2}}{\frac{\Delta x}{2}}\right)=\lim_{t\to 0}\left(\frac{\sin t}{t}\right)=1$$

となります。

NOTE

$\lim_{t\to 0}\left(\frac{\sin t}{t}\right)=1$という公式については「はさみうちの原理」という手法で証明できますが、本書では説明を割愛します。

興味がある方はぜひ調べてみるとよいでしょう。

ここまでを踏まえると、

$$\frac{d}{dx}(\sin x)=\lim_{\Delta x\to 0}\left(\cos\frac{2x+\Delta x}{2}\cdot\frac{\sin\frac{\Delta x}{2}}{\frac{\Delta x}{2}}\right)$$
$$=\cos x$$

となります。これで$\sin x$の微分ができました。

コサインについては、同じような方法で

$$\frac{d}{dx}(\cos x)=-\sin x$$

となることが知られています。

まとめ：主な公式一覧

ここまで、出てきた微分の公式をまとめると

$$\frac{d}{dx}(x) = 1$$

$$\frac{d}{dx}(x^2) = 2x$$

$$\frac{d}{dx}(x^3) = 3x^2$$

$$\frac{d}{dx}(x^n) = nx^{n-1}$$

$$\frac{d}{dx}(\sin x) = \cos x$$

$$\frac{d}{dx}(\cos x) = -\sin x$$

となります。

上の公式に加えて、微分する変数を含まない、単なる定数を微分すると0になることを覚えておけば、ゲームプログラムではかなりの範囲をカバーすることができることでしょう。

合成関数の微分

最後に、合成関数の微分というものについてお話ししましょう。ゲームプログラムでは、例えば$\sin(\omega t)$や$\cos(\omega t)$（ωは定数、tは時間）というような式をtで微分したい場合があります。この場合、tに掛かっているωという定数が邪魔して、三角関数の微分の公式をそのまま使うことができません。

極限を取るlimの式からやり直せばもちろん微分できますが、いちいちそこまでやるのは面倒ですから、できるだけ既存の公式を使って微分をしたいものです。幸い、**合成関数の微分**（ごうせいかんすうのびぶん）という便利なものが存在するので、それを使って$\sin(\omega t)$を微分してみましょう。

ここで、$y = \sin(\omega t)$、$x = \omega t$と置くと、

$$\begin{cases} y = \sin x \\ x = \omega t \end{cases}$$

としたうえで、$\dfrac{dy}{dt}$を求めれば、$\dfrac{d}{dt}(\sin(\omega t))$が求められることになります。ただし、上の式では$y$が$x$の関数で表されていますから、$y$を直接$t$で微分することはできません。

そこで、合成関数の微分の出番です。合成関数の微分の公式は、

$$\frac{dy}{dt} = \frac{dy}{dx} \cdot \frac{dx}{dt}$$

となります。この式は、単なる分数だと思えば当たり前に成り立ちますが、分数でなく微分なので注意しましょう。

この式の意味するところは「yをtで微分したものは、yをxで微分したものとxをtで微分したものの掛け算と等しい」ということです。実際にやってみましょう。

$$\frac{dy}{dx}=\frac{d}{dx}(\sin x)=\cos x$$
$$\frac{dx}{dt}=\frac{d}{dt}(\omega t)=\omega$$

ですから、

$$\frac{d}{dt}(\sin(\omega t))=\frac{dy}{dt}=\frac{dy}{dx}\cdot\frac{dx}{dt}=\cos x\cdot\omega=\omega\cos x$$

となります。

$x=\omega t$ なので、これを cos の中身に代入すれば、結局

$$\frac{d}{dt}(\sin(\omega t))=\omega\cos(\omega t)$$

ということになります。これと同じようにして

$$\frac{d}{dt}(\cos(\omega t))=-\omega\sin(\omega t)$$

と計算できます。

この合成関数の微分は、あまり厳密な言い方ではありませんが「関数の中に関数が入っているような式では、外側の関数を微分したものに内側の関数を微分したものが掛け算される」というようなものと覚えておくとよいでしょう。

さて、この合成関数の微分を応用できるもう1つの例として、

$$y=(at+b)^2$$

という式を微分することを考えてみましょう。この場合、式を展開して

$$y=a^2t^2+2abt+b^2$$

としてから、

$$\frac{dy}{dt}=2a^2t+2ab$$

としてももちろん求められますが、合成関数の微分を使うとより簡単に微分できます。

$$x=at+b$$

とおくと、

$$\frac{dy}{dt}=\frac{dy}{dx}\cdot\frac{dx}{dt}=2(at+b)\cdot a=2a^2t+2ab$$

となり、展開してから微分した場合と同じ結果が得られます。このような方法は特に、カッコの中の式が複雑になって展開するのが非常に面倒な場合、手間を回避する手段として重宝します。

7-3 級数と積分

Keyword 数列 シグマ 原始関数

本節では、微分の逆操作であり、速度から位置を求めたり、加速度から速度を求めるために使われることの多い積分を紹介します。

級数と数列

級数（きゅうすう）というのは、ある数列を足し算したものであり、**数列**（すうれつ）とは、ある規則で並んだ一連の数字のことです。

例えば、

$$a_1 = 1,\ a_2 = 2,\ a_3 = 3,\ a_4 = 4,\ a_5 = 5, \cdots$$

というのも数列ですし、

$$a_1 = 1,\ a_2 = 2,\ a_3 = 4,\ a_4 = 8,\ a_5 = 16, \cdots$$

というのも数列です。

プログラミングをしている方であれば、配列変数のようなものだと考えればわかりやすいかもしれません。ただ、プログラムでの配列変数とは違って、数学での数列は、多くの場合その内容（数字）を数式で表します。

例えば、先ほどの

$$a_1 = 1,\ a_2 = 2,\ a_3 = 3,\ a_4 = 4,\ a_5 = 5, \cdots$$

という数列は

$$a_n = n$$

と表すことができ、

$$a_1 = 1,\ a_2 = 2,\ a_3 = 4,\ a_4 = 8,\ a_5 = 16, \cdots$$

という数列は

$$a_n = 2^{n-1}$$

と表すことができます。

級数というのは、この数列のある番号からある番号までの数字をすべて足したものです。級数の一例を記号で表すと

$$\sum_{i=m}^{n} a_i$$

となり、この場合、数列のm番目からn番目までの数を全部足した数、という意味になります。

NOTE

なお、この級数の読み方は「シグマ・$i=m$・n・a_i」となります。

級数の簡単な例

簡単な例を挙げましょう。

$$\sum_{i=1}^{5} 1$$

この場合、Σ(シグマ)の中身が定数である1だけで、毎回変化するiが入っていないため、1+1+1+1+1、つまり「1を5回足す」というだけの意味になり、

$$\sum_{i=1}^{5} 1 = 5$$

となります。

次に、もう少し複雑な例を挙げましょう。

$$\sum_{i=1}^{5} i$$

この場合、$a_i = i$、つまり $a_1 = 1,\ a_2 = 2,\ a_3 = 3,\ a_4 = 4,\ a_5 = 5,\ \cdots$となり、さらにその1番目から5番目までを足す、という意味になるため、つまりは「1から5までの数を全部足す」ということになります。1+2+3+4+5＝15なので、つまり

$$\sum_{i=1}^{5} i = 15$$

ということになります。

それでは、5までに限らず、1からnまでの足し算

$$\sum_{i=1}^{n} i$$

の値はどうなるでしょうか？ この値は、$n=1$なら1、$n=2$なら$1+2=3$、$n=3$なら$1+2+3=6$……となりますね。

それでは、この足した結果をnで表すとどうなるでしょうか？ 実はこれは、1～nまでの足し算を書き、さらにそこに、それを逆順に足したものを加えれば求められます。つまり、

$$x = \sum_{i=1}^{n} i$$

とすると、

$$x = 1 + \quad 2 \quad + \quad 3 \quad + \cdots + (n-1) + n$$
$$x = n + (n-1) + (n-2) + \cdots + \quad 2 \quad + 1$$

となります。これら上下の式を足し算すると、

$$2x = (n+1) + (n+1) + (n+1) + \cdots + (n+1) + (n+1)$$

つまり、逆順に並べたもの同士を足し算したので、全部同じ数字の足し算になるのです。

ここで、足し算する数は、1～nのn個ありますから、右辺にはn個の$(n+1)$があることになり、

$$2x = n(n+1)$$
$$\therefore x = \frac{1}{2}n(n+1)$$

となります。つまりは、

$$\sum_{i=1}^{n} i = \frac{1}{2}n(n+1)$$

ということになります。ここで試しに$n=5$を代入してみると

$$\sum_{i=1}^{5} i = \frac{1}{2} \cdot 5 \cdot (5+1) = 15$$

となって、先ほどの結果と一致します。この1～nの級数の式やその考え方は、他の級数の計算をするときの基礎になる場合も多いので、覚えておくとよいでしょう。

1から始まらない級数の例

さて、では足すべき数列が1から始まっていない場合はどうなるでしょうか。例えば

$$\sum_{i=m}^{n} i$$

というようなケースです。これは、「mからnまでの整数を全部足す」という意味になり、例えば$m=3$、$n=7$なら$3+4+5+6+7=25$になりますが、この級数をmとnで表すとどうなるでしょうか？

先ほどの1から始まっていたケースと同様に、逆順に足し並べたものを加えてみましょう。

$$x = \sum_{i=m}^{n} i$$

とすると、

$$x = m + (m+1) + (m+2) + \cdots + (n-1) + n$$
$$x = n + (n-1) + (n-2) + \cdots + (m+1) + m$$

となり、これら上下の式を足し算すると、

$$2x = (m+n) + (m+n) + (m+n) + \cdots + (m+n) + (m+n)$$

となります。ここで、足し算する数は、m～nですから$(n-m+1)$個です。具体的な例を挙げると、

$m = 3$、$n = 7$なら$(7-3+1) = 5$個となります。

また、右辺には$(n-m+1)$個の$(m+n)$があることになり、

$$2x = (m+n)(n-m+1)$$

$$\therefore x = \frac{1}{2}(m+n)(n-m+1)$$

つまりは

$$\sum_{i=m}^{n} i = \frac{1}{2}(m+n)(n-m+1)$$

ということです。ここで、$m = 3$、$n = 7$としてみると

$$\sum_{i=3}^{7} i = \frac{1}{2}(3+7)(7-3+1) = \frac{1}{2} \cdot 10 \cdot 5 = 25$$

となって、先ほどの結果と一致することがわかります。$m = 1$にすれば、先ほどのiが1から始まる場合の式と一致することを確かめてみるとよいでしょう。

複数のΣに分割する

最後に、Σの中身が少し複雑な式のとき、それを複数のΣに分割して単純な公式を使えるようにする方法を説明しましょう。

例えば、

$$\sum_{i=m}^{n}(a \cdot i + b) \qquad (a、b\text{は定数})$$

という式があったとすると、

$$\sum_{i=m}^{n}(a \cdot i + b) = a\sum_{i=m}^{n} i + b\sum_{i=m}^{n} 1$$

というふうに、定数をΣの外にくくり出したり、足し算を複数のΣに分割することができます。

このことは、足し算に共通の係数が掛かっていたらそれをくくり出すことができることや、足し算をする順番は入れ替えても結果は同じであることを考えれば、納得できることだと思います。

積分

ここまで、級数について説明してきました。一方、**積分**（せきぶん）というのは、級数と似ている部分もありますが、形式的には微分の逆操作であり、

・グラフの面積を求める
・加速度から速度を求める
・速度から位置を求める

ような場合に使われます。

原始関数と積分

それでは速度から位置を求める場合について、具体的に見ていきましょう。

位置を時間で微分したものが速度なので、速度がわかっていて位置を求めたい場合には、微分したらその関数になるような関数、いわゆる**原始関数**を求めることになり、その「原始関数を求める操作」こそが**積分**です。

例えば、

$$\frac{d}{dx}(x^2) = 2x$$

ですから、$2x$を積分すればx^2になる…と、なりそうですが、実は微分したら$2x$になる関数は1つではありません。

微分すると定数は消滅してしまいますから、Cを定数として

$$\frac{d}{dx}(x^2 + C) = 2x$$

となります。よって、$2x$を積分すると$x^2 + C$になる、というのがより正確です。

これを、数学では以下のような記号で表します。

$$\int 2x dx = x^2 + C$$

このように、結果に「定まらない定数（上の式ではC）」を含むような積分を**不定積分**といい、Cを**積分定数**といいます。これは、速度と位置の関係でいえば、「時間をtとして、$2t$という速度で動いている（時間とともに加速している）物体は、$t^2 + C$という位置に来る」、ということになります。

この場合、$t = 0$であれば位置はCになりますから、ここでの積分定数Cは、「初期位置」という意味を持つことになります。同様に、加速度を積分して速度を求めるときには、積分定数は初速を表すことになります。

積分の公式

さてここで、いろいろな式を積分するための公式を挙げてみましょう。まずは、x^nについての微分の一般式から

$$\frac{d}{dx}\left(\frac{x^{n+1}}{n+1}\right) = x^n$$

となるので、両辺を積分すると

$$\int x^n dx = \frac{x^{n+1}}{n+1} + C$$

になります。これは、具体例を挙げると

$$\int x dx = \frac{x^2}{2} + C$$

$$\int x^2 dx = \frac{x^3}{3} + C$$

$$\vdots$$

のようになるでしょう。

また、微分の場合と同様に、以下のような公式が成り立ちます、

足し算・引き算

足し算は一般に、

$$\int (f(x)+g(x))dx = \int f(x)dx + \int g(x)dx$$

となります。つまり、関数同士を足してから積分したものは、関数を個別に積分したもの同士を足したものに等しくなります。

例えば、以下のようになります。

$$\int (x^2+x+1)dx = \int x^2 dx + \int x dx + \int x^0 dx \qquad (x^0 = 1 \text{であることに注意})$$

$$= \frac{x^3}{3} + \frac{x^2}{2} + x + C$$

ただし、ここでは3つの部分から出てきた積分定数を1つにまとめました。これが理解しにくい方は、この結果を微分してみて元に戻ることを確かめてみてください。

また、引き算についても同様に、

$$\int (f(x)-g(x))dx = \int f(x)dx - \int g(x)dx$$

となります。

定数倍

一般に、aを定数として

$$\int (af(x))dx = a\int f(x)dx$$

となります。つまり、a倍した関数を積分したものは、積分した関数をa倍したものと等しくなります。

これを足し算と組み合わせると、例えば、

$$\int (ax^2+bx+c)dx = \int (ax^2)dx + \int (bx)dx + \int (cx^0)dx$$
$$= a\int x^2\,dx + b\int xdx + c\int x^0\,dx$$
$$= \frac{ax^3}{3} + \frac{bx^2}{2} + cx + C$$

となります。

なお、微分と違って、積分については必ず実行できるとは限りません。つまり、ある関数を積分したとき、それが既知の関数で表現できる保証はないのです。

そのため、コンピュータで計算する場合には、厳密な解を求めるのではなく、ある程度の誤差は覚悟しつつ数値計算によって解を求める場合も多く、特にゲームプログラミングでは大部分の場合、数値計算に頼るといってもいいくらいです。

皆さんも、速度から位置が求めたいなど積分が必要になった場合には、数値計算でいいのか厳密な解が必要なのかを、よく考えてから実装することをおすすめします。

7-4 複素数とクォータニオン

Keyword オイラーの公式 共役 ロドリゲスの回転公式

本節では、ゲーム数学では回転を表すために使われることが多いクォータニオンと、その基礎となる複素数について説明しましょう。

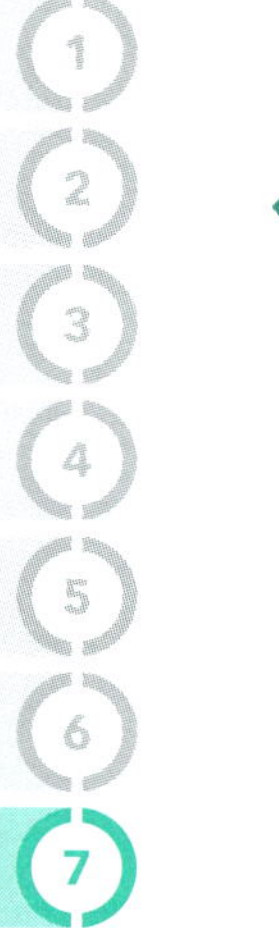

複素数とは？

まずは、基礎的な複素数から説明しましょう。ゲームでの実用性が高いクォータニオンを理解するには、より基礎的な複素数を理解することが必要不可欠です。

複素数（ふくそすう）とは、

$$a+bi$$

と表されるような数です。このときa、bは実数、iは虚数単位と呼ばれる数であり、

$$i^2=-1$$

という関係を満たします。ただし、**そのような数は現実には存在しない**ので注意しましょう。

というのも、この条件は、$y=x^2$と$y=-1$のグラフの交点を求めたとき、その交点のx座標がiである、というようなものだからです。図7-4-1を見ればわかるように、これら2つのグラフは交点を持たないため、その存在しない交点のx座標がi、といわれても無茶としかいいようがないでしょう。

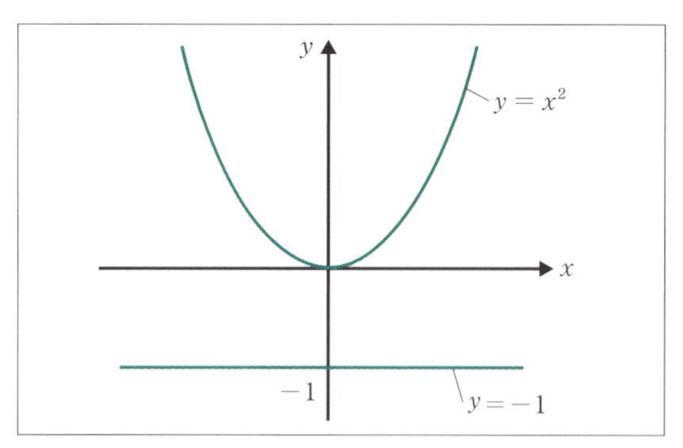

図7-4-1 iは、$y=x^2$と$y=-1$の交点のx座標?!

ただし、そのようなiが存在すると仮定すると、数学的にさまざまな恩恵が得られるために、便利な道具としてそのようなものを仮定するわけです。

複素数を表す複素平面（ガウス平面）

さて、このようにiというのは現実離れした、いわば異世界のような存在であり、通常の数とは分けて考えなければなりません。

複素数$a+bi$というのは、普通の数とその異世界の数が足し合わされた形になっており、aを**実部**（じつぶ）、bを**虚部**（きょぶ）と呼びます。

ゲームプログラムを扱っている方々になじみの深い言い方をするならば、複素数というのはa、bの変数2つで表す2次元ベクトルであるともいえます。実際、実部aをx座標、虚部bをy座標に割り当てた平面を**複素平面**（ふくそへいめん）、あるいは**ガウス平面**（へいめん）と呼び、この平面上では複素数は一点として表されます（図7-4-2）。

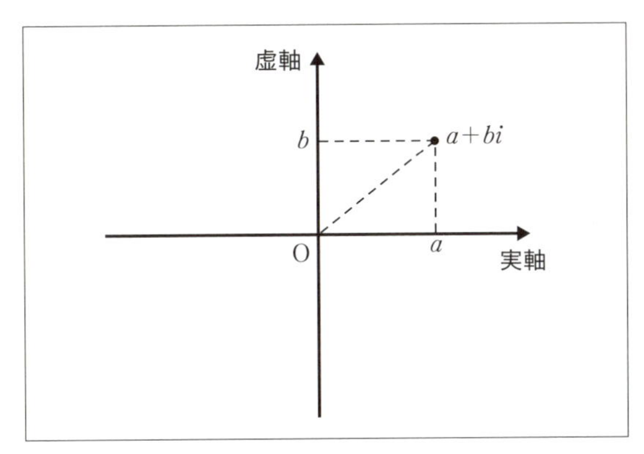

図7-4-2 複素平面と$a+bi$の位置

複素数同士の演算

このように現実離れした数を含んだ複素数ですが、その複素数同士の演算というものを考えることができます。

足し算・引き算

まず、足し算について説明しましょう。2つの複素数$a+bi$と$c+di$を足し合わせると

$$(a+bi)+(c+di)=(a+c)+(b+d)i$$

となります。異世界の数iが掛かっている部分と掛かっていない部分に分離し、掛かっていない部分を演算結果の実部、掛かっている部分を演算結果の虚部とする、というルールを覚えておいてください。

引き算についても同様に考えて

$$(a+bi)-(c+di)=(a-c)+(b-d)i$$

となります。

また、これら2つの演算規則はしばしば、1つにまとめられて

$$(a+bi)\pm(c+di)=(a\pm c)+(b\pm d)i \qquad (\text{複号同順})$$

と書かれます。

掛け算・割り算

足し算引き算はわかりましたが、では掛け算はどうでしょうか？

複素数同士の掛け算については、式の展開をすれば計算できそうです。実際、

$$\begin{aligned}(a+bi)(c+di)&=ac+adi+bci+bdi^2\\&=(ac-bd)+(ad+bc)i\end{aligned}$$

となります。なお、$i^2=-1$であるため、$bdi^2=-bd$となることに注意してください。

では次に、割り算ではどうでしょうか？

$$\frac{(c+di)}{(a+bi)}$$

これを虚数単位iが掛かっている項と掛かっていない項に分離するわけですが、分母にもiが入っていて少し困りますね。このような場合には、以下のように分子と分母の両方に$(a-bi)$を掛け算すると上手くいきます。

分子と分母に$(a-bi)$を掛け算して計算すると、

$$\begin{aligned}\frac{(c+di)}{(a+bi)}&=\frac{(c+di)(a-bi)}{(a+bi)(a-bi)}\\&=\frac{ac-bci+adi-bdi^2}{a^2-abi+abi-(bi)^2}\\&=\frac{(ac+bd)+(ad-bc)i}{a^2+b^2}\\&=\frac{ac+bd}{a^2+b^2}+\frac{ad-bc}{a^2+b^2}i\end{aligned}$$

となります。ちなみに、この複素数の割り算は、例えばニュートン法という方法によって方程式の解を求めるときなどに必要になります。

複素数の絶対値

次に、複素数の**絶対値**（ぜったいち）（別名**ノルム**）について考えてみましょう。普通の数である実数xの場合、絶対値$|x|=x$または$-x$です。これは、数直線上において原点からの距離を表していますね。

そして、複素数の絶対値もまた、ガウス平面上での原点からの距離です。つまり、

$$|a+bi|=\sqrt{a^2+b^2}$$

となります。

NOTE

複素数の表現形式としては、aとbで表す方法の他に、この絶対値（原点からの距離）と、ガウス平面上での位置を角度で表したものの2つによる**極表現**（きょくひょうげん）も大切になります。

複素共役

また、複素数では**複素共役**（ふくそきょうやく）と呼ばれるものも重要になります。例えば、$z=a+bi$という複素数があったとき、その複素共役（z^*）は$z^*=a-bi$となります。

元の複素数と複素共役を掛ける

この複素共役の大切さを少し理解するために、元の複素数とその複素共役の掛け算をしてみましょう。

$$\begin{aligned} z \cdot z^* &= (a+bi)(a-bi) \\ &= a^2-abi+abi+b^2 \\ &= a^2+b^2 \end{aligned}$$

ここで、先ほどの絶対値の式$|z|=|a+bi|=\sqrt{a^2+b^2}$を用いれば、

$$z \cdot z^*=a^2+b^2=|a+bi|^2=|z|^2$$

ということになります。

絶対値の2乗である$|z|^2$はただの実数であり、$z \cdot z^*=|z|^2$という式の両辺を$|z|^2$で割ってみると

$$z \cdot \frac{z^*}{|z|^2}=1$$

となります。

さて、元の数に掛けて1になる数といえば、通常の数では逆数ですが、通常の数に限らず一般的には**逆元**（ぎゃくげん）と呼ばれます。つまり上の式から、複素数における逆数である逆元は、複素共役を絶対値の2乗で割ったものになっているわけです。この逆元と、先ほどの複素数の割り算を比較してみるのも参考になると思います。

オイラーの公式

さて、以上のことを踏まえたうえで、クォータニオンだけでなく複素数も回転に関わっていることを見てみましょう。

複素数に関わる非常に重要な公式に、**オイラーの公式**(こうしき)という有名なものがあります。それは、

$$e^{i\theta}=\cos\theta+i\sin\theta$$

という公式で、これ自体は級数展開という方法で証明することができます（本書では割愛します）。

ガウス平面上での回転

実は、この$e^{i\theta}$は回転の複素数とでもいうべき性質を持ち、掛け算することで複素数をガウス平面上でθだけ回転させる性質があります。

実際にやってみましょう。

$$\begin{aligned}e^{i\theta}\cdot(a+bi)&=(\cos\theta+i\sin\theta)(a+bi)\\&=a\cos\theta+bi\cos\theta+ai\sin\theta-b\sin\theta\\&=(a\cos\theta-b\sin\theta)+(a\sin\theta+b\cos\theta)i\end{aligned}$$

となります。ここで、この掛け算の結果の実部をa'、虚部をb'としてみると

$$\begin{aligned}a'&=a\cos\theta-b\sin\theta\\b'&=a\sin\theta+b\cos\theta\end{aligned}$$

です。

a、b、a'、b'はすべてただの実数であることに注意して、上の式をベクトルと行列で書いてみると

$$\begin{pmatrix}a'\\b'\end{pmatrix}=\begin{pmatrix}\cos\theta & -\sin\theta\\ \sin\theta & \cos\theta\end{pmatrix}\begin{pmatrix}a\\b\end{pmatrix}$$

となります。この行列の掛け算を実際にやってみて、上の$e^{i\theta}$の掛け算結果と同じになることを確かめてみてください。

上の式に現れている行列は回転の行列そのものであり、$e^{i\theta}\cdot(a+bi)$という複素数は、$a+bi$という複素数をガウス平面上でθだけ回転したものである、ということがわかります。

また、複素共役を絶対値の2乗で割ったものは元の複素数の逆数、つまり「元の複素数に掛ければ1になってその効果を打ち消す」というものだったので、$e^{i\theta}$の複素共役を絶対値の2乗で割った$\dfrac{(e^{i\theta})^*}{|e^{i\theta}|^2}$は、$e^{i\theta}$の回転を打ち消す「逆回転」を表すことになりそうです。

実際にやってみましょう。まず、

$$
\begin{aligned}
|e^{i\theta}|^2 &= |\cos\theta + i\sin\theta|^2 \\
&= \cos^2\theta + \sin^2\theta \\
&= 1
\end{aligned}
$$

で、1で何を割っても変わらないので、$e^{i\theta}$の場合には、複素共役$(e^{i\theta})^*$そのものが逆数であり逆回転を表すことになりそうです。次に、

$$
\begin{aligned}
(e^{i\theta})^* &= (\cos\theta + i\sin\theta)^* \\
&= \cos\theta - i\sin\theta
\end{aligned}
$$

なので、

$$
\begin{aligned}
(e^{i\theta})^* \cdot (a+bi) &= (\cos\theta - i\sin\theta)(a+bi) \\
&= a\cos\theta + bi\cos\theta - ai\sin\theta + b\sin\theta \\
&= (a\cos\theta + b\sin\theta) + (-a\sin\theta + b\cos\theta)i
\end{aligned}
$$

です。

先ほどと同様に結果の実部をa'、虚部をb'としてみると

$$
\begin{aligned}
a' &= a\cos\theta + b\sin\theta \\
b' &= -a\sin\theta + b\cos\theta
\end{aligned}
$$

となり、行列表記すると

$$
\begin{pmatrix} a' \\ b' \end{pmatrix} = \begin{pmatrix} \cos\theta & \sin\theta \\ -\sin\theta & \cos\theta \end{pmatrix} \begin{pmatrix} a \\ b \end{pmatrix}
$$

となります。$\cos(-\theta) = \cos\theta$、$\sin(-\theta) = -\sin\theta$であることに注意すると、上の式は

$$
\begin{pmatrix} a' \\ b' \end{pmatrix} = \begin{pmatrix} \cos(-\theta) & -\sin(-\theta) \\ \sin(-\theta) & \cos(-\theta) \end{pmatrix} \begin{pmatrix} a \\ b \end{pmatrix}
$$

と等しいことがわかります。これは回転角$-\theta$の回転の行列そのものですから、確かにこれは逆回転であることがわかりました。

まとめれば、複素数$e^{i\theta}$は角度θの回転を表し、その複素共役$(e^{i\theta})^*$はその逆回転を表す、のです。

クォータニオン

以上で、複素数についての説明は終わりにして、いよいよクォータニオンについて説明しましょう。複素数においては$i^2 = 1$となるような虚数単位は1つだけでしたが、クォータニオンにおいてはそれがi、j、kの3つに増え、$i^2 = j^2 = k^2 = ijk = -1$を満たします。

複素数の場合と同様、i、j、kはすべて2乗すると-1になるという普通の数ではあり得ない

ものであり、いわばそれぞれが異なる異世界です。また、複素数の場合とは違って、これらi、j、k同士の掛け算というものが考えられますが、それら掛け算は掛ける順番によって結果が異なります。

例えば、$ijk=-1$なので、両辺に右からkを掛ければ$ijk^2=-k$となり、$k^2=-1$なので結局$ij=k$ということになります。

また、$ijk=-1$に左からiを掛ければ$i^2jk=-i$となり結局$jk=i$です。

同様に、その$jk=i$に右からiを掛ければ$jki=-1$で、これに左からjを掛ければ$j^2ki=-j$となって$ki=j$が得られます。

そして、$ijk=-1$の両辺に右からkiを掛ければ、$ijkki=-ki$つまり$-iji=-ki$となり、さらに両辺に左からiを掛ければ$-i^2ji=-iki$、$ki=j$より$ji=-ij$という関係が得られ、$ij=k$なので$ji=-k$です。

以上のようにしてi、j、kの間の掛け算を調べると結局、$i^2=j^2=k^2=ijk=-1$という関係のみから、$ij=k$、$jk=i$、$ki=j$、$ji=-k$、$kj=-i$、$ik=-j$であることが出てくるので、皆さんもやってみてください。

またここから、クォータニオンの「2乗すると－1になる」ような単位i、j、kの間では、2つの掛け算をすると残りの1つが出てきて、2つの掛け算の順番をひっくり返すと符号が逆になる、ということもわかります。この関係は、3次元空間での基底ベクトル$\boldsymbol{i}$、$\boldsymbol{j}$、$\boldsymbol{k}$同士の外積の結果と一致していることに注意しておいてください。

クォータニオンの表し方

さて、クォータニオンの変数はしばしばqで表され、一般にクォータニオンqは上のi、j、kを用いて

$$q=a+bi+cj+dk$$

と表されます。ここで、a、b、c、dはすべて実数で、これは複素数を拡張した形になっているのがわかると思います。なお、$c=d=0$であれば複素数と一致することに注意しましょう。

また、複素数の場合と同様に、実数であるaを実部、2乗すると－1になる数が掛かっているb、c、dを虚部といいます。クォータニオンにおいては、この虚部の3成分を3次元ベクトルの3成分ととらえて

$$q=a+V_xi+V_yj+V_zk$$

というような表記をすることもよくあり、aの部分（実部）を**スカラー部**(ぶ)、$V_xi+V_yj+V_zk$の部分（虚部）を**ベクトル部**(ぶ)とも呼びます。ゲームへの応用を考えればこの表記が最もわかりやすいため、以下、クォータニオンは基本的にこの表記で記述していきます。

クォータニオンの演算

さて、まずはクォータニオンの演算規則から見ていきましょう。

足し算・引き算

足し算は

$$q_1 = a_1 + V_{1x}i + V_{1y}j + V_{1z}k$$
$$q_2 = a_2 + V_{2x}i + V_{2y}j + V_{2z}k$$

とすると

$$q_1 + q_2 = (a_1 + a_2) + (V_{1x} + V_{2x})i + (V_{1y} + V_{2y})j + (V_{1z} + V_{2z})k$$

というように、クォータニオンを４次元ベクトルと見たときと同じようになります。

同様に引き算は、

$$q_1 - q_2 = (a_1 - a_2) + (V_{1x} - V_{2x})i + (V_{1y} - V_{2y})j + (V_{1z} - V_{2z})k$$

ですから、まとめて書けば、

$$q_1 \pm q_2 = (a_1 \pm a_2) + (V_{1x} \pm V_{2x})i + (V_{1y} \pm V_{2y})j + (V_{1z} \pm V_{2z})k \quad \text{(複号同順)}$$

です。

掛け算・割り算

では、掛け算はどうでしょうか。この場合、先ほどの$ij = k$、$jk = i$、$ki = j$、$ji = -k$、$kj = -i$、$ik = -j$という関係に注意して、地道に式の展開をします。方針としては、

1. 展開し、
2. i、j、k同士の掛け算を行い、
3. 実数部、iの係数、jの係数、kの係数、にそれぞれまとめる

という順番で行うことにします。すると、

$$
\begin{aligned}
q_1 \cdot q_2 &= (a_1 + V_{1x} i + V_{1y} j + V_{1z} k)(a_2 + V_{2x} i + V_{2y} j + V_{2z} k) \\
&= a_1 a_2 + a_1 V_{2x} i + a_1 V_{2y} j + a_1 V_{2z} k \\
&\quad + V_{1x} a_2 i + V_{1x} V_{2x} i^2 + V_{1x} V_{2y} ij + V_{1x} V_{2z} ik \\
&\quad + V_{1y} a_2 j + V_{1y} V_{2x} ji + V_{1y} V_{2y} j^2 + V_{1y} V_{2z} jk \\
&\quad + V_{1z} a_2 k + V_{1z} V_{2x} ki + V_{1z} V_{2y} kj + V_{1z} V_{2z} k^2 \\
&= a_1 a_2 + a_1 V_{2x} i + a_1 V_{2y} j + a_1 V_{2z} k \\
&\quad - V_{1x} V_{2x} + V_{1x} a_2 i - V_{1x} V_{2z} j + V_{1x} V_{2y} k \\
&\quad - V_{1y} V_{2y} + V_{1y} V_{2z} i + V_{1y} a_2 j - V_{1y} V_{2x} k \\
&\quad - V_{1z} V_{2z} - V_{1z} V_{2y} i + V_{1z} V_{2x} j + V_{1z} a_2 k \\
&= a_1 a_2 - V_{1x} V_{2x} - V_{1y} V_{2y} - V_{1z} V_{2z} \\
&\quad + (a_1 V_{2x} + V_{1x} a_2 + V_{1y} V_{2z} - V_{1z} V_{2y}) i \\
&\quad + (a_1 V_{2y} - V_{1x} V_{2z} + V_{1y} a_2 + V_{1z} V_{2x}) j \\
&\quad + (a_1 V_{2z} + V_{1x} V_{2y} - V_{1y} V_{2x} + V_{1z} a_2) k
\end{aligned}
$$

となります。成分の数が非常に多いので間違えないように注意しましょう。

ここで、ベクトル部とスカラー部の区分がはっきりするように、ベクトル部の項の順番を少し入れ替えると、結局

$$
\begin{aligned}
q_1 \cdot q_2 = a_1 a_2 &- V_{1x} V_{2x} - V_{1y} V_{2y} - V_{1z} V_{2z} \\
&+ (a_1 V_{2x} + V_{1x} a_2 + V_{1y} V_{2z} - V_{1z} V_{2y}) i \\
&+ (a_1 V_{2y} + V_{1y} a_2 + V_{1z} V_{2x} - V_{1x} V_{2z}) j \\
&+ (a_1 V_{2z} + V_{1z} a_2 + V_{1x} V_{2y} - V_{1y} V_{2x}) k
\end{aligned}
$$

となります。

さて、この掛け算の結果ですが、特にベクトル部の成分同士の掛け算が行われている部分を見ると、ベクトルの演算になっていることがわかります。例えばスカラー部に含まれる $-V_{1x} V_{2x} - V_{1y} V_{2y} - V_{1z} V_{2z}$ というのは q_1 と q_2 のベクトル部同士の内積に -1 を掛けたものになっており、i の係数に含まれる $V_{1y} V_{2z} - V_{1z} V_{2y}$、$j$ の係数に含まれる $V_{1z} V_{2x} - V_{1x} V_{2z}$、$k$ の係数に含まれる $V_{1x} V_{2y} - V_{1y} V_{2x}$ は、それぞれ q_1 と q_2 のベクトル部同士の外積の x、y、z 成分になっています。

それを踏まえ、2つのクォータニオン q_1、q_2 をそれぞれスカラー部とベクトル部に分けて $q_1 = (a_1, V_1)$(ただし $V_1 = (V_{1x}, V_{1y}, V_{1z})$)、$q_2 = (a_2, V_2)$($V_2 = (V_{2x}, V_{2y}, V_{2z})$)、と書くことにすると、

$$
\begin{aligned}
q_1 \cdot q_2 &= (a_1, V_1) \cdot (a_2, V_2) \\
&= (a_1 a_2 - V_1 \cdot V_2, \ a_1 V_2 + a_2 V_1 + V_1 \times V_2)
\end{aligned}
$$

となり、つまり、$q_1 \cdot q_2$ の

・スカラー部は$a_1 a_2 - V_1 \cdot V_2$
・ベクトル部は$a_1 V_2 + a_2 V_1 + V_1 \times V_2$

と書けることになります。先ほどの成分計算を行った結果と比較して、確かにそうなっていることを確かめてみてください。

また、掛けた結果のベクトル部に外積である$V_1 \times V_2$が入っていることからわかるように、クォータニオンの掛け算は順番を入れ替えると結果が異なる、つまり$q_1 \cdot q_2 \neq q_2 \cdot q_1$であることにも注意しておいてください。

絶対値と共役クォータニオン

次に、クォータニオンの絶対値について考えてみましょう。複素数の絶対値はガウス平面上での原点からの距離でしたが、クォータニオンの**絶対値**（**ノルム**）も、クォータニオンを４次元ベクトルと見たときの長さ、つまり

$$|a+bi+cj+dk| = \sqrt{a^2+b^2+c^2+d^2}$$

となります。この、絶対値が1、つまり長さが1のクォータニオンを**単位クォータニオン**と呼びます。

また、複素数の場合と同様に、クォータニオンにも**共役クォータニオン**というものが考えられて、それはクォータニオンのベクトル部をマイナスにしたものです。つまり

$$q = a+bi+cj+dk$$

ならば、その共役クォータニオンq^*は

$$q^* = a-bi-cj-dk$$

となります。

逆クォータニオン

さて、複素数の場合には、複素共役を絶対値の２乗で割った$\dfrac{z^*}{|z|^2}$が複素数zの逆数、逆元になっていましたが、実はクォータニオンの場合も同じようになります。

実際にやってみましょう。$q=(a,\ V)$という形式で書くと、共役クォータニオン$q^*=(a,\ -V)$です。よって、先ほど求めた掛け算の式より、以下のようになります。

$$\begin{aligned} q \cdot q^* &= (a,\ V) \cdot (a,\ -V) \\ &= (a^2 - (V \cdot (-V)),\ a \cdot (-V) + a \cdot V + V \times (-V)) \\ &= (a^2 + |V|^2,\ \mathbf{0}) \end{aligned}$$

ここで、結果のベクトル部にある太字の$\mathbf{0}$はゼロベクトル、つまりベクトル部がなくなったことを意味しています。自分自身との内積$(V \cdot V)$はベクトルの長さの2乗$|V|^2$に等しく、Vと$-V$は平行なため、平行なベクトル同士の外積$V \times (-V)$はゼロベクトルになることに注意しましょう。

結局のところ、元のクォータニオンと共役クォータニオンを掛けるとスカラー部しか残らず、

$$q \cdot q^* = a^2 + |V|^2$$

ということです。$q = a + V_x i + V_y j + V_z k$ならば、$|V|^2 = {V_x}^2 + {V_y}^2 + {V_z}^2$ですから、

$$q \cdot q^* = a^2 + |V|^2 = a^2 + {V_x}^2 + {V_y}^2 + {V_z}^2$$

となり、$|q| = \sqrt{a^2 + {V_x}^2 + {V_y}^2 + {V_z}^2}$すなわち$|q|^2 = a^2 + {V_x}^2 + {V_y}^2 + {V_z}^2$であることから、上の式の右辺は$|q|^2$そのもの、つまり

$$q \cdot q^* = |q|^2$$

である、ということです。この式の両辺を$|q|^2$で割れば

$$q \cdot \frac{q^*}{|q|^2} = 1$$

となりますから、複素数の場合と同様、クォータニオンでも共役を絶対値の2乗で割ったものは逆元、つまり元の数に掛けると1（単位元といいます）になるクォータニオンになっています。

このような、普通の数なら逆数に当たるクォータニオンを、**逆（ぎゃく）クォータニオン**と呼びます。ちなみに、長さが1の単位クォータニオンの場合には$|q|^2 = 1$ですから、その場合逆クォータニオンは共役クォータニオンそのものになります。

クォータニオンを使った3D空間での回転

さて、以上の準備を受けて、このクォータニオンを使って3D空間で回転することを考えてみましょう。

まず手始めに、複素数では回転を表していた$\cos\theta + i\sin\theta$という数が、クォータニオンでも何らかの回転を表すかどうかを調べてみましょう。クォータニオンは複素数を拡張したものであり、同じものが回転を表している可能性は高そうです。

ただ、それをしようとすると2つの問題が出てきます。

x、y、z座標はベクトル部に割り当てる

まず1つは回転させられるクォータニオンについて、クォータニオンには4つの要素があるため、そのうちのどの3つをx、y、z座標に割り当てるのかということです。x、y、z座標はすべて同等ですが、クォータニオンの演算は

$$q = a + bi + cj + dk$$

としたときのa、b、c、dは同等ではなく、スカラー部aの演算だけが特殊（b、c、dは互いに同等）になります。そのことは、掛け算$q_1 \cdot q_2$を計算したときにも実感できたと思いますが、ゆえに互いに同等なx、y、z座標は同じく互いに同等であるb、c、dに割り当てるしかありません。

問題：掛け算は右からか、左からか？

そしてもう1つは、たとえ複素数の場合と同じように$q_{rot} = \cos\theta + i\sin\theta$というクォータニオンを$q = a + V_x i + V_y j + V_z k$というクォータニオンに作用させれば$V = (V_x, V_y, V_z)$という3次元ベクトルを回転させられるのだとしても（まだわかりませんが）、q_{rot}をどのように作用させたらよいのかがわからない、ということです。

複素数の場合には回転を表す複素数$e^{i\theta}$を単純に掛け算すればよかったのですが、クォータニオンの場合には掛け算の順番によって結果が変わってきてしまうので、$q_{rot} \cdot q$という風にq_{rot}を左から掛けるか、$q \cdot q_{rot}$という風に右から掛けるかによっても結果は違ってきてしまうでしょう。

この問題については現時点ではどうしてよいかわかりませんから、取りあえず$q_{rot} \cdot q$と左から掛けることをやってみましょう。

$$\begin{aligned}
q_{rot} \cdot q &= (\cos\theta + i\sin\theta)(a + V_x i + V_y j + V_z k) \\
&= a\cos\theta + V_x\cos\theta i + V_y\cos\theta j + V_z\cos\theta k \\
&\quad + a\sin\theta i + V_x\sin\theta i^2 + V_y\sin\theta ij + V_z\sin\theta ik \\
&= a\cos\theta + V_x\cos\theta i + V_y\cos\theta j + V_z\cos\theta k \\
&\quad - V_x\sin\theta + a\sin\theta i - V_z\sin\theta j + V_y\sin\theta k
\end{aligned}$$

ここで$q_{rot} \cdot q = a' + V_x' i + V_y' j + V_z' k$と置くと

$$\begin{aligned}
a' &= a\cos\theta - V_x\sin\theta \\
V_x' &= a\sin\theta + V_x\cos\theta \\
V_y' &= V_y\cos\theta - V_z\sin\theta \\
V_z' &= V_y\sin\theta + V_z\cos\theta
\end{aligned}$$

となります。

さて、これは明らかに、通常の回転は表していません。確かに回転の行列を構成しているものの、aとV_x、V_yとV_zの2組に分かれ、それぞれ独立にθだけ回転してしまっています。

問題なのはaとV_xが回転して混ざり合ってしまっている部分で、これではたとえ$a = 0$としたとしてもx軸方向であるV_xがひずんでしまいます（V_xに$\cos\theta$が掛かっているため）。一方、V_yとV_zの組については上手くいっており、これはきちんとx軸周りの回転になっています。

しかしこのままでは全体として意味ある3Dの回転にはなっていませんから、例えば問題であるaとV_xの組に対する回転変換をキャンセルするなどする必要があるでしょう。

では次に、逆からの掛け算として、$q \cdot q_{rot}$と右からq_{rot}を掛けてみましょう。

$$
\begin{aligned}
q \cdot q_{rot} &= (a + V_x i + V_y j + V_z k)(\cos\theta + i\sin\theta) \\
&= a\cos\theta + a\sin\theta i + V_x\cos\theta i + V_x\sin\theta i^2 \\
&\quad + V_y\cos\theta j + V_y\sin\theta ji + V_z\cos\theta k + V_z\sin\theta ki \\
&= a\cos\theta + a\sin\theta i + V_x\cos\theta i - V_x\sin\theta \\
&\quad + V_y\cos\theta j - V_y\sin\theta k + V_z\cos\theta k + V_z\sin\theta j \\
&= a\cos\theta + a\sin\theta i + V_y\cos\theta j - V_y\sin\theta k \\
&\quad - V_x\sin\theta + V_x\cos\theta i + V_z\sin\theta j + V_z\cos\theta k
\end{aligned}
$$

ここで$q \cdot q_{rot} = a' + V_x' i + V_y' j + V_z' k$であれば

$$
\begin{aligned}
a' &= a\cos\theta - V_x\sin\theta \\
V_x' &= a\sin\theta + V_x\cos\theta \\
V_y' &= V_y\cos\theta + V_z\sin\theta \\
V_z' &= -V_y\sin\theta + V_z\cos\theta
\end{aligned}
$$

となります。

この場合も$q_{rot} \cdot q$のときと同様に、aとV_x、V_yとV_zの2組に分かれ、それぞれ独立に回転していますが、今度はaとV_xの組はθだけ回転しているのに対して、V_yとV_zの組は$-\theta$だけ回転、つまり$q_{rot} \cdot q$のときとは逆回転しているのがわかると思います。

回転には、特殊な掛け算を行う

以上のことから、左からと右からのq_{rot}の掛け算を両方行い、しかも左からは順方向、右からは逆方向に回転させるようなq_{rot}を掛け算してあげれば、問題だったaとV_xの組は順方向と逆方向の回転がキャンセルされて変換されなくなり、V_yとV_zの組だけが、順方向回転と「逆回転の逆回転（＝順方向回転）」が掛かることによって、2θだけ回転することになるでしょう。

ここで、$q_{rot} = \cos\theta + i\sin\theta$の逆回転を表すクォータニオンはといえば、$\cos(-\theta) + i\sin(-\theta) = \cos\theta - i\sin\theta$で、これは$q_{rot}$の共役クォータニオン$q_{rot}{}^*$ですから、つまり$q_{rot} = \cos\theta + i\sin\theta$のときには

$$
q' = q_{rot} \cdot q \cdot q_{rot}{}^*
$$

とすれば、q'のベクトル部には、qのベクトル部をx軸周りに2θだけ回転したものが得られる、ということになります。

同様に、$q_{rot} = \cos\theta + j\sin\theta$として$q' = q_{rot} \cdot q \cdot q_{rot}{}^*$の計算を行うと$y$軸周りの$2\theta$の回転が、$q_{rot} = \cos\theta + k\sin\theta$ ならばz軸周りの2θの回転が得られますからやってみてください。

ロドリゲスの回転公式

さて、ここまで見てみれば、$q_{rot}=\cos\theta+\boldsymbol{p}\sin\theta(\boldsymbol{p}=p_x i+p_y j+p_z k、|\boldsymbol{p}|=1)$とし、$q'=q_{rot}\cdot q\cdot q_{rot}{}^*$とすれば、ベクトル$\boldsymbol{p}=(p_x,\ p_y,\ p_z)$を軸として$2\theta$だけ回転させることができそうな感じがします（$q_{rot}=\cos\theta+i\sin\theta$の場合は$\boldsymbol{p}=(1,\ 0,\ 0)$に、$q_{rot}=\cos\theta+j\sin\theta$の場合は$\boldsymbol{p}=(0,\ 1,\ 0)$に、$q_{rot}=\cos\theta+k\sin\theta$の場合は$\boldsymbol{p}=(0,\ 0,\ 1)$に対応しています)。

実際にそうなるかどうか確かめてみましょう。ただし、そのためには「こういう式の形になれば、3D空間でベクトル$\boldsymbol{p}$を軸とした回転になっている」という基準が必要になるでしょう。2Dの場合には回転の行列が基準として使えましたが、ここでは3D回転での基準の式として、**ロドリゲスの回転公式**（かいてんこうしき）というものを使うことにします。そのロドリゲスの回転公式を導出してみましょう。

回転軸の単位ベクトルを$\hat{\boldsymbol{p}}$、回転させる位置の位置ベクトルをV、$\hat{\boldsymbol{p}}$を軸としてVをθだけ回転した位置ベクトルをV'とし（図7-4-3)、$\hat{\boldsymbol{p}}$を含む直線にVの垂線を降ろすと、垂線の足の位置ベクトルは、$\hat{\boldsymbol{p}}$とVのなす角をφとして$(|V|\cos\varphi)\cdot\hat{\boldsymbol{p}}=(|\hat{\boldsymbol{p}}||V|\cos\varphi)\cdot\hat{\boldsymbol{p}}=(\hat{\boldsymbol{p}}\cdot V)\hat{\boldsymbol{p}}$となります。

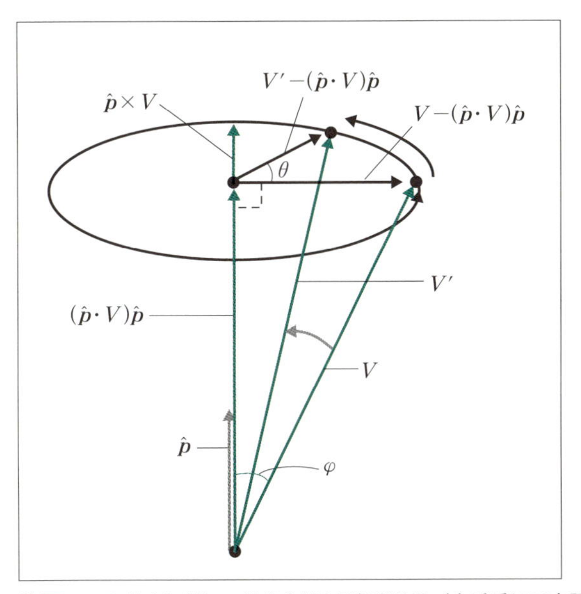

図7-4-3 軸$\hat{p}$に対し、Vをθだけ回転させる（右手系にて表記）

すると、その垂線の足からVへと向かう、平面回転すべきベクトルは$V-(\hat{\boldsymbol{p}}\cdot V)\hat{\boldsymbol{p}}$になります。

さて、もし回転軸$\hat{\boldsymbol{p}}$に垂直な回転平面内でこの$V-(\hat{\boldsymbol{p}}\cdot V)\hat{\boldsymbol{p}}$というベクトルと長さが同じで垂直なベクトルが得られれば、あとは三角関数を使って$V-(\hat{\boldsymbol{p}}\cdot V)\hat{\boldsymbol{p}}$を好きな角度で回転できますが（5-6.空間曲線を表現したいで円筒を作っている部分も参照)、これは比較的簡単で$\hat{\boldsymbol{p}}\times V$というベクトルになります。なぜなら、$\hat{\boldsymbol{p}}\times V$は$\hat{\boldsymbol{p}}$と$V$の両方に垂直であるため$\hat{\boldsymbol{p}}$とも$V-(\hat{\boldsymbol{p}}\cdot V)\hat{\boldsymbol{p}}$とも直交し、$\hat{\boldsymbol{p}}\times V$の長さは外積の定義から$|\hat{\boldsymbol{p}}||V|\sin\varphi=|V|\sin\varphi$ですが、$V-(\hat{\boldsymbol{p}}\cdot V)\hat{\boldsymbol{p}}$もまた図7-4-3から長さ$|V|\sin\varphi$だからです。

よって、

$$
\begin{aligned}
V' - (\hat{\boldsymbol{p}}\cdot V)\hat{\boldsymbol{p}} &= \{V - (\hat{\boldsymbol{p}}\cdot V)\hat{\boldsymbol{p}}\}\cos\theta + (\hat{\boldsymbol{p}}\times V)\sin\theta \\
V' &= (\hat{\boldsymbol{p}}\cdot V)\hat{\boldsymbol{p}} + V\cos\theta - (\hat{\boldsymbol{p}}\cdot V)\hat{\boldsymbol{p}}\cos\theta + (\hat{\boldsymbol{p}}\times V)\sin\theta \\
&= (\hat{\boldsymbol{p}}\cdot V)\hat{\boldsymbol{p}}(1-\cos\theta) + V\cos\theta + (\hat{\boldsymbol{p}}\times V)\sin\theta
\end{aligned}
$$

と回転後のベクトルV'が求められますが、これが**ロドリゲスの回転公式**（かいてんこうしき）と呼ばれる式です。

「クォータニオンによる回転」の証明

さて、話を回転のクォータニオンに戻して、$q_{rot} = \cos\theta + \hat{\boldsymbol{p}}\sin\theta$($\hat{\boldsymbol{p}} = p_x i + p_y j + p_z k$、$|\hat{\boldsymbol{p}}| = 1$)とし、変換前のベクトル$V = (V_x, V_y, V_z)$を含む変換前のクォータニオンを$q = a + V_x i + V_y j + V_z k = (a, V)$、変換後のクォータニオンを$q' = a' + V_x' i + V_y' j + V_z' k = (a', V')$、としたとき、

$$
q' = q_{rot}\cdot q\cdot q_{rot}^*
$$

とするとV'は、ベクトル$\hat{\boldsymbol{p}}$を軸としてVを2θだけ回転したものになるか、をチェックします。

そのために、右辺の$q_{rot}\cdot q\cdot q_{rot}^*$という掛け算を地道に計算しましょう。まずは掛け算のベクトル表記の公式より、

$$
\begin{aligned}
q_{rot}\cdot q &= (\cos\theta + \hat{\boldsymbol{p}}\sin\theta)\cdot(a, V) \\
&= (a\cos\theta - (\hat{\boldsymbol{p}}\cdot V)\sin\theta,\ V\cos\theta + \hat{\boldsymbol{p}}a\sin\theta + (\hat{\boldsymbol{p}}\times V)\sin\theta)
\end{aligned}
$$

です。これに右側からq_{rot}^*を掛ければ$q_{rot}\cdot q\cdot q_{rot}^*$が求められますが、ゴチャゴチャし過ぎるためにスカラー部とベクトル部を分けて考えましょう。

スカラー部とベクトル部とを分けて考える

回転の結果はベクトル部に出てくるはずであり、また$\cos\theta + i\sin\theta$による例を見ていると、スカラー部は回転して逆回転して結局変化しなかったため、軸が$\hat{\boldsymbol{p}}$になってもスカラー部は変化しないのかもしれません。やってみましょう。$q_{rot}\cdot q\cdot q_{rot}^*$のスカラー部を$\mathrm{Re}(q_{rot}\cdot q\cdot q_{rot}^*)$、ベクトル部を$\mathrm{Im}(q_{rot}\cdot q\cdot q_{rot}^*)$とすると、

$$
\begin{aligned}
\mathrm{Re}(q_{rot}\cdot q\cdot q_{rot}^*) &= \mathrm{Re}((a\cos\theta - (\hat{\boldsymbol{p}}\cdot V)\sin\theta,\ V\cos\theta + \hat{\boldsymbol{p}}a\sin\theta + (\hat{\boldsymbol{p}}\times V)\sin\theta)\cdot(\cos\theta - \hat{\boldsymbol{p}}\sin\theta)) \\
&= a\cos^2\theta - (\hat{\boldsymbol{p}}\cdot V)\sin\theta\cos\theta - (V\cos\theta + \hat{\boldsymbol{p}}a\sin\theta + (\hat{\boldsymbol{p}}\times V)\sin\theta)\cdot(-\hat{\boldsymbol{p}}\sin\theta) \\
&= a\cos^2\theta - (\hat{\boldsymbol{p}}\cdot V)\sin\theta\cos\theta + (V\cdot\hat{\boldsymbol{p}})\sin\theta\cos\theta + |\hat{\boldsymbol{p}}|^2 a\sin^2\theta + ((\hat{\boldsymbol{p}}\times V)\cdot\hat{\boldsymbol{p}})\sin\theta \\
&= a\cos^2\theta + a\sin^2\theta \\
&= a
\end{aligned}
$$

となります。ここで、

より高度な数学理論

・内積は順番が入れ替わっても同じため$(\hat{\boldsymbol{p}}\cdot V)=(V\cdot\hat{\boldsymbol{p}})$
・$\hat{\boldsymbol{p}}$は単位ベクトルなので$|\hat{\boldsymbol{p}}|^2=1$
・$(\hat{\boldsymbol{p}}\times V)$は$\hat{\boldsymbol{p}}$と直交しているため$((\hat{\boldsymbol{p}}\times V)\cdot\hat{\boldsymbol{p}})=\boldsymbol{0}$
・$\cos^2\theta+\sin^2\theta=1$

であることに注意しましょう。

上の結果から、$\mathrm{Re}(q_{rot}\cdot q\cdot q_{rot}{}^*)=a$なので、予想通り変換後も$q$のスカラー部$a$は変化せず、$a'=a$です。つまり、今時点で変換後のクォータニオンは変換前のスカラー部をそのまま引き継ぎ、$q'=a+V_x{}'i+V_y{}'j+V_z{}'k$であることがわかりました。

ベクトル部を計算する

では変換後のベクトル部を計算してみましょう。

$$\begin{aligned}
\mathrm{Im}(q_{rot}\cdot q\cdot q_{rot}{}^*)&=\mathrm{Im}((a\cos\theta-(\hat{\boldsymbol{p}}\cdot V)\sin\theta,\ V\cos\theta+\hat{\boldsymbol{p}}a\sin\theta+(\hat{\boldsymbol{p}}\times V)\sin\theta)\cdot(\cos\theta-\hat{\boldsymbol{p}}\sin\theta))\\
&=\{a\cos\theta-(\hat{\boldsymbol{p}}\cdot V)\sin\theta\}(-\hat{\boldsymbol{p}}\sin\theta)+\{V\cos\theta+\hat{\boldsymbol{p}}a\sin\theta+(\hat{\boldsymbol{p}}\times V)\sin\theta\}\cos\theta\\
&\quad+\{V\cos\theta+\hat{\boldsymbol{p}}a\sin\theta+(\hat{\boldsymbol{p}}\times V)\sin\theta\}\times(-\hat{\boldsymbol{p}}\sin\theta)\\
&=-\hat{\boldsymbol{p}}a\sin\theta\cos\theta+(\hat{\boldsymbol{p}}\cdot V)\hat{\boldsymbol{p}}\sin^2\theta+V\cos^2\theta+\hat{\boldsymbol{p}}a\sin\theta\cos\theta+(\hat{\boldsymbol{p}}\times V)\sin\theta\cos\theta\\
&\quad-(V\times\hat{\boldsymbol{p}})\sin\theta\cos\theta-(\hat{\boldsymbol{p}}\times\hat{\boldsymbol{p}})a\sin^2\theta-(\hat{\boldsymbol{p}}\times V)\times\hat{\boldsymbol{p}}\sin^2\theta\\
\therefore\ \mathrm{Im}(q_{rot}\cdot q\cdot q_{rot}{}^*)&=(\hat{\boldsymbol{p}}\cdot V)\hat{\boldsymbol{p}}\sin^2\theta+V\cos^2\theta+2(\hat{\boldsymbol{p}}\times V)\sin\theta\cos\theta-(\hat{\boldsymbol{p}}\times V)\times\hat{\boldsymbol{p}}\sin^2\theta
\end{aligned}$$

これはまだ式変形の途中ですが、上の式変形では、$-(V\times\hat{\boldsymbol{p}})=(\hat{\boldsymbol{p}}\times V)$、自分自身との外積$(\hat{\boldsymbol{p}}\times\hat{\boldsymbol{p}})=\boldsymbol{0}$、であることに注意してください。この時点で$q$のスカラー部である$a$が消滅したことにも注目しましょう。これは回転のクォータニオンを作用させる場合、変換されるqのスカラー部には何が入っていても回転には影響しない、ということです。

ベクトル三重積の公式

また、最後の項に含まれる$(\hat{\boldsymbol{p}}\times V)\times\hat{\boldsymbol{p}}$については、**ベクトル三重積**（さんじゅうせき）の公式$(\boldsymbol{a}\times\boldsymbol{b})\times\boldsymbol{c}=(\boldsymbol{a}\cdot\boldsymbol{c})\boldsymbol{b}-(\boldsymbol{b}\cdot\boldsymbol{c})\boldsymbol{a}$より$(\hat{\boldsymbol{p}}\times V)\times\hat{\boldsymbol{p}}=|\hat{\boldsymbol{p}}|^2V-(V\cdot\hat{\boldsymbol{p}})\hat{\boldsymbol{p}}=V-(V\cdot\hat{\boldsymbol{p}})\hat{\boldsymbol{p}}$となるため（$|\hat{\boldsymbol{p}}|^2=1$に注意）、

$$\begin{aligned}
\mathrm{Im}(q_{rot}\cdot q\cdot q_{rot}{}^*)&=(\hat{\boldsymbol{p}}\cdot V)\hat{\boldsymbol{p}}\sin^2\theta+V\cos^2\theta+2(\hat{\boldsymbol{p}}\times V)\sin\theta\cos\theta-(V-(V\cdot\hat{\boldsymbol{p}})\hat{\boldsymbol{p}})\sin^2\theta\\
\therefore\ \mathrm{Im}(q_{rot}\cdot q\cdot q_{rot}{}^*)&=2(\hat{\boldsymbol{p}}\cdot V)\hat{\boldsymbol{p}}\sin^2\theta+V(\cos^2\theta-\sin^2\theta)+2(\hat{\boldsymbol{p}}\times V)\sin\theta\cos\theta
\end{aligned}$$

となります。

まだ途中ですが、ここで三角関数の２倍角の公式、$1-\cos2\theta=2\sin^2\theta$、$\cos^2\theta-\sin^2\theta=\cos2\theta$、$2\sin\theta\cos\theta=\sin2\theta$を用いると

$$\mathrm{Im}(q_{rot}\cdot q\cdot q_{rot}{}^*)=(\hat{\boldsymbol{p}}\cdot V)\hat{\boldsymbol{p}}(1-\cos2\theta)+V\cos2\theta+(\hat{\boldsymbol{p}}\times V)\sin2\theta$$

となります。

ロドリゲスの回転公式との比較

さて、ロドリゲスの回転公式によると、

$$V' = (\hat{\boldsymbol{p}} \cdot V)\hat{\boldsymbol{p}}(1 - \cos\theta) + V\cos\theta + (\hat{\boldsymbol{p}} \times V)\sin\theta$$

であればV'は、$\hat{\boldsymbol{p}}$を軸としてVをθだけ回転したものになりました。上の2つの式を比較すると、$\mathrm{Im}(q_{rot} \cdot q \cdot q_{rot}{}^*)$は確かに、$\hat{\boldsymbol{p}}$を軸として$V$を$2\theta$だけ回転したものになっていることがわかります。

まとめ

以上をまとめれば、$q_{rot} = \cos\theta + \hat{\boldsymbol{p}}\sin\theta$とし、$q' = q_{rot} \cdot q \cdot q_{rot}{}^*$として$q$から$q'$への変換を行えば、$q'$のベクトル部は、$q$のベクトル部を$\hat{\boldsymbol{p}}$を軸として$2\theta$だけ回転したものになり、一方$q'$のスカラー部には、$q$のスカラー部の値がそのまま入る、ということです。もし$\hat{\boldsymbol{p}}$を軸として（2θでなく）θだけ回転させたいのであれば、回転のクォータニオンq_{rot}として$\cos\frac{\theta}{2} + \hat{\boldsymbol{p}}\sin\frac{\theta}{2}$を使えばよいことになりますが、ゲームプログラミングの世界ではこちらを回転のクォータニオンとする方が一般的でしょう。

以上のように、クォータニオンを使えば回転のクォータニオンによって、任意のベクトルを軸とする回転を簡単に実現することができます。そうなることの証明は上でやってみたようにかなり面倒ですが、回転のクォータニオンで変換を行うこと自体は簡単で速度的にも有利です。

球面線形補間Slerp

さらに、クォータニオンにおいては回転変換同士を補間するという操作が簡単にできることもメリットの1つです。2つの回転のクォータニオンの間を補間することによって、それが表す回転をも補間することができるのですが、特に有用なのが**球面線形補間**（きゅうめんせんけいほかん）Slerp（Spherical Linear intERPolation）です。球面線形補間を行うことによって、補間のパラメータtを等速で動かすことによって等速回転で2つの回転の間を行き来させることができます。

数学的に簡単という意味ではただの線形補間Lerp($q_{12}(t) = (1-t)q_1 + tq_2$)のほうが簡単であり、少々注意していればLerpであっても2つの回転の間を行き来させることは可能ですが、Lerpの場合はパラメータtを等速で動かしても等速回転による補間にはなりません。

さて、パラメータtを等速で動かせば等速回転になるSlerpとはどのようなものになるでしょうか。そのような補間は$q_{12}(t) = \alpha q_1 + \beta q_2$という一次結合の形で表されると仮定して$\alpha$と$\beta$を求めてみましょう。

図7-4-4のように長さ1の回転のクォータニオンq_1とq_2があり、角度θをなしているとします。そして、その角度θを$\theta t : \theta(1-t)$に分割するような角度に長さ1の回転のクォータニオン$q_{12}(t)$を置くことを考えます。

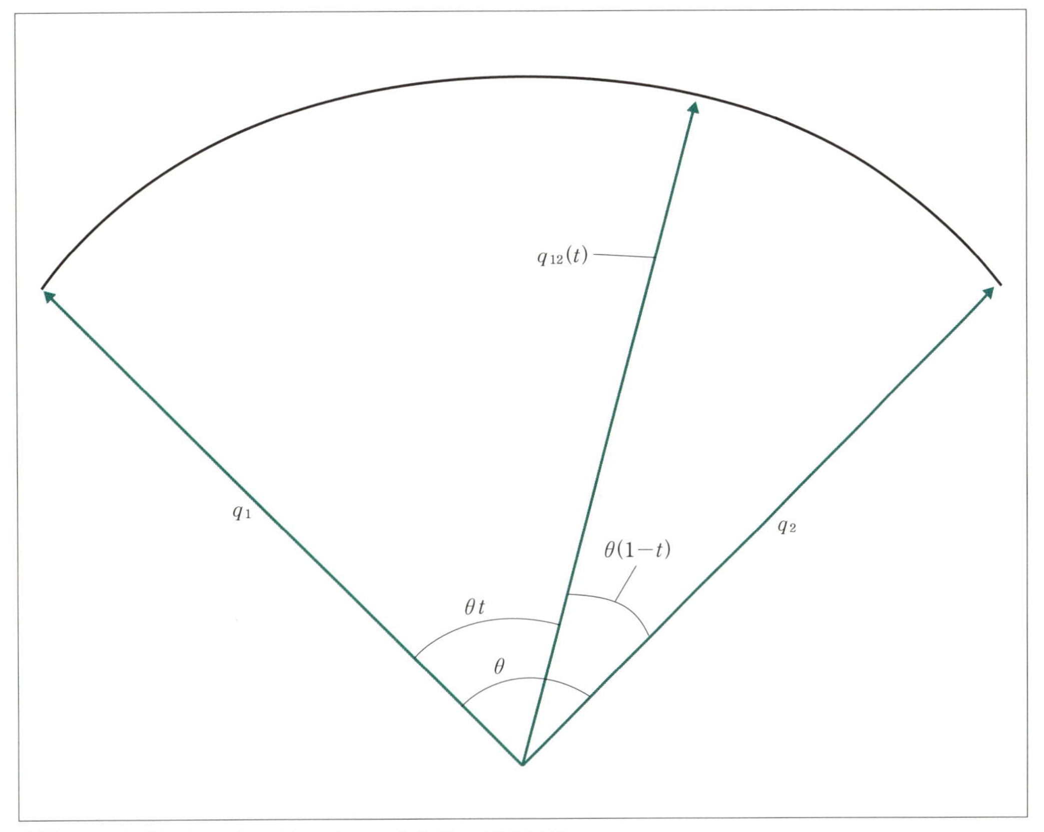

図7-4-4 回転のクォータニオンq_1とq_2、および$q_{12}(t)$の関係

そうすると、$t=0$であれば$q_{12}(0)=q_1$、$t=1$であれば$q_{12}(1)=q_2$となり、また、$0 \leq t \leq 1$の範囲でtを等速で動かすと、q_1と$q_{12}(t)$のなす角θt、q_2と$q_{12}(t)$のなす角$\theta(1-t)$の両方が等速で変化するため$q_{12}(t)$は等速回転し、これは確かにSlerpになっていることがわかります。つまり、この図の状況で$q_{12}(t)=\alpha q_1+\beta q_2$と表せればよいことになりますが、具体的には以下のようにすればαとβが求められます。

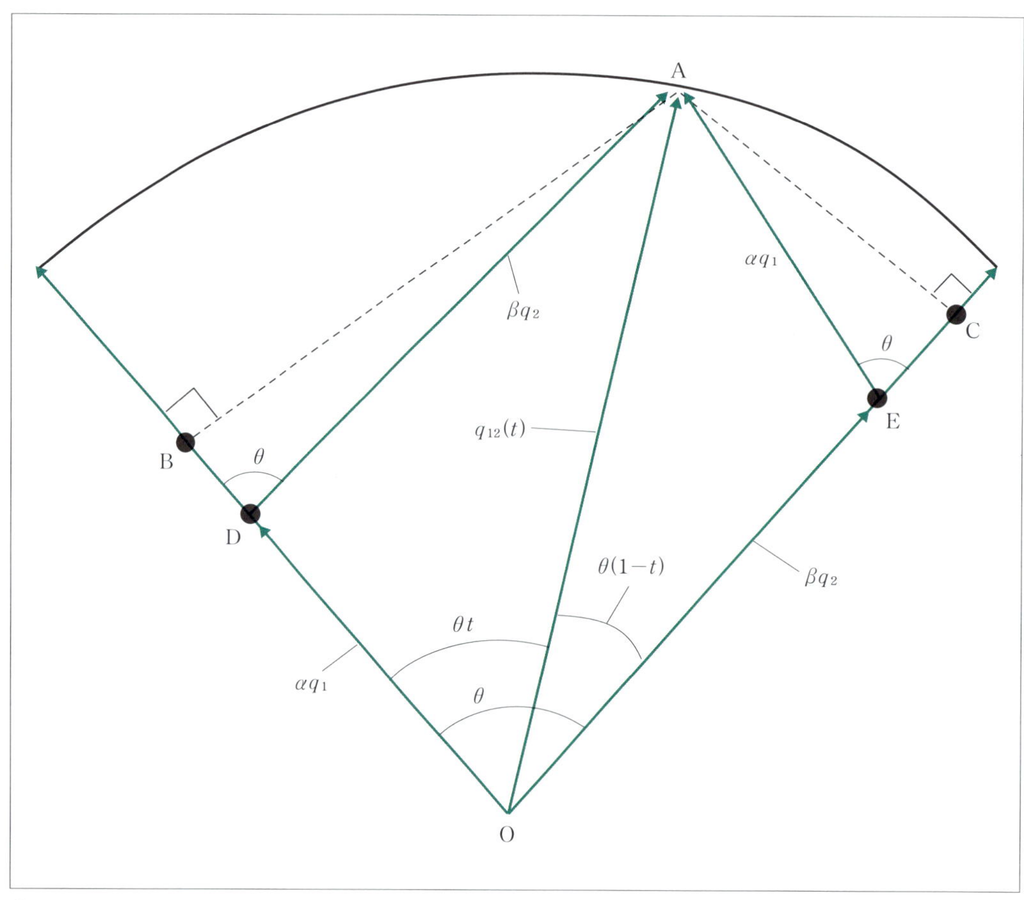

図 7-4-5 $q_{12}(t)=\alpha q_1+\beta q_2$

まず、$q_{12}(t)=\alpha q_1+\beta q_2$であるということは、$q_1$と$q_2$が回転のクォータニオンであり$|q_1|=|q_2|=1$であるため、$q_1$に沿って$\alpha$だけ進んだあとで$q_2$に沿って$\beta$だけ進んでも(つまり$\alpha q_1+\beta q_2$)、$q_2$に沿って$\beta$だけ進んだあとで$q_1$に沿って$\alpha$だけ進んでも(つまり$\beta q_2+\alpha q_1$)、$q_{12}(t)$に到達することになります（図7-4-5)。

また、原点をO、$q_{12}(t)$の位置をA、$q_{12}(t)$からq_1に下した垂線の足をB、$q_{12}(t)$からq_2に下した垂線の足をCとします（図7-4-5)。ここで、2つの垂線ABとACの長さをそれぞれ2つの方法で表すことによって、αとβを求めることができます。

まずはABから見ていきましょう。三角形OABは直角三角形であり、角AOB$=\theta t$、OA$=1$であることから、AB$=\sin(\theta t)$です。また、αq_1の位置をDとし（図7-4-5)、三角形ADBを考えると、角ADB$=\theta$、AD$=\beta$であることからAB$=\beta\sin\theta$でもあります。つまり、$\sin(\theta t)=\beta\sin\theta$ということになりますから、$\sin\theta\neq 0$であれば$\beta=\dfrac{\sin(\theta t)}{\sin\theta}$ということになります。

次にACについてです。三角形OACは直角三角形であり、角AOC$=\theta(1-t)$、OA$=1$であることから、AC$=\sin\{\theta(1-t)\}$です。また、βq_2の位置をEとし（図7-4-5)、三角形AECを考えると、角AEC$=\theta$、AE$=\alpha$であることからAC$=\alpha\sin\theta$でもあります。つまり、$\sin\{\theta(1-t)\}=\alpha\sin\theta$ということになりますから、$\sin\theta\neq 0$であれば$\alpha=\dfrac{\sin\{\theta(1-t)\}}{\sin\theta}$ということになります。

これらを$q_{12}(t)=\alpha q_1+\beta q_2$という式に代入すれば、結局

$$q_{12}(t)=\frac{\sin\{\theta(1-t)\}}{\sin\theta}q_1+\frac{\sin(\theta t)}{\sin\theta}q_2$$

ということになります。これが、球面線形補間Slerpの式になります。

以上のように、あるベクトルを軸とした回転、複数の回転同士の補間などが容易なので、Unityにおいても回転はクォータニオンで行うのが標準になっているのでしょう。ただ、有効にライブラリを使えるためには原理を理解していることは重要ですから、皆さんもクォータニオンで回転する原理については一度しっかりと押さえておくことがおすすめです。

INDEX

著者プロフィール

加藤 潔（かとう・きよし）

東京理科大学にて、物理及び情報科学を専攻。それらのエッセンスを融合した学際的な知識を用い、ゲーム学校にてゲーム数学・3Dプログラミングの授業を担当中。近年のゲームで用いられる技術水準の向上を受け、より効率よく教育を行うための教育メソッドを研究している。著書に『動かして学ぶ　3Dゲーム開発の数学・物理』（翔泳社・刊）他。

装丁・本文デザイン　大下 賢一郎
DTP　BUCH+
編集　山本 智史

Unity（ゆにてぃ）でわかる！ ゲーム数学

2018年　6月18日　初版第1刷発行
2024年　10月5日　初版第4刷発行

著　者　加藤 潔（かとう・きよし）
発行人　佐々木 幹夫
発行所　株式会社 翔泳社（https://www.shoeisha.co.jp/）
印刷・製本　株式会社 シナノ

ISBN978-4-7981-5478-7　Printed in Japan